Breisig • Betriebliche Organisation

NWB-Studienbücher · Wirtschaftswissenschaften

Betriebliche Organisation

Von
Professor Dr. Thomas Breisig

Verlag Neue Wirtschafts-Briefe
Herne/Berlin

ISBN-13: 978-3-482-**54331**-9
ISBN-10: 3-482-**54331**-3

© Verlag Neue Wirtschafts-Briefe GmbH & Co. KG, Herne/Berlin, 2006
www.nwb.de

Druck: Griebsch & Rochol Druck, Hamm

Inhaltsverzeichnis

Verzeichnis der Abkürzungen

Abs.	-	Absatz
Abschn.	-	Abschnitt
AG	-	Aktiengesellschaft
AGP	-	Arbeitsgemeinschaft zur Förderung der Partnerschaft in der Wirtschaft
AktG	-	Aktiengesetz
Anm.	-	Anmerkung
AQL	-	Acceptable Quality Level
Art.	-	Artikel
AT	-	Außertarifliche (Angestellte)
Aufl.	-	Auflage
BetrVG	-	Betriebsverfassungsgesetz
d. V.	-	der Verfasser
DGFP	-	Deutsche Gesellschaft für Personalführung
DIN	-	Deutsches Institut für Normung
Diss.	-	Dissertation
E	-	Electronic
EFQM	-	European Foundation for Quality Management
EQA	-	European Quality Award
f./ff.	-	folgende
GmbH	-	Gesellschaft mit beschränkter Haftung
HDE	-	Hauptverband des Deutschen Einzelhandels
HRM	-	Human Resource Management
Hrsg.	-	Herausgeber
hrsg.	-	herausgegeben
ISO	-	International Standardization Organisation
JIT	-	Just in Time
KVP	-	Kontinuierlicher Verbesserungs-Prozess
MBNQA	-	Malcolm Baldrige National Quality Award
MIT	-	Massachusetts Institute of Technology

o. J.	-	ohne Jahr
o. O.	-	ohne Ort
o. V.	-	ohne Verfasser
OE	-	Organisationsentwicklung
PC	-	Personal Computer
PPS	-	Produktionsplanungs- und -steuerungssystem
REFA	-	Reichsverband für Arbeitsstudien
RN	-	Randnummer
S.	-	Seite/Satz
SE	-	Societas Europaea
Sp.	-	Spalte
T. B.	-	Thomas Breisig
TQM	-	Total Quality Management
TU	-	Technische Universität
u.	-	und
vgl.	-	vergleiche
Z.	-	Ziffer
zit.	-	zitiert

Verzeichnis der Übersichten

Verzeichnis der Textbelege

Einführung in das Lehrbuch

Unsere gegenwärtige Gesellschaft wird mit den unterschiedlichsten Kennzeichnungen versehen, wie z. B. „westliche Industriegesellschaft" oder „Wohlstandsgesellschaft". Aufgrund der immer dichter werdenden Durchdringung mit Informations- und Kommunikationstechniken sprechen wir auch häufig von der „Informationsgesellschaft".

Ebenso gut könnte man sie aber als eine *„Organisationsgesellschaft"* bezeichnen, weil unser gesamtes gesellschaftliches Leben hochgradig von Organisationen geprägt ist. Wir werden zumeist in Krankenhäusern geboren, in Schulen und Hochschulen ausgebildet, verbringen unsere Freizeit in Vereinen und Theatern usw. Große Teile unseres Lebens, von der Wiege bis zur Bahre, spielen sich damit im Rahmen von Organisationen ab (Mayntz 1963, S. 7). Organisationen sind in unserer hoch differenzierten Gesellschaft ein unverzichtbares Ordnungsmittel: Ein zielgerichtetes und kontinuierliches Zusammenwirken von Menschen bedarf ab einer gewissen Schwelle der Intensität und Größe einer auf Dauer gestellten Struktur, die die Aktivitäten und die Kooperationen ordnet. Auf diese Weise lässt sich Effizienz und Kontinuität sicherstellen, ohne allzu sehr von konkreten Personen abhängig zu werden. Es ist nämlich typisch für Organisationen, dass die Inhaber/innen von Positionen bis zu einem gewissen Grade austauschbar sind, ohne die Existenz des Gesamtgebildes zu gefährden.

Aufgrund dieser allgemeinen Merkmale von Organisationen verwundert es nicht, dass auch unser Wirtschaftsleben von dem Phänomen „Organisation" durchdrungen ist. Im Gegensatz zu dem vorkapitalistischen kleinen Handwerksbetrieb sind unsere heutigen Industrie- und Dienstleistungsbetriebe Organisationen in dem oben skizzierten Sinne.[1] Sie verfügen über eine mehr oder weniger differenzierte Arbeitsteilung, weisen eine Vielzahl von bürokratischen, formalen Regeln auf und sind weitgehend personenunabhängig angelegt. Dies war nicht immer so. Der angesprochene kleine Handwerksbetrieb hatte nur wenige formale Regeln; die Arbeitsgruppen waren klein und überschaubar; die Arbeit selbst war mehr tägliche Lebensform für die Menschen als Ausübung von wohl

---

[1] Vgl. zu einer kurzen Übersicht zur Entstehung von Organisationen Kieser/Walgenbach (2003, S. 4 ff.).

definierten Arbeitsrollen. Auch waren die Mitglieder nur sehr bedingt auswechselbar. Mit der Entfaltung der kapitalistisch-marktwirtschaftlichen Produktion setzte sich dann die Kooperationsform der Organisation aufgrund ihrer Effizienzüberlegenheit durch. Damit ist die „betriebliche Organisation" ein wesentliches Phänomen der sozialen Realität von Unternehmen geworden und somit unweigerlich in den Bereich wirtschaftswissenschaftlicher Betrachtungen gerückt.

Das vorliegende Lehrbuch soll Lernenden oder anderweitig an der Thematik Interessierten einen knappen und verdichteten Einblick in den Bestand an theoretischer und praktischer Erkenntnisse zur „betrieblichen Organisation" vermitteln. Das Problem ist, dass die Organisationstheorie weit verzweigt ist und von vielen Disziplinen, neben den Wirtschaftswissenschaften auch von der Verwaltungswissenschaft, der Soziologie, der Psychologie und diversen anderen Wissenschaftszweigen „gespeist" wird. Auch in konkret-praktischen Fragen der Organisationsgestaltung sind heute viele Aspekte zu berücksichtigen, die z. B. auch mit der Unternehmensstrategie und anderen Bereichen des modernen Managements aufs Engste verknüpft sind. Daher kann hier nur ein kleiner Einblick in dieses Fachgebiet geboten werden.

Das Buch ist folgendermaßen aufgebaut:

Nach der allgemeinen Einführung beschäftigen wir uns zunächst mit dem Begriff „Organisation" (**Kapitel 1**). Dabei wird eine gängige Lehrbuch-Definition zum Ausgangspunkt genommen und diese dann in ihren einzelnen Bestandteilen in Unterabschnitten vertieft.

Kapitel 2 gibt einen Einblick in die verschiedenen Verzweigungen des weiten Feldes organisationstheoretischer Ansätze. Das Spektrum reicht von den „Klassikern" über situative und ökonomische bis hin zu politischen Ansätzen der Organisation. Damit werden den Lernenden ganz unterschiedliche Sichtweisen des Phänomens „Organisation" präsentiert.

Mit den begrifflichen und theoretischen Grundlegungen aus den Kapiteln 1 und 2 gerüstet, kann alsdann in die verschiedenen Dimensionen formaler Organisationsstrukturen eingestiegen werden. Dabei geht es im Einzelnen um die Aspekte der Arbeitsteilung (Spezialisierung), der Koordination, der Konfiguration und der Entscheidungsdelegation (**Kapitel 3**).

Die konkrete Ausgestaltung dieser Dimensionen in Gestalt von Strukturentscheidungen ist Gegenstand des nachfolgenden Kapitels zur Organisationsgestaltung. Dabei geht es zunächst um das äußere Gefüge einer Organisation, die sog. Aufbauorganisation. Neben grundlegenden Ausführungen zu Stellen und zur Stellenbildung befasst sich dieses **Kapitel 4** mit Grundmustern der Aufbauorganisation und mit diversen Ausprägungsformen der sog. Sekundärorganisation.

Im Fachgebiet der betrieblichen Organisation hat die Aufbauorganisation stets eine dominante Rolle gespielt. In der letzten Zeit hat jedoch die Gestaltung der Prozesse der Leistungserstellung verstärkt die Aufmerksamkeit der Expert/innen auf sich gezogen. Daher werden auch grundlegende Fragen der Prozessorganisation in **Kapitel 5** erörtert.

Ferner beschäftigt sich das Lehrbuch mit einem mehr informellen, praktisch aber sehr bedeutenden Phänomen der organisationalen Wirklichkeit, der Organisationskultur (**Kapitel 6**).

Organisationen müssen sich zur Überlebenssicherung veränderten Bedingungen anpassen können, was aber angesichts ihrer „verfestigten" Strukturen häufig eine große Herausforderung darstellt. **Kapitel 7** thematisiert daher das Problem des Wandels von Organisationen und stellt unterschiedliche Ansätze der Betrachtung von organisatorischen Veränderungen dar.

In einem modernen Verständnis der Organisation ist dieser Bereich nicht von grundlegenden Fragen der strategischen Positionierung des Unternehmens zu trennen. Daher wird in **Kapitel 8** das Verhältnis zwischen Organisation und dem strategischen Management näher beleuchtet.

Zu den wesentlichen Strategieentscheidungen gehören stets auch Arrangements über die Unternehmensgrenzen hinweg. Konzentrationsprozesse haben immer schon zur Bildung von Konzernen geführt. In der jüngeren Zeit haben sich unternehmensübergreifende Netzwerkstrukturen, etwa im Rahmen von Wertschöpfungsketten, ohne konzernbildende Kapitalbeteiligungen zunehmend Raum verschafft und die Aufmerksamkeit von Praxis und Wissenschaft auf sich gezogen. Beide Phänomene, Konzerne wie Netzwerke, werden in **Kapitel 9** als „interorganisationale Beziehungen" näher analysiert.

Vor allem mit Blick auf die Organisationspraxis spielen immer wieder (neue) Managementkonzepte eine wesentliche Rolle. **Kapitel 10** informiert daher über das Wesen von Managementkonzepten und greift mit dem Qualitätsmanagement, der „lean production" und dem „business reengineering" drei wichtige Ausprägungsformen der letzten zwei Jahrzehnte auf.

Ein in Wissenschaft und Praxis zu Unrecht völlig vernachlässigter Bereich sind - zumindest in Deutschland - die Implikationen der Mitbestimmung der Arbeitnehmer/innen auf organisatorische Gestaltungsentscheidungen. **Kapitel 11** stellt daher die gesetzlichen Grundlagen kurz vor und skizziert die Einflusspotenziale von Betriebsräten und Belegschaftsvertreter/innen in den Aufsichtsräten von Kapitalgesellschaften.

In einer Schlussbetrachtung wird nochmals das auch in der Praxis stets brisante Spannungsverhältnis beleuchtet zwischen den klassischen (Fremd-) Organisationsformen und neueren Ansätzen, die eher auf Freiräume der Mitglieder und Selbstorganisation bauen.

Schon eingangs wurde erwähnt, dass der Bereich der betrieblichen Organisation ein sehr umfassender ist. Es würde den gesetzten Rahmen dieses Lehrbuchs bei weitem überbeanspruchen, einen erschöpfenden, alle relevanten Bereiche und Details abdeckenden Einblick in dieses Feld zu vermitteln. Umso wichtiger erscheint das Ziel, mit diesem Werk „nur" Anregungen zu einer vertiefenden Weiterbearbeitung organisationstheoretischer und -praktischer Fragestellungen zu geben. Zumeist eignen sich die angegebenen Literaturquellen zur weiteren Vertiefung.

In jedem Hauptkapitel ist als letzter Abschnitt die Rubrik „**Aufgaben und Diskussion**" enthalten. Darin werden Fragen zur Festigung des Verständnisses des Gelernten gestellt und Anregungen zur Reflexion und Diskussion des Stoffes gegeben. Die **Lösungshinweise** befinden sich am Schluss des Textes vor dem Literaturverzeichnis (Kapitel 13).

Es ist meine Überzeugung, dass wir als Wissenschaftler/innen in unserer Sprache Wert auf geschlechtsneutrale bzw. beide Geschlechter umfassende Formulierungen legen sollten. Diesem Anspruch bin ich in diesem Buch weitgehend gefolgt. Eine Ausnahme habe ich nur dann gemacht, wenn es sich weniger um konkrete Menschen sondern um Funktionsbezeichnungen (z. B. Arbeitgeber) handelt.

Zitate aus älteren Werken sind auf die neue Schreibweise hin angepasst worden.

Teile des vorliegenden Werkes basieren auf einem Textmodul, das im Rahmen des Projektes „Ökonomische Bildung online" angefertigt wurde. Es handelt sich bei diesem Projekt um ein internetgestütztes, länderübergreifendes Qualifizierungsprogramm für Lehrkräfte in gemeinsamer Trägerschaft der Bertelsmann Stiftung, der Heinz Nixdorf Stiftung, der Ludwig-Erhard-Stiftung, der Stiftung der Deutschen Wirtschaft, des niedersächsischen Wissenschaftsministeriums, des baden-württembergischen Kultusministeriums sowie der EWE Aktiengesellschaft und unter wissenschaftlicher Leitung des Instituts für Ökonomische Bildung (IÖB) der Carl von Ossietzky Universität Oldenburg.

1. Der Begriff „Organisation"

In einem Lehrbuch zur „betrieblichen Organisation" wird zu Recht erwartet, dass zunächst der Organisationsbegriff hinreichend abgeklärt wird. Der Begriff ist nämlich weder selbsterklärend noch wird er in einer einheitlichen Art und Weise verwendet. Daher beschäftigen wir uns im Rahmen dieses Kapitels zunächst mit dem zentralen Terminus, der diesem Werk zugrunde liegt. Taucht man nämlich etwas tiefer in die Verzweigungen der „Organisationswissenschaft" ein, so braucht man nicht lange um festzustellen, dass die verschiedenen Autor/innen durchaus unterschiedliche „images of organization" (Morgan) zugrunde legen (Kieser/Walgenbach 2003, S. 1).

Das hier verwendete Organisationsbild entspricht weitestgehend der traditionellen *„instrumentellen"* (oder funktionalen) Vorstellung, wie sie in der Betriebswirtschaftslehre vertreten wird (vgl. z. B. Kosiol 1962). Lassen wir dazu einen Autoren zu Wort kommen, den man inzwischen zu den „Klassikern" wird rechnen dürfen:

> „Der Prozess des Wirtschaftens, der sich in Betrieben vollzieht, ist durch das Bemühen um rationale Durchdringung der Umwelt zum Zwecke der Befriedigung von Bedürfnissen gekennzeichnet; ganz besonders gilt dies für die selbständigen reinen Produktionsbetriebe, die als Unternehmungen bezeichnet werden. Eine Konsequenz dieser Rationalität ist die Forderung nach Organisation, denn die Erfahrung zeigt, dass durch generelle Regelungen, die an die Stelle individueller Disposition treten, die Ergiebigkeit der betrieblichen Prozesse erhöht werden kann. Hierzu wird eine Ordnung, die das Tätigwerden einer Mehrzahl von handelnden Einheiten in einem System regelt, geschaffen. Der Erfolg derartiger Gestaltungsmaßnahmen kann daran gemessen werden, inwieweit durch sie eine vorgegebene Zielsetzung erreicht wird" (Grochla 1972, S. 13).

Textbeleg 1-1: Bedeutung von Organisation

Allerdings gibt es auch eine *institutionelle Lesart* des Organisationsbegriffes, wonach „organisierte Sozialsysteme als Ganzes als Organisation zu bezeichnen sind" (Krüger 2005, S. 140). Daher wird zunächst im Folgenden zwischen dem institutionellen und dem funktionalen (instrumentellen) Begriffsverständnis differenziert. Anschließend wird eine gängige und inhaltlich treffende Lehrbuch-Definition dargestellt und in ihren wichtigsten Komponenten diskutiert.

1.1 Institutionelles und instrumentelles Verständnis

Wenn wir fortan in diesem Werk mit dem einleitend grob umrissenen Organisationsbegriff operieren und ihn näher zu definieren versuchen, müssen wir zunächst auf seine Doppeldeutigkeit zu sprechen kommen. Es gibt, wie schon gesagt, ein institutionelles und ein instrumentelles Verständnis der Organisation, wobei beide miteinander zusammenhängen (vgl. auch Vahs 2002, S. 13 f.; Schreyögg 2003, S. 5 ff.).

Institutioneller Organisationsbegriff: → „Das Unternehmen *ist* eine Organisation".

Instrumenteller Organisationsbegriff: → „Das Unternehmen *hat* eine Organisation".

Übersicht 1-1: Institutioneller und instrumenteller Organisationsbegriff

Im *institutionellen* Sinne sind Unternehmen (wie auch Krankenhäuser, öffentliche Verwaltungen, Gewerkschaften, Schulen oder Gefängnisse) zielgerichtete soziale Systeme mit einem mehr oder weniger ausgeprägten Regel- und Stellengefüge.

Ungeachtet der keineswegs einheitlichen Handhabung des Begriffs (vgl. North 1992) versteht man unter Institutionen gemeinhin sozial anerkannte Normenbündel oder Regelsysteme. Deren Spektrum reicht weit, so etwa von den allgemeinen Menschenrechten, Sprachen, Gesetzen, dem Geld, Rechtssystemen, Verträgen eben bis hin zu Organisationen (vgl. Picot/Dietl/Franck 2005, S. 9 ff.).

Im *instrumentellen* Organisationsverständnis geht es darum, dass organisationskonstituierende Menschen (z. B. Unternehmensgründer/innen) eine verbindliche Ordnung schaffen, und zwar idealtypischerweise eine solche, die sie vorher in einem rationalen Denk- und Gestaltungsprozess zielorientiert entworfen haben. Das Ergebnis dieses Prozesses ist eine Struktur, eine Ordnung, die den anderen Beteiligten als Fremdorganisation entgegentritt (vgl. auch Schreyögg 2003, S. 5).

Mit dieser Ordnung hat das Unternehmen eine Organisation im Sinne eines dauerhaften Regelsystems, welches die Aufgabenteilung, die Abstimmung zwischen den Teilaufgaben, die Verteilung der Entscheidungsbefugnisse, ein System von Über- und Unterordnung usw. umfasst.

Damit sind die beiden Perspektiven des Organisationsbegriffs wie zwei Seiten einer Medaille. Schon ein anderer Klassiker der betriebswirtschaftlichen Organisationslehre, Nordsieck (1955, S. 26), formulierte es so: „Die Tätigkeit des Organisierens konstituiert die Erscheinung Organisation."

Oder noch einmal anders ausgedrückt: Das Unternehmen ist eine Organisation, weil es eine Organisation hat!

Nur der Vollständigkeit halber sei darauf verwiesen, dass es neben dem institutionellen und dem instrumentellen Organisationsbegriff auch noch andere Verständnisse gibt. So verweisen z. B. Bea/Göbel (2002, S. 2 f.) auf einen *tätigkeitsbezogenen* Begriff von Organisation, der ein „zielorientiertes Strukturieren von Ganzheiten" durch bestimmte Personen meint. Auf den ersten Blick ist erkennbar, dass dies dem instrumentellen Verständnis sehr ähnlich ist und daher hier nicht weiter verfolgt wird.

Ähnliches gilt für Schreyöggs (2003, S. 5 ff.) Hinweis auf das *funktionale* Verständnis von Organisation unter Rekurs auf Gutenbergs Differenzierung von Organisation und Planung, wobei die Funktion der Organisation reduziert wird auf eine reine Umsetzung der im Rahmen der Planung entworfenen Ordnung.

Im Folgenden wird den Ausführungen sowohl das instrumentelle wie auch das institutionelle Verständnis zugrunde gelegt. Der jeweils konkrete Bezug erschießt sich den Leser/innen aus dem situativen Zusammenhang.

1.2 Definition von Organisation

Organisationen (im institutionellen Sinne) sind nach einer gängigen Definition

> „soziale Gebilde, die
>
> - dauerhaft ein Ziel verfolgen und
> - eine formale Struktur aufweisen, mit deren Hilfe Aktivitäten der Mitglieder auf das verfolgte Ziel ausgerichtet werden sollen."

Übersicht 1-2: Definition von „Organisation"
(nach Kieser/Walgenbach 2003, S.6)

Um diese Begriffsskizzierung verinnerlichen zu können, müssen wir uns die einzelnen Komponenten der Definition noch genauer erschließen. Daher wird in den nachfolgenden Abschnitten näher geklärt, was es mit

- der Zielgerichtetheit,
- der Dauerhaftigkeit,
- den Mitgliedern,
- deren Aktivitäten und
- der formalen Struktur

auf sich hat.

1.2.1 Zielgerichtetheit

Fast alle Definitionen in der Fachliteratur heben an exponierter Stelle hervor, dass Organisationen *zweckbezogen* sind. Krankenhäuser heilen Menschen, Schulen bilden Kinder und Heranwachsende aus, in Unternehmen werden Güter und Dienstleistungen erstellt. Diese Leistungen stellen sie ihrer Umwelt zur Verfügung.

Ziele gelten überhaupt als zentraler Beweggrund für die Organisationsbildung. Viele komplexere Ziele, wie z. B. die Herstellung und der Verkauf von PKWs, lassen sich individuell nicht erreichen. Daher versuchen Menschen, diese Ziele dauerhaft mit Hilfe anderer durch den Zusammenschluss in Organisationen zu verfolgen.

Ziele (oder Zwecke) der Organisation sind Vorstellungen von einem zukünftigen Zustand, der herzustellen oder zu erhalten versucht wird. Es geht um angestrebte Zustände, die eine handlungsleitende Funktion im Rahmen von Entscheidungsprozessen einnehmen. Dabei ist die Unterscheidung von Zielen und Mitteln oft relativ. Mittel können im Zeitablauf selbst Zielcharakter annehmen (Verselbständigung von Mitteln). In diesem Sinne wird z. B. der Erhalt einer Organisation, deren Bildung ursprünglich instrumentellen Charakter hatte, oft zu einem eigenständigen Ziel (vgl. Kubicek 1981). Auch heißt Zweckbezogenheit nicht unbedingt, dass die Organisation nur einen Zweck verfolgt und dass die (multiplen) Ziele in einem widerspruchsfreien Verhältnis zueinander stehen (vgl. auch Schreyögg 2003, S. 10).

Allerdings sind Organisationen zunächst „seelenlose" Gebilde. Sie haben keine Ziele; vielmehr haben Menschen Ziele, die sie *durch* Organisationen zu verwirklichen gedenken (z. B. den Lebensunterhalt verdienen, ein neues Produkt herstellen und vermarkten). Wir können erst dann von Zielen *der* Organisation sprechen, wenn Mitglieder solche Zielvorstellungen in einem formalen, legitimierten Prozess zu Zielen der Organisation entwickelt haben. Diese kann man dann ggf. in Geschäftsberichten, Unternehmensgrundsätzen, Presseerklärungen oder anderen Dokumenten nachlesen. Oder wir können versuchen, die Ziele aus dem Verhalten von Organisationsmitgliedern zu erschließen, sie zu rekonstruieren (Kieser/Walgenbach 2003, S. 8).

Natürlich haben nicht alle Mitglieder einer Organisation gleichermaßen Einfluss auf die Fixierung der Organisationsziele. Dieser ist bei einem Vorstandsmitglied einer Aktiengesellschaft ungleich höher als bei einer Arbeiterin/einem Arbeiter, die bzw. der in der Produktion am Fließband steht. Der Einfluss hängt ab von Machtgrundlagen einzelner Mitglieder bzw. Gruppen, die wiederum teilweise von Rechtsvorschriften geprägt sind.

1.2.2 Dauerhaftigkeit

Ein weiteres entscheidendes Merkmal von Organisationen ist ihre Dauerhaftigkeit. Immer wieder können wir z. B. in Katastrophenfällen (etwa bei einem Erdbeben oder einer Tsunami-Flut) beobachten, wie sich eine Vielzahl von Menschen spontan, aber dennoch zielgerichtet zusammenfindet, um Opfern zu helfen und die Folgen der Katastrophe zu beseitigen. Im Weserstadion zu Bremen findet sich in der zumeist von Fanclub-Mitgliedern okkupierten Ostkurve mitunter eine Gemeinschaft zusammen, die von einem Ziel beseelt ist: ihre Mannschaft Werder Bremen zum Sieg und darüber zur Meisterschaft zu schreien. Auch solche Gebilde sind ein zweckgerichteter Zusammenschluss, aber keine Organisation, weil es ihm an Dauerhaftigkeit (und womöglich auch an einer formalen Struktur) fehlt.

In Organisationen als dauerhaften Zusammenschlüssen wird ihre Erhaltung oft zum eigenständigen Ziel (zumindest vieler Mitglieder). Dauerhaftigkeit ist aber nicht gleichbedeutend mit Unabänderlichkeit. Im Laufe der Zeit können sich z. B. die Ziele erheblich verändern. Und selbst bei konstanten Zielen sind Strukturveränderungen denkbar bzw. erforderlich.

1.2.3 Mitglieder

Personen gehören zunächst zur *Umwelt* von sozialen Systemen. Organisationsbildung setzt daher eine „Erkennungsregel" voraus, die die Abgrenzung von systemrelevanten und „externen" Handlungen und Entscheidungen ermöglicht. Damit ist die - oft nicht leicht zu beantwortende - Frage aufgeworfen, wer Mitglied einer Organisation ist und wer nicht. Die Differenzierung zwischen der Mitgliedschaft und der Nicht-Mitgliedschaft bezeichnet zugleich die *Grenze* der Organisation zu ihrer Umwelt.

> „Organisationen weisen Grenzen auf, die es möglich machen, organisatorische Innenwelt und Außenwelt (‚Umwelt') zu unterscheiden. Die Grenze zwischen Organisation und Umwelt ist weder naturhaft gegeben noch bloß zufällig, sie ist absichtsvoll hergestellt und weist ein gewisses Maß an Stabilität auf. Eine Organisation kann nur bestehen, wenn es ihr gelingt, die Grenze zur Umwelt aufrecht zu erhalten. Durch die Grenzziehung gibt es auch identifizierbare Mitgliedschaften, d. h. jede Organisation hat einen Kreis angebbarer Mitglieder .... Eine organisatorische Mitgliedschaft ist in der Regel nur eine Teilmitgliedschaft insofern, als nur ein Teil der Handlungen der fraglichen Organisation gilt (Partialinklusion), andere Handlungen gelten anderen Organisationen oder freien Zwecken."

Textbeleg 1-2: Die Organisation und ihre Grenzen (nach Schreyögg 2003, S. 10)

In einem ganz weiten Sinne heißt Mitgliedschaft das Eingehen einer Beziehung mit der Organisation. Sie muss Menschen einbinden, damit diese Aktivitäten ergreifen, die der Erreichung der Organisationsziele dienlich sind, selbst wenn die persönlichen Ziele teilweise anders gelagert sind. Je nach Organisationstyp dominieren dabei ganz unterschiedliche Einbindungsmuster. Während beispielsweise die „Einbindung" der Mitglieder in Gefängnissen und geschlossenen psychiatrischen Anstalten auf Zwang beruht, fußt sie in normativen Organisationen wie Kirchen, Parteien oder Gewerkschaften in starkem Maße auf geteilten Überzeugungen und dem Wunsch nach Zusammenschluss und Kooperation mit Gleichgesinnten.

Erwerbswirtschaftliche Unternehmen stehen zwischen diesen Integrationsmustern. Etzioni (1961) bezeichnet sie treffend als „utilitaristische Organisationen", weil die Eingliederung der Mitglieder überwiegend aus der vertraglich vereinbarten Aussicht auf materielle Belohnungen resultiert (was aber normativ-ideelle Mitgliedschaftsmotive keineswegs ausschließt).

Entscheidend ist also die Mitgliedschaft aufgrund von *Verträgen*. Im Konzept der marktwirtschaftlichen Wirtschaftsordnung tritt die Figur des Unternehmers als nach individueller Nutzenmaximierung strebendes Wirtschaftssubjekt in Erscheinung, das für einen anonymen Markt produziert und die dafür erforderlichen Ressourcen, also auch Arbeitskraft, auf den Faktormärkten erwirbt. Die Integration des „Faktors Arbeit" in das Unternehmensgeschehen erfolgt über den *Arbeitsvertrag*, mit dessen Abschluss er über einen Grundstock an „gekauftem Arbeitsvermögen" verfügen darf. Systemtheoretisch interpretiert sichert sich der Unternehmer über den Arbeitsvertrag die generalisierte Anerkennung der Formalstruktur durch die vertraglich gebundenen Beschäftigten und macht sie - zumindest einigermaßen - unabhängig von deren individuellen Motiven.

In arbeitsteiligen Kooperationszusammenhängen ist dieses am Arbeitsmarkt eingekaufte Arbeitsvermögen eine notwendige, aber nicht hinreichende Produktionsvoraussetzung. Es besteht ein sich ständig reaktualisierender Konkretisierungsbedarf, da die jeweils benötigte Form der Arbeit, in die das variable Arbeitsvermögen von ihren Trägern gebracht werden soll, mit dem Abschluss des Arbeitsvertrages noch nicht festgelegt ist. Um das unspezifische Arbeitsvermögen in reale Arbeit zu überführen (Transformationsproblem!), gibt es das *Direktionsrecht* des Arbeitgebers, damit dieser im Wege von Weisungen die entsprechenden Details jeweils situationsabhängig festlegen kann, ohne dass er auf die Zustimmung der Arbeitnehmer/innen angewiesen ist. Diese Weisungen dürfen sich natürlich nur in dem Rahmen abspielen, der durch den Vertragsinhalt abgedeckt ist. Zudem ist zu beachten, dass das Direktionsrecht zum Teil durch gesetzliche oder tarifvertragliche Regelungen relativiert ist (vgl. analog Kieser/Walgenbach 2003, S. 13).

Zu fragen ist aber, was mit der Unternehmerin oder dem Unternehmer ist, die/der keinen Arbeitsvertrag hat. Selbstverständlich ist auch sie bzw. er Organisationsmitglied, z. B. weil sie/er durch einen Rechtsakt den Betrieb gegründet hat. Auch können mehrere Personen und/oder andere Unternehmen mit eigener Rechtspersönlichkeit („juristische Personen") durch Gesellschaftsverträge Unternehmen neu konstituieren, wobei ihnen nach dem Handelsgesetzbuch Vertretungsrechte nach außen und Geschäftsführungsrechte nach innen zuerkannt werden. Erst auf dieser Grundlage werden sie befugt, Verträge zu schließen, eben unter anderem Arbeitsverträge. Das heißt mit anderen Worten: Sie sind damit auch Partei von Arbeitsverträgen. Dass es sich bei den Gründer/innen und/oder Geschäftsführer/innen ebenfalls um Mitglieder der Organisation handelt, steht somit außer Frage (ebenda).

Es bleiben aber darüber hinaus eine Reihe von Grenz- und Zweifelsfragen, so dass es bei der Frage der Mitgliedschaft stets eine Grauzone geben wird. So arbeiten z. B. Menschen oft intensiv für ein Unternehmen auf der Basis von Werk- oder Dienstverträgen („freie Mitarbeiter/innen") oder als „selbständige Handelsvertreter/innen".

Solche Fälle wird man nur für den konkreten Einzelfall nach Maßgabe der Intensität der Beziehungen beantworten können. Wir können diese Grenze mit Kieser/Walgenbach (2003, S. 14 f.) dort ziehen, wo die Mitgliedschaft einer Person auf Verträgen dergestalt beruht, die der Organisation bzw. ihren legitimierten Vertreter/innen das Recht gibt, dem Individuum verhaltenssteuernde und Vorgaben und Anforderungen aufzuerlegen.

Sonstige Vertragsbeziehungen wie Kauf- oder Kreditverträge begründen in dieser hier vertretenen Interpretation jedoch *keine* Mitgliedschaft; selbst dann nicht, wenn die zugrunde liegenden Beziehungen sehr langfristiger Natur sind.

1.2.4 Aktivitäten der Mitglieder

Die vertraglich begründete Mitgliedschaft bezieht sich nicht auf die gesamte Persönlichkeit eines Menschen, sondern auf bestimmte Handlungen oder Leistungen. Das Individuum wird nur in einer bestimmten Rolle (z. B. als Arbeitnehmer/in) eingebunden und entsprechenden Rollenerwartungen ausgesetzt.[2] In sehr markanter Form hat dies die klassi-

---

[2] In der Organisationssoziologie wird jedoch darauf hingewiesen, dass sich diese Rollenerwartungen „nicht nur auf das sichtbare Verhalten, sondern auch auf bestimmte Einstellungen und Werthaltungen des Positionsinhabers (beziehen), sofern sie mit seinen Aufgaben in der Organisation etwas zu tun haben" (Mayntz 1963, S. 81).

sche betriebswirtschaftliche Organisationslehre auch begrifflich zum
Ausdruck gebracht, wenn sie anstatt von arbeitenden Menschen o. Ä.
zumeist von „Aufgabenträgern" spricht (vgl. z. B. Kosiol 1962). Begriffe wie Arbeitnehmer/in, leitende/r Angestellte/r, Vorstandsmitglied oder
Eigentümer stehen für solche Handlungskomplexe oder -bündel.

Organisationen zielen mit ihren strukturellen Regelungen auf die Kanalisierung und Steuerung der Mitgliederaktivitäten. Diese zielen in ihrem
Kern darauf ab, das Handlungsrepertoire der Mitglieder „absichtsvoll
(zu) begrenzen, indem sie bestimmte Handlungen zur Erwartung machen, während sie andere für unerwünscht erklären" (Schreyögg 2003,
S. 12). So wird z. B. die Tätigkeit einer Fließbandarbeiterin recht exakt
durch das Maschinensystem und vermutlich ergänzende Anordnungen
der/des Vorgesetzten gesteuert. Dies ist erforderlich, weil die Menschen
als Ganzheiten mit all ihren Bedürfnissen, aber auch mit ihren Eigenhei-
ten (die Soziolog/innen sprechen gerne von der „Subjektivität") in den
Betrieb kommen, die sie - bildlich gesprochen - nicht am Werkstor zu-
rücklassen. Die Kanalisierung bezieht sich auf die Aktivitäten, die direkt
und indirekt in Bezug zum Zweck der Leistungssicherung stehen. Es
geht eben darum, aus Menschen „Aufgabenträger" zu machen. Dies
bringt Grochla (1972, S. 14) sehr pointiert zum Ausdruck, wenn er sagt:

„So begreift die traditionelle betriebswirtschaftliche Organisationslehre
die Organisation als spezielle Verfahrenstechnik; sie stellt dabei die
sachlogischen Anforderungen der Aufgabe in den Vordergrund, ohne
auf die besonderen Verhaltensmerkmale der Menschen in der Organisation Bezug zu nehmen."

Durch die Beschränkung auf bestimmte Aktivitäten werden auch Mehr-
fachmitgliedschaften in Organisationen möglich, die in unserer Gesellschaft eher die Regel als die Ausnahme sind. So kann beispielsweise
eine Person in einem Unternehmen als Arbeitskraft tätig, zugleich aber
auch als Gewerkschaftsmitglied aktiv und in einer Fernuniversität zum
nebenberuflichen Studium eingeschrieben sein.

1.3 Formale Struktur als Kernelement

Die bisher behandelten Elemente unserer Organisationsdefinition waren
allesamt wichtig, um das Phänomen Organisation einzuordnen und zu
verstehen. Das letzte näher zu erörternde Element, die formale Struktur,
muss man aber als den zentralen Bestandteil des Organisationsverständ-

nisses herausstellen, der deswegen eine vertiefende Behandlung verdient.

1.3.1 Regelhaftigkeit der Organisation

Mit dieser angesprochenen Kanalisierungsfunktion der Organisation für die Mitgliederaktivitäten sind wir unmittelbar bei dem wohl auffallendsten Merkmal angelangt, der Existenz einer formalen Struktur. Vor allem Max Weber (vgl. Abschn. 2.2.1), der für viele mit seinem Idealtypus der Bürokratie als der Begründer der wissenschaftlichen Betrachtungen von Organisationen gilt, hat die Regelhaftigkeit von Organisationen betont. Organisationen benötigen nicht nur Mitglieder, sondern auch formale Regeln, die wir schon im Alltagsverständnis als eng mit der Organisation verbunden erleben:

> „Organisatorische Regeln kennen wir, auch wenn wir noch nicht in Organisationen gearbeitet haben, bereits aus dem Alltag: In Stellenanzeigen lesen wir, dass mit einer Stelle bestimmte Aufgaben verbunden sind. Wenn wir als Kunde zu einer Organisation kommen und etwas ausgefallenere Wünsche haben, so können wir mitunter beobachten, dass die Angestellten in Handbüchern oder Verfahrensrichtlinien Rat suchen. Wir hören Organisationsmitglieder manchmal darüber klagen, dass andere Organisationsmitglieder ihre Kompetenzen überschreiten oder den ‚Dienstweg' nicht einhalten. Studenten machen schließlich ihre Erfahrungen mit den Regelungen der Universität von der Einschreibung bis zum Examen. Alle diese Erfahrungen führen uns vor Augen, dass Handlungen in Organisationen in einem hohen Maße durch formale Regeln vorgegeben sind. Häufig sind diese Regelungen schriftlich fixiert. Aber es gibt auch eine Reihe von Regelungen, die mündlich tradiert werden. Solche Regeln sind im Gedächtnis der Organisationsmitglieder festgehalten."

Textbeleg 1-3: Zur Omnipräsenz von Regelungen in Organisationen (nach Kieser/Walgenbach 2003, S. 16 f.)

So benötigen Organisationen zunächst und vor allem Regeln zur Festlegung der *Arbeitsteilung*. Man stelle sich vor, die Arbeitnehmer/innen der BASF in Ludwigshafen, dem wohl größten zusammenhängenden industriellen Komplex in Deutschland mit vielen Tausenden Beschäftigten, müssten jeden Morgen aufs Neue überlegen, wer welche Aufgabe zu übernehmen hat. Ein solcher Abstimmungsprozess wäre schlicht nicht zu arrangieren. Selbst wenn er in kleineren Einheiten als der BASF theoretisch möglich wäre, so würde er einen immensen Zeitaufwand erfordern. Außerdem besitzen nicht alle Beteiligten die erforderlichen *Qualifikationen*, um alle relevanten Aufgaben erfüllen zu können. Zur Herstellung chemischer Produkte in komplizierten Prozessen benötigt man sehr spezifisches Know-how. Dieses „steckt" zumeist in den installierten Anlagen bzw. in den Abläufen; dennoch ist es von herausragender Bedeutung, dass im Bedarfsfall (insbesondere bei Störungen) entsprechend hoch qualifizierte Beschäftigte eingreifen und großen Schaden verhindern.

Aus Gründen der Effizienzsicherung drängt es sich daher auf, bestimmte Aufgabenbündel zusammenzufassen und zu *Stellen* zu verdichten. Außerdem brauchen die Stelleninhaber/innen nur ein entsprechend begrenztes Repertoire an Qualifikationen: eine Buchhalterin braucht nicht zugleich die Forschung und Entwicklung im Bereich chemischer Prozesse zu beherrschen. Außerdem macht sich die Organisation dadurch von bestimmten Personen unabhängig: Wird die Stelle in der Buchhaltung frei, kann sie neu ausgeschrieben und wiederbesetzt werden, ohne die gesamte Aufgabenverteilung neu vornehmen zu müssen.

Andere formale Regeln betreffen die *Koordination* von Aktivitäten der Mitglieder oder das Arrangement der Leistungserstellungsprozesse. Aber auch zu vielen anderen Zwecken benötigt die Organisation Regelungen wie etwa - um noch ein Beispiel zu nennen - Verfahrensrichtlinien (z. B. für Investitionsanträge).

Die Gesamtheit aller formalen Regelungen, die für Organisationen konstitutiv sind, wird als die *formale Organisationsstruktur* (oder kürzer: Formalstruktur) bezeichnet.

1.3.2 Entstehung formaler Regeln

Wie aber kommt die formale Organisationsstruktur in einem Unternehmen zustande?

Diese Frage ist nicht ganz einfach zu beantworten. Bereits im Zusammenhang mit den Ausführungen zur Mitgliedschaft wurde deutlich, dass die Arbeitnehmer/innen über (Arbeits-) Verträge in die Organisation eingebunden werden. Mit ihrer Unterschrift dokumentieren sie die Anerkennung des arbeitgeberseitigen Direktionsrechts. Damit wird klar, dass Unternehmen auch offene Herrschaftsverbände sind. Der Arbeitgeber oder der sog. *„dispositive Faktor"* (in der Terminologie eines der wohl bekanntesten deutschen Betriebswirte, Erich Gutenberg (1963) wird durch sein Direktionsrecht legitimiert, einseitig Festlegungen zur Organisationsstruktur zu treffen, ohne dass es dazu des Einverständnisses der Arbeitnehmer/innen bedarf.

So kann er z. B. nach Maßgabe von Effizienzüberlegungen entscheiden, wie viele und welche Abteilungen gebildet werden und wie die Grobverteilung von Aufgaben und Kompetenzen vorzunehmen ist. Dabei wird der Arbeitgeber in größeren Unternehmen von seinem Stab von Führungskräften unterstützt. Z. T. haben Großunternehmen auch spezifische Organisationsabteilungen, die sich mit Fragen der Strukturbildung eingehend beschäftigen, etwa indem sie untersuchen, analysieren, Vorschläge für Aufgabenverteilung oder Arbeitsabläufe machen usw. Diese Abteilungen sind aber in der Regel typische Stabsressorts, die die Entscheidungen vorbereiten, sie aber nicht selbst treffen.

Genau diese Überlegungen und Entscheidungen sind gemeint, wenn in einem Großteil der Fachliteratur von der *Gestaltung* der Organisationsstruktur gesprochen wird. Schon der „Altmeister" Kosiol (1962, S. 19) spricht von der Gestaltung „als Oberbegriff allen zweckgerichteten (zielstrebigen) Handelns in der Unternehmung ... Aus ihr ist das Spezifische der organisatorischen Gestaltungsvorgänge zu entwickeln."

Entsprechend spielt die Vorstellung, dass sich eine Organisation - einer Maschine nicht unähnlich - „vom Kopf" (von der Steuerungszentrale) her nach Rationalitätskalkülen gestaltend-zielgerichtet ausrichten lässt, eine fundamentale Rolle in den betriebswirtschaftlichen Vorstellungen zu diesem Fachgebiet. Grochla etwa stellt sich dies folgendermaßen vor:

„Die Tätigkeit des Organisierens umfasst die Zuordnung von Teilen aus der Gesamtaufgabe auf die arbeitsteilig wirksam werdenden Systemelemente und die Herstellung von Beziehungen zwischen diesen Elementen. Dieses rationale Handeln (!) orientiert sich an alternativen Gestaltungsprinzipien bzw. Strukturierungskonzeptionen und setzt Prognostizierung der möglichen Auswirkungen der geplanten Konzeptionen auf die Effizienz des gesamten organisatorischen Systems voraus. ...

Im Anschluss an die Entscheidung für die als effizient prognostizierten Struktur erfolgt die Umsetzung dieser Struktur in die Realität."

Textbeleg 1-4: Organisieren als rationales Gestalten (nach Grochla 1972, S. 18 f.)

So lässt sich mühelos ein Bogen schlagen von Klassikern wie Kosiol über prominente Fachvertreter aus den 70er Jahren bis hin zu heutigen Lehrmeinungen, wie sie z. B. von Krüger (2005, S. 143 f.) vertreten wird. Für ihn setzt die „optimale Aufgabenerfüllung" die Existenz zielwirksamer Regeln voraus, die im Wege der „Organisation als Gestaltungsprozess" zu finden und zu formulieren sind. „Diese gestaltende Tätigkeit ist der Ausführung der Aufgaben vorgelagert, sie ist planerisch (präsituativ)" (ebenda, S. 144).

Sicherlich wäre es vermessen, die Bedeutung von Strukturierungsentscheidungen durch den „dispositiven Faktor" nach Maßgabe von Effizienzkalkülen für den Status quo einer Organisation zu verkennen. Allerdings stellt man die Realität genauso auf den Kopf mit der Behauptung oder der „Theorie" (siehe Grochla), formale Regelungen kämen ausschließlich oder zumindest „im Prinzip" auf diese Weise zustande.

Schon Taylor (vgl. Abschn. 2.2.2) waren die in Betrieben wahrgenommenen „Faustregeln" ein Dorn im Auge, nach denen die Beschäftigten unter sich die Arbeit organisierten. Sie waren für ihn so etwas wie der Stachel im Fleisch des Wunsches nach größtmöglicher Effizienz, den er mit seinen wissenschaftlichen Methoden herauszuziehen trachtete. Dies ist aber niemals, nicht einmal in den Hoch-Zeiten der Taylorismus-Rezeption, erschöpfend gelungen.

Ein solches Vorhaben scheitert schon daran, dass die dafür notwendigen Antizipationsleistungen nicht lückenlos zu erbringen sind. Der „planerisch"-vorwegnehmenden Strukturierung sind in Wahrheit erhebliche Grenzen gesetzt, die sich aus begrenzter Informationsverarbeitungskapazität und Kompetenz der Gestalter sowie vor allem aus situativen Veränderungen in der Realität gegenüber dem in der Planung prognostizierten Zustand ergeben.

Ein Weiteres kommt hinzu: In der Sache zu Recht aber in einer gewissen konzeptionellen Inkonsequenz weist schon Grochla (1972, S. 14) darauf hin, dass eine „zu straffe Reglementierung die Anpassungs- und Innovationsfähigkeit organisatorischer Systeme" behindere. Einflüssen der Situation kann am besten begegnet, die „dezentralen" Kompetenzen können am ehesten genutzt werden, wenn es neben der Regelungskompetenz der „Organisationsherren" auch eine solche der Organisationsmitglieder für ihren Arbeitsbereich gibt, die eben nicht im offiziellen und zu „direktiven" Gestaltungsentscheidungen geronnenen Organisationsplan vorgesehen ist. Dem wird seit einiger Zeit auch mit dem Konzept der *„Selbstorganisation"* Rechnung getragen (vgl. z. B. Probst 1987; Göbel 1993; Gebhardt 1996).

Immerhin hat sich die neuere Organisationslehre insoweit weiterentwickelt. Gleichwohl ist das Verhältnis und das Zusammenspiel von Fremd- und Selbstorganisation bislang weder theoretisch noch für die Organisationspraxis befriedigend geklärt worden.

Für unseren Kontext heißt das, dass der „dispositive" Faktor beileibe nicht der einzige Urheber von strukturellen Regelungen in der Organisation ist, sondern dass selbstregulierende Prozesse, in deren Mittelpunkt die „beherrschten" Mitglieder stehen, dafür mindestens ebenso bedeutsam sind (Kieser 1985).

Beispiele für andere „Quellen" sind:

- Regeln entstehen „mikropolitisch", etwa wegen der Expertenmacht der Menschen vor Ort (z. B. Gruppenleiterin und Mitarbeiter/innen einigen sich auf bestimmte Vorgehensweisen).

- Regeln entstehen als kollektiver Lernprozess: Organisationsmitglieder entwickeln Routineprogramme; sie wiederholen Handlungsmuster, die sich für die Lösung bestimmter Probleme als zweckmäßig erwiesen haben. Dabei spielen weniger Rationalitätskalküle als „Trial-and-Error-Prozesse" eine wichtige Rolle (vgl. Kieser/Walgenbach 2003, S. 21).

- Regeln existieren qua Tradition, wobei etwa generalisierte Berufsbilder eine prägende Wirkung entfalten können. So bekommen z. B. Handwerker/innen, Ärzte oder auch EDV-Spezialist/innen eine Vielzahl von Regeln und Routineprogrammen bereits durch ihre Ausbildung vermittelt.[3]

Die Bedeutung solcher „nicht-direktiven" Regulierungsquellen lässt sich nicht hoch genug einschätzen: „... bisweilen sind es gerade diese Regeln, Routinen oder Standardprozeduren, die das Verhalten besonders stark beeinflussen" (Schreyögg 2003, S. 13).

Somit gibt es viele Wege und Weisen für die Genese struktureller Regelungen; das in der Betriebswirtschaftslehre gern absolut gesetzte Modell der bewussten Organisationsentscheidung durch den Arbeitgeber bzw. das Management ist nur eines davon. Der „Organisationsherr" wäre vermutlich auch schnell überfordert, wollte er tatsächlich jedes Detail im Wege bewusster Entscheidungsakte selbst gestalten.

Außerdem gilt es zu bedenken, dass das Direktionsrecht des Arbeitgebers keine beliebige Handlungsfreiheit gibt. Weisungsbefugnisse beschränken sich auf den vertraglich abgesteckten Rahmen und müssen sich auch an andere Normen (z. B. Gesetze, Verordnungen, Tarifverträge) halten. In Ländern wie der Bundesrepublik Deutschland und Österreich tangieren zudem Mitbestimmungsrechte der Betriebsräte das arbeitgeberseitige Direktionsrecht. Dass diese auch organisatorische Gestaltungsentscheidungen des Managements (z. B. beim Einsatz der EDV und anderer Maschinensysteme) betreffen, wird an anderer Stelle in diesem Buch noch zu zeigen sein.

Wichtig ist schließlich die Feststellung, dass formale Regeln nicht irgendwo am Reißbrett und erst recht nicht „in einem Guss" entworfen und dann umgesetzt werden (Kieser/Walgenbach 2003, S. 20). Vielmehr finden laufend Veränderungen statt. Eingeführte Verfahrensrichtlinien werden wieder zurückgenommen und durch andere ersetzt, weil sich die Problemstellungen verändert haben. Einzelne Stellen oder gar ganze Abteilungen werden hinzugefügt oder aufgelöst. Insofern ist die organi-

---

[3] Kieser/Walgenbach (2003, S. 21) führen das folgende hübsche Beispiel an: „Wenn Maurer, die vorher nicht zusammengearbeitet haben, für eine lokale Baustelle rekrutiert werden, so wiederholen sie die Interaktionsprozesse, die sie auf anderen Baustellen gelernt und eingeübt haben. In relativ kurzer Zeit ‚steht' die Organisationsstruktur der Baukolonne, ohne dass viel organisiert werden muss."

sationale Realität durch ein kompliziertes Wechselspiel von Strukturen und Prozessen geprägt.

1.3.3 Informale Regeln

Schon die Vertreter der sog. „Human-Relations-Schule" (vgl. z. B. Roethlisberger/Dickson 1939, S. 558 f.) haben in ihren Forschungen aus den 30er Jahren des letzten Jahrhunderts als eine Quintessenz erkannt, dass in Organisationen nicht nur offiziell eingeführte und spezifizierte Erwartungen an die Mitglieder Verhaltenswirksamkeit entfalten: „Too often it is assumed that the organization of a company corresponds to a blue print plan or organization chart. Actually, it never does" (ebenda, S. 559).[4]

Organisationsmitglieder entwickeln *ergänzend* eigene Regeln, die z. B. Lücken der formalen Organisation ausfüllen. Außerdem kann die formale Organisation sogar den „offiziellen" Regeln aus unterschiedlichen Gründen *widersprechen* (Kieser/Walgenbach 2003, S. 22). So kann damit von der Formalstruktur „unterdrückten" Interessen wieder Geltung verschafft werden. Aber es geht bei weitem nicht nur um Interessen. Gerade in hoch bürokratischen Organisationen bedeutet die Umgehung oder gar Konterkarierung von offiziellen Regeln häufig Aufrechterhaltung von Handlungsfähigkeit und Effizienz, „etwa so, wie der ‚Trampelpfad' mitten über den Rasen führt, obwohl der Fußgängerweg außen herum verläuft" (Krüger 2005, S. 146).

Die informale Organisation kann somit beides: Sie kann unterlaufen und konterkarieren und somit ein Störelement der formalen Ordnung ausmachen. Sie kann aber ebenso eine wichtige Korrektivfunktion formaler Strukturelemente einnehmen, so etwa, wenn diese besonders schwerfällige Wirkungen entfalten oder auf Probleme zugeschnitten sind, die nicht mehr der Organisationswirklichkeit entsprechen.

---

[4] Hier zit. nach Bea/Göbel (2002, S. 64).

1.4 Aufgaben und Diskussion

Aufgabe 1-1:

Interpretieren Sie den Satz: „Das Unternehmen ist eine Organisation, weil es eine Organisation hat"!

Aufgabe 1-2:

Fassen Sie mit Ihren eigenen Worten die Standard-Definition von „Organisation" zusammen!

Aufgabe 1-3:

Wer hat in Wirklichkeit Ziele, Menschen oder Organisationen? Wie werden aus Zielen von Menschen Ziele der Organisation?

Aufgabe 1-4:

Die Ziele eines Unternehmens sind selten einer direkten Beobachtung zugänglich. Bitte überlegen Sie sich verschiedene Techniken, wie man die Ziele des Unternehmens ermitteln kann und welche Probleme jeweils mit dieser Erfassungsform verbunden sind!

Aufgabe 1-5:

Bitte überlegen Sie sich mindestens zwei (weitere) konkrete Beispiele für zielgerichtete Zusammenschlüsse von Menschen, denen aber das Merkmal der Dauerhaftigkeit fehlt und die daher keine „Organisation" darstellen!

Aufgabe 1-6:

Welche der nachfolgenden Personen würden Sie als Mitglied einer Organisation Unternehmen bezeichnen und welche nicht?

Unternehmer/in, Arbeitnehmer/in, Aktionär/in, externe Aufsichtsratsmitglieder, Volontäre ohne Gehalt, Student/innen, die eine Diplomarbeit im Unternehmen schreiben.

Aufgabe 1-7:

Welche Mechanismen sind Ihnen bekannt, wie Organisationen (unterschiedlichen Typs) ihre Mitglieder einbinden?

Aufgabe 1-8:

Überlegen sich bitte jeweils zwei bis drei Beispiele für formale Regeln, die in den folgenden Organisationstypen oft eine Rolle spielen:

- Schulen
- Krankenhäuser
- Gefängnisse
- Gewerkschaften
- Unternehmen!

Aufgabe 1-9:

Halten Sie die Vorstellung, dass Strukturregelungen aufgrund von Rationalitätsannahmen zentral geplant werden sollten, für sinnvoll und realistisch?

Aufgabe 1-10:

Bitte erklären Sie, warum formale Regeln für eine Organisation so wichtig sind! Was genau sind die Effizienzvorteile formaler Regeln?

"The domain of organization theory is coming
to resemble more of a weed patch than a well-
tended garden"

(Pfeffer 1982, S. 1)

2. Organisationstheoretische Ansätze

2.1 Vielfalt der Organisationstheorien

Die Darstellung der einzelnen Kernelemente der Definition von Organisation hat gezeigt, dass es sich um ein sehr komplexes Phänomen unserer gesellschaftlichen Wirklichkeit handelt, das die Aufmerksamkeit
vieler wissenschaftlicher Disziplinen auf sich gezogen hat: der Soziologie, der Wirtschaftswissenschaften, der Psychologie, der Politologie, der
Ingenieur- und Arbeitswissenschaften, der Verwaltungswissenschaften
und anderer (Wolf 2003, S. 43).

Vor diesem Hintergrund verwundert es nicht, dass es *keine einheitliche
Theoriebasis* gibt, die es uns ermöglicht, Organisationen erschöpfend zu
erklären und zu verstehen. Die „Theorielandschaft" wird geprägt von
einigen Klassikern, aber auch von neueren und fachspezifischen Ansätzen. Ein allgemein akzeptiertes Paradigma für Forschung und Lehre ist
nirgends in Sicht. Vielmehr sind Rivalität und Konkurrenz um knappe
Forschungsressourcen zu beobachten. Im Ergebnis finden wir einen
regelrechten Dschungel unterschiedlichster Ansätze vor, die das Phänomen zu durchdringen und zu erklären trachten: Es gibt zahlreiche
„images of organization" (Morgan 1986). Bei ihrer Beurteilung geht es
nicht um „richtig oder falsch", vielmehr sind die Ansätze eher komplementär: Sie legen jeweils stark auseinanderfallende Blickwinkel und
Erklärungskategorien zugrunde:

> „Theorien dienen der Orientierung in einer komplexen Wirklichkeit.
> Hierzu heben sie problemabhängig bestimmte Faktoren hervor und
> vernachlässigen andere. Sie sind ähnlich wie die Werkzeuge eines
> Handwerkers als Erkenntnisinstrumente des Forschers zu begreifen,
> deren Nützlichkeit sich erst in der Anwendung auf konkrete Frage-
> stellungen herausstellt.

Umfassende Erkenntnisansprüche werden von keiner Theorie auch nur annähernd erfüllt. Wie die Beobachtung im Lichtkegel eines Scheinwerfers …, der nur bestimmte Bereiche einer nächtlichen Landschaft erhellt, andere dafür im Dunkeln belässt, konzentriert sich jede einzelne Theorie auf Wirkungszusammenhänge innerhalb des von ihr ‚erhellten' Ausschnitts des Organisationsproblems."

Textbeleg 2-1: Wesen und Funktionen von Theorieperspektiven (nach Picot/ Dietl/ Franck 2005, S. 24)

Man ist sich oft nicht einmal darüber einig, wofür man Theorien der Organisation überhaupt benötigt und was „gute" Theorien sind. Während sie für die einen mehr die Basis für das Verständnis und die Durchdringung des zu betrachtenden und zu erschließenden Phänomens sind, steht für andere das instrumentalistische Denken im Vordergrund, wonach mittels treffender Theorien die Gestaltungsverantwortlichen die Wirkungen von Strukturentscheidungen besser abschätzen und die ablaufenden Prozesse der Ordnungsbildung erfassen und beeinflussen können (vgl. z. B. Bea/Göbel 2002, S. 23).

„Die Fülle der Ansätze kann damit erklärt werden, dass die Komplexität des Forschungsgegenstandes sehr viele Freiheiten eröffnet … Man kann

- sich dem Forschungsgegenstand ‚Organisation' von unterschiedlichen Disziplinen her nähern (bspw. Betriebswirtschaftslehre, Volkswirtschaftslehre, Soziologie, Psychologie),

- unterschiedliche Organisationsbegriffe in den Vordergrund stellen (bspw. Organisation als Instrument, Organisation als Institution),

- sich von unterschiedlichen Metaphern leiten lassen (bspw. Organisation als Maschine, Organisation als Organismus),

- unterschiedliche Aspekte der Organisation betrachten (bspw. Art der Arbeitsteilung, das Entscheidungsverhalten der Organisationsmitglieder, die Grenzziehung zwischen Organisation und Umwelt),

> - unterschiedliche Untersuchungsmethoden verwenden (bspw. großzahlige empirische Erhebung quantitativer Merkmale mit statistischer Auswertung oder langfristiges Miterleben und Beobachten des Mitarbeiterverhaltens und Erstellen eines Erfahrungsberichts),
>
> - von unterschiedlichen Menschenbildern ausgehen (bspw. der Mensch ist faul, der Mensch will seine Potentiale entfalten) und
>
> - unterschiedliche Vorstellungen von der gezielten Gestaltbarkeit der Organisation entwickeln" (Bea/Göbel 2002, S. 36 f.).
>
> „Ist die Organisationstheorie eine empirische Wissenschaft, die in der Realität vorfindbare Phänomene beschreibt und in ihren Zusammenhängen zu erklären erstrebt? Oder ist sie mehr eine analytische Wissenschaft, die, ähnlich wie die Mathematik, organisatorische Problemstellungen gedanklich durchdringt, ordnet und mit Hilfe von komplexen Algorithmen optimale Lösungen unter spezifizierten Bedingungen bestimmt? Oder ist die Organisationstheorie eine Verfahrenslehre, die Anleitung gibt, wie man Aufgaben gliedern und ordnen kann? etc.
>
> ... Ist die Organisationstheorie eine Lehre der Strukturgestaltung oder erklärt sie die Prozesse innerhalb der Strukturen? Studiert sie die Organisation aus der Perspektive der Führung oder aus der Perspektive des Organisationsmitglieds? Interessiert sie sich für die Organisation als System, das sich in einer bestandskritischen Umwelt zu bewähren hat, oder für die Organisation als Herrschaftsinstrument?" (Schreyögg 2003, S. 29).

Textbeleg 2-2: Zur Vielfalt der Organisationstheorie

Es ist hier nicht der Raum, um diese Debatte über das Wesen und die Funktion der Theoriebildung im Fachgebiet eingehend zu führen. Dazu muss auf die einschlägige Spezialliteratur verwiesen werden (vgl. einige wichtige Quellen unten). Auch würde es den Rahmen dieses Lehrbuchs sprengen, sich intensiv mit all den „gehandelten" Ansätzen auseinander zu setzen. Daher beschränken wir uns auf eine kleine Auswahl klassischer, situativer, systemtheoretischer, interpretativer, stärker ökonomisch „eingefärbter" und politischer Organisationstheorien (vgl. zu einem Gesamtüberblick Kieser/Kubicek 1978 a u. b; Kieser 1993;

Bea/Göbel 2002, S. 40 ff.; Wolf 2003). Diese sechs Richtungen sind für mich die „Eckpunkte" für die Entwicklung der theoretischen Fundierung der Disziplin und verdienen daher eine vertiefende Betrachtung.

2.2 Klassische Ansätze

In diesem Unterkapitel geht es zunächst um zwei wesentliche Vertreter der klassischen Organisationstheorie, nämlich Weber und Taylor. Daneben werden auch die Arbeiten des Franzosen Henry Fayol (1916) - etwa unter der Bezeichnung „Administrativer Ansatz" (vgl. Schreyögg 2003, S. 36 ff.) - zu diesen richtungsweisenden Werken gerechnet, die in der Epoche des frühen 20. Jahrhunderts erschienen sind und die (immer noch) von bahnbrechender Bedeutung für das Fachgebiet „Organisation" sind. Aus Platzgründen gehen wir hier jedoch auf Fayol nicht näher ein (vgl. als Sekundärliteratur z. B. ausführlicher Wolf 2003, S. 77 ff.).

2.2.1 Bürokratieansatz von Max Weber

Der bekannte deutsche Wissenschaftler Max Weber (1864 – 1920) hat mit seinem „Idealtypus der Bürokratie" für viele Expert/innen die Initialzündung zur Entfaltung der Organisationstheorie gegeben. In seinem posthum erschienenen Hauptwerk „Wirtschaft und Gesellschaft" (Weber 1921, 5. Auflage 1972) entwickelt er Überlegungen zu möglichst effizienten Strukturmerkmalen der Verwaltung und verdichtet sie zu seinem berühmten Bürokratiemodell.

Weber sieht die Organisation in einem *Herrschaftszusammenhang*.
Herrschaft definiert er als Chance, „für spezifische (oder: für alle) Befehle bei einer angebbaren Gruppe von Menschen Gehorsam zu finden" (Weber 1972, S. 122). An anderer Stelle (ebenda, S. 544) präzisiert er sein Verständnis von Herrschaft als Tatbestand,

> „dass ein bekundeter Wille (‚Befehl') des oder der ‚Herrschenden' das Handeln anderer (des oder der ‚Beherrschten') beeinflussen will und tatsächlich in der Weise beeinflusst, dass dies Handeln ... so abläuft, als ob die Beherrschten den Inhalt des Befehls, um seiner selbst Willen, zur Maxime ihres Handelns gemacht hätten (‚Gehorsam')."

Textbeleg 2-3: Herrschaft bei Max Weber

Jede Form von Herrschaft muss als legitim gelten. Herrschaft braucht zur dauerhaften Sicherung ihrer Existenz die äußerliche, besser noch die innere Anerkennung der Beherrschten: „Ein gewisses Minimum von innerer Zustimmung ... der Beherrschten ist Vorbedingung der Dauer einer jeden, auch der bestorganisierten Herrschaft" (ebenda, S. 1080).

Er unterscheidet drei Formen der Herrschaftslegitimation:

- traditionale Herrschaft (aufgrund des Glaubens an die Geltung von Traditionen),
- charismatische Herrschaft (aufgrund des Glaubens an Vorbildlichkeit und Überzeugungskraft von Personen) und
- die legale Herrschaft kraft Satzung.

Den letztgenannten Typus setzt er mit dem Begriff Bürokratie gleich, der bei Weber ganz im Gegensatz zu der umgangssprachlichen Bedeutung (schwerfällige, ineffiziente Verwaltung) *die* leistungsfähige Organisationsform schlechthin darstellt. Die Bürokratie grenzt er ab zu älteren Herrschaftsformen, wie sie etwa in der feudalistischen und ständischen Ordnung wirksam wurden.

Die legale Herrschaft kraft Satzung beruht nach Weber (1972, S. 124) „auf dem Glauben an die Legalität gesatzter Ordnungen und des Anweisungsrechts der durch sie zur Ausübung der Herrschaft berufenen."

Als zentrale Merkmale der Bürokratie, die bei Weber als synonym für Effizienz, Präzision, Eindeutigkeit, Sachlichkeit, Schnelligkeit und Berechenbarkeit steht, stellt er heraus:

- eine feste Arbeitsteilung durch Zuweisung konkreter Aufgabenbereiche mit entsprechenden Kompetenzen an die einzelnen Personen,
- ebenso feste Über- und Unterordnungsverhältnisse (Amtshierarchie), wobei die Inhaber der übergeordneten Positionen Weisungs- und Kontrollrechte gegenüber den Unterstellten haben,
- ein System unpersönlicher, fester und erlernbarer Regeln zur Amtsführung (wie z. B. der Dienstweg),
- das Prinzip der Aktenmäßigkeit der Vorgänge, wonach die gesamte Aufgabenerfüllung in schriftlicher Form zu dokumentieren ist.

Übersicht 2-1: Zentrale Merkmale von Webers Bürokratiemodell

Insbesondere diese vier strukturellen Merkmale charakterisieren für ihn den reinen Typ der Bürokratie, die legale Herrschaft mittels eines bürokratischen Verwaltungsstabes.

Es geht ihm darum, mit diesem *Idealtypus* die aufstrebende Existenz von Großorganisationen im 20. Jahrhundert als rationelle Herrschaftsform verständlich zu machen. Ein Idealtypus ist ein gedankliches Bild, das nicht unbedingt der Wiedergabe der empirisch-historischen Wirklichkeit gilt, sondern das vielmehr als Maßstab für den Vergleich mit der Realität fungiert. Die idealtypische Methodik ist Kernstück von Webers Konzept der „verstehenden Soziologie".

Das Bürokratiemodell hat in der Organisationstheorie bleibende Orientierungsmarken gesetzt. Es liefert tief greifende Erkenntnisse über die grundlegenden Funktionsweisen formaler Organisationen, wenngleich Webers Arbeiten aufgrund der spezifischen Methodologie nicht als Beschreibung empirischer Realitäten missverstanden werden dürfen (was verschiedentlich in der Kritik geschehen ist).

Ganz typisch für das Webersche Konzept ist die Betrachtung der Organisation als ein maschinenähnliches Ordnungsmuster: „Ein vollentwickelter bürokratischer Apparat verhält sich ... wie eine Maschine zu den nicht mechanistischen Arten der Gütererzeugung" (Weber 1972, S. 561). Dieses Denken hat aber neben Weber noch einen anderen wichtigen Protagonisten gehabt, der aus einem Grundlagenbuch der Organisation überhaupt nicht wegzudenken ist. Frederick Winslow Taylor heißt der Mann.

2.2.2 Ingenieurwissenschaftlicher Ansatz (Taylorismus)

Der Taylorismus ist (zusammen mit dem sog. Fordismus) in der Entwicklung der kapitalistischen Produktion *der* Markstein bei der Gestaltung der industriellen Arbeit und ihrer Organisationsformen. Der Begriff geht zurück auf den amerikanischen Ingenieur Taylor (1841 - 1925), der seinen Ansatz um die Wende des 19. zum 20. Jahrhunderts entwickelt hat.

Wie noch zu zeigen sein wird, war Taylor vor allem ein Verfechter starker Spezialisierung und einer rigiden Vereinfachung von Tätigkeitsinhalten für Arbeitende. Seine Ansätze sind in den 20er Jahren des 20. Jahrhunderts von Henry Ford aufgegriffen und zu seinem berühmten Fließbandsystem mit extrem arbeitsteiligen, meist auf wenige, immer wiederkehrende Handgriffe beschränkten Arbeitsplätzen weiterentwickelt worden. Daher wird der Begriff des „Taylorismus" oft in einem Atemzug mit dem „Fordismus" genannt. Synonyme Begriffe für Taylorismus sind im Übrigen aus noch zu zeigenden Gründen „Wissenschaftliche Betriebsführung" oder in der amerikanischen Originalversion *„Scientific Management"*.

Die Taylorschen Lehren haben bis zum heutigen Tag die Produktionsweisen in Industrie und Verwaltung nachhaltig geprägt, wenngleich sich seit einigen Jahren die ökonomischen und sozialen Krisenerscheinungen zu mehren scheinen, die dieses Konzept mit sich bringt. In verstärktem Umfang wird seit nunmehr über 20 Jahren über Visionen eines sich abzeichnenden Endes des Taylorismus diskutiert (vgl. dazu das wichtige Buch der beiden Industriesoziologen Kern/Schumann 1984). In vielen Unternehmen werden auch in der Praxis „post-tayloristische" Formen der Arbeitsorganisation eingeführt oder zumindest damit experimentiert. Beispiele sind Gruppenkonzepte, bei denen anspruchsvolle Tätigkeitsinhalte (z. B. Planen und Disponieren), die vorher von Vorgesetzten und/oder Spezialist/innen wahrgenommen wurden, in die Gruppenaufgabe integriert werden. Es gibt aber auch auf den Einzelarbeitsplatz bezogene Anreicherungsformen.

Auch wenn viele den Taylorismus schon in mehreren Epochen vor seinem Ende gesehen oder für tot erklärt haben, hat er sich stets als sehr zäh und langlebig erwiesen. Dies ist auch in der Gegenwart der Fall: Während in der Ära der Verbreitung der sog. „lean production" (mit starken japanischen Einflüssen) in den 90er Jahren mit einem intensiven Schub der Verbreitung von Gruppenarbeit viele mit Euphorie und Begeisterung einer vermeintlichen „Ent-Taylorisierung" der Arbeit entgegensahen, mehren sich seit einigen Jahren die Anzeichen, dass in vielen Betrieben das Rad wieder zumindest teilweise ein Stück zurückgedreht wurde (vgl. z. B. Springer 1999). Umso neugieriger darf man auch heute noch auf die Lehren dieses Mannes blicken, der für die gesamte Entwicklung der Industriegesellschaften derart Bahnbrechendes geleistet hat, zugleich aber Arbeitsformen vorgesehen und zu ihrer Ausbreitung beigetragen hat, die etwa für die Interessen der Arbeitnehmer/innen auch ganz erhebliche Probleme mit sich bringen.

2.2.2.1 Historischer Hintergrund

Die Entstehungsgeschichte des Taylorismus kann nur verstanden werden vor dem Hintergrund der besonderen Verfassung und Situation der US-amerikanischen Gesellschaft im ausgehenden 19. Jahrhundert. In diesem Zeitrahmen war das Land mit gravierenden Umwälzungen und Verwerfungen konfrontiert, die in starkem Maße auf die Wirtschaft durchschlugen. In erster Linie sind in diesem Zusammenhang anzuführen eine rasante Industrialisierung und Verstädterung, ein enormes Anwachsen der Produktion mit einem Trend zur Massenfertigung und - vor allem - das Auftreten großer Massen ungelernter, agrarisch geprägter Arbeitskräfte auf dem Arbeitsmarkt aufgrund mehrerer Einwanderungswellen sowie massive soziale Unruhen und Arbeitskämpfe.

Taylor monierte vor allem, dass die Arbeitenden unter den stark handwerklich geprägten Strukturen in der amerikanischen Industrie in seinen Augen viel zu viele Freiräume bei der Gestaltung ihrer eigenen Tätigkeit hätten. Dadurch seien sie nicht in der Lage, ihre volle Leistungsfähigkeit zu entfalten. Nach seinen Feststellungen wurde auch in den industrialisierten Unternehmen um die Jahrhundertwende noch nach ineffizienten „Faustregeln" gearbeitet, d. h. nach traditionell überlieferten Arbeitsmethoden, die nur im günstigsten Fall auf wirklich gemachten Erfahrungen beruhten (Taylor 1913, S. 14 f.). Außerdem führte er Produktivitätsdefizite auf „menschliche" Faktoren zurück, insbesondere auf die nach seiner Meinung angeborene Neigung des Menschen, nicht mehr zu arbeiten als unbedingt nötig.

2.2.2.2 Programmatik

Diese traditionellen, aus vor-industrieller Zeit stammenden „Faustregeln" hatte Taylor mit seinen verwissenschaftlichen Methoden im Auge. Durch die exakte und methodengestützte Analyse von Bewegungen, Arbeitsverrichtungen und Abläufen ging es ihm darum, ein detailliertes und differenziertes Konzept der Arbeitsorganisation herauszufinden, das große Zeitersparnisse und Produktivitätsfortschritte nach sich zieht. Da die Arbeiter/innen selbst nach Taylor meist nicht in der Lage seien, die wissenschaftlichen Momente ihrer Arbeit zu verstehen, ist es seiner Meinung nach die Sache der Betriebsführung und/oder ausgebildeter Spezialist/innen, diese Analysen anzuwenden, das Datenmaterial systematisch aufzubereiten und die Beschäftigten exakt anzuleiten, nach den so gefundenen Strukturen zu arbeiten.

Die Programmatik der wissenschaftlichen Betriebsführung lässt sich in den folgenden Punkten zusammenfassen:

-   Durch wissenschaftliche Analysen den „one best way" finden
-   Genaue Fixierung von Abläufen und Zeiten
-   Exaktes Vorschreiben der Arbeitstätigkeiten und -methoden
-   Zerstückelung von Einzelaufgaben
-   Rigorose Trennung von Hand- und Kopfarbeit

Übersicht 2-2:Programmatik des tayloristischen Ansatzes

„One best way"

Ein erster zentraler Punkt des tayloristischen Ansatzes besteht in der Vorstellung, dass es einen nach wissenschaftlichen Methoden zu ermittelnden optimalen Weg der Arbeitsorganisation gibt. Dieses angestrebte Ergebnis der arbeitswissenschaftlichen Untersuchungen und Erhebungen hat er in seine berühmt gewordene Formel von dem *„one best way"* gekleidet. Damit wird zugleich verneint, dass es durchaus unterschiedliche Arbeits- und Produktionskonzepte geben kann, die zum Erfolg führen.

Nach Biographien zu urteilen, war bei Taylor schon zu Jugendzeiten ein geradezu pedantischer und zwanghafter Analysetrieb zu beobachten.

„Er liebte Ballspiele, verleidete seinen Mitspielern aber die Freude, indem er die Regeln übertrieben genau nahm: Zunächst vermaß er das Spielfeld exakt; beim Spielen ging er dann eher systematisch-analytisch als intuitiv vor. Beim Crocket bspw. versuchte er, Schlagstärke und Winkel, in dem der Ball zu treffen war, genau zu berechnen. Beim Waldlauf experimentierte er ständig, um denjenigen Schritt ausfindig zu machen, mit dem er die größte Distanz mit dem geringsten Energieaufwand zurücklegen konnte."

Textbeleg 2-4: Zur Persönlichkeit Taylors (nach Kieser 1993b, S. 72)

Seine typische Denk- und Arbeitsweise geht aus dem folgenden Experiment hervor, mit dem er herausfinden wollte, wie eine optimale Schaufelbeladung beschaffen sein müsste:

„Für einen erstklassigen Schaufler gibt es eine bestimmte Gewichts-last, die er jedesmal mit der Schaufel heben muss, um die größte Ta-gesleistung zu vollbringen. Welches ist nun diese Schaufellast? Wird ein Arbeiter pro Tag mehr leisten können, wenn er jedesmal zwei, drei, fünf, zehn, fünfzehn oder zwanzig kg auf seine Schaufel nimmt? Das ist eine Frage, die sich nur durch sorgfältig angestellte Versuche beantworten lässt. Deshalb suchten wir erst 2 oder 3 erstklassige Schaufler aus, denen wir einen Extralohn zahlten, damit sie zuverläs-sig und ehrlich arbeiteten. Nach und nach wurden die Schaufellasten verändert und alle Nebenumstände, die mit der Arbeit irgendwie zu-sammenhingen, sorgfältig mehrere Wochen lang von Leuten, die ans Experimentieren gewöhnt waren, beobachtet. So fanden wir, dass ein erstklassiger Arbeiter seine größte Tagesleistung mit einer Schaufel-last von ungefähr 9 1/2 kg vollbrachte, d. h. er leistete mit einer Schaufellast von 9 1/2 kg mehr als mit einer solchen von 11 kg oder 8 1/2 kg."

Textbeleg 2-5: Taylors Experimente zur optimalen Schaufellast
(nach Taylor 1913, S. 68)

Taylor vergaß natürlich nicht, dass dieses Ergebnis des Experiments nur für Erde in einer bestimmten Beschaffenheit Gültigkeit beanspruchen kann. Möglicherweise sind für andere Materialen auch andere Größen zu bevorzugen, die sich aber auf analoge Weise bestimmen lassen.

Genaue Fixierung von Abläufen und Zeiten

Ein weiterer Eckpunkt von Taylors Vorstellung von der ergiebigsten Form der Arbeitsorganisation ist das „Festprogrammieren" von Arbeits-abläufen, die genaue Fixierung von Art, Ort und Zeit der abgeforderten Leistung.

Vor allem seine berühmten und für die weitere Entwicklung der indus-triellen Arbeit richtungsweisenden *Zeit- und Bewegungsstudien* sollen für die dafür notwendigen Informationen sorgen, die zugleich als Grundlage für eine „objektive" Lohnbestimmung fungieren (als Pen-sumlohn). Dabei setzt sich nach Taylor die „analytische Arbeit der Zeit-studie" aus den folgenden Elementen zusammen (zitiert nach Kieser 1993, S. 75):

„a)   Die Arbeit des Ausführenden ist in einfache Elementarbe-
        wegungen zu unterteilen.

b)   Alle überflüssigen Bewegungen sind zu ermitteln und aus-
        zuschalten.

c)   Die Art und Weise, wie mehrere geschickte Arbeiter jede
        Elementarbewegung ausführen, ist nacheinander zu ermit-
        teln, und mit Hilfe der Stoppuhr ist das in dem betreffenden
        Gewerbe bekannte schnellste und beste Verfahren zur Ver-
        richtung jeder dieser Elementarbewegungen festzustellen.

d)   Jede Elementarbewegung ist zusammen mit der entspre-
        chenden Zeitangabe zu beschreiben und so zu klassifizieren,
        dass sie zu jeder Zeit schnell wieder aufzufinden ist. Die
        Klassifizierung dieser Bewegungen, um sie schnell wieder
        aufzufinden, ist das schwierigste Element des Zeitstudiums.
        ...

e)   Der Zuschlag, der auf die tatsächliche Arbeitszeit eines gu-
        ten Arbeiters gegeben werden muss, um unvermeidbare
        Verzögerungen, Unterbrechungen, kleinere Betriebsstörun-
        gen usw. auszugleichen, ist zu studieren und festzustellen.

f)   Der Zuschlag, der die Neuheit einer Arbeit für einen guten
        Arbeiter während der ersten Male, da er sie ausführt, in Be-
        tracht zieht, ist zu untersuchen und aufzuschreiben. ...

g)   Der Zeitzuschlag, der für Erholung und für die Überwin-
        dung körperlicher Müdigkeit notwendige Zwischenzeit zu
        gewähren ist, ist zu untersuchen und aufzuschreiben."

Textbeleg 2-6: Taylors Zeitstudien

Hat er erst durch seine wissenschaftlichen Methoden die ideale Form der
Gestaltung der zur Produkterstellung notwendigen Abläufe gefunden,
wird diese genau festgehalten und als künftig einzuhaltender Weg „gesetzt."

Exaktes Vorschreiben der Arbeitstätigkeiten und -methoden

Das auf diese Art und Weise gefundene „Programm" wird per Weisung
den Arbeitenden exakt aufgetragen, seine Einhaltung streng kontrolliert.
Das bedeutet, dass jegliche Form von Handlungs- und Entscheidungs-

spielraum, der in der „Ära der Faustregeln" noch bei den Arbeitenden gelegen hat, nunmehr weitestgehend eliminiert worden ist. Jede Tätigkeit ist bis ins Detail nach dem gefundenen Programm abzuwickeln. Die entsprechenden Methoden sind von den Arbeiter/innen unter genauer Anleitung ihrer/ihres Vorgesetzten systematisch einzuüben.

Auch das von jeder Arbeiterin/jedem Arbeiter zu erbringende Pensum, die geforderte, in Quantitäten (Mengen und/oder Zeiten) ausgedrückte Arbeitsleistung, ist genau festgelegt.

Statt des handwerklichen Geschicks und der Erfahrung der Arbeiter/innen ist der Taylorismus folglich geprägt von einem detaillierten, bis ins Kleinste gehende Vorschreiben der Arbeitstätigkeiten und -methoden.

Zerstückelung von Einzelaufgaben

Wie oben gezeigt, gehörte es zum Wesen der Zeit- und Bewegungsstudien, auch komplexere Vorgänge in ihrer elementarsten Einzelbestandteile zu untergliedern. Für die „Schneidung" von Stellen, d. h. die Bestimmung von Arbeitsinhalten, die ein/e Arbeiter/in auf einer bestimmten Position zu verrichten hat, müssen - auch wiederum nach wissenschaftlichen Gesetzmäßigkeiten ermittelte - sinnvolle Kombinationen von Elementartätigkeiten zu Aufgabenbündeln und damit zu Stellen zusammengefasst werden. An diesem Punkt erwies sich Taylor als entschiedener Befürworter stark spezialisierter Stellenzuschneidungen. Er kam regelmäßig zu dem Befund, dass ein Maximum an Produktivität dann zu erreichen ist, wenn die Gesamtaufgabe in möglichst viele kleine Teilaufgaben aufgespalten wird und das Management die so geschaffenen Positionen einzelnen Arbeitenden zuweist. Dies bedeutet im Ergebnis eine immer weitergehende Zerstückelung von Einzelaufgaben in kleinste Segmente und die Zuweisung der Segmente an einzelne Arbeitsplätze, bis im Extremfall nur noch sehr kleinteilige, immer wiederkehrende Einzeltätigkeiten wie an einem Fließband übrig bleiben.

In der Organisationslehre nennt man die Zerlegung einer (größeren) Aufgabe in einzelne Teilaufgaben die „Spezialisierung" von Tätigkeiten (synonym wird zumeist der Begriff „Arbeitsteilung" verwendet; vgl. dazu ausführlich Abschn. 3.1). Dies ist zunächst gar nicht der Rede wert, denn ohne ein Mindestmaß an Spezialisierung erscheinen komplexere Organisationen gar nicht denkbar. Das Besondere an Taylors Konzept ist das *rigorose Ausmaß* an Spezialisierung, für das er eintrat. Für ihn war der Idealzustand erreicht, wenn die Arbeiter/innen kleinste, höchst routinisierte und rein ausführende Aufgaben zu verrichten haben und ansonsten von der Arbeitsvorbereitung und erst recht von ihrer eigenständigen Planung „entlastet" werden.

Letztlich werden wohl zu Recht die ökonomischen Erfolge des Taylorismus vor allem auf die *Effekte des hohen Spezialisierungsgrades* zurückgeführt: Die Gleichförmigkeit der Arbeit und ihre Routinisierung ermöglichen den Arbeitenden die Entwicklung eines hohen Maßes an Geschicklichkeit (ggf. bei geringer Ermüdung). Wenn sie sich nach kurzer Anlernphase mit „ihrem" kleinen Segment aus der Gesamtaufgabe tagtäglich auseinandersetzen, bekommen sie schnell ein Gespür für die bestmögliche Umsetzung ihrer Vorgaben und den geschicktesten und kräftesparendsten Körpereinsatz. Auch kann es gut sein, dass kleine Verbesserungsmöglichkeiten entdeckt und angewandt werden, die der Arbeitsvorbereitung und/oder der/dem Vorgesetzten entgangen sind. Nicht selten werden diese „Kniffe" aber vor der Führungskraft geheim gehalten. Der starke Wiederholungsgrad der Tätigkeit sorgt für entsprechende Lerneffekte (in der Betriebswirtschaftslehre wird in diesem Zusammenhang häufig vom „Lernkurvengesetz" gesprochen).

Aufgrund der Routinisierung und der Lerneffekte gibt es auch - zunächst - weniger Ausschuss. Allerdings hat der Taylorismus, wie unten noch gezeigt werden wird, ein Qualitätsproblem ganz eigener Art entwickelt.

Die komplette gedanklich-wissenschaftliche Durchdringung und Differenzierung von komplexeren Aufgaben ist zudem häufig die Voraussetzung für das (Er-) Finden von technischen Lösungen, die die Rationalisierungseffekte weiter potenzieren.

Als weitere Vorteile der tayloristischen Spezialisierung seien stichwortartig benannt:

-   eine recht eindeutige Zuordnung von Verantwortlichkeiten,

-   kurze Einarbeitungs- und Anlernzeiten,

-   geringe Qualifikationsanforderungen,

-   dadurch leichte Ersetzbarkeit der Arbeiter/innen.

Rigide Trennung von Hand- und Kopfarbeit

Es ist schon deutlich geworden, dass Taylor für eine rigide Trennung von Hand- und Kopfarbeit eintrat. Die Kopfarbeit ist Sache des Managements und der Ingenieure, Konstrukteure usw. Die Tätigkeit der ausführend Arbeitenden ist auf stures Befolgen der vorgegebenen Arbeitsinhalte und -rhythmen beschränkt, ohne eigenständiges Planen und Disponieren.

Die Beweggründe für diese Position sind vermutlich auf mehrere Aspekte zurückzuführen. Zum einen ist ja die starke Arbeitsteiligkeit ein genereller Zug von Taylors Lehre. Zum anderen hatte er auch seine eigene Perspektive auf die Natur der Menschen in seiner Zeit. Dies wird beispielsweise deutlich anhand seiner Einlassungen über eine sehr einfache Tätigkeit, nämlich das Verladen von Roheisen.

Dieses ist nach Taylor „... typisch für die vielleicht roheste und einfachste Form von Arbeit, die man überhaupt von einem Arbeiter verlangt. Die Hände sind das einzige Werkzeug, das zur Anwendung kommt. ... Einen intelligenten Gorilla könnte man so abrichten, dass er ein mindest ebenso tüchtiger und praktischer Verlader würde als irgendein Mensch. Und doch liegt in dem 'richtigen' Aufheben und Wegschaffen von Roheisen eine solche Summe von weiser Gesetzmäßigkeit, eine derartige Wissenschaft, dass es auch für den fähigsten Arbeiter unmöglich ist, ohne die Hilfe eines Gebildeten die Grundbegriffe dieser Wissenschaft zu verstehen oder auch nur nach ihnen zu arbeiten" (Taylor 1913, S. 43).

2.2.2.3 Menschenbild

Auch wenn er in diesem Textauszug vor allem die Bedeutung seiner Methodik unterstreichen will, lässt es tiefe Einblicke in sein Menschenbild zu.

Die Trennung von Hand- und Kopfarbeit und seine Vorstellungen über Personalführung müssen in Zusammenhang mit diesem Menschenbild gesehen werden. Der arbeitende Mensch gilt darin als eine Art Kraftmaschine, die von außen gesteuert und kontrolliert werden muss. Nur erreicht der Mensch nicht die Zuverlässigkeit und Leistungsfähigkeit einer Maschine. Er wird insoweit betrachtet wie eine potenzielle Schranke der Produktion, eine „Notlösung", für die es noch keine technischen Lösungen gibt oder diese noch nicht kostengünstig genug sind.

Zudem sieht er den Menschen als tendenziell rational handelnd und rein ökonomisch motiviert an („homo oeconomicus").

Taylors Vorstellung über das Wesen der ausführenden Arbeit und den Führungsstil kommt sehr plastisch in einer Unterhaltung zum Ausdruck, in der er selbst einen Roheisenverlader überzeugt, die dreifache Menge an Eisen zu verladen, wenn er dafür 1,85 Dollar anstatt bisher 1,15 Dollar täglich erhält:

> „Wenn Sie nun eine erste Kraft sind, dann werden sie morgen genau tun, was dieser Mann (der Vorgesetzte, d. V.) Ihnen sagt, und zwar von morgens bis abends. Wenn er sagt, sie sollen einen Roheisenbarren aufheben und damit weitergehen, dann heben Sie ihn auf und gehen damit weiter. Wenn er sagt, Sie sollen sich niedersetzen und ausruhen, dann setzen Sie sich hin! Das tun Sie ordentlich den ganzen Tag über. Und was noch dazu kommt: keine Widerrede! 'Eine erste Kraft' ist ein Arbeiter, der genau tut, was ihm gesagt wird und nicht widerspricht. Verstehen Sie mich? Wenn dieser Mann zu Ihnen sagt: Gehen Sie!, dann gehen Sie, und wenn er sagt: Setzen Sie sich nieder, dann setzen Sie sich und widersprechen ihm nicht."

Textbeleg 2-7: Taylors „Erste Kraft" (nach Taylor 1913, S. 68)

Auch dieses Zitat spricht für sich. Es macht deutlich, dass die Anforderungen an die (ausführend tätigen) Beschäftigten nach der tayloristischen Lehre minimal, allenfalls auf bestimmte fachliche Erfahrungen und Fertigkeiten beschränkt sind. Ein Mitdenken, das kreative Einbringen der schöpferischen Fähigkeiten und Fertigkeiten ist nicht verlangt, oder genauer gesagt für die Führungskräfte und technischen Expert/innen reserviert. Kurzum: Der arbeitende Mensch gilt nicht oder nur stark begrenzt als eine „Humanressource". Insofern geht man nicht fehl darin, den Taylorismus als das Gegenkonzept zu der heute gängig gewordenen Lesart der Personalfunktion im Sinne eines „Human Resource Management" zu verstehen.

Außerdem wird zudem sein starker Hang zu Individualarbeit spürbar. Phänomenen wie Gruppenarbeit („Massenarbeit") steht er höchst skeptisch gegenüber:

„Eine eingehende Untersuchung ergab, dass bei Massenarbeit jeder einzelne mit der Zeit viel weniger leistet als wenn sein persönlicher Ehrgeiz angeregt ist. Wenn Arbeiter in Rotten zusammenarbeiten, so sinkt fast durchweg die Leistungsfähigkeit und der Nutzeffekt des einzelnen auf das Niveau des schlechtesten oder sogar noch tiefer" (Taylor 1913, S. 76).

2.2.3 Würdigung der klassischen Organisationstheorien

Was wäre die Organisationstheorie ohne ihre Klassiker? Sie wäre überhaupt nicht zu denken!

Sicherlich haben weder Weber noch Taylor ein umfassendes Modell mit universellen und zeitlosen Erklärungsmöglichkeiten vorgelegt. Dafür ist der Gegenstand zu komplex. Sie haben aber ohne ernsten Zweifel Bahnbrechendes geleistet und auch für die nachfolgenden Ansätze eine unverzichtbare „Folie" geliefert, an der sich - wie noch zu zeigen sein wird - so ziemlich alle „abarbeiten".

Weber wird völlig zu Recht eine erstmalige und analytisch tiefe „Versachlichung von Organisations- und Führungsprozessen" bescheinigt (Wolf 2003, S. 59).

„Webers Bürokratiekonzept enthält eine relativ vollständige Liste an Kriterien, die zur inhaltlichen Charakterisierung einer Organisation herangezogen werden können. Diese Stärke haben ... insb. die U.S.-amerikanischen Organisationsforscher erkannt und das Modell als Referenzsystem für eigene Untersuchungen genutzt" (ebenda).

Weber ist vielfach einer unberechtigten Kritik ausgesetzt worden, weil seine idealtypische Methodik mit einer Beschreibung der Wirklichkeit gleichgesetzt wurde. Selbstredend muss man nicht in den engen und nicht immer angebrachten Prämissen dieser Methode gefangen bleiben. Dies ist ja auch nicht passiert, sondern die empirische Organisationsforschung hat in der Folgezeit Erhebliches zum Erkenntnisfortschritt beigetragen. Dies kann aber in keiner Weise jene brillante Analyseleistung von Max Weber schmälern.

Noch intensiver dürfte insgesamt betrachtet die Kritik sein, die sich an den Taylorschen Lehren festgemacht hat. Seine Verdienste müssen vor allem mit Blick auf die Praxis hervorgehoben werden.

Obwohl der Taylorismus von Beginn an umstritten war und sich nirgends in seiner Reinform durchzusetzen vermochte, war er jahrzehntelang *das* dominierende Konzept für Richtung und Verlauf der technisch-organisatorischen Rationalisierung. Seine Erfolge brachten im Übrigen

nicht nur Produktivitätssteigerungen, sondern - wie von Taylor angestrebt - auch deutliche Lohnerhöhungen mit sich. Die mit ihm verbundene „Objektivierung" und Verwissenschaftlichung der Arbeitsprozesse
verschaffte ihm auch in Teilen der Gewerkschaften eine gewisse Akzeptanz, trotz der mit dieser Arbeitsform einhergehenden Nachteile für die
Arbeitnehmer/innen, auf die noch einzugehen ist.

Aber auch in rein wissenschaftlich-theoretischer Hinsicht hat Taylor mit
seiner nüchternen Methodik und seiner spezifischen Sichtweise von
Organisationen markante Eckpunkte gesetzt, an denen sich noch ganze
Generationen von Forscher/innen abgearbeitet haben.

2.3 Der situative Ansatz

Wenn ich soeben hervorgehoben habe, dass sich Organisations-
Forscher/innen am Taylorismus „abgearbeitet" haben, so gilt dies bereits
für das nächste hier zu erörternde Konzept. Eine wichtige Etappe in der
Entwicklung der Organisationstheorien hat nämlich der situative Ansatz
gespielt, der sich durch die systematische Einbeziehung der Umwelt der
Organisation von den Klassikern kategorial abhob. Dieser Ansatz wird
nunmehr vertieft.

2.3.1 Wurzeln

Der situative Ansatz ist in den sechziger und siebziger Jahren aus einer
Kritik an älteren organisationstheoretischen Ansätzen entstanden, und
zwar

- aus der Kritik am Bürokratieansatz und
- aus der Kritik an der wissenschaftlichen Betriebsführung Taylors.

In der organisationstheoretischen Diskussion wurde mitunter Max Webers Methode als Realitätsbeschreibung aufgefasst (vgl. oben). Konkret
wurde in Frage gestellt, ob die von Weber herausgestellten Merkmale
der Bürokratie immer zusammen auftreten und immer gleich stark ausgeprägt sind, oder ob es nicht graduelle Abstufungen gibt. Um diese
Fragen zu beantworten, wurden ganze Serien von empirischen Untersuchungen in Organisationen durchgeführt, die erhebliche Unterschiede in
den formalen Strukturen verschiedener Organisationen zu Tage förder-
ten. Demnach gibt es Organisationen, in denen alle Bürokratiemerkmale
hoch ausgeprägt sind und andere, in denen alle niedrig ausgeprägt sind.

Vor allem aber sind bei vielen Organisationen einige Merkmale in einem schwachen und andere in einem starken Ausmaß vorfindbar. Diese differenzierten Feststellungen führten die Forscher/innen zu der Frage nach den Ursachen für die strukturellen Unterschiede.

Auf der Suche nach der Antwort gelangten die Wissenschaftler/innen zu einem Paradigmenwechsel in der Organisationstheorie, indem sie erstmals die *Situationsbedingungen*, denen eine konkrete Organisation ausgesetzt ist, in den Mittelpunkt der Betrachtung stellten. In Webers Idealtypus wird von einem Automatismus dergestalt ausgegangen, dass ein Entsprechen von Sollschema und Wirklichkeit höchste Effizienz gewährleistet - unabhängig von der Umwelt der Organisation. Kernaussage der neuen Richtung ist nunmehr: Strukturen von Organisationen hängen von ihren Bedingungen, von ihrem Kontext ab. Davon wird auch der Name dieser „Schule" hergeleitet: situativer Ansatz.

In der Fachliteratur wird auch der Begriff „Kontingenzansatz" benutzt: Es wird untersucht, ob bestimmte Situationsmerkmale und bestimmte Strukturmerkmale „kontingent" sind, d. h. regelmäßig zusammen auftreten (sich bedingen).

Die zweite Wurzel dieses Ansatzes war die Kritik am Taylorismus und an der klassischen Management- und Organisationslehre. Wie oben dargestellt, diente Taylors Methodik zur Gestaltung der Arbeit in der Produktion dazu, jede Tätigkeit bis in ihre letzten Elemente hinein zu analysieren, um den *„one best way"* ihrer Ausführung herauszufinden. Aus diesen Überlegungen versuchte man auch entsprechende Richtlinien für die effiziente Gestaltung der Verwaltungsarbeit zu entwickeln. Dabei ging man davon aus, dass es Organisationsprinzipien, die für alle Organisationen und deren spezifischen Aufgabensituationen gleichermaßen gelten, nicht geben könne. In der Managementlehre wurde daraufhin versucht zu analysieren, unter welchen Bedingungen sich welche Organisationsstrukturen als effizient erweisen. Dies sollte dazu führen, Gestaltungsprinzipien für bestimmte Situationen abzuleiten und somit die tayloristische Vorstellung des „one best way" zu der Idee des „one best way for each situation" weiterzuentwickeln. Einen solchen Ansatz wählte bereits in den 50er Jahren Woodward (1958) für ihre empirische Untersuchung der Organisationsstrukturen von 100 Fertigungsunternehmen in England. Sie konnte zeigen, dass die Ausprägungen von der Managementlehre hervorgehobener Merkmale der Organisationsstruktur wie z. B. Größe der Leitungsspannen, Zahl der Hierarchieebenen usw. offenbar von der Fertigungstechnologie abhängen.

2.3.2 Grundannahmen und Methoden

Zu den Situationsfaktoren, die besonders die Aufmerksamkeit der Forscher/innen dieser Richtung in umfangreichen Studien auf sich gezogen haben, zählen sowohl Aspekte der „internen" Situation eines Unternehmens wie auch Dimensionen der externen Umwelt. Darüber gibt die nachfolgende Übersicht im Einzelnen Auskunft.

Dimensionen der internen Situation

- gegenwartsbezogene Faktoren

    Leistungsprogramm
    Größe
    Fertigungstechnik
    Informationstechnik
    Rechtsform und Eigentumsverhältnisse

- vergangenheitsbezogene Faktoren

    Alter der Organisation
    Art der Gründung
    Entwicklungsstadium der Organisation

Dimensionen der externen Situation

- aufgabenspezifische Umwelt

    Konkurrenzverhältnisse
    Kundenstruktur
    Dynamik der technischen Entwicklung

- globale Umwelt

    gesellschaftliche Bedingungen
    kulturelle Bedingungen

Übersicht 2-3: Situative Einflussfaktoren der Organisationsstruktur

Situative Ansätze, vor allem die frühen Studien, unterstellen nicht selten eine Art zwingende Abhängigkeit der Organisationsstruktur vom Kontext und werden daher als „quasi-deterministisch" oder „quasimechanistisch" bezeichnet. Diese Perspektive lässt sich durch die folgenden vier Grundannahmen charakterisieren:

-   Für jede Konstellation von Situationsfaktoren gibt es eine betriebsoptimale Strukturform, die das Überleben der Organisation sichert.
-   Die Struktur beeinflusst maßgeblich die Effizienz einer Organisation.
-   Die Kontextbedingungen können ihrerseits von der Organisation nicht beeinflusst werden.
-   Die Organisation muss bestimmte, vom Umsystem vorgegebene Leistungsstandards erreichen, um zu überleben.

Die *methodische Innovation* des situativen Ansatzes bestand vor allem darin, dass Aussagen der Organisationsforschung nicht mehr auf Autorität und praktische Erfahrungen einzelner Granden der Wissenschaft wie Max Weber beruhten, sondern auf umfassenden vergleichenden empirisch-quantitativen Untersuchungen. Dabei werden zum einen die Merkmale der Organisationsstruktur als messbare Variablen definiert und zum anderen Variablen für die situativen Faktoren entwickelt, von denen erwartet werden kann, dass sie einen Einfluss auf Organisationsstrukturen haben. Für eine größere Anzahl von Organisationen werden Struktur- und Situationsmerkmale empirisch erfasst und mit Hilfe statistischer Verfahren (i. d. R. Korrelationsanalysen) anschließend geklärt, ob tatsächlich Zusammenhänge zwischen Kontext- und Strukturvariablen bestehen und wie stark diese Beziehungen im Einzelnen sind (vgl. dazu ausführlich Kieser/Kubicek 1992, S. 167 ff.).

2.3.3 Würdigung des situativen Ansatzes

Aufgrund dieser Programmatik führte der situative Ansatz eine Menge an methodischen und inhaltlichen Innovationen in die Organisationstheorie ein, die sie nachhaltig geprägt haben. Er hat durch die systematische Einbeziehung der internen und externen Situation einen blinden Fleck der klassischen Organisationstheorie transzendiert und damit die Perspektive erheblich erweitert. Auch ist die Annahme, dass Situationsbedingungen nachhaltig auf Strukturentscheidungen einwirken, in jeder

Hinsicht plausibel: Eine Unternehmensberatung muss aufgrund ihrer Situation eben völlig anders strukturiert sein als eine Kfz-Zulassungsstelle.

Gleichwohl bot er bereits früh Anlass zu Kritik, weil die Ergebnisse uneinheitlich waren und es trotz aufwendiger Forschungsprogramme nicht gelang, verschiedene theoretische, konzeptionelle und methodische Schwächen zu überwinden (vgl. zu dieser Kritik ausführlich Kieser/Kubicek 1992, S. 410 ff.). Dieser längere Zeit dominante Ansatz hat denn auch viel Spott auf sich gezogen:

„Die Aston-Forscher brachen auf, um den heiligen Gral zu finden und kehrten heim mit einer zerbrochenen Teetasse" (Starbuck 1981, S. 193).[5]

Das Kernproblem (neben vielen anderen; vgl. auch Wolf 2003, S. 168 ff.) ist die Behauptung zumindest der „orthodoxen" Spielarten der Kontingenztheorie, dass Situation und Struktur in einem quasi deterministischen Zusammenhang stünden. Diese These ist durch die Empirie in keiner Weise zu bestätigen, da sich regelmäßig zeigt, dass verschiedene Organisationen in vergleichbaren Situationen mit sehr unterschiedlichen Strukturlösungen erfolgreich sein können (vgl. dezidiert Schreyögg 1978).

Aber auch in der „aufgeklärten" Kontingenztheorie bleibt der Einfluss von *Akteuren* auf Strukturentscheidungen (!) weit unterbelichtet (vgl. bereits Child 1972).

2.4 Systemtheoretische Ansätze

2.4.1 Ursprünge

Das Gedankengut Taylors ist in der Betriebswirtschaftslehre der Nachkriegszeit in dem Produktionsfaktoren-Ansatz von Gutenberg (1963) verarbeitet worden, ohne dass hier aus Platzgründen näher darauf eingegangen werden kann. Dieses Gutenbergsche Konzept ist jedoch aufgrund seiner methodologischen Ausrichtung kaum geeignet, als praxis-

---

[5] Hier zit. nach Türk (1989, S. 4). Die „Aston-Gruppe" um Pugh war die wohl wichtigste Gruppierung, die mit ihren Studien den situativen Ansatz voranzutreiben suchte.

orientierte Grundlage für die Betrachtung von Organisationsphänomenen zu fungieren. Nicht zuletzt aus diesem Grunde sind etwa seit den späten 1960er und 1970er Jahren auch andere theoretische Zweige innerhalb der Betriebswirtschaftslehre entstanden, die sich zum Teil intensiv mit grundlegenden Fragen der Organisation auseinandersetz(t)en. Neben dem entscheidungstheoretischen Ansatz (mit sehr unterschiedlichen Spielarten) hat vor allem die systemtheoretische Betrachtungsweise die Betriebswirtschaftslehre in der Nach-Gutenberg-Ära geprägt. Dabei wird dieses Konzept besonders häufig auf Grundfragen der Unternehmensorganisation und des allgemeinen Managements angewandt (vgl. z. B. Ulrich 1968; Ulrich/Fluri 1995, S. 30 ff.; Pfriem 1995, S. 130 ff.; Schreyögg 2003, S. 83) und soll daher im Folgenden näher betrachtet werden.

„Organisatorische Systeme zeichnen sich somit zunächst durch eine Zielsetzung aus; diese umschreibt ein Handlungsziel (die Aufgabe), das durch interpersonale Kooperation und soziotechnische Koordination realisiert werden soll. Da Handlungsziele sowohl wirtschaftliche als auch außerwirtschaftliche Tatbestände umfassen können, ist das Phänomen Organisation allerdings nicht allein auf den ökonomischen Bereich beschränkt. Wesentlich ist jedoch eine Einengung der Organisationsproblematik auf Systeme mit langfristiger Zielsetzung (Daueraufgabe); entsprechend werden organisatorische Regelungen von improvisatorischen Maßnahmen durch das Merkmal der Dauer abgegrenzt. Organisation ist demnach als Strukturierung von Systemen zur Erfüllung von Daueraufgaben zu kennzeichnen. Dabei werden die Elemente dieser Systeme auf die übergeordnete Zielsetzung hin in Form von spezifischen Verknüpfungsbeziehungen miteinander verbunden. Das Ergebnis des Organisierens, das System, wird hier gleichfalls als Organisation bezeichnet."

Textbeleg 2-8: Systemtheoretische Überlegungen in ihrer Anwendung auf Organisation(en) (nach Grochla 1972, S. 13)

2.4.2 Konzept der Systemtheorie

Nach der allgemeinen Systemtheorie gibt es Prinzipien, die sich generell auf Ganzheiten (eben Systeme) anwenden lassen. Basis der Systemtheorie ist die Erkenntnis bzw. Vermutung, dass viele Phänomene, z. B.

Lebewesen wie auch Sozialgebilde oder Maschinen, nach gleichen Prinzipien funktionieren.

Unter einem System ist eine geordnete Gesamtheit von Elementen zu verstehen, zwischen denen ein innerer Zusammenhang besteht oder hergestellt werden kann („Das Ganze ist mehr als die Summe seiner Teile"). Diese Gesamtheit ist von ihrer Umwelt abgegrenzt (vgl. auch Krüger 2005, S. 141). Der Systemansatz ist in dieser Perspektive vor allem dort anwendbar, wo komplexe Vorgänge und Zusammenhänge bestehen. Die Untersuchungsgegenstände sind geprägt durch das Zusammenspiel seiner Einzelbestandteile, die selbst wieder als ein System zu begreifen sind.

Die Systemtheorie ist durch die folgenden Perspektiven charakterisiert:

-   Offene Systeme werden betrachtet als Beziehungszusammenhänge zwischen Elementen, wobei diese von ihrer Umgebung (Umwelt) abgegrenzt sind, aber mit ihr in regen Austauschbeziehungen stehen.
-   Gegenstand des Austauschs sind Energien, Materie, Informationen und Menschen.
-   Das System kann seine Lebens- und Leistungsfähigkeit nur durch diese Austauschprozesse aufrechterhalten.
-   Offene Systeme streben ein stabiles Verhältnis mit ihrer Umwelt an (Gleichgewichtszustand).
-   Dieser Gleichgewichtszustand kann jedoch auf Grund veränderter Umweltbedingungen in Gefahr geraten. Er ist daher nur eine Art quasi stationärer Zustand. Bei maßgeblichen Änderungen der Umweltbedingungen sind Anpassungen erforderlich. Insofern muss ein System die Fähigkeit zur Adaptivität und Flexibilität aufweisen.
-   In diesem Sinne kann ein offenes System das Gleichgewicht durch Prozesse primärer Regulation (über Veränderungen der Struktur) und sekundärer Regulation (durch Variation von Verhaltensparametern innerhalb einer gegebenen Struktur) erreichen bzw. wiederherstellen.

Übersicht 2-4: Betrachtung des Unternehmens im Systemansatz

Im Rahmen der Systemtheorie werden Unternehmen als offene, produktive, soziale Systeme mit einer Ordnung (Struktur) beschrieben, die in wechselseitigen Austauschbeziehungen zu ihrer Umwelt stehen. Diese Umwelt konstituiert sich faktisch aus sämtlichen Außenbedingungen, denen die Betriebe ausgesetzt sind (z. B. wirtschaftliche Lage, Forderungen von Anspruchsgruppen an den Betrieb, ökologische Gegebenheiten). Veränderungen in dieser Unternehmensumwelt müssen Anpassungen auslösen, da durch sie der Gleichgewichtszustand verändert oder zumindest gefährdet wird. Dies ist die zentrale Aufgabe des Managements. Aus diesen Gründen geht mit der systemtheoretischen Perspektive eine starke *Außenorientierung* der Betrachtung von Unternehmen einher.

Zudem werden (große) Unternehmen nicht nur als Wirtschaftsgebilde, sondern vielmehr als gesellschaftliche Institutionen betrachtet, die vielfältige Zwecke erfüllen müssen (vgl. Ulrich 1977). Managen heißt insofern gestalten, lenken und entwickeln von Unternehmen als gesellschaftliche Institutionen.

Für die Anpassungsprozesse in Organisationen hat in der Systemtheorie das Modell der *Kybernetik* eine besondere Bedeutung gewonnen, wobei Rückkopplungen im Rahmen von Regelkreisen als Adaptionsquelle fungieren (vgl. Schanz 2000, S. 117 ff.). Das Unternehmen als kybernetisches System unterliegt einer Regelungsmechanik, um einen Gleichgewichtszustand („Homöostase") aufrecht zu erhalten. Demnach werden im System Sollwerte definiert (z. B. Produktionsziele, Qualitätsstandards), der Output gemessen und mit den Sollwerten verglichen. Festgestellte Abweichungen führen zu anpassenden Korrekturentscheidungen; größere Differenzen ggf. auch zu Anpassungsentscheidungen der Ziele durch die zuständige Instanz (Unternehmensleitung). Dieses Denken in Regelkreisen wird in der Fachliteratur auch anschaulich mit dem selbstregulierenden Wasserbehälter eines WCs verglichen. Sinkt der Wasserstand (durch Betätigen der Spülung) unter das definierte Sollniveau, bewirkt ein vom „Schwimmer" gesteuertes Ventil den Wasserzufluss, bis die angestrebte Behälterfüllung wieder erreicht ist (vgl. Raffée 1974, S. 84).

2.4.3 Würdigung der Systemtheorie

Stärke und Schwäche des Systemansatzes zugleich ist die weitgehende Betrachtung des Betriebsprozesses – bei Gutenberg noch zentraler Analysegegenstand - als „black box". Die Analyse wird verkürzt auf Input, Output sowie die Beeinflussung des Inputs durch Entscheidungen der Organisationsleitung.

Dadurch wird es möglich, unter einer mehr ganzheitlichen Perspektive die generelle Lenkungs- und Führungsproblematik des Unternehmens unter Einbeziehung der Umwelt in den Fokus zu rücken. Die Behauptung ist wohl nicht übertrieben, dass die systemtheoretisch inspirierten Betrachtungsweisen entscheidende Impulse für die Entfaltung der Betriebswirtschaftslehre als allgemeine und interdisziplinär arbeitende Managementlehre beigesteuert haben (vgl. z. B. Wunderer 1995).

Durch das kybernetische Steuerungsmodell wird versucht, in größeren Zusammenhängen zu denken, um den vielfältigen und oft hoch dynamischen Verflechtungen zwischen der Organisation und ihrer Umwelt gerecht zu werden. Ein anschauliches Beispiel für seine Manifestation ist das in der Praxis sehr wichtig gewordene Führungskonzept des „Management by objectives", das auf einer Steuerung mit Zielen und unterjähriger Anpassung beruht (vgl. z. B. Breisig 2001).

Allerdings bleibt der Ansatz sehr formal und abstrakt. Er abstrahiert weitgehend von gesellschaftlichen, historischen und politischen Einflüssen. Die Beziehung zwischen „System" und Individuum bleibt im Dunkeln. Die Betrachtung des Betriebes als „black box" ermöglicht es kaum, interne Gegebenheiten wie etwa Machtverhältnisse angemessen zu verarbeiten.

Mit Recht formuliert sogar Wöhe (1990, S. 81) Zweifel, ob sich ein solches Konstrukt wie ein Unternehmen ausschließlich oder auch nur weitgehend mit dem Prinzip selbststeuernder Regelkreise erklären lässt.

Trotz aller Kritik ist systemtheoretisches Gedankengut aus der modernen Organisationstheorie nicht mehr wegzudenken. Es ermöglicht zusammenhängende Analysen und die Erforschung von Rückkopplungsmechanismen. Vor allem hat sich die Systemtheorie als sehr anschlussfähig erwiesen (Lehmann 1992, Sp. 1847 f.), so etwa in Richtung auf eine allgemeine, zum Teil mit evolutionstheoretischen Kategorien unterfütterte Managementlehre oder im Sinne einer ökologisch orientierten Betriebswirtschaftslehre, die das Unternehmen als Teilganzheit der umfassenden natürlichen Umwelt betrachtet (vgl. Pfriem 2004, S. 153 ff.).

2.5 Interpretative Ansätze

Im Zusammenhang mit dem Aufstieg des Themas Organisations- bzw. Unternehmenskultur (vgl. Kapitel 6) in den 1980er Jahren ist die Organisationstheorie noch um eine weitere interessante Perspektive bereichert worden, die dadurch hervorsticht, dass mit den funktionalistischen, maschinenähnlichen Vorstellungen der Organisation recht spektakulär gebrochen wurde. Die interpretativen Ansätze sind eine Art Sammelkategorie für solche Arbeiten, die die Existenz einer „objektiven" organisationalen Wirklichkeit (etwa in Form von Strukturen) bestreiten und statt deren den lange vernachlässigten Aspekt der sozialen Konstruktion von „Realitäten" durch die handelnden Menschen in den Vordergrund stellen. Türk (1989, S. 109) spricht - vielleicht etwas missverständlich - in dem Zusammenhang von einer „Rehumanisierung der Organisationstheorie".

2.5.1 Konzept

Das, was in Organisationen als Wirklichkeit gesehen und erlebt wird und woran Aktivitäten orientiert sind (was also die Probleme, die „Strukturen", die Ziele sind), erscheint in der Sichtweise der Vertreter/innen dieser Perspektive durch soziales Handeln der Mitglieder herbeigeführt. Es kann nur durch fortgesetzte Interaktionen aufrechterhalten werden (Wollnik 1993, S. 282). Organisationen erscheinen so als Mini-Gesellschaften mit einem je spezifischen Konzept von Sprache, Ritualen, Werten, Normen, Regeln usw. (Bea/Göbel 2002, S. 164). Die Organisationsmitglieder agieren in einer von ihnen selbst geschaffenen Welt, in der *Interpretationen* (daher der Name) den entscheidenden Mechanismus ausmachen.

Es liegt auf der Hand, dass in dieser Sichtweise auch der Organisations-Begriff, der diesem Lehrbuch zugrunde gelegt worden ist (vgl. Abschn. 1.2), keinen Bestand haben kann. Organisation lässt sich in diesem Sinne vielmehr definieren als
„eine durch Interaktionen hergestellte und aufrechterhaltene, kontinuierlich produzierte und reproduzierte Realität von Bedeutungen" (Wollnik 1993, S. 283).

In Ablehnung des „Maschinenmodelles" wird in den interpretativen Ansätzen der subjektiven Sinnsetzung durch die Handelnden die organisationskonstituierende Relevanz zuerkannt.

„Bedeutungen haftet nun aber ersichtlich nicht jene Art von Gegenständlichkeit an, die man annimmt, wenn man sich unter Ausblendung des menschlichen Bewusstseins auf natürlich-physikalische Wirklichkeit bezieht …

Sobald man den Menschen als erlebendes, denkendes, handelndes und mit anderen interagierendes Subjekt ins Spiel bringt, also die Wirklichkeit in einen ‚sozialen Rahmen' setzt, breitet sich gleichsam der Bedeutungsschleier der Sozialwelt über die Naturwelt. Durch die Verwendung sozialer Rahmen wird den physischen Bedingungen der Handlungsumgebung eine je spezifische Bedeutungs- und Relevanzverteilung aufgeprägt; ferner werden weitere handlungsrelevante Gesichtspunkte erzeugt, denen keine physischen Korrelate entsprechen."

Textbeleg 2-9: Die Rolle von Bedeutungszuschreibungen im interpretativen Paradigma (nach Wollnik 1993, S. 282 f.)

Die Rolle von Strukturen wird darin gesehen, Mehrdeutigkeiten in den Interpretationen zu reduzieren und gemeinsame Sichtweisen zu fördern. Insofern werden Strukturen nicht ignoriert, aber nur als grober Ordnungsrahmen gesehen, der durch Interaktion und Kommunikation unter den Mitgliedern ausgefüllt werden muss. Es ist die Aufgabe der Organisationsforschung, nicht nur oberflächlich Strukturen zu erfassen, sondern auch deren Art der Interpretation durch die Mitglieder. Nur so kann die Organisation treffend verstanden werden. Prozesse sind ohnehin tendenziell interessanter als Strukturen, Inhalte oder Ergebnisse (vgl. z. B. Weick 1985). Dabei kann zwischen Lernprozessen, Aushandlungsprozessen und Evolutionsprozessen unterschieden werden (Bea/Göbel 2002, S. 165).

Die Aufgabe der „Gestaltung" besteht vor allem darin, Mehrdeutigkeiten zu minimieren und eine „richtige" Sicht der Dinge zu erzeugen. Den Prozess der Konsenserzielung muss man als kommunikative Leistung der Organisationsmitglieder verstehen.

„Im Ergebnis hat die Organisation eine Menge von mehr oder weniger bewussten Regeln, Konventionen, Rezepten und Routinen, aufgrund derer die Mitglieder wissen, wie Dinge getan und verstanden werden sollen. Es gibt eine Art gemeinsamer Grammatik, einen gemeinsamen ‚Code', geteilte ‚mentale Modelle' oder ein gemeinsames ‚Drehbuch', welche eine verbindliche Organisationswirklichkeit entstehen lassen.

Die Struktur, wie sie sich in einem Organigramm darstellen lässt, spiegelt demnach die wirklichen Verhältnisse in einem Unternehmen nur sehr oberflächlich wider. Erst in Verbindung mit den Interpretationen der Organisationsmitglieder gewinnt sie Substanz und handlungsleitende Wirkung."

Textbeleg 2-10: Zum Organisationsverständnis der interpretativen Ansätze (nach Bea/Göbel 2002, S. 164)

2.5.2 Würdigung der interpretativen Ansätze

Wenn die oft etwas leichtfertig benutzte Formel vom „Paradigmawechsel" eine Berechtigung hat, dann sicher für die Beschreibung des Verhältnisses zwischen der „objektiven" Organisationstheorie und dem interpretativen Spektrum. Sie gelten als „die entschiedenste Gegenbewegung zum orthodoxen Hauptstrom der Organisationstheorie" (Wollnik 1993, S. 294).

Ohne Frage war diese Sichtweise überfällig, ob als Ersatz oder Ergänzung des „Maschinenmodells" sei hier zunächst dahin gestellt. Denn es kann phänomenologisch kein Zweifel bestehen, dass Organisationen gerade in ihrer Unterschiedlichkeit von Menschen geschaffene soziale Gebilde sind, so dass die entsprechenden Interpretations- und Sinnzuschreibungsmuster von hoher wissenschaftlicher Erklärungsrelevanz sind.

Die Formierung dieser Richtung muss auch im Lichte der Erfolglosigkeit anderer Ansätze der Organisationstheorie gedeutet werden, denn die „objektive" Organisationsforschung hat bislang (z. B. im situativen Spektrum) zu keiner konsistenten und übertragbaren Erkenntnis geführt.

Allerdings ist die große Offenheit dieses Konzepts ein gravierendes Problem. Hier wird nicht, was Wissenschaft zu Recht für viele ausmacht, Komplexität reduziert, sondern eher im Gegenteil Komplexität erzeugt (Wolf 2003, S. 385). Die Subjektivität wird überbetont wohingegen die Bedeutung „objektiver" Strukturen weitestgehend verneint wird.

Wie so oft bei einem „Paradigmawechsel", der diese Bezeichnung verdient, wird in der Negierung der bisher dominierenden Perspektive (dem „Orthodoxen") übertrieben mit der fast unweigerlichen Konsequenz, dass sprichwörtlich der Schwanz mit dem Hund wedelt.

Gerade mit Blick auf Gestaltungsansprüche, die seit jeher der betriebswirtschaftlichen Organisationslehre inhärent sind, kann die Offenheit und Nicht-Generalisierbarkeit (jede Organisation ist eine Lebenswelt für sich) interpretativer Erkenntnisse nicht genügen. Die interpretative Richtung ist eine spannende Bereicherung der „objektiven" Organisationstheorien. Sie kann aber gerade im Gestaltungskontext die strukturfunktionalistische Sicht nicht ersetzen. Strukturen sind nun einmal leichter zu erfassen und zu erklären als Prozesse; und sie sind vor allem leichter zu gestalten.

Daher sehe ich letztlich keinen Anlass, mich im vorliegenden Lehrbuch angesichts der Kritik aus dem interpretativen Spektrum grundlegend von der klassischen strukturbetonenden Perspektive zu lösen, wie sie auch in der hier erfolgten Definition von „Organisation" zum Ausdruck kommt (vgl. Abschn. 1.2).

2.6 Ansätze der Neuen Institutionellen Ökonomie

Die bisher vorgestellten Theorien sind im Bereich der allgemeinen Sozialwissenschaften anzusiedeln. Man sucht in ihnen nach Elementen der klassischen ökonomischen Theorie, wie sie der Volkswirtschaftslehre und Teilen der Betriebswirtschaftslehre zugrunde liegen, weitgehend vergeblich. Dies liegt in erster Linie daran, dass die Mikroökonomie zur Erklärung von Organisationsproblemen aufgrund ihrer restriktiven Methodik zunächst wenig Erhellendes beitragen kann.

Jedoch hat sich im Bereich der Wirtschaftswissenschaften in den letzten zwei bis drei Jahrzehnten ein Zweig entwickelt, der es sich zur Aufgabe gemacht hat, den Anwendungsbereich und die Erklärungskraft der neoklassischen Mikroökonomie durch punktuelle Veränderungen zu erweitern und eine Verbindung von ökonomischer Theorie und Organisationstheorie herbeizuführen. Diese Richtung wird oft als *„Neue institutionelle Ökonomie"* bezeichnet.

2.6.1 Allgemeine Grundlagen

Die Neue Institutionelle Ökonomie ist, etwa im Unterschied zu Webers Bürokratieansatz, nicht von einem einheitlichen Konzept geprägt, sondern sie zerfällt in mehrere Verzweigungen. Dabei wird mit unterschiedlichen Überlegungen und Kategorien gearbeitet, so dass die einzelnen

Elemente dieser Richtung untereinander nicht ganz konform sind. Wolf (2003, S. 257) spricht von einer „Theoriefamilie".

Gemeinsam ist ihnen die Vorstellung, dass die Annahme der reibungs- und kostenlosen Interaktion zwischen Nutzen maximierenden ökonomischen Akteuren in die Irre führt. Die effiziente Nutzung von Ressourcen und die Übertragung von Rechten, Produkten und Dienstleistungen im Rahmen von Tauschbeziehungen im weitesten Sinne („Transaktionen") verursachen Kosten, die in ökonomische Kalküle einzubeziehen sind. D. h., nicht nur Preise, sondern auch die *Transaktionskosten* sind entscheidende Größen in der Regulierung ökonomischer Austauschbeziehungen zwischen unabhängigen Akteuren. Darunter versteht man die Kosten, die dann entstehen, „wenn ein Gut oder eine Leistung über eine technisch trennbare Schnittstelle hinweg übertragen wird" (Williamson 1990, S. 1). Für diese Übertragung ist ein expliziter oder impliziter Vertrag erforderlich, der die Modalitäten der Transaktion reguliert (vgl. auch Bea/Göbel 2002, S. 128).

Als weitere „Problemquellen" werden bestimmte menschliche Gegebenheiten betrachtet, und zwar vor allem

- der „Opportunismus" (der Mensch als „homo oeconomicus" neigt zum „strategischen" Umgang mit Informationen sowie generell zum Ausnutzen von Situationen zu seinem Vorteil, wobei auch List, Betrug und Lüge zu seinem Verhaltensrepertoire gehören) sowie

- die „begrenzte Rationalität", d. h. der Mensch kann aufgrund eingeschränkter Informationsverarbeitungskapazitäten im Gegensatz zu einer wichtigen Grundannahme der Mikroökonomie nie alle Verhaltensalternativen überschauen und kann daher nur im Rahmen dieser Grenzen rationale Entscheidungen treffen (vgl. Picot/Dietl/Franck 2005, S. 31 ff.).

Preise als Regulierungsmechanismus bedürfen daher einer Ergänzung durch institutionelle Arrangements, damit die unvollkommenen Märkte funktionsfähig werden. Institutionen sind dabei Systeme formaler und informaler Regeln und Normen, deren Zweck die zielgerichtete Steuerung individuellen Verhaltens ist und die eine Verhaltenskoordination der Akteure bewirken sollen. Beispiele für Institutionen sind Märkte, Hierarchien, Rechtsnormen, aber auch andere Arrangements wie z. B. Netzwerkbeziehungen.

Das Erkenntnisinteresse der Institutionenökonomie richtet sich auf folgende zwei Kernfragen:

„(a) Welche (alternativen) Institutionen haben bei welchen Arten von Koordinationsproblemen des ökonomischen Austausches die relativ geringsten Kosten und die größte Effizienz zur Folge? (b) Wie wirken sich die Koordinationsprobleme, die Kosten und die Effizienz von Austauschbeziehungen auf die Gestaltung und den Wandel von Institutionen aus?" (Ebers/Gotsch 1993, S. 193).

Organisationsökonomische Analysen erfolgen dabei grundsätzlich aus der Perspektive eines *methodologischen Individualismus.* Strukturen oder Entscheidungen werden als Ergebnis der Kalküle individueller Akteure aufgefasst. Kollektive Phänomene oder das Verständnis von Organisationen als soziale Systeme sind dieser Richtung wesensfremd (Picot/Dietl/Franck 2005, S. 31).

Im Kern wird die Institutionenökonomie von drei Ansätzen geprägt, die im Folgenden zu vertiefen sind:

- der Theorie der Verfügungsrechte (Property-Rights-Ansatz),
- dem Transaktionskostenansatz und
- dem Prinzipal-Agenten-Ansatz.

2.6.2 Theorie der Verfügungsrechte

Die Theorie der Verfügungsrechte (Property-Rights-Theorie) ist der älteste der drei Hauptstränge der Institutionenökonomie (vgl. Alchian/Demsetz 1972; Furubotn/Pejovich 1972). Verfügungsrechte sind von anderen Menschen akzeptierte Ansprüche auf Sachen und Dienste. Sie beziehen sich stets auf künftige und daher unsichere Herrschaft über Güter und Dienstleistungen, so z. B. auf Banknoten, Versicherungsansprüche, Aktien, Schecks, vertraglich vereinbarte Wettbewerbsverbote, eine erworbene Kundenkartei usw.

Der Ansatz geht davon aus, dass sich Verfügungsrechte zu Marktgegenständen entwickeln, sobald der gemeinsame Nutzen des Inhabers der Verfügungsrechte und des dadurch Verpflichteten steigt. Einschränkungen des Nutzens des Verpflichteten werden durch den Preis für das Verfügungsrecht kompensiert. Über Verfügungsrechte wird künftiges Eigentum und Wohlstand geplant, berechnet und verteilt. In den Gedankengebäuden der Verfügungsrechtstheoretiker ist deshalb auch weniger das Eigentum an einem Gut ökonomisch interessant, sondern die mit den Gütern verbundenen Rechte. Ohne dass sich die physischen Eigenschaften eines Gutes ändern, können nämlich geänderte Verfügungsrechtsstrukturen das Handeln der Wirtschaftssubjekte verändern. Wird das Ausmaß der Nutzbarkeit von Verfügungsrechten durch bestimmte Bedingungen (z. B. durch bestimmte Rechtskonstruktionen wie eine Stiftung) beschränkt, spricht man in der Terminologie des Ansatzes von einer *Verdünnung* von Verfügungsrechten.

Als die mit einem Gut verbundenen Verfügungsrechte werden im Einzelnen die folgenden gesehen:

- das Recht, das Gut zu nutzen (usus);

- das Recht, das Gut formal und materiell zu verändern (abusus);

- das Recht, die Erträge aus der Nutzung des Gutes einzubehalten (usus fructus) und

- das Recht zur vollständigen oder teilweisen Veräußerung des Gutes (Picot/Dietl/Franck 2005, S. 46).

Die Theorie der Verfügungsrechte interessiert sich für verschiedene denkbare Arrangements der Verfügungsrechte, um zu optimalen Strukturen zu finden. Dabei gilt das Unternehmen als ein *Vertragsbündel*, das einzelne Personen vor dem Hintergrund ihrer Nutzenfunktion anbieten bzw. nachfragen. Jedoch gibt es für die Individuen stets Alternativen. Und das hierarchische Unternehmen konkurriert mit anderen Arrangements wie etwa dem Gesellschafts- oder Genossenschaftsvertrag gleichberechtigt Mitarbeitender oder dem sog. Verlagssystem (z. B. ein Spielzeuggroßhändler und mehrere heimarbeitende Puppenhersteller). Dabei sind in der Denkwelt des Ansatzes zunächst jene zu empfehlen, die eine möglichst umfassende Zuordnung von Verfügungsrechten an Akteure beinhalten (konzentrierte Property Rights). Dabei müssen jedoch zwei Faktoren einbezogen werden, nämlich die *Transaktionskosten* und die *externen Effekte*, die in den alternativen Konstellationen entstehen.

Externe Effekte sind „die unkompensierten Nutzenveränderungen, die ein Wirtschaftssubjekt durch seine Handlungen bei anderen Gesellschaftsmitgliedern auslöst. Kommt es bei den Betroffenen zu einer Nutzenminderung, spricht man von negativen, im Falle einer Nutzenmehrung von positiven externen Effekten" (Picot/Dietl/Franck 2005, S. 47 f.).

Dabei wird eine Trade-off-Beziehung zwischen den Wohlfahrtsverlusten durch externe Effekte und Transaktionskosten angenommen, da sich die externen Effekte durch Aufwendung von Transaktionskosten internalisieren lassen (z. B. Erkaufung des Rechts, die Umwelt zu schädigen).

"Die Trade-off-Beziehung zwischen Transaktionskosten und den durch externe Effekte hervorgerufenen Wohlfahrtsverlusten lässt sich anhand des folgenden … Beispiels verdeutlichen: Vor dem Aufkommen des Pelzhandels lebten die Indianerfamilien auf der Labradorhalbinsel ohne zugeordnete Jagdrechte. Da sich die Jagd auf Wildtiere auf die Deckung der täglichen Überlebensbedürfnisse beschränkte, ergaben sich aus der fehlenden Property-Rights-Spezifizierung keine ökonomischen Nachteile. Dies begann sich mit der Entwicklung des Pelzhandels zu ändern. Der Pelzhandel machte eine über die Deckung der täglichen Überlebensbedürfnisse hinausgehende Jagd auf Wildtiere lukrativ. Ohne fest zugeordnete Jagdrechte entstand die Gefahr des Überjagens. Jede Indianerfamilie profitierte in vollem Umfang von den von ihr erlegten Tieren. Der hierdurch verursachte Rückgang des Wildbestandes wurde in Form negativer externer Effekte auf alle Familien verteilt. Unter diesen Bedingungen erhöhter Wohlfahrtsverluste wurde es effizient, die Transaktionskosten der Bildung, Zuordnung und Überwachung von Jagdrechten in Kauf zu nehmen. Jeder Indianerfamilie wurden die exklusiven Jagdrechte für ein Jagdterritorium zugeordnet. Da die Wildtiere relativ standorttreu sind, waren die Transaktionskosten zur Durchsetzung der Jagdrechte nicht allzu hoch."

Textbeleg 2-11: Trade-off zwischen externen Effekten und Transaktionskosten (nach Picot/Dietl/Franck 2005, S. 49 f.)

Die einfache "Botschaft" der Theorie der Verfügungsrechte läuft nun darauf hinaus, von den alternativen verfügungsrechtlichen Arrangements dasjenige zu wählen, bei dem angesichts der gezeigten Trade-off-Beziehung die Summe aus Transaktionskosten und der Wohlfahrtsverluste, die durch externe Effekte verursacht werden, am geringsten ist.

Von besonderem Interesse ist ferner das Bild von der Organisation "Unternehmen", das diesem Ansatz inhärent ist. Ein Unternehmen ist bei

Alchian/Demsetz (1972) ein in privatem Eigentum befindlicher Markt im Unterschied zum gewöhnlichen Markt, der Gemeineigentum ist. Es wird in ihrer Sicht lediglich durch Verträge zwischen Anbietern und Nachfragern nach Arbeitskraft ausgemacht. Eine Langfristigkeit der Beziehungen wird nicht postuliert: „So wie jemand täglich neu überlegt, bei welchem Bäcker er seine Brötchen kauft, müssen sich Arbeitgeber und Arbeitnehmer täglich neu entscheiden, ob der Leistungsaustausch für beide Seiten zufrieden stellend verläuft" (Bea/Göbel 2002, S. 127). Dennoch wird die Notwendigkeit einer Überwachungsinstanz betont, die Drückebergerei („shirking") unter den Mitarbeiter/innen verhindern soll.

Allerdings ist es ansonsten für Verfügungsrechtler uninteressant, sich mit „dem" Unternehmen darüber hinausgehend auseinander zu setzen. Gegenüber dem Markt kommt es lediglich zu einem Austausch von Vertragsformen (z. B. Chauffeur statt Taxifahrer/in).

2.6.3 Transaktionskosten-Ansatz

Als Hauptvertreter dieses Ansatzes gilt Williamson (1985), der sich auf Vorarbeiten von Coase (1937) aus den 30er Jahren stützt. Transaktionen umfassen den Prozess der Anbahnung, Vereinbarung, Kontrolle und u. U. Anpassung eines (physischen) Leistungsaustauschs. Es geht hauptsächlich um den Prozess der Klärung und Vereinbarung von Konditionen der Transaktionen. Es sollen Unsicherheiten über Verhaltensweisen der am Leistungsaustausch beteiligten Parteien und den Wert der zu erbringenden Leistung reduziert werden.

Die zentrale Grundannahme lautet: Die an dem Austauschprozess beteiligten Individuen bewerten die Transaktionskosten alternativer Organisationsformen (in der Regel Markt versus Hierarchie). Sie organisieren die ökonomische Aktivität schließlich so, dass die Transaktionskosten minimiert werden. Als Transaktionskosten gelten dabei die folgenden Kategorien:

o   *Anbahnungskosten*

Informationssuche und -beschaffung über potenzielle Transaktions-
partner und deren Konditionen

o   *Vereinbarungskosten*

Verhandlungen, Vertragsformulierung, Einigung

o   *Kontrollkosten*

Sicherstellung der Einhaltung von Termin-, Qualitäts-, Mengen-,
Preis- und Geheimhaltungsvereinbarungen

o   *Anpassungskosten*

Durchsetzung von Termin-, Qualitäts-, Mengen-, Preisänderungen
usw. aufgrund veränderter Bedingungen während der Laufzeit von
Vereinbarungen.

Übersicht 2-5: Arten von Transaktionskosten

Markt und Hierarchie gelten nur als Extrempunkte eines Kontinuums
möglicher Kontrollstrukturen („governance structures"). Die beiden
(Ideal-)Typen sind mit je spezifischen Kosten verbunden und weisen ein
unterschiedliches Steuerungspotenzial auf, so dass sie je nach konkreten
Rahmenbedingungen über spezifische Vor- und Nachteile verfügen.

Dabei ist der Markt die Organisationsform ökonomischer Aktivitäten, in
der beliebige Marktteilnehmer/innen, die sich (begrenzt) rational und
opportunistisch verhalten und die gleichberechtigt und in ihren Handlungen weitgehend voneinander unabhängig sind, eine genau spezifizierte Leistung austauschen. Marktliche Beziehungen sind flüchtig und
kompetitiv. Der Informationsaustausch reduziert sich auf Preise und
Mengen.

In einer (Unternehmens-) Hierarchie erfolgt die Koordination per Weisung gegenüber einer begrenzten Zahl von Organisationsmitgliedern,
die über Arbeitsverträge eingebunden sind. Die ausgetauschten Leistungen sind eher unspezifischer Natur. Die Beziehungen sind auf Dauer
angelegt und eher kooperativ.

Nach den Annahmen dieses Ansatzes wird das Austauschmuster gewählt, dessen Transaktionskosten im Vergleich geringer sind. Dabei gibt

es keine grundsätzliche Überlegenheit von Märkten bzw. Hierarchien. Entscheidend ist vielmehr jeweils die *Art* der Transaktionen, die von den folgenden Merkmalen geprägt werden:

- Faktorspezifität,
- Unsicherheit und
- Häufigkeit der Transaktionen.

Die *Faktorspezifität* bezieht sich auf das Ausmaß der Einmaligkeit bzw. der Austauschbarkeit der Leistungen, die in der Transaktion übertragen werden. So kann z. B. am Markt für Spezialmaschinen oder für hoch spezialisierte Arbeitskräfte nicht so schnell Ersatz gefunden werden. Demgegenüber sind Standardtransaktionen im marktlichen Austausch unproblematisch.

Unsicherheit resultiert zum einen daraus, dass man die künftige Entwicklung der situativen Bedingungen der Leistungsaustausche nur begrenzt prognostizieren kann, zum anderen aus der Unkenntnis, wie sich die Partner künftig verhalten werden.

Das Problem der *Häufigkeit* hängt mit der Spezifität zusammen: Häufige nicht-spezifische Transaktionen weisen keine größeren Schwierigkeiten auf. Bei spezifischen Formen ist dagegen die Kenntnis der Häufigkeit der Transaktionen wichtig, um zu entscheiden, ob sich ein spezialisierteres Arrangement im Sinne eines Beherrschungs- und Überwachungssystems rentiert.

Je größer die Faktorspezifität und die Unsicherheit, umso höher ist die Neigung, die Transaktionen einer einheitlichen Kontrolle zu unterziehen, also das Arrangement „Hierarchie" zu wählen. Die Partner kennen sich besser, die Kommunikation ist einfacher, weil sich eine Art gemeinsamer „Code" entwickelt. Ferner wird das Risiko des opportunistischen Verhaltens durch Kontrolle und die Entwicklung einer moralischen Selbstverpflichtung innerhalb einer Organisation reduziert. Die Hierarchie kann sich zudem aufgrund der Offenheit von Arbeitsverträgen, die ganz im Gegensatz zu der Denke der Verfügungsrechtler als unvollständige („relationale") Verträge konzipiert sind (vgl. Wolf 2003, S. 268 f.), besser wechselnden Bedingungen anpassen.

Marktliche Transaktionen sind demgegenüber beim Austausch nicht-spezifischer Faktoren überlegen. Liegt eine mittlere Spezifität und/oder eine geringe Häufigkeit vor, sind Arrangements zwischen den Polen

Markt und Hierarchie vorteilhaft. Dies können z. B. Kooperationen (Netzwerke) oder die Einführung dreiseitiger Kontrollen (mit einer Art Schiedsrichter als dritter Partei) sein.

2.6.4 Prinzipal-Agent-Theorie

Der Prinzipal-Agent-Ansatz (vgl. wohl erstmals Jensen/Meckling 1976; vgl. auch Wenger/Terberger 1988) untersucht die wirtschaftlichen Beziehungen zwischen einem Auftraggeber (Prinzipal) und einem Beauftragten (Agent) unter den Bedingungen von Unsicherheit und asymmetrischer Informationsverteilung. Dabei ist typisch, dass der Beauftragte einen Wissensvorsprung gegenüber dem Auftraggeber sowie einen Handlungs- und Entscheidungsspielraum hat. Beispiele sind die Beziehungen zwischen Arbeitgeber und Arbeitnehmer/in oder die zwischen Kapitalgeber und angestellter Managerin. Dabei geht es vor allem um die Kernfrage:

Wie kann verhindert werden, dass die Beauftragten ihre Spielräume entgegen den Interessen der Auftraggeber ausnutzen?

Der Agent kann z. B. persönliche Ziele auch zum Nachteil des Prinzipals verfolgen, und zwar selbst dann, wenn dieser Handlungsergebnisse beobachten kann. Denn der Agent kann immer Informationen über den Umfang seiner Handlungsmöglichkeiten verbergen („hidden information"). Eine andere Möglichkeit ist, dass er gezielt Handlungsalternativen wählt, bei denen sein Verhalten für den Prinzipal vermutlich nicht zu beobachten ist („hidden action").

Der Ansatz untersucht, wie Agenten (z. B. Manager) aufgrund ihres Handlungsspielraumes dazu veranlasst werden können, im Sinne des Prinzipals (z. B. Kapitaleigner) zu handeln, wobei eine exakte Vorgabe aufgrund der Informations-Asymmetrie nicht möglich ist. Dabei geht es darum, dem Problem angemessene vertragliche und organisatorische Regelungen zu finden, die Einhaltung der Regelungen zu kontrollieren und ein Sanktions- bzw. Anreizsystem zu schaffen.

Durch Informations- und Kontrollsysteme können zusätzliche Einblicke in das tatsächliche Verhalten des Agenten verschafft werden. Anreizsysteme beruhen darauf, dass eine Verknüpfung mit den Ergebnissen des Agenten vorgenommen wird, um eine Teilverlagerung des Risikos auf den Beauftragten vorzunehmen.

Die Informationsgewinnung über das Verhalten und die Ergebnisse des Agenten zieht Kosten nach sich, bringt aber auch Vorteile für den Prinzipal. Durch die Optimierung der Vertragsgestaltung soll diese Trade-off-Beziehung bestmöglich gelöst werden. Entsprechend geht es bei den Folgerungen um die Gestaltung von Verträgen, monetäre Anreize (z. B. Systeme der Erfolgsbeteiligung) sowie um Informations- und Kontrollsysteme.

Der Prinzipal-Agent-Ansatz ist eine höchst formale Theorie, bei der durch logische Deduktionen und weitestgehend gestützt auf eine mathematische Beweisführung Empfehlungen über die Vertragsgestaltung und andere Regelungen abgeleitet werden. Im Gegensatz zum Transaktionskosten-Ansatz wird bei dieser Richtung der Neuen Institutionellen Ökonomie nicht auf die „hierarchische" Lösung des Opportunismusproblems gesetzt, sondern mehr auf monetäre Anreizsysteme. Bei einigen Vertreter/innen wird gar das Unternehmen völlig in ein Netz einzelner Vertragsbeziehungen aufgelöst („disaggregiert").

2.6.5 Würdigung der Neuen Institutionellen Ökonomie

Die drei dargestellten organisationsökonomischen Konzepte haben die Organisationstheorie in der letzten Zeit ohne Frage bereichert, schon indem sie die ansonsten stark vernachlässigten ökonomischen Kriterien bei der Wahl organisatorisch-institutioneller Gestaltungstypen in den Mittelpunkt ihrer Analyse stellen. Es handelt sich um theoretisch relativ geschlossene Modelle, die auch – etwa im Rahmen der Transaktionskostenökonomie – eine weiterführende und anregende Verbindung von Markt- und Organisationstheorie herbeiführen.

Damit hat die Ökonomie in der letzten Zeit beachtliche Beiträge zur Überwindung der „organisationslosen" Perspektiven der Mikroökonomie geleistet und sich in dieser Hinsicht erheblich weiterentwickelt. Vor allem Coases und Williamsons Fragestellungen im Rahmen der Transaktionskostenökonomie vermögen plausible und bis dahin unbehandelte Aspekte zur Erklärung der Existenz von Organisationen beisteuern.

Allerdings bleiben erhebliche Zweifel, ob die auf relativ kleine Problemsegmente zugeschnittene Richtung als generelles Theoriefundament der Organisation tragfähig ist. Für mich ist und bleibt es bizarr, ausgerechnet an ein Phänomen wie die Organisation mit dem Postulat des methodologischen Individualismus heranzutreten. Auch die Reduktion der Organisation auf ein Bündel expliziter Verträge scheint mir eher einem Zerrbild als einer wissenschaftlich weiterführenden Komplexitätsreduktion gleichzukommen.

Die Neue Institutionelle Ökonomie leidet an bislang ungelösten Operationalisierungsproblemen (z. B. von den Transaktionskosten), so dass sie oft in ihrer mathematischen Modellwelt gefangen bleibt und eine empirische Prüfung ihrer Aussagen kaum möglich ist. Dies wiederum führt sogar zur Erhebung von Tautologievorwürfen: Mangels empirischer Belegführung könnten alle möglichen Verteilungsformen von Verfügungsrechten oder Transaktionskonstellationen - und vorzugsweise ex post - als effizient ausgewiesen werden (Wolf 2003, S. 284).

Zudem ist der Erklärungsgehalt dieser „Theoriefamilie" durch die rigorose Prämissensetzung eingeschränkt:

„Die getroffenen Verhaltensannahmen blenden solche Verhaltensweisen aus, die auf Macht, normativen Bindungen, Identitätsansprüchen oder intrinsischer Motivation beruhen. Derartige Verhaltensweisen lassen sich jedoch nicht grundsätzlich ignorieren, zumal ihre Bedeutung für die Funktionsweise von Organisationen durch die Beiträge über Mikropolitik, informale Organisation, Organisationskultur und Arbeitsmotivation belegt wird" (Ebers/Gotsch 1993, S. 242).

Insofern ist der Aufstieg der Institutionenökonomie eine Bereicherung des „weed patch" (Pfeffer) der Organisationstheorien - nicht weniger, aber auch nicht mehr.

2.7 Politische Ansätze

Aus dem sozialwissenschaftlichen Spektrum stammt wiederum der letzte der hier zu vertiefenden Theorierichtungen, nämlich das politische Verständnis von Organisationen. Genauso wie die Institutionenökonomie müsste man auch die politischen Ansätze als eine „Theoriefamilie" klassifizieren, die viele Verzweigungen aufweist und sich aus verschiedensten Quellen speist. Den Begriff „micropolitics" hat Burns bereits 1961 in die organisationstheoretische Debatte eingebracht (vgl. auch Pfeffer 1978), und auch die Repräsentanten der älteren Koalitionstheorie (Cyert/March 1963) haben politische Momente bei der Konstituierung organisationaler Entscheidungen und Ziele hervorgehoben. Pettigrew (1973) hat in den 70er Jahren auf der Basis einer Längsschnitt-Fallstudie politische Entscheidungsprozesse empirisch analysiert und organisationstheoretisch zu deuten versucht. Politische Perspektiven von Organisationen sind also keine reine Gegenwartserscheinung. Das eigentlich Neue ist lediglich die relativ breite Beachtung, die ihnen in der Organisationstheorie bzw. in angrenzenden Gebieten heute entgegengebracht wird.

2.7.1 Grundlagen

Im Unterschied zu diversen anderen Ansätzen, die dazu neigen, Konflikte weitgehend aus der Analyse auszuklammern, zu verkürzen oder gar einen Werte- und Interessenkonsens der Organisationsmitglieder zu unterstellen, wird in den politischen Konzepten die Organisation bzw. das Unternehmen als Ort („Arena") interessegeleiteter Konfliktaustragungen und Aushandlungen mit wechselnden Pakten zwischen den beteiligten Personen(gruppen) („Akteuren") mit jeweils nur temporären Problemlösungen betrachtet.

In einzelwirtschaftlicher Perspektive sind in politischen Prozessen in der Organisation die folgenden vier *Transformationsprobleme* zu bewältigen (vgl. Metz 1993, S. 552 in Anlehnung an Naschold 1985, S. 46 ff.):

„(1)   das Problem der Transformation von Geld- in Sachkapital in Verbindung mit Entscheidungen über die optimale Vermögensstruktur;

(2)   das Problem der Transformation von monetären Investitionsentscheidungen in reale Produktionsmittel in Verbindung mit grundlegenden Entscheidungen über die Gestaltung der Arbeitsorganisation;

(3)   das Problem der Transformation von Arbeitsvermögen in tatsächlich verausgabte Arbeitskraft;

(4)   Das Problem der Transformation der durch diese drei Prozesse konstituierten Beziehungen und Praktiken des gesellschaftlichen Arbeits- und Produktionsprozesses."

Die Verwendung des Politik-Begriffes in Zusammenhang mit diesen Transformationsproblemen impliziert, dass es um das interaktive Ausfüllen von Spielräumen *(„Ungewissheitszonen")* geht. Voraussetzung für das politische Moment ist eine Offenheit der Situation. Das heißt, es müssen - was im Regelfall gegeben ist - Gestaltungsmöglichkeiten im

Rahmen der Transformation von Arbeitsvermögen in reale Arbeit bestehen, über deren Ausfüllung sich die maßgeblichen Akteure zumindest
nicht grundsätzlich einig sind. „Politisch" ist dann die soziale Situation,
in der die Akteure ihre Interessen innerhalb dieser Spielräume durch
Machtanwendung durchzusetzen versuchen (Nienhüser 2004, Sp. 1672).

Eine besonders prominente Rolle spielt in den organisationspolitischen
Ansätzen der wohl auf Burns (1961) zurückzuführende Begriff der *Mikropolitik* (vgl. insbesondere Neuberger 1995). Dieser fokussiert in Bezug auf die Analyse-Einheit Unternehmen (in der Sphäre von Meso- und
Mikroebene) die ständigen Versuche der Akteure, ihre Interessen durch
individuelle Taktiken und Strategien innerhalb der Lücken, Unklarhei-
ten und Widersprüche der formalen und informalen Ordnung („Sozialverfassung"; vgl. unten Abschn. 2.7.2) durchzusetzen (Neuberger
1990b, S. 292). Obwohl es typisch mikropolitische Aktivitäten selbstredend auf allen Politikfeldern und -ebenen gibt, so steht doch ein Unter-
suchungsgebiet im Mittelpunkt des Interesses, nämlich die Ebene der
einzelnen Arbeitnehmer/innen bzw. der Arbeitsgruppen oder -bereiche,
in der sich Mikropolitik sozusagen arbeitsalltäglich abspielt.

Die Betrachtung wird etwa im Gegensatz zur Kontingenztheorie auf
Handlungen und Kalküle von *kollektiven und individuellen Akteuren*
konzentriert. Das können
„soziale Gruppen (formal organisiert oder lediglich durch entsprechende
Übereinstimmung vorübergehend verbunden), Institutionen und fallwei-
se auch Einzelpersonen sein, die unterschiedliche Interessen und Verhal-
tensorientierungen vertreten" (Hochgerner 1986, S. 80).

Zu den Indeterminiertheiten politischer Prozesse gehört auch die Frage:
Wer sind überhaupt die relevanten Akteure? Bisher Unbeteiligte können
sich plötzlich und unerwartet in die Beziehungen einschalten (vgl. auch
Neuberger 1990, S. 266). Ungewiss sind damit auch die thematisierten
Probleme. Je nach den beteiligten Akteuren und ihren subjektiven „Logiken" werden die aufgeworfenen Probleme (z. B. bei anstehenden Mo-
dernisierungsmaßnahmen) höchst unterschiedlich ausfallen.

Politische Akteure handeln in einem bestimmten Sinne zweckrational
(oder genauer: interessegeleitet), wenngleich den Unterstellungen „rationaler" Organisationsgestaltung nach dem zentralistischen Willen des
„Organisationsherren", die für eine Reihe von anderen Theorieansätzen
typisch sind, eine klare Absage erteilt wird. Nicht rationale organisatori-

sche Problemlösung im Sinne technischer Optimierung, sondern Konflikt, Verhandlung, Interessendurchsetzung oder auch Interessenausgleich sind die Analyseschemata der politikorientierten Konzepte.

Inwieweit sich die Akteure in den betrieblichen Austauschbeziehungen durchsetzen, ist von ihrer *Macht* abhängig. Dabei wird davon ausgegangen, dass auch die rein ausführend Tätigen ohne formale Anweisungsbefugnisse über Machtressourcen verfügen, die sich aus selbst in tayloristischen Arbeitsformen gegenwärtigen weil produktionsnotwendigen Dispositionsspielräumen ergeben. Sie kontrollieren z. B. Arbeitsintensitäten, die Aufmerksamkeit im Produktionsprozess, Produktqualitäten, den Verbrauch von Rohstoffen und Energie oder die Behandlung von Maschinen und Werkzeugen.

Zur arbeitspolitischen Deutung des Machtphänomens haben Crozier/Friedberg (1979; vgl. auch als jüngere Quelle Friedberg 1988) wichtige Erkenntnisse beigesteuert. Die Macht, in Weberscher Tradition zu definieren als „die Fähigkeit von jemandem, bei anderen Verhalten zu erzeugen, die sie ohne sein Zutun nicht angenommen hätten" (Friedberg 1988, S. 41), ist nicht nur als Attribut eines Akteurs zu denken, sondern im politischen Sinne als Beziehung zwischen zwei oder mehreren Individuen oder Gruppen:

„Um auf jemanden einzuwirken und bei ihm ein bestimmtes Verhalten zu erzeugen, muss man mit ihm in Beziehung treten. Und die Macht, die man möglicherweise ihm gegenüber ins Spiel bringen kann, ist untrennbar mit dieser Beziehung verbunden, sie ist mit ihr wesensgleich und besteht ohne sie nicht. Als Beziehung beruht Macht immer auf Austausch und damit auf Verhandlung, denn es gibt keine Beziehung ohne Austausch und keinen Austausch ohne (implizites oder explizites) Aushandeln der Tauschbedingungen. Macht kann also als eine Austausch-, d. h. Verhandlungsbeziehung beschrieben werden, die zwei oder mehrere voneinander abhängige Akteure verbindet. Diese Beziehung ist zunächst, und bis auf gegenteiligen Beweis, eine intransitive Beziehung, das heißt, sie ist untrennbar verbunden mit den jeweiligen Akteuren sowie mit den jeweiligen ‚Einsätzen', die ‚auf dem Spiel' stehen" (Friedberg 1988, S. 41).

Machtbeziehungen sind gegenseitig - jede Partei bringt Ressourcen ein; die Kontrahenten benötigen einander zur Realisierung ihrer Interessen (Neuberger 1990, S. 265) -, aber in der Regel asymmetrisch. Sie sind ein

„Kräfteverhältnis, aus dem einer immer mehr als die anderen herausholen kann, in dem aber keiner den anderen völlig ausgeliefert ist" (Friedberg 1988, S. 42).

Des Weiteren gehört zu den elementaren Denkfiguren politischer Ansätze, dass Macht und Durchsetzungskraft nicht nur als Beziehung zwischen individuellen und souveränen Akteuren verstanden wird:

„Jemand hat Gewicht und Einfluss ... aufgrund der sozialen Netze und Strukturen, in denen er verankert ist. Als individuelles Subjekt ist er bedeutungslos; es kommt allein darauf an, wieviel soziale Unterstützung er notfalls mobilisieren kann" (Neuberger 1990, S. 263).

Organisationale Strukturen und Prozesse sind in dieser Perspektive das Desiderat temporärer und personell wechselnder *Pakte oder Koalitionen* zwischen den interagierenden Gruppen und Individuen. In Wiederanknüpfung an Grundgedanken der älteren Koalitionstheorie wird dabei aber nicht vom Aufeinandertreffen in sich homogener, monolithisch strukturierter Blöcke von Kollektiv-Akteuren (Arbeitgeber vs. Arbeitnehmer/innen; Management vs. Betriebsrat) ausgegangen.

„Die kulturelle und interessenmäßige Fragmentierung der Manager und Arbeiter legt die Basis für oft sehr verwobene mikropolitische Verhältnisse und Praktiken. Man findet länger oder kürzer während Koalitionen, verschiedene, wechselnde Formen der Zusammenarbeit, (partiell) geteilte Interessen und Werte usw., wobei die Gemeinsamkeiten und Koalitionen sich wenig um die ,theoretischen' Fronten zwischen Managern und Arbeitern kümmern" (Martens 1989, S. 104).

2.7.2 Betriebliche Sozialverfassungen

Ein theoretisch (noch) nicht befriedigend gelöstes Problem politikorientierter Organisationsansätze ist die Beziehung von Prozess und Struktur. Bei der Fokussierung der politischen Handlungen von Akteuren im Rahmen von organisationalen Gestaltungsprozessen läuft man Gefahr, einen regellosen Kampf aller gegen alle zu postulieren, bei dem sich die Stärksten und/oder Gerissensten durchsetzen.

„Zum einen rollen derartige Mikroanalysen eine (nahezu unbegrenzbare!) Situationskomplexität auf, die nicht nur jede Prozessanalyse zu einem räumlichen und zeitlichen Einzelfall geraten lässt. Zum anderen bleibt die Frage offen, wie bei solchen Prozessfolgen die doch recht stabile Leistungsabgabe der Systeme, wie sie in unserer Wirtschaft beobachtbar ist, erklärt werden kann. Es geht tendenziell der übergeordnete Rahmen, die Stellung und Bedeutung objektiver Restriktionen verloren" (Schreyögg 1985, S.62).

Zur Umschreibung der Ordnung, auf deren Hintergrund sich interessegeleitetes (mikro-) politisches Handeln vollzieht, verwenden Hildebrandt/Seltz (1989) den Begriff der „betrieblichen Sozialverfassung". Sie verstehen darunter das „Gesamtensemble der wichtigsten, betrieblich gestalteten oder im Betrieb wirksamen Normen und Regeln, die die Arbeitseinstellung und das Arbeitsverhalten der Beschäftigten beeinflussen" (ebenda, S. 34).

Die von den Organisationsmitgliedern bzw. -gruppierungen weitgehend geteilten Standards, die die betriebliche Sozialverfassung ausmachen und neben den Regulativen Geld und Zwang verhaltenssteuernd wirken, haben sich im Laufe der jeweils spezifisch verlaufenden ökonomischen, politischen und sozialen Organisationsgeschichte herausgebildet. Sie sind zum Teil formalisiert und strukturell verfestigt, beruhen andererseits auch auf informalen Mechanismen eingespielter Routinen oder stillschweigender Übereinkünfte der Akteure. Die Sozialverfassung spannt für die Handelnden einen mehr oder minder engen Korridor auf, innerhalb dessen - zumindest vorläufig - gemeinsam getragene Modi und Standards wirksam werden. Das schafft „halbwegs gesicherte Rahmenbedingungen" (Trinczek 1989, S. 449) und Entlastung für die Akteure. Aus dieser entlastenden und komplexitätsreduzierenden Funktion der Sozialverfassung resultiert ein konservatives Moment. Die Beteiligten haben ein Interesse an der Regulierung der Austauschbeziehungen, am Erhalt dieser Normalität; „Verletzungen der betrieblichen Normen werden entsprechend feinfühlig registriert" (ebenda, S. 450).

Dennoch sind die Arrangements alles andere als statisch. Sie sind das Produkt früherer Macht- und Kräfteverhältnisse und stehen auf der Ebene mikropolitischer Auseinandersetzungen ständig zur Diskussion und Disposition. Besonders Veränderungen in den Rahmenbedingungen (z. B. ökonomische Situation, personelle Wechsel in Schlüsselpositionen konfligierender Parteien) schlagen meist sogleich und sehr viel unmittelbarer als auf der Makro-Ebene auf die Austauschbeziehungen durch. In der Praxis zeigt sich das besonders bei einem Eigentümerwechsel des Unternehmens oder beim Einsatz eines neuen Personalchefs. Verfestigte Routinen, mit denen die neuen Handlungsträger/innen kaum vertraut sind, werden hinterfragt, andere Hintergründe und Erfahrungen eingebracht, bisherige Arrangements aufgekündigt.

Trotz der erheblichen Spielräume der handelnden Personen, die sich nachgerade in solchen Phasen des Wandels zeigen, darf der kontingente Charakter von Sozialverfassungen nicht in Vergessenheit geraten. Die politische Organisationsperspektive ist zwar akteurs- und handlungsorientiert, die Konstituierung der Normen und Regeln der Sozialverfassung erfolgt aber deswegen nicht völlig chaotisch, beliebig und von übergreifenden gesellschaftlichen Strukturierungsprinzipien abgekoppelt. Sie vollzieht sich vielmehr als betriebsspezifisch verlaufender personenabhängiger Prozess in Korrespondenz zu vielfältigen Kontextfaktoren (Türk 1990, S. 143 u. 176). Relevant erscheinen neben dem (Makro-) System der industriellen Beziehungen insbesondere aus dem Arbeitsverhältnis erwachsende Asymmetrien in der Definitionsmacht der Sozialverfassung. Aber auch andere Situationsfaktoren wie die ökonomische und marktliche Lage des Unternehmens, Größe, Branche, Produktpalette, Produktionstechnologie, Belegschaftsstrukturen, gewerkschaftliche Organisationsgrade usw. werden als mehr oder minder gewichtige „constraints" wirksam (vgl. auch Trinczek 1989, S. 449). Dabei sind jedoch im Unterschied zur Sichtweise der orthodoxen Situationstheorie keine starren Determinismen und Kausalismen in den Beziehungen zwischen Umwelt und Sozialverfassung zu unterstellen.

In den bisherigen Ausführungen wurde deutlich, dass das Ausfechten von Konflikten zwischen Personen oder gruppenspezifischen Subkulturen mit unterschiedlichen Interessen in einer wie auch immer gearteten Korrespondenz zu Kontextfaktoren konstitutiv ist für die betriebliche Sozialverfassung. Man könnte sie auch als eine Art Zwischenstand innerbetrieblicher Konfliktaustragung bezeichnen. Konflikte werden im Rahmen der Sozialverfassung vor allem wegen der davon ausgehenden Entlastungsfunktion zeitweise „stillgelegt", andere werden legitimiert und in ihren Austragungsregeln und potentiellen Verlaufsformen kanalisiert (Trinczek 1989, S. 449).

In der Vergangenheit wurde besonders in der (Industrie-) Soziologie die Bedeutung jenes nicht-kontroversen Sektors der Sozialverfassung zumindest unterbelichtet. „Linke" industriesoziologische Positionen aus den 60er und 70er Jahren, wonach z. B. Kooperationspakte und Absprachen zwischen Betriebsräten und Managementvertreter/innen als „Mauschlertum" abqualifiziert wurden (vgl. auch Trinczek 1989, S. 452 f.), verkennen die reale Bedeutung der Kooperationsarrangements bei Fortbestehen der Basiskonflikte. Während in einer großen Zahl betriebswirtschaftlicher Ansätze konfliktnegierende, -verkürzende oder bisweilen sogar völlige Harmonie suggerierende Analyseschemata zugrunde gelegt werden, dominier(t)en - ebenso einseitig - in soziologischen Konzeptionen Kategorien wie Antagonismus, Herrschaft oder Kontrolle.

Im Zuge der Rezeption politischer Organisationsperspektiven hat sich daher ein gewisser Wandel vollzogen. Immer häufiger tauchen Begriffe wie Vertrauen, Motivation, Akzeptanz, Verständigung oder Konsens in den einschlägigen Argumentationsmustern auf (vgl. Ortmann 1988, S. 14 ff. sowie Minssen 1990).

Organisationales Handeln bedeutet allenfalls in weit gestecktem Rahmen und empirisch betrachtet in abnehmendem Maße (vgl. Ortmann 1988) einseitige Kontrolle, Aufoktroyierung und Herrschaftsausübung, die aus dem Eigentum an Produktionsmitteln und den daraus abgeleiteten Eigentümer-Rechten resultieren. Nicht nur mit Herrschaft, auch mit Kooperation und Motivation kann Kontrolle über Unsicherheitszonen erreicht werden.

2.7.3 Würdigung der politischen Ansätze

Wie eingangs festgestellt, kann man die politisch orientierten Organisationsperspektiven mit Wolfs (2003) Worten auch nur als „Theoriefamilie" mit weiten Verzweigungen und intensiven, in tiefe Vorzeiten zurückzuverfolgenden historischen Wurzeln bezeichnen. Insofern gibt es innerhalb dieser Richtung wohl auch kein homogenes Paradigma, was die Würdigung „der" politischen Ansätze schwierig macht.

Wie dem auch sei. Ein wichtiger Vorzug dieser Betrachtungsweise ist, dass der Einfluss politischer Aspekte auf das reale Organisationsgeschehen allzu offenkundig ist. Der arbeitspolitische Ansatz liefert erhellende Einsichten in bestehende Zusammenhänge in ihrer realen Komplexität ohne willkürlich anmutende disziplinäre Schneidungen - wie sie z. B. in der „Organisationsökonomie" vorgenommen werden. Er bietet ferner nahe liegende Anschlussmöglichkeiten sowohl für diverse verhaltenswissenschaftliche Ansätze (z. B. die verhaltenswissenschaftliche Entscheidungstheorie), ferner für den weiten Bereich der „industrial relations"-Forschung wie auch für neuere organisationstheoretische Richtungen wie den interpretativen Ansatz. Das Gleiche gilt im übrigen für die aus Platzgründen in diesem Buch nicht näher behandelten *institutionalistischen Ansätze* der Organisationstheorie[6] (vgl. im Überblick Walgenbach 1999; Wolf 2003), bei denen der Begriff der „Legitimation" in den Mittelpunkt gerückt wird. Die Vorstellungen der Akteure über „effiziente" Strukturen seien demnach weniger von zweckrationalen Kalkülen als von allgemeinen gesellschaftlichen Legitimitätsvorstellungen geprägt, die von den Akteuren bedient („adoptiert") werden müssten.

Mit dem erwähnten Realismus halst sich das organisationspolitische Perspektivenspektrum aber zugleich viele Folgeprobleme auf:

-   Der definitorische, theoretische und empirische Aufwand ist enorm. Es muss sich erst noch erweisen, ob seine zentralen Kategorien - die wir hier skizziert haben - tragfähig genug sind, um die betriebliche Komplexität einzufangen.

-   Bislang haben die politischen Ansätze mehr den Status eines heuristischen Programms, das sehr empirieintensiv ist und dessen Erkenntnisfortschritt auch eng mit den empirischen Forschungsresultaten verbunden ist.

-   Ein ebenso großes Problem ist die wissenschaftliche Bewältigung der schier unendlichen Vielfalt von Sozialverfassungen (im Prinzip steht jeder „Fall" nur für sich allein), die mit einer konsequent arbeitspolitischen Perspektive verbunden ist. Das Prinzip der „Mustererkennung" mag hier weiterführend sein, es bleiben aber stets Zweifel zurück, ob damit die Empirie wirklich zutreffend und zulässig verdichtet worden ist.

-   Ein theoretisch (noch) nicht befriedigend gelöstes Problem politikorientierter Ansätze ist die Beziehung von Prozess und Struktur. Wie schon an anderer Stelle gesagt, läuft man gerade bei betont „mikropolitischen" Betrachtungen Gefahr, einen regellosen Kampf aller gegen alle zu postulieren und dabei übergeordnete Strukturie-

---

[6] Diese dürfen in keinem Fall verwechselt werden mit der hier kurz behandelten Institutionenökonomie (vgl. Abschn. 2.6).

rungsprinzipien („objektive Restriktionen", vgl. Schreyögg 1985, S. 62) zu vernachlässigen.

Ergo: Bei der politischen Perspektive der Organisation handelt es sich um einen sehr vielversprechenden und inhaltlich attraktiven Ansatz gerade für interdisziplinär denkende Fachleute, der die „variety of perspectives" (Pfeffer) um eine wichtige Facette bereichert hat. Aufgrund der schwer lösbaren Probleme in der Operationalisierung zentraler Kategorien und anderer erwähnter Probleme ist er aber als Generallösung zur Fundierung wissenschaftlicher Perspektiven der Organisation überfordert.

Mit dieser Feststellung schließt sich der Kreis, weil genau dies eigentlich für alle der hier kurz erörterten Ansätze gilt. Auch um den Preis der Verwirrung und den der oft als störend empfundenen Disharmonie ist die Existenz des Theorien-Dschungels fruchtbar und weiterführend. Man darf nicht erwarten, mit einem einzigen Paradigma eine Art „Passepartout" in die Hand zu bekommen, mit dem sich alle relevanten Aspekte angemessen fundieren lassen. Wer daran glaubt (ich tue dies übrigens nicht), für die/den wird dieser Zustand höchstens dann überwunden sein, wenn wir so etwas wie eine allgemeine Handlungs- und/oder Gesellschaftstheorie haben, die sich dann auch auf Organisationen anwenden ließe. Denn in Organisationen „tobt" das Leben - und das macht die Sache spannend wie schwierig zugleich.

2.8 Aufgaben und Diskussion

Aufgabe 2-1:

Aus Indien stammt das folgende Märchen:

„Sechs blinde Männer stoßen auf einen Elefanten. Der eine fasst den Stoßzahn und meint, die Form des Elefanten müsse die eines Speeres sein. Ein anderer ertastet den Elefanten von der Seite und behauptet, er gleiche eher einer Mauer. Der dritte fühlt ein Bein und verkündet, der Elefant habe große Ähnlichkeit mit einem Baum. Der vierte ergreift den Rüssel und ist der Ansicht, der Elefant gleiche einer Schlange. Der fünfte fasst an ein Ohr und vergleicht den Elefanten mit einem Fächer; und der sechste, welcher den Schwanz erwischte, widerspricht und meint, der Elefant sei eher so etwas wie ein dickes Seil" (nach Kieser 1993, S. 1).

Übertragen Sie die Botschaft dieses Märchens auf die Situation der theoretischen Fundierung von Organisation!

Aufgabe 2-2:

Webers Bürokratiemodell und Taylors „scientific management" gehören zu den Klassikern der Organisationstheorie. Welche Gemeinsamkeiten und welche Unterschiede erkennen Sie zwischen diesen Ansätzen?

Aufgabe 2-3:

Erläutern Sie, inwiefern beim situativen Ansatz der Organisationstheorie gegenüber den Klassikern ein echter Paradigmawechsel vorliegt!

Aufgabe 2-4:

Zeigen Sie das Paradigma des situativen Ansatzes anhand der Formel „one best way for each situation" auf!

Aufgabe 2-5:

Können Sie sich vorstellen, warum es kaum gelingen kann, gesetzmäßige, also immer und überall vorfindbare Zusammenhänge zwischen Situationen einer Organisation und gewählten Strukturregelungen zu finden?

Aufgabe 2-6:

Ulrich (1977, S. 1) legt in seinem Werk über die „quasi-öffentliche" Bedeutung von Unternehmen aus der Warte der Systemtheorie die folgende Perspektive zugrunde: „Die Unternehmung wird als gesellschaftliche Institution gesehen, die nicht mehr Privatangelegenheit der Eigentümer, sondern politisch relevante, öffentliche Angelegenheit geworden ist. Das politische Element liegt ... vor allem darin, dass privatwirtschaftliche Handlungen ... eine Reihe von Auswirkungen haben, denen sich eine größere Zahl Dritter nicht ohne Nachteil entziehen kann."

Fallen Ihnen Beispiele ein, auf die Ulrich anspielt?

Aufgabe 2-7:

Halten Sie die Sichtweise der Vertreter/innen der interpretativen Ansätze für angemessen, das Phänomen der Organisation auf subjektive Wahrnehmungen, Kommunikationsprozesse usw. zu konzentrieren? Welche Gefahr sehen Sie dabei?

Aufgabe 2-8:

Halten Sie die Konzeption der Verfügungsrechtstheoretiker für treffend, Unternehmen lediglich als ein Gefüge von kurzfristigen Verträgen zu konzipieren?

Aufgabe 2-9:

Erkennen Sie im Transaktionskosten-Ansatz auch einige Grundgedanken des situativen Ansatzes der Organisationstheorie wieder?

Aufgabe 2-10:

Führungskräfte erhalten häufig Aktien oder Aktienoptionen als wesentlichen Bestandteil ihrer Vergütung. Erklären Sie dieses Phänomen mit den Kategorien des Prinzipal-Agenten-Ansatzes!

Aufgabe 2-11:

Diskutieren Sie die Behauptung: „Die Institutionenökonomie ist die entscheidende Wende in der Organisationstheorie. Sie führt die Analyse organisatorischer Probleme endlich auf ihre ökonomischen Wurzeln zurück." Stimmen Sie dieser These zu oder sehen Sie sie eher kritisch?

Aufgabe 2-12:

Das (mikro-) politische Moment ist in Organisationen allgegenwärtig. Können Sie aus Ihrer persönlichen Erfahrung Beispiele dafür benennen?

3. Dimensionen formaler Organisationsstrukturen

Nach diesem knappen und reichlich selektiven Einblick in das breite Spektrum der Organisationstheorien wollen wir uns nunmehr „praktischeren" Fragestellungen der betrieblichen Organisation zuwenden.

Neben der Zielgerichtetheit war in unserer Ausgangsdefinition von Organisation (vgl. Abschn. 1.2 bzw. 1.3) das *Vorhandensein formaler Strukturen* konstitutiv für Organisationen. Diesem Aspekt wollen wir in diesem Kapitel vertiefend nachgehen.

Im Einzelnen sind die folgenden vier Dimensionen, die miteinander zusammenhängen, für Organisationsstrukturen prägend:

- Spezialisierung,
- Koordination,
- Konfiguration (Leitungssystem) und
- Entscheidungsdelegation.

Dabei ist die zunächst behandelte Arbeitsteilung oder Spezialisierung das Ausgangsproblem jeder organisatorischen Strukturierung.

3.1 Spezialisierung

3.1.1 Wesen der Spezialisierung

Das Element der Arbeitsteilung oder Spezialisierung lag bereits dem Bürokratieansatz von Max Weber zugrunde (vgl. Abschn. 2.2.1) und wurde vor allem von Taylor im Hinblick auf seine effizienzsteigernden Wirkungen herausgestellt. Unter Spezialisierung versteht man ganz allgemein „die Zerlegung von Aufgaben in einzelne voneinander verschiedene Teilaufgaben" (Bea/Göbel 2002, S. 250).

Wie Kieser/Walgenbach (2003, S. 78 f.) dies an einem kleinen Beispiel zeigen, lässt sich das Spezialisierungsproblem gut an einer Organisation mit internem Wachstum aufzeigen:

> „Gehen wir von einem Schreiner aus, der in einem Ein-Mann-Betrieb Stühle herstellt. Die Nachfrage ist so groß, dass er eines Tages beschließt, seinen Betrieb um fünf Gesellen zu erweitern. Die Gesamtaufgabe - Herstellung und Verkauf von Stühlen - muss nun auf fünf Personen verteilt werden.

> Nehmen wir zunächst an, dass sich unser Schreiner selbst auf Einkaufs-, Vertriebs- und Verwaltungsaufgaben beschränkt, so stehen ihm mehrere Möglichkeiten für die Verteilung der verbleibenden Fertigungsaufgaben zur Verfügung, von denen wir einige betrachten wollen:
>
> a) Alle Gesellen fertigen ganze Stühle.
>
> b) Zwei Gesellen fertigen Stuhlbeine, einer Sitzflächen und Stuhllehnen, einer fügt die Teile zusammen und einer lackiert oder beizt die fertigen Stühle.
>
> c) Ein Geselle verrichtet alle Sägearbeiten, einer alle Hobelarbeiten, einer alle Drechslerarbeiten, einer alle Leimarbeiten und einer alle Lackier- und Beizarbeiten.
>
> d) Ein Geselle fertigt Stuhlbeine, einer Sitzflächen, einer Stuhllehnen, einer fügt die Teile zusammen und einer führt alle Lacker- und Beizarbeiten aus."

Textbeleg 3-1: Organisationsprobleme im wachsenden Kleinbetrieb

Es schließt sich die Frage an, welche dieser Lösungsmöglichkeiten eine Form der „Spezialisierung" ist. Die Antwort ist einfach: alle Varianten bis auf die Lösung a) bedeuten eine Spezialisierung, wobei die Unterschiede von b) bis d) in der Art der Spezialisierung und in ihrem Umfang liegen.

Hinsichtlich des *Umfanges* entstehen etwa bei Variante b) vier verschiedene Aufgaben, im Fall d) sind es deren fünf. Je mehr eine Gesamtaufgabe in unterschiedliche Teilaufgaben zerfällt, die dann wiederum verschiedenen Menschen („Aufgabenträgern") zugeordnet werden, umso höher wird der Grad der Spezialisierung. Der Taylorismus wurde bereits als eine „Schule" vorgestellt, die in einer hochgradigen Spezialisierung wesentliche Vorteile gesehen hat (vgl. Abschn. 2.2.2).

Hinsichtlich der *Art* unterscheidet man eine Spezialisierung nach *Objekten* („Objektzentralisation"), wie sie in der Lösung b) zum Ausdruck kommt. Bei Variante c) wird nach Tätigkeiten oder *Verrichtungen* spezialisiert („Verrichtungszentralisation").

Die Lösung d) schließlich ist eine Mischform von objekt- und verrichtungsorientierter Spezialisierung.

Der Variante a), bei der alle Gesellen autonom ganze Stühle herstellen, liegt das Prinzip der *Mengenteilung* zugrunde, bei b) bis d) handelt es sich um *Artenteilung* und damit Spezialisierung, wobei differenzierte Teilaufgaben unterschiedlicher Art entstehen (vgl. auch Schulte-Zurhausen 1999, S. 130 f.).

Gegenüber der Mengenteilung bedeutet die Spezialisierung stets eine Reduktion der Tätigkeitsinhalte für die arbeitenden Beschäftigten.

Hat man sich in der Organisationsgestaltung für ein bestimmtes Spezialisierungskonzept entschieden, werden die entsprechenden Teilaufgaben auf Dauer gestellt und mit einem Gefüge von Rechten und Pflichten verbunden. Damit werden *Stellen* geschaffen, die unabhängig von einzelnen Personen sind.

Der Schreinermeister würde dies in obigem Beispiel zunächst gedanklich festlegen, bevor er die Gesellen für die geschaffenen Positionen einstellt. Die Stellen müssen von den „angedachten" Mitarbeiter/innen hinsichtlich Qualifikation und Arbeitszeit erfüllt werden können.

3.1.2 Vorteile und Probleme der Spezialisierung

Warum wird sich der Schreinermeister wohl für eine der Lösungen von b) bis d) und nicht für a) entscheiden?

Die Spezialisierung hat zunächst erhebliche Wirtschaftlichkeitsvorteile, was schon der berühmte Ökonom Adam Smith im Jahre 1776 mit seinem Stecknadelbeispiel zeigte. Ein/e Arbeiter/in kann an einem Tag einige Dutzend schlechte Nadeln herstellen; eine auf einzelne Arbeitsgänge spezialisierte Gruppe kann jedoch Tausende perfekter Nadeln herstellen.

Auch Taylor und vor allem nach ihm Henry Ford (1923) belegten die Vorteilhaftigkeit der Arbeitsteilung nachhaltig. Ford beispielsweise begründete zu Beginn des zwanzigsten Jahrhunderts seinen Aufstieg zu einem der größten Industrieführer der Geschichte damit, dass er ein System der Fließbandproduktion entwickelte, bei dem jeder/jedem einzelnen Arbeiter/in eine einfache, spezifische und immer gleich bleibende Aufgabe zugewiesen wurde. Durch dieses ineinander greifende Gefüge kleinster standardisierter Arbeitsaufgaben wurde es möglich, in den Ford-Fabriken alle zehn Sekunden ein Auto fertig zu stellen, ohne dass es dafür einer Menge hoch qualifizierter Arbeitskräfte bedurfte.

Worin besteht nun im Einzelnen die größere Wirtschaftlichkeit der Spezialisierung gegenüber einer reinen Mengenteilung?

- Die Arbeiter/innen entwickeln bei ihren Teilaufgaben durch die Alltäglichkeit ihrer Ausführung eine hohe Geschicklichkeit bei geringerer Ermüdung. - Es werden nur kurze Einarbeitungen benötigt. - Die ausführenden Arbeitskräfte müssen nur eine geringe Qualifikation aufweisen, was sie am Arbeitsmarkt leicht beschaffbar und ersetzbar macht. Damit können auch besondere Fähigkeiten und Qualifikationen intensiv zu ökonomischen Zwecken genutzt werden. - Die Verantwortlichkeiten sind eindeutig zugeordnet.

Übersicht 3-1: Vorteile der Spezialisierung

Im Ergebnis führen diese Vorteile oft zu einem „Höchstmaß an Ressourceneffizienz" (Schulte-Zurhausen 1999, S. 133) und zu einer Kostendegression („economies of scale") (Bea/Göbel 2002, S. 250).

Eine weit vorangetriebene Spezialisierung - etwa in Form des Fließbandsystems - hatte sich schon in den vierziger Jahren des zwanzigsten Jahrhunderts aufgrund der enormen Produktivitätsfortschritte in den meisten Fabriken der westlichen Welt durchgesetzt. Vor allem im Bereich der industriellen Massenproduktion relativ konformer Güter hat die intensive Spezialisierung unabweisbare Vorteile.

Allerdings machten sich im Laufe der Zeit auch erhebliche *Nachteile* einer weit vorangetriebenen Spezialisierung bemerkbar, die vor allem auf die menschlichen Probleme zurückzuführen sind, die eine ausgeprägte Arbeitsteilung nach sich zieht.

- Fluktuation: viele Arbeiter/innen verlassen wegen der Eintönigkeit der Arbeit das Unternehmen, so dass ständig viele neue Beschäftigte eingestellt und eingearbeitet werden müssen. - Absentismus: wegen Stress und Langeweile werden oder „feiern" die Arbeitenden häufig krank.

- Qualitätsprobleme: aufgrund der stumpfsinnigen Arbeit haben die Beschäftigten keinerlei Motivation, auf hohe Produktqualität zu achten; sie identifizieren sich weder mit dem Produkt noch mit dem Unternehmen.

- Beschränkte Ressourcennutzung: der Schatz an Kenntnissen und Erfahrungen sowie die schöpferischen Fähigkeiten der Menschen bleiben weitgehend ungenutzt.

Übersicht 3-2: Probleme der (hochgradigen) Spezialisierung

Die Folgeprobleme einer weit getriebenen Spezialisierung haben sich vor allem in den späten 60er und frühen 70er Jahre des zwanzigsten Jahrhunderts in vielen Bereichen (etwa in der Automobilindustrie) in Form einer Art Revolte gegen das Fließband gezeigt. In der Folgezeit wurden erstmals in nennenswertem Umfang Überlegungen angestellt, die Arbeitsteilung wieder partiell zurückzunehmen und den Arbeitenden wieder mehr Selbständigkeit, Handlungs- und Entscheidungsspielräume zu geben. Damit ist die starke Spezialisierung auch gesellschaftlich und unter sozialen Gesichtspunkten auf harte Kritik und gewerkschaftliche Bekämpfung gestoßen. In jener Epoche machte mit Unterstützung der damaligen sozial-liberalen Bundesregierung das Konzept von der *Humanisierung der Arbeit* Furore (vgl. für viele Breisig 1990, S. 95 ff.). Antworten, die im Rahmen einer Befragung von Fiat-Arbeitern aus dem Jahre 1969 gegeben wurden, mögen illustrieren warum (aus Guelden u. a. 1973, S. 38 f.):

„Ich sage, dass meine Arbeit viel zu lange dauert. Man kann sie Zwangsarbeit nennen. So viel ist wahr, dass man, wenn man nach Hause kommt, von den 8 Stunden in der Fabrik mehr entkräftet ist als von der Zeit, die man außerhalb der Fabrik verbringt. Für mich bedeutet ein Tag, an dem ich nicht zur Arbeit gehe, dass ich 1 Jahr länger lebe ...“

„Arbeit würde ich das nicht nennen, eine (rhythmische) Bewegung der Arme, die 8 Stunden dauert. Eine Bewegung, die meinen Verstand natürlich in keiner Weise reizt und mich also in keiner Weise befriedigt.“

„Ich denke, sie macht einen zum Automaten, raubt einem seine Persönlichkeit, blockiert jede Initiative.“

"Wenn ich an meine Arbeit denke, arbeite ich nicht mehr. Ich bin eine Maschine geworden wie ein Roboter. Ich arbeite an den Pressen am Band 27, tiefer in die Hölle also werde ich nicht gehen können."

"Stumpfsinnig, belanglos, eintönig: ein kleines Kind, ein Schwachsinniger könnte das tun."

Textbeleg 3-2: Interview-Äußerungen von Fiat-Arbeiter/innen aus dem Jahr 1969

Im großen Stil brach sich in dieser Zeit ein Protest gegen die stupide, sinnentleerte Form der Arbeit Bahn. Und dies führte dann auch schnell zu erheblichen ökonomischen Problemen: In den Fabriken aller westlichen Industriegesellschaften (vor allem in der Automobilindustrie) machte sich die Arbeitsunzufriedenheit nämlich in sehr hohen *Abwesenheits- und Fluktuationsraten* bemerkbar. Bei General Motors liefen massenhaft defekte Autos vom Band - "mit zerschlagenen Windschutzscheiben, zerstörten Rückspiegeln und aufgeschlitzten Sitzpolstern" (Steinmann u. a. 1976, S. 13). Die teilweise schon "bürgerkriegsähnlich anmutende Situation" (Gottschalch 1977, S. 843) spitzte sich zu einer Art Krise der Arbeitsteilung zu. Als Konsequenz aus dieser Situation mussten die Arbeitgeber wegen der Fluktuation teilweise eine komplette Belegschaft innerhalb eines Jahres ersetzen.

Schmerzlich wirkten sich auch immer stärker Qualitätsprobleme aus. Wie gezeigt kann die taylorisierte Arbeit zunächst infolge der wachsenden Geschicklichkeit der Arbeitenden und der Durchdringung der (beschränkten) Arbeitsschritte zu einer Erhöhung der Produktqualität führen. Dieser Effekt schlägt aber angesichts der katastrophalen Folgen für die Arbeitsmotivation rasch um: Ein/e zum Quasi-Roboter degradierter Arbeiter/in verliert die Bindung zum Produkt und sieht keinerlei Veranlassung, auf höchste Produktqualität zu achten. Und nicht nur das: Bewusste Beschädigungen und das "geflissentliche Übersehen" offenkundiger Schäden gehör(t)en zu dem Repertoire der Maßnahmen, mit denen die Arbeitenden ihren Protest gegen diese Form der Arbeitsgestaltung brachten bzw. bringen.

Qualitätsdefizite sind für die Unternehmen umso schmerzlicher, als der weltweite Wettbewerb längst nicht mehr nur über Preise, sondern in hohem Ausmaß auch über die Produktqualitäten ausgetragen wird.

Ein weiterer gravierender Nachteil der hohen Spezialisierung ist ihre *Starrheit*, ihre fehlende Dynamik, die sich gerade bei den Fließbandsystemen zeigt. Sie sind hoch effektiv bei standardisierten Massenprodukten ohne große Produktvariationen. Muss sich das System aber häufig veränderten Bedingungen anpassen, fehlt es ihm an der dafür notwendigen Flexibilität.

3.2 Koordination

Arbeitsteilung zieht zwangsläufig einen Koordinationsbedarf nach sich, da arbeitsbezogene Abhängigkeiten (Interdependenzen) zwischen den spezialisierten Teilaktivitäten bestehen. Bei der Koordination geht es daher um die notwendige Abstimmung bei arbeitsteiliger Aufgabenerfüllung. Neben der Spezialisierung ist daher die Koordination die zweite Grunddimension der organisationalen Strukturierung.

Es gibt in einer Organisation vielfältige Instrumente zur Befriedigung des Koordinationsbedarfs. Wir orientieren uns hier an einer einfachen Systematik von Bea/Göbel (2002, S. 258), die Instrumente der Fremdkoordination und der Selbstkoordination unterscheidet.

Instrumente der Fremdkoordination:

-      Persönliche Weisung
-      Programme
-      Pläne.

Instrumente der Selbstkoordination

-      Selbstabstimmung
-      Märkte
-      Unternehmenskultur
-      Professionalisierung.

Übersicht 3-3: Koordinationsinstrumente im Überblick

3.2.1 Instrumente der Fremdkoordination

Persönliche Weisungen erfolgen im Rahmen der Personenhierarchie, indem die übergeordnete Stelle der untergeordneten Anordnungen erteilt. Schon in Max Webers Herrschaftssoziologie wird die Amtshierarchie mit dem ihr inhärenten Prinzip von Befehl und Gehorsam als wesentliches Element der Bürokratie herausgestellt (vgl. Abschn. 2.2.1). Damit soll in erster Linie ein koordiniertes zielgerichtetes Verhalten ermöglicht werden.

Das schon vorher erörterte Direktionsrecht des Arbeitgebers, das auf die Führungskraft als ihr „verlängerter Arm" übertragen wird, ist die rechtliche Grundlage der Weisungserteilung. So kann z. B. ein/e Vorgesetzte/r Informationen über Störungen im Produktionsablauf in Veränderungsentscheidungen umsetzen, die sie/er anhand entsprechender Anweisungen „nach unten" weitergibt und von den Unterstellten eine Befolgung verlangt. Bei der Koordination durch persönliche Weisungen spielt insoweit der (vertikale) Kommunikationsfluss eine große Rolle. Ein mögliches Folgeproblem einer intensiven Nutzung dieses Instruments ist die Überlastung der Vorgesetztenpositionen und der „Dienstwege". Dieser Schwierigkeit steht als Vorteil die leichte Gestaltbarkeit und die hohe Flexibilität einer weisungsgebundenen Koordination gegenüber.

Die „fremdbestimmte" Koordination kann ferner anhand von *Programmen* oder Verfahrensrichtlinien erfolgen (Schreyögg 2003, S. 168 f.). Dabei handelt es sich um teilweise sehr detaillierte Konzepte eines standardisierten Aktivitätsablaufs zur Lösung bestimmter, immer wiederkehrender Probleme. Programme sind oft das Ergebnis von Lernprozessen: Ein bestimmtes Handlungsmuster hat sich in der Vergangenheit bewährt, daher wird es in ein Programm „gegossen" und damit verfestigt. Programme sind oft schriftlich fixiert, man kann sie in Verfahrensanweisungen oder ganzen Handbüchern nachlesen. Kieser/Walgenbach (2003, S. 116) sowie Schreyögg (2003, S. 168 f.) führen dafür die folgenden instruktiven Beispiele an:

> „Ein Lagerist im Rohwarenlager hat die Vorratsmengen mehrerer Rohstoffe zu überwachen und dafür zu sorgen, dass den einzelnen Fertigungsabteilungen jederzeit das benötigte Material zur Verfügung steht. Um diese Koordination zwischen Beschaffung, Lagerhaltung und Fertigung zu bewirken, wurde dem Lageristen eine Reihe von Programmen vorgegeben.

Für jeden Rohstoff wurde eine Mindestmenge festgelegt, deren Unterschreitung das auslösende Ereignis für die Anwendung des Programms ist: Der Lagerist füllt bei Unterschreitung der Mindestmenge ein Formular aus, in dem er den Rohstoff spezifiziert und nach Maßgabe des Verbrauchs in den letzten Monaten anhand einer festgelegten Formel eine zu bestellende Menge bestimmt. Das ausgefüllte Formular schickt er dann an den Einkauf, von dem die Bestellung abgewickelt wird."

„Die Sachbearbeiter einer Krankenversicherung prüfen die eingereichten Ansprüche (Rechnungen von Ärzten, Optikern, Sanitätshäusern usw.) anhand genau festgelegter Kriterien auf Rechtmäßigkeit. Sind die Kriterien erfüllt, werden die Rechnungen zur Zahlung angewiesen. Die Sachbearbeiter erteilen nun Mitarbeitern der Kasse Weisung, die Auszahlung abzuwickeln."

Textbeleg 3-3: Beispiele für Programme zur Verhaltenskoordination

An den Beispielen zeigt sich, dass durch den Einsatz von Programmen die Vorgesetzten wesentlich entlastet werden können. Aufwändige persönliche Weisungen können reduziert, unter Umständen sogar fast ganz ersetzt werden. Die Weisung tritt den Beschäftigten in einer entpersonalisierten Form gegenüber und wird mit der Zeit eher als Routine denn als Mechanismus der Fremdkoordination erlebt. Programme laufen auf eine erhebliche Komplexitätsreduktion durch Standardisierung der Aufgabenerfüllung hinaus.

Der Nachteil von Programmen ist ihre Starrheit und Inflexibilität. Daher eignen sie sich vor allem bei relativ statischen Problemstellungen, die sich nicht oder selten verändern. Zudem besteht die Gefahr, dass Programme auch für solche Probleme verwendet werden, auf die sie eigentlich gar nicht passen.

Die Koordination durch *Pläne* ist von der durch Programme nicht immer einfach zu unterscheiden. Pläne können Folge von Weisungen oder Programmen sein. Sie werden oft nach festgelegten Verfahren im Rahmen eines institutionalisierten Planungsprozesses erarbeitet. Während Programme Abläufe auf Dauer festlegen, enthalten Pläne Vorgaben für eine bestimmte Periode. So bekommt beispielsweise eine Vertriebsabteilung in regelmäßigen Abständen ihren Absatzplan vorgelegt, der in einem komplexen Prozess mit dem Produktionsplan, dem Beschaffungsplan und dem Finanzplan abgestimmt worden ist.

Pläne sind somit ergebnisorientiert. Nach Bea/Göbel (2002, S. 264) läuft die Koordination durch Pläne auf eine *Outputstandardisierung*, nicht auf eine direkte Verhaltensstandardisierung hinaus. Die einzelnen geforderten Verhaltensweisen sind in Plänen nicht detailliert enthalten, während genau dies, nämlich eine Verhaltensstandardisierung, in Programmen erfolgt. Durch die Vorgabe oder Vereinbarung von Zielgrößen sollen die Mitarbeiter/innen wissen, worauf es ankommt, und ihr Verhalten entsprechend ausrichten. Diese Koordinationsform wird vor allem im Führungskonzept des „Management by objectives" betont (Breisig 2001).

Der Inhalt von Plänen kann von Periode zu Periode wechseln, wohingegen der von Programmen auf Dauer gestellt ist. Pläne können ein sehr flexibler und effizienter Koordinationsmechanismus sein. Sie müssen jedoch künftige Entwicklungen möglichst treffend vorwegnehmen. Dies ist aber gerade in dynamischen Umwelten nicht immer möglich. Daher sind oft im Nachhinein Anpassungen notwendig. Außerdem erfordert diese Koordinationsform schnell einen hohen Aufwand.

3.2.2 Instrumente der Selbstkoordination

Zu den nicht fremdbestimmten Koordinationsmechanismen gehört zunächst die *Selbstabstimmung*, die eine Art Gegenmodell zur persönlichen Weisung ist. Dabei handelt es sich um eine eigenständige, (teil-) autonome Abstimmung unter den von einem Problem „Betroffenen". Dies kann beispielsweise durch Gruppenentscheidung oder bilateralen, trilateralen usw. Austausch geschehen.

Das „Maschinenmodell" der Organisation, wie es etwa im Weberschen Idealtypus der Bürokratie oder im Taylorismus angelegt ist, hat noch nie erschöpfend funktioniert. Selbst hoch arbeitsteilige Fließbandsysteme können nicht - etwa bei unvorhergesehenen Störungen - ohne die „heimliche Partizipation" der Arbeitenden auskommen. Die Produktion bräche zusammen, würde jede/r Arbeiter/in mit jedem plötzlich auftauchenden Problem zur zuständigen Führungskraft gehen.

Die Einführung teilautonomer Arbeitsgruppen lässt sich teilweise als Beispiel einer verstärkten „institutionalisierten Selbstabstimmung" im Rahmen von Teamarbeit deuten. Das Aktiengesetz schreibt sogar auf höherer Ebene vor, dass der Vorstand einer Aktiengesellschaft die Geschäfte gemeinschaftlich zu führen hat, sich seine Mitglieder also in wesentlichen, die Geschicke des Unternehmens prägenden Fragen untereinander abzustimmen haben.

Selbstabstimmungen entlasten die Hierarchie, steigern die Flexibilität der Organisation und wirken sich zumeist positiv auf die Motivation und Identifikation der Mitarbeiter/innen aus. Sie erfordert jedoch die Fähigkeit und die Bereitschaft der Organisationsmitglieder zur Zusammenarbeit und ist häufig besonders zeitaufwendig. Zudem sind mitunter unfruchtbare Konfliktlagen zu verzeichnen, „besonders wenn zwischen den betroffenen Stellen und Gruppen ein starkes Konkurrenzdenken herrscht" (Bea/Göbel 2002, S. 266).

Die Koordinationswirkung von *Märkten* haben wir bereits im Zusammenhang mit dem Transaktionskostenansatz kurz angedeutet. Innerhalb von Marktbeziehungen zwischen Akteuren werden Einzelentscheidungen dadurch aufeinander abgestimmt, dass der Preismechanismus Angebot und Nachfrage in Abstimmung bringt. Zwar ist der Markt in der Transaktionskostenökonomie als das externalisierte Gegenstück der Hierarchie (der persönlichen Weisung) konzipiert. Dies schließt aber nicht aus, dass man sich auch innerhalb von Organisationen dieses Prinzips zur Lösung von Koordinationsproblemen bedienen kann. So können für die Bereitstellung und Nutzung von Leistungen zwischen verschiedenen Bereichen der Organisation Verrechnungs- oder Lenkpreise angesetzt werden. Die einzelnen Einheiten erwerben und veräußern - in der Regel im Rahmen von geplanten Budgets - Dienstleistungen oder Vorprodukte, die zu einer Gesamtleistungserstellung benötigt werden. Die diversen Bereiche werden dann zu so genannten *„Profit Centers"* mit eigener Budgetverwaltung und Gewinnverantwortung. Dabei kann es z. B. auch möglich sein, dass eine bestimmte Abteilung etwa zur Deckung eines Qualifikationsbedarfs unter ihren Mitarbeiter/innen auf einen preisgünstigeren externen Anbieter anstatt auf die „eigene" Personalentwicklungsabteilung zurückgreift.

Unter *Unternehmens- oder Organisationskultur* versteht man ein für jedes Unternehmen spezifisch herausgebildetes Gefüge von Regeln, Normen und Wertvorstellungen, die die betriebliche Wirklichkeit in den Kooperationsbeziehungen unter den Mitarbeiter/innen und Bereichen prägen und die insofern ein - mehr oder weniger hohes - Potenzial an verhaltenskoordinierender Wirkung haben (vgl. zur Organisationskultur ausführlich Kap. 6). Dieser Zusammenhang liegt auf der Hand: Es gibt viele Unternehmen, die durch eine „starke" Unternehmenskultur auffallen (z. B. Bertelsmann, Hewlett Packard). Die Organisationsangehörigen stimmen in hohem Maße in bestimmten Werten und Normen überein. Sie haben sie verinnerlicht und entwickeln ein entsprechend ausgeprägtes Wir-Gefühl. Verfahrensvorschriften (Programme), Handbücher und andere detaillierte Regeln werden in weit geringerem Ausmaß benötigt, weil die entsprechenden Regeln und Weisen in der Kultur verankert sind und aufgrund einer Art „Einverständnishandeln" (Schmidt 1986) der Organisationsmitglieder gleichwohl koordinierende Kraft entfalten. Entsprechend sind auch Weisungen vermutlich in geringerem Ausmaß erforderlich als in einer Organisation mit weniger „starker" Kultur.

Ansonsten wird über das Kulturphänomen an anderer Stelle noch intensiv zu reden sein, so dass sich hier weitere Ausführungen erübrigen.

Bei der Koordination durch *Professionalisierung* handelt es sich schließlich um einen Mechanismus, der auf der Wirkung standardisierter Qualifikations- und Berufsbilder beruht. Die Angehörigen bestimmter Berufsgruppen, wozu z. B. Facharbeiter/innen, aber auch hoch qualifizierte Kräfte wie Ärzt/innen oder Computerspezialist/innen gehören, verfügen aufgrund ihrer Ausbildung über ein Standardrepertoire erlernter Kenntnisse und Fertigkeiten. Wenn Personen oder Gruppen über längere Zeit hinweg komplexere Qualifikationen erwerben, die sie in ihrer Arbeit einsetzen, spricht man von „Professionalisierung". Sie sind dann in der Lage, auch ohne detaillierte Vorschriften, Organisationsregeln oder persönliche Weisungen Hand in Hand zu arbeiten und komplexere Probleme im Zusammenspiel mit ihren Fachkolleg/innen zu lösen (vgl. Bea/Göbel 2002, S. 270 f. sowie Kieser/Walgenbach 2003, S. 135 f., die diesen Mechanismus neuerdings „Standardisierung von Rollen" nennen).

3.3 Konfiguration

Spezialisierung und Koordination sind die beiden Grundprinzipien von Organisationsstrukturen. Das „Standardmodell" der Koordination ist die Weisung. Die spezialisierten Stellen werden untereinander in ein Gefüge von Über- bzw. Unterstellungsverhältnissen gebracht. Dadurch entsteht eine hierarchische Ordnung (mit einer Spezialisierung nach Rang), und die Gesamtheit der Regelungen, die diese Ordnung konstituieren, nennt man das *Leitungssystem* oder die *„Konfiguration"*, die in diesem Abschnitt näher behandelt wird.

3.3.1 Wesen der Konfiguration

Die Dimension der Konfiguration hängt also eng mit der Spezialisierung zusammen. In unserem eben beschriebenen Schreinerbetrieb reichte wegen der überschaubaren Betriebsgröße eine „simple" Arbeitsteilung unter den Gesellen aus. In größeren Organisationen muss sich jedoch die Spezialisierung auch auf entsprechend größere organisatorische Einheiten mit mehreren Stellen erstrecken.

Im Zuge der Abteilungsbildung werden typischerweise mehrere zusammengehörige Stellen zu größeren Einheiten zusammengefasst und ihnen eine Vorgesetztenstelle zugeordnet. Letztere werden in der Organisationslehre meist *Instanzen* genannt. Instanzen haben Entscheidungs- und Weisungsbefugnisse (vgl. ausführlich Abschn. 4.1.2).

Je nach Spezialisierungsart - ob verrichtungs- oder objektorientiert - gibt es auch auf der „Makroebene" der Abteilungsbildung unterschiedliche Strukturtypen (insbesondere funktionale und divisionale Formen), auf die wir im Kapitel über die Aufbauorganisation näher eingehen werden (vgl. Abschn. 4.2). Hier soll es zunächst um die grundsätzliche Vertiefung des Aspektes gehen, dass Spezialisierung und Koordination als zentrale Dimensionen formaler Organisationsstrukturen ergänzt werden durch die äußere Form des Stellengefüges, die im Wege der Abteilungsbildung entsteht. Diese Dimension, die im Gegensatz zu den Grunddimensionen auf die „Makrostruktur" der Organisation abhebt, wird als *Konfiguration* bezeichnet. Dabei kommt den Instanzen besondere Bedeutung zu, weswegen man die Konfiguration auch teilweise als das „Leitungssystem" einer Organisation bezeichnet. Die Gesamtheit der Leitungsbeziehungen unter den Stellen ist das Leitungssystem (oder die Hierarchie) der Organisation (vgl. unten).

Graphisch wird die Konfiguration üblicherweise in sog. *Organigrammen* dargestellt, wobei die Weisungsbeziehungen in hierarchisch angeordneten Kästchen, den Symbolen für die einzelnen Einheiten oder Bereiche, sowie in Verbindungslinien zwischen den Kästchen abgebildet werden.

3.3.2 Die Hierarchie

Die Konfiguration in ihrer Betonung des Leitungsaspektes kommt in der *betrieblichen Hierarchie* zum Ausdruck. Die Hierarchie gilt als ein universelles Strukturprinzip, das für eine Gesamtheit von Elementen systematische Beziehungen der Unter- und Überordnung schafft (Krüger 1985). In sozialen Systemen erzeugt Hierarchie über die bloße Funktionsteilung hinaus eine Differenzierung nach Rang, Status, Autorität, Befehlsgewalt und Entscheidungsbefugnissen. Der Terminus besteht aus den beiden griechischen Wortelementen „hieron" (das Heilige) und „archein" (bestimmen, herrschen) und bedeutet ursprünglich Herrschaft der Priester. Im christlichen Kirchenrecht erschien er erstmals im 6. Jh. und bedeutet dort „objektiv die von Christus den Aposteln und ihren Nachfolgern übertragene Gewalt, die Kirche zu leiten und die Heilsgüter zu vermitteln ..." (Bierbaum 1933, Sp.10; zitiert nach Thronberens 1982, S. 11).

Für die Kirchenorganisation kann damit die Ableitung der hierarchischen Gliederung aus der obersten Führung und die Zwischenschaltung von Gliedern von Anfang an als charakteristisch angesehen werden. Das gleiche gilt für die Organisation in Staat und Militär seit dem Altertum. Für die Neuzeit hat Max Weber dieses Prinzip in der dominierenden Organisationsform der Bürokratie herausgearbeitet (vgl. Abschn. 2.2.1): Der Herr, ob gewählt oder eingesetzt, bedient sich zur Ausübung der Herrschaft eines bürokratischen Verwaltungsstabes, eines „Apparates", der die Ordnung gegenüber den übrigen Mitgliedern eines Verbandes garantieren soll. An ihn wird ein Teil der Herrschaftsgewalt delegiert. Vor diesem Hintergrund ergibt sich eine doppelte Beziehung zwischen Hierarchie und Führung: Hierarchie ist zum einen Führungsinstrument für den „Herrn" bzw. die oberste Leitung und gleichzeitig der Rahmen, in dem die delegierte Führungsgewalt ausgeübt wird.

Die Geschichte der Hierarchie in erwerbswirtschaftlichen Organisationen ist eine Geschichte des Wachstums dieser Organisationen bei gleichzeitiger Ausdifferenzierung ihrer Leitungsstruktur. Mit zunehmender Mitgliederzahl wurde das Ausmaß der horizontalen Differenzierung ausgedehnt, worauf mit einer Ausweitung der Hierarchie als vertikaler Differenzierung reagiert wurde. Der mittelalterliche Handwerksbetrieb war von der Personenzahl her klein und durch die einfache Hierarchie Meister/in-Gesell/in-Lehrling gekennzeichnet. Daneben gab es den Verlag als Organisation räumlich dezentralisierter Arbeiter/innen. Der

Verleger fungierte als Mittler zwischen den Absatz- und Beschaffungs-
märkten einerseits und den Produktionsstätten der „Heimarbeiter/innen"
andererseits. Dabei bediente er sich mit zunehmender Größe eines mehr
oder weniger großen Verwaltungsstabs. Eine Expansion der Produktion
wurde durch Zusammenfassung mehrerer Handwerksbetriebe bzw. dezentraler Produktionsstätten der Heimarbeiter/innen in Fabriken möglich. Da die Betriebsgrößen sich aber noch in Grenzen hielten, war die
Hierarchie nicht sonderlich differenziert. Es dominierte eine durch-
schaubare, auf den Unternehmer und wenige angestellte Zwischen-
Vorgesetzte (Werkmeister) beschränkte persönliche Form der Herrschaftsausübung, die Edwards „simple Hierarchie" nennt. Der Unternehmer „sah alles, wusste alles und entschied alles" (Edwards 1981,
S. 34) und konnte noch selbst jeden Handgriff auf seine Richtigkeit hin
beurteilen. Im ausgehenden 19. Jh. führten dann Expansions- und Diver-
sifikationsbestrebungen zu zunehmender Arbeitsteilung und Aufgabenkomplexität und erzeugten die erste „Krise der Betriebskontrolle" (Edwards 1981).

Die Folge war ein Prozess der Versachlichung und Entpersönlichung der
Führung. Die Unternehmer mussten immer mehr Teile ihrer Herrschaft
an Führungskräfte delegieren, die in ihrem Bereich die persönliche Herrschaftsausübung durch den Unternehmer zu ersetzen hatten. Um die
Kontrolle über diesen wachsenden Führungs- oder Verwaltungsapparat
aufrechtzuerhalten, wurde dieser gezielt gestaltet. Es kam zur Herausbildung der Angestelltenberufe und der Büro- und Verwaltungsorganisa-
tion (einschließlich schriftlicher Fabrik- und Dienstordnungen). Diese
damals entstandene Struktur der bürokratischen Hierarchie ist im Wesentlichen bis in die Neuzeit erhalten geblieben (Kocka 1975). Die Or-
ganisations- und Managementlehre hat seitdem dazu beigetragen, durch
immer differenziertere Konzepte die Gestaltung des hierarchischen Füh-
rungsapparates zu verbessern und abhängige Führungskräfte (Manager)
auf ihre Funktionen vorzubereiten.

Die Stellen- bzw. Personenhierarchie schafft den strukturellen Rahmen,
innerhalb dessen sich der Großteil der Führungsakte vollzieht. Die Inha-
ber/innen höherer Stellen, die „Vorgesetzten", erhalten die Berechtigung, den Inhaber/innen nachgeordneter Stellen, den „Untergebenen",
verbindliche Weisungen zu erteilen. Entsprechende organisatorische
Regelungen können sich in Organisationen, in denen abhängige Arbeit
gegen Entgelt verrichtet wird, auf das Arbeitsrecht stützen. Mit Eintritt

in die Organisation unterwirft sich der Arbeitnehmer qua Arbeitsvertrag dem Direktionsrecht des Arbeitgebers (vgl. Abschn. 1.2.3).

Aufgrund des Direktionsrechtes ist der Arbeitgeber berechtigt, „... gegenüber dem Arbeitnehmer verhaltenslenkende Anordnungen zu treffen, die sich auf die Tätigkeit selbst oder auf damit zusammenhängende Verhaltensweisen beziehen. Einer Zustimmung des Arbeitnehmers bedarf es hierfür nicht" (Birk 1974). Das Direktionsrecht kann der Arbeitgeber an von ihm beauftragte Führungskräfte delegieren. Jedoch obliegt ihm weiterhin die Pflicht zur Errichtung geeigneter Regelungen und Kontrollen für die Ausübung der delegierten Weisungsbefugnisse.

In mehrstufigen Hierarchien kommt es so dazu, dass die Inhaber/innen von Führungsfunktionen bis auf den Arbeitgeber selbst gleichzeitig Weisungsberechtigte und Weisungsabhängige sind. Sie sind zugleich Führer und Geführte. Die abgestufte Herrschaftsbeteiligung der Führungskräfte ist in Verbindung mit den üblichen materiellen und sozialen Bedürfnissen abhängig Beschäftigter nach Einkommenssicherung, Anerkennung und Machtausübung der entscheidende Funktionsmechanismus von Hierarchien. Die Übernahme von Führungsfunktionen erscheint erstrebenswert, weil sie mit Privilegien verbunden wird, die die Abhängigkeit zumindest subjektiv mindern. Zumindest im Prinzip (d. h. nicht unbedingt in jedem Einzelfall) gilt: Je höher die von einer Person besetzte Position in der Stellenhierarchie rangiert,

- desto mehr Einfluss auf das organisationale Geschehen hat sie,
- desto höher ist ihr Einkommen,
- desto größer sind ihre Zugriffsmöglichkeiten auf wichtige Informationen,
- desto höher ist ihr soziales Prestige im Unternehmen und außerhalb,
- desto größer sind ihre arbeitsbezogenen und privaten Freiräume in der Organisation.

3.3.3 Einlinien- und Mehrliniensystem

In struktureller Hinsicht werden im Leitungssystem der Organisation zwei idealtypische Grundformen unterschieden:

- das *Einliniensystem,* bei dem niedrigere Stellen in der Hierarchie lediglich einer Instanz unterstellt sind sowie

-   das *Mehrliniensystem*, bei dem einzelne Stellen mehreren In-
    stanzen zugeordnet sind.

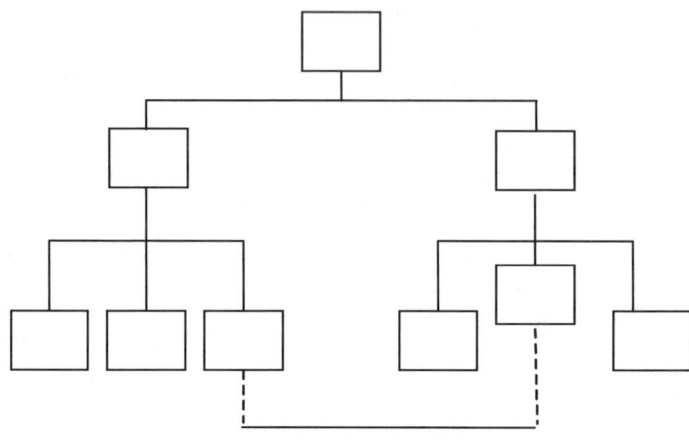

Fayolsche Brücke

Übersicht 3-4: Einliniensystem in Anlehnung an Fayol

Das Einliniensystem wird dem französischen Organisationstheoretiker
Henry Fayol zugeschrieben (vgl. Abschn. 2.2). In diesem Konzept
herrscht das Prinzip der Einheit der Auftragserteilung, d. h. die einzelnen Bereiche sollen Anordnungen lediglich von einer Instanz erhalten.
Dies soll eine eindeutige klare Zuordnung von Verantwortlichkeiten und
eine bessere Koordination der Aktivitäten ermöglichen.

Nachteile des Einliniensystems sind jedoch die starke Beanspruchung
von Instanzen durch Koordinationsaufgaben sowie das häufige „Ver-
schieben" abstimmungsbedürftiger Probleme, die ihre Kompetenz überschreiten, nach oben. Damit droht ständig die Gefahr einer Überlastung
und unnötigen Länge der Informationswege.

Fayol stellte aber klar, dass dieser Aufwand durch das Ziel klarer Ver-
antwortungsbeziehungen gerechtfertigt wird. Dennoch hat er auch Überlegungen angestellt, dieses Defizit zu überwinden. Daher schlug er seine
berühmte „Fayolsche Brücke" vor. Das sind direkte Kontakte zwischen

mit einem Problem konfrontierten Stellen ohne Einschaltung der Hierarchie, jedoch nur in wenigen, genau spezifizierten Fällen.

Die Idee des *Mehrliniensystems* geht auf Taylors Vorschlag der Schaffung eines sog. Funktionsmeistersystems zurück. In den USA gab es zu Taylors Zeiten (um die Wende zum 20. Jahrhundert) im Gegensatz zu Europa keine Meister/innen, die in der Lage waren, alle in der Fertigung anfallenden Probleme zu lösen, weil sie entsprechend breit qualifiziert sind und über detaillierte Kenntnisse der Werkzeuge, Maschinen, Verfahren usw. verfügten. Vor diesem Hintergrund schlug Taylor in Weiterführung der Spezialisierungsidee vor, die Gesamtfunktion des Produktionsmeisters aufzugliedern und auf mehrere Vorgesetzte zu verteilen. Dadurch sei eine qualitativ bessere Entscheidungsfindung gegeben. Außerdem sei eine geringere Qualifikation erforderlich und ein relativ kurzfristiges Anlernen möglich.

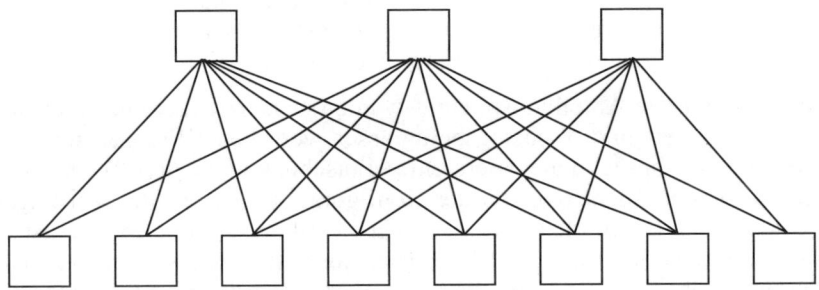

Übersicht 3-5: Mehrliniensystem in Anlehnung an Taylor

Taylor schlug im Einzelnen acht verschiedene Funktionsmeisterstellen vor, und zwar jeweils einen Arbeitsverteiler (route clerk), Unterweisungsbeamten (instruction card clerk), Kosten- und Zeitbeamten (cost and time clerk), Verrichtungsmeister (gang boss), Geschwindigkeitsmeister (speed boss), Prüfmeister (inspector), Instandhaltungsmeister (repair boss) und einen Aufsichtsbeamten (shop disciplinarian).

Das Problem des Funktionsmeistersystems und damit des Prinzips der Mehrfachunterstellung ist jedoch die Zurechnung von Verantwortlichkeiten. Weil sich die Teilfunktionen überschneiden, ist die Frage, wer im konkreten Einzelfall weisungsberechtigt ist, oft kaum zu beantworten. Die Folge können lähmende und zu Reibungsverlusten führende Kompetenzstreitigkeiten sein.

Allerdings sind Einlinien- und Mehrliniensysteme nicht nur als entgegengesetzte, sich ausschließende Konzepte zu verstehen. Die beiden Grundformen sind aus ganz unterschiedlichen Blickwinkeln und für unterschiedliche Zwecke entwickelt worden. Daher werden in der Praxis die beiden Prinzipien nicht selten miteinander kombiniert. In vielen Unternehmen gibt es für einzelne Stellen disziplinarische, aber zusätzlich auch fachliche und funktionale Unterstellungsverhältnisse. So ist z. B. die Verwaltung oder das Personalbüro in einem räumlich von der Zentrale entfernten Produktionswerk häufig disziplinarisch dem Betriebsleiter, fachlich aber dem zuständigen Abteilungsleiter in der Zentrale unterstellt (vgl. Kieser/Walgenbach 2002, S. 143 f.)

3.4 Entscheidungsdelegation

Außer Weisungsbefugnissen werden an die einzelnen Positionen bzw. Organisationsmitglieder auch *Entscheidungskompetenzen* verteilt. Darauf bezieht sich die Dimension Entscheidungsdelegation.

Im Rahmen der Abteilungsbildung werden Instanzen gebildet und mit Entscheidungs- und Weisungsbefugnissen versehen. Wie gezeigt entsteht so die betriebliche Hierarchie. Entscheidungen und Weisungen sind aber nicht identisch. Bei der Konfiguration geht es um Weisungsbeziehungen. Dabei bleibt der inhaltliche Umfang der Entscheidungsbefugnisse unberücksichtigt. Die Entscheidungsdelegation bezieht sich demgegenüber auf die umfangmäßige Verteilung der Entscheidungsbefugnisse in einer Organisation bzw. auf den einzelnen Ebenen.

> „Verbindliche Entscheidungen kann eine Instanz … nur innerhalb der ihr übertragenen Kompetenzen fällen. Wenn die Befugnis zur Entscheidung über die Annahme oder Ablehnung eines Auftrags nicht dem Vertriebsleiter, sondern einer Instanz im Finanzbereich übertragen ist, so kann der Vertriebsleiter auch keine diesbezüglichen Weisungen erteilen. Erteilt der Vertriebsleiter ohne Rücksprache mit der Instanz im Finanzbereich eine solche Weisung, so ist dies ‚illegal'."

Textbeleg 3-4: Entscheidung und Weisung (nach Kieser/Walgenbach 2003, S. 163)

Hinter dem Begriff der „Delegation" verbirgt sich der schlichte Umstand, dass die „Organisationsherren" wegen Überlastung ab einer gewissen Größenschwelle nicht mehr alle Entscheidungen selbst zu treffen in der Lage sind (vgl. oben, Abschn. 3.3.2). Daher werden Rechte (Kompetenzen, Vollmachten) teilweise auf unterstellte Instanzen übertragen, die ihrerseits ggf. weiterdelegieren können. Delegation ist insoweit nichts anderes als „die Übertragung von Kompetenzen auf andere" (Bea/Göbel 2002, S. 253).

Die Delegation von Entscheidungsbefugnissen beinhaltet in der Regel

- die Zuweisung von Aufgaben,
- die Festlegung von Zielen,
- die Ausstattung mit entsprechenden Rechten sowie die
- Zuweisung von Verantwortung.

Anstatt Entscheidungsdelegation wird oft auch der Begriff *Entscheidungszentralisation* bzw. *-dezentralisation* gewählt. Die Entscheidungszentralisation ist dabei der idealtypische Grenzfall, bei dem alle Befugnisse bei der obersten Instanz liegen. Dezentralisation kennzeichnet hingegen eine Neigung zu einer möglichst intensiven Verteilung von Entscheidungsbefugnissen auf untergeordnete Hierarchieebenen (vgl. Kieser/Walgenbach 2003, S. 166 f.; Beuermann 1992; Bea/Göbel 2002, S. 253).

Dabei hat die Dezentralisation nicht nur den Vorteil der Entlastung der höherrangigen Führungsstellen. Sie führt auch dazu, dass Entscheidungen verstärkt an den Stellen getroffen, an denen die zugrundeliegenden Probleme auftreten. Außerdem können dezentrale Organisationen zumeist besser auf turbulente Umweltsituationen reagieren.

Ein Problem der Dezentralisation bzw. Entscheidungsdelegation besteht jedoch darin, dass sich die Organisationsspitze nie sicher sein kann, dass die Entscheidungsspielräume in ihrem Sinne ausgefüllt werden. Mit diesem Grundproblem hat sich auch der schon erörterte Prinzipal-Agent-Ansatz auseinandergesetzt (vgl. Abschn. 2.6.4). Zudem gefährdet eine Dezentralisierung tendenziell die Einheitlichkeit der Willensbildung. Aus diesen Gründen tun sich bekanntlich die Leiter/innen vieler kleinerer Unternehmen in Familienbesitz mit der Delegation von Entscheidungsbefugnissen besonders schwer.

Da aber auch im dezentralen Unternehmen eine zentrale Steuerung prinzipiell nicht entbehrlich ist, zieht eine solche Tendenz häufig den Einsatz von Mechanismen nach sich, mit denen ein Mindestmaß an koordinierender Lenkung und Kontrolle der Organisationseinheiten trotz weit reichender Delegation von Kompetenzen aufrechterhalten werden kann. Dies dürfte vor allem durch Planungs- und Zielsysteme erfolgen, in die die einzelnen Bereiche bzw. deren Repräsentant/innen (Führungskräfte) einbezogen sind (vgl. Breisig 2001).

3.5 Aufgaben und Diskussion

Aufgabe 3-1:

Könnten Sie das Schreinerbeispiel zur Spezialisierung (Abschn. 3.1.1) auch auf einen anderen praktischen Fall übertragen, etwa eine florierende und wachsende *Schneiderei*? Welche verschiedenen Formen der Spezialisierung könnte man sich für dieses Beispiel konkret vorstellen?

Aufgabe 3-2:

Würden Sie - das können wir als ehemalige Schüler/innen alle wissen - mindestens zwei Beispiele aus dem Alltag des Berufs von Lehrer/innen benennen, in denen eine Koordination durch Selbstabstimmung erfolgt? Wie sieht es mit Ihren eigenen beruflichen Erfahrungen in puncto Selbstabstimmung aus?

Aufgabe 3-3:

Wenn Sie im Internet in einer Suchmaschine das Wort „Organigramm" eingeben, erhalten Sie eine große Menge von Links zu Übersichten über die Aufbauorganisation von Unternehmen oder anderen Organisationen. Schauen Sie sich einige dieser Übersichten an, analysieren Sie das Organigramm und versuchen Sie, Unterschiede zu erkennen und herauszuarbeiten.

Aufgabe 3-4:

Ist nach Ihrer Auffassung eher das Einliniensystem oder das Mehrliniensystem mit dem Idealtypus der Bürokratie nach Max Weber zu vereinbaren?

Aufgabe 3-5:

Elemente der Taylorschen Lehren haben ja wie gezeigt die Organisationspraxis erwerbswirtschaftlicher Unternehmen stark geprägt. Was meinen Sie: Gehört das Funktionsmeistersystem auch dazu?

Aufgabe 3-6:

Erklären Sie den grundlegenden Unterschied zwischen den Dimensionen „Konfiguration" und „Entscheidungsdelegation"!

Aufgabe 3-7:

Inwieweit hängt die Frage der Entscheidungs(de)zentralisation mit dem Menschenbild zusammen?

Aufgabe 3-8:

Können Sie sich erklären, warum man gerade in kleineren und mittelständischen Familienunternehmen häufig das Muster der Zentralisation vorfindet?

4. Aufbauorganisation

Wie gesehen bilden sich im Leitungssystem (in der Konfiguration) die konkreten Formen der Ausgestaltung der Spezialisierung und der Koordination ab. Im Folgenden wollen wir uns aber noch eingehender mit verschiedenen Gestaltungsproblemen der Organisationsstruktur beschäftigen. Dabei wird in der deutschen Organisationslehre oft zwischen der *Aufbauorganisation* und der *Ablauforganisation* differenziert. Maßgebliche Themen der Aufbauorganisation sind bereits im Rahmen der Dimensionen (insbesondere Spezialisierung und Koordination) abgehandelt worden. Diese Ausführungen waren aber gerade im Hinblick auf den Gestaltungsbedarf noch nicht erschöpfend. Elementare Fragen wie etwa die Bildung von Stellen oder der Zuschnitt der „Makrostruktur" von Organisationen bedürfen noch einer vertiefenden Betrachtung.

Die Aufbauorganisation befasst sich nach einer Definition von Bea / Göbel (2002, S. 248).

„mit der Zerlegung und Verteilung von Aufgaben und Kompetenzen sowie der Koordination von Aufgaben und Aufgabenträgern. Das Ergebnis ist die formale Organisationsstruktur der Unternehmung."

Als erstem zentralen Gestaltungsproblem der Aufbauorganisation wollen wir uns zunächst der Stellenbildung zuwenden.

4.1 Stelle und Stellenbildung

Die Spezialisierung findet ihren fassbaren Ausdruck in der Stellenbildung. Dabei ist zu erinnern an das Beispiel des Schreinermeisters (vgl. Abschn. 4.1.1), der sich vergrößert und nunmehr für die neu einzustellenden Gesellen ein Konzept der Arbeitsteilung entwickeln und die Aufgabenbündel zu entsprechenden Stellen zusammenfassen wird.

4.1.1 Begriff und Arten

Unter einer Stelle verstehen wir

„jede abstrakt gedachte Einheit von einem oder mehreren Aufgabenträgern ..., der im Rahmen einer Gesamtorganisation ein bestimmter Aufgabenkomplex zur Erfüllung übertragen ist und die mit den dazu notwendigen Kompetenzen, den entsprechenden Verantwortlichkeiten und den für die Koordination benötigten Verbindungswegen zu anderen Stellen ausgestattet ist" (Hill/Fehlbaum/Ulrich 1994, S. 130).

Stellen entstehen also durch die Zuordnung von Teilaufgaben und Sachmittel auf einen einzelnen „Aufgabenträger". Sie sind das Basiselement der Aufbauorganisation und in aller Regel personenunabhängig definiert (auf „gedachte Personen" bezogen; vgl. Vahs 2003, S. 58). Durch diese „Stellenbildung ad rem" (Krüger 2005, S. 154) wird es möglich, Strukturen losgelöst von konkreten Menschen zu gestalten und ausscheidende „Aufgabenträger" wieder zu ersetzen, in der Regel ohne dabei den organisatorischen Status quo anpassen zu müssen.[7] Bei der Stellenbildung ist darauf zu achten, dass Quantität und Qualität des Aufgabenbündels der Kapazität einer Person entsprechen.

„Für die Stellenbildung gilt grundsätzlich das Prinzip der Personenunabhängigkeit – wie es überhaupt für die gesamte formale Organisation als Leitidee Gültigkeit hat. Das bedeutet, Stellen werden der Sache nach gebildet (ad rem), und nicht auf bestimmte Personen hin (ad personam). Ein Vorteil formaler Strukturgefüge bzw. der bürokratischen Organisation … soll ja gerade sein, dass sie durch das Ausscheiden einzelner Personen nicht erschüttert werden, sondern dass durch den (möglichst raschen) Ersatz des Stelleninhabers die Kontinuität in der Leistung gewahrt werden kann. Bei hierarchisch höheren Stellen – darauf sei am Rande verwiesen – wird dieses Prinzip in der Praxis allerdings nicht selten außer Kraft gesetzt und die Stellen etwa im Vorstand einer Aktiengesellschaft oder der Geschäftsleitung einer mittelständischen GmbH nach aktuellen Kompetenzprofilen gebildet."

Textbeleg 4-1: Das Prinzip der Personenunabhängigkeit in der Stellenbildung (nach Schreyögg 2003, S. 125)

---

[7] Bei der Stellenbildung und Stellenbesetzung kommen Organisation und Personalwesen eng zusammen. Bei der (personalwirtschaftlichen) Besetzungsfrage wird versucht, eine Person zu finden, die in ihrer Eignung den Stellenanforderungen möglichst nahe kommt. Auf Abweichungen kann mit Personalentwicklung (personalwirtschaftlich), aber auch organisatorisch mit einer Veränderung des Stellenzuschnitts reagiert werden (Thom 1992, Sp. 2321).

Eine wichtige Rolle bei der Stellengenese spielt ferner das Prinzip der *Kongruenz von Aufgaben, Kompetenzen und Verantwortung*. Die Pflicht der Aufgabenerfüllung muss verbunden sein mit der Verantwortung, die der Aufgabenträger zur Bewältigung der Tätigkeit braucht. Dadurch sollen Erfolge, aber auch Fehler zurechenbar gemacht werden.

Zu unterscheiden ist nach Krüger (2005, S. 156) zwischen

- der Handlungsverantwortung (Rechenschaftspflicht im Hinblick auf die korrekte Ausführung übertragener Aufgaben),
- der Ergebnisverantwortung (Rechenschaftspflicht im Hinblick auf die Zielerreichung) sowie ggf. (bei Führungskräften) und
- der Führungsverantwortung (Rechenschaftspflicht im Hinblick auf die korrekte Wahrnehmung von Führungsaufgaben).

Die beiden erörterten Spezialisierungsprinzipien, die Spezialisierung nach *Verrichtungen* und die nach *Objekten* (vgl. Abschn. 3.1.1), finden wir bei der Stellenbildung wieder. Beim Verrichtungs- oder Funktions-prinzip werden Bündel gleicher oder zumindest ähnlicher Verrichtungen zu Stellen zusammengefasst. Beim Objektprinzip erfolgt dies z. B. nach Produkten, Dienstleistungen, Regionen, Kundengruppen o. Ä.

Nach einer gängigen Differenzierung unterscheidet man ferner *nach Rang und Funktion* die folgenden Arten von Stellen (modifiziert nach Bühner 1992, S. 66):

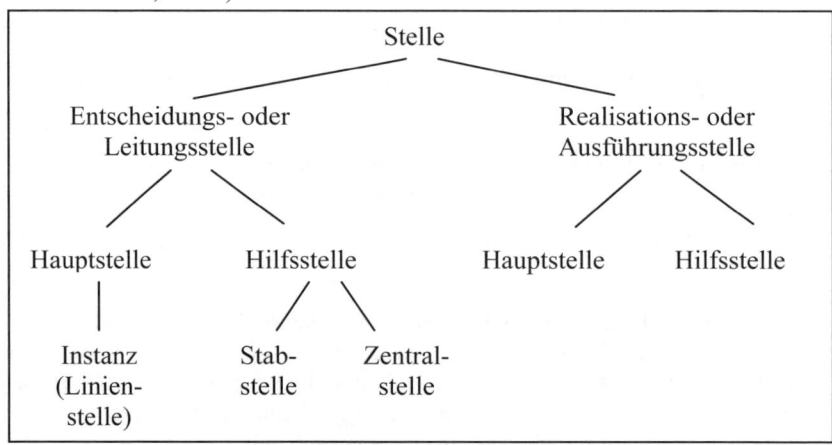

Übersicht 4-1: Stellenarten nach Rang und Funktion

Entscheidungs- oder Leitungsstellen (Instanzen) sind nach dieser typisierenden Differenzierung für das Treffen von Entscheidungen zuständig. Sie verfügen in der Regel über Weisungsbefugnisse gegenüber anderen Stellen.

Bei *Realisations- oder Ausführungsstellen* wird die Umsetzung von Entscheidungen im Mittelpunkt stehen. Sie sind für den unmittelbaren Vollzug der betrieblichen Leistung zuständig. Entsprechend arbeiten die Aufgabenträger für gewöhnlich „direkt" am Produkt bzw. der Dienstleistung oder in unmittelbarer Beziehung mit direkten Ausführungstätigkeiten.

Beide Formen lassen sich jeweils nach *Haupt- und Hilfsstellen* differenzieren. Hauptstellen im Leitungsbereich sind unmittelbar für das Treffen von Entscheidungen zuständig; ihnen obliegt die Wahl zwischen alternativen Handlungsmöglichkeiten. Demgegenüber wirken die Hilfsstellen vorbereitend und entscheidungsunterstützend. Typische Beispiele sind spezialisierte Stellen für Statistik, Berichtswesen (Controlling), Recht oder EDV.

Hauptstellen im Realisationsbereich haben unmittelbar mit der Produktherstellung zu tun, Hilfsstellen wirken ausführungsunterstützend (z. B. Materialtransport, Reparatur, Lager).

Für die Leitungshauptstellen (Instanzen, Linienstellen) sind vor allem drei Aspekte wichtig:

- Sie verfügen über Entscheidungsbefugnisse bzw. -kompetenzen nach innen, z. T. auch nach außen (insbesondere Vertretungsbefugnisse, d. h. das Recht, für das Unternehmen verbindliche Geschäfte mit Dritten abzuschließen).

- Davon zu trennen sind die Weisungsbefugnisse gegenüber anderen Stellen. Diese lassen sich differenzieren nach der fachlichen Weisungsbefugnis (d. h. das Recht, die zur Aufgabenerfüllung notwendigen Anweisungen zu treffen) und der disziplinarischen Weisungsbefugnis (z. B. das Recht, Abmahnungen auszusprechen).

- Aufgrund der mit der Leitungsaufgabe verbundenen Verantwortung sind die Aufgabenträger über die Art und Weise der Entscheidung bzw. ihre Aufgabenerfüllung rechenschaftspflichtig. Dabei bedeutet Eigenverantwortung die Rechenschaft über das

eigene Handeln bzw. Unterlassen, Fremdverantwortung bedeutet, dass die Inhaber von Leitungsstellen auch für das Handeln
der unterstellten Aufgabenträger einstehen müssen.

Die Fremdverantwortung ist somit die Folge der Entscheidungsdelegation.

4.1.2 Instanzen

Instanzen (Leitungsstellen) sind überwiegend oder ausschließlich zur
Wahrnehmung von Führungsaufgaben eingerichtet. Sie unterscheiden
sich von Ausführungsstellen durch folgende Merkmale (vgl. ähnlich
Kosiol 1962, S. 114 f.; Krüger 2005, S. 156 f.):

- Ihre Existenz leitet sich aus der von Größen wie Taylor (vgl.
  Abschn. 2.2.2) und Gutenberg (1963) geforderten strikten
  Trennung von Ausführung und Entscheidung her. Die Inha-
  ber/innen von Instanzen treffen im Grunde Entscheidungen für
  die Inhaber/innen rangniedrigerer Positionen und stecken damit
  deren Handlungs- und Gestaltungsspielräume ab.

- Zum Zwecke der Umsetzung der Entscheidungen werden die
  Instanzen mit Weisungsbefugnissen ausgestattet, die rechtlich
  im Direktionsrecht des Arbeitgebers verankert sind. Dieser
  kann das Direktionsrecht bereichsbezogen an untergeordnete
  Führungspositionen delegieren (die Jurist/innen sprechen in
  dem Zusammenhang gerne von der „Aufspaltung" des Direktionsrechts).

- In Verbindung mit der Führungsverantwortung sind die Inha-
  ber/innen von Instanzen gehalten, sich von der angemessenen
  Umsetzung der Entscheidungen bzw. der zugewiesenen Aufgaben durch die Inhaber/innen der untergeordneten Positionen im
  Wege einer Fremdkontrolle zu überzeugen.

Man spricht von einer *Kollegialinstanz* (oder Mehrpersoneninstanz),
wenn die Position von mehreren Personen ausgefüllt wird, z. B. im Vorstand einer Aktiengesellschaft. Wird sie von einer Person besetzt, handelt es sich um eine *Direktorialinstanz*.

Die Instanzen können nach ihrem hierarchischen Rang wie folgt untergliedert werden (vgl. auch Bühner 1992, S. 68 f.):

(1) Obere Instanzen (Top Management)

Den oberen Instanzen obliegen die „obersten" Leitungsaufgaben im Gesamtzusammenhang. „Bei ihnen steigern sich die Wesensmerkmale der Leitungsinstanz zur höchsten Potenz" (Kosiol 1962, S. 115).

Nach Gutenberg (1963, S. 59 ff.) geht es um Entscheidungen, die

-   aus dem Ganzen heraus zu treffen sind,
-   Bedeutung für den Bestand des Unternehmens haben,
-   „nicht delegierbaren" Charakters sind.

Dabei handelt es sich insbesondere um die Gestaltung der Unternehmenspolitik in längerfristiger Perspektive (z. B.: Sollen bestimmte Märkte „erobert" oder verlassen werden? Welche Produkte/Dienstleistungen sollen erstellt und angeboten werden?). Weitere Aufgabenbereiche sind die Koordination der diversen betrieblichen Teilbereiche oder geschäftliche Entscheidungen von hoher betrieblicher Bedeutung (z. B. über Firmenzukäufe, Entscheidungen über eine Standard-Software).

Schließlich umfasst die originäre Aufgabe des Top Managements auch die Besetzungsentscheidung über Führungspositionen auf nachgeordneten Ebenen, deren Inhaber/innen eine unternehmerische (Teil-)Aufgabe eigenverantwortlich wahrzunehmen haben.

Dem Top Management obliegt die Gesamtverantwortung für die unternehmerischen Entscheidungen; mithin trägt es die „Verantwortung für die Gesamtaufgabe" (Kosiol 1962, S. 115). Zu seinen zentralen Aufgaben gehört die Festlegung der obersten Unternehmensziele sowie die Allokation der dafür notwendigen Ressourcen (Jones 2004, S. 39).

(2) Zwischeninstanzen („Middle Management")

Das mittlere Management entsteht „durch den Akt der Delegation" (Kosiol 1962, S. 115), indem die oberen Instanzen ihre Entscheidungs- und Leitungsbefugnisse aufspalten, weil sie aus Gründen der Überlastung nicht samt und sonders von ihnen selbst wahrgenommen werden können. Die Aufgabe der Zwischeninstanzen besteht hauptsächlich in der Konkretisierung der Unternehmensziele und -pläne durch operative Teilplanungen und -entscheidungen. Dabei hängt das Ausmaß der „eigenen" strategischen Dispositionsmöglichkeiten vom Umfang der Entscheidungsdelegation und vom Führungsstil ab (Zentralisation versus Dezentralisation; vgl. Abschn. 3.4).

(3) Untere Instanzen („Lower Management")

Die Inhaber/innen dieser Positionen haben Anordnungsbefugnisse unmittelbar gegenüber den Ausführungsstellen (z. B. Meister/innen in der Industrie). Oft sind sie selbst noch teilweise ausführend tätig. Weitere typische Aufgabenbereiche ist die kurzfristige Umsetzung von Planungen, das Anlernen und Einweisen von Mitarbeiter/innen auf Realisationsstellen sowie die Wahrnehmung unmittelbarer Aufsichts- und Kontrollfunktionen.

Das „Lower Management" (wie im Übrigen auch das „Middle Management") ist in den letzten Jahren im Zusammenhang mit der Forderung nach flacheren Hierarchien in vielen Unternehmen zahlenmäßig abgeschmolzen, teilweise sogar ganz abgebaut worden.

Ein Kennzeichen für die Stellen des unteren und mittleren Management ist oft ihre konfliktbeladene „Sandwich-Position": Gerade bei einem moderneren Leitungsstil müssen sie einerseits ihrer Führungsrolle und -verantwortung gegenüber den unteren Positionen gerecht werden, andererseits aber einen kooperativ-kollegialen Umgang mit deren Inhaber/innen pflegen. In der Konsequenz sitzen sie sprichwörtlich zwischen den Stühlen und sind intensivem Druck von oben wie auch von unten ausgesetzt.

4.1.3 Stabs- und Zentralstellen

Die diversen Formen von *Leitungshilfsstellen* wirken entscheidungsunterstützend. Nach der Art der Entscheidungsunterstützung wird zwischen Stabsstellen und Zentralstellen unterschieden, wobei die Abgrenzung zwischen diesen Typen mitunter schwierig ist.

Für *Stabsstellen* ist prägend, dass sie die Leitungsstellen beraten und unterstützen, ihnen unmittelbar zuarbeiten. Typische Aufgaben sind beispielsweise die Analyse von vorliegenden Problemen, die Beschaffung und Aufbereitung relevanter Informationen sowie die Entwicklung von Lösungsvorschlägen, für deren verantwortliche Entscheidung jedoch die Leitungsstelle zuständig ist (Steinle 1992, Sp. 2315, in Anlehnung an Staerkle 1961):

„(1) Erforschung der externen und internen Gegebenheiten, Trends und Entwicklungsmöglichkeiten;

(2) Anregung, Entwicklung und Formulierung von Zielen, Richtlinien, Programmen, Plänen, Projekten, Weisungen;

(3) Anregung und Gestaltung von Neuerungen und Verbesserungen;

(4) Fachliche Beratung und Information;

(5) Koordination der Auffassungen und Maßnahmen;

(6) Fachliche Überprüfung, Analyse und Begutachtung der durchgeführten Entscheide, Maßnahmen und Arbeitsergebnisse,

(7) Bearbeitung von Spezialproblemen und -aufträgen."

Textbeleg 4-2: Typische Aufgaben von Stabsstellen

Man kann nach der Art der Spezialisierung des Stabes noch einmal unterscheiden zwischen

- *generalisierten* Stabsstellen (Assistentenstellen, z. B. Direktionsassistent/in), wobei der Fokus auf der quantitativen Entlastung bzw. Unterstützung liegt, und

- *spezialisierten* Stabsstellen, bei denen die qualitative Entlastung und Unterstützung in bestimmten, für die Entscheidungsfindung wichtigen Sachgebieten (z. B. Recht, Steuern) im Vordergrund steht.

Stäbe können Einzelstellen wie auch ganze (Stabs-) Abteilungen sein. In Organigrammen werden sie oft als Kreise, die Instanzen als Rechtecke dargestellt. Das Fehlen von Weisungsbefugnissen erkennt man daran, dass Verbindungslinien zu anderen Stellen fehlen. Sie sind nur einer Instanz zugeordnet, was zumeist mit einer gestrichelten Linie graphisch zum Ausdruck gebracht wird.

Das Definitionsmerkmal fehlender Weisungsbefugnisse des Stabes ist für praktische Verhältnisse häufig zu relativieren, wie schon früh Untersuchungen von Irle (1971) ergaben. Gerade bei einem hohen Spezialisierungspotenzial geben Stäbe aufgrund ihrer fachlichen Qualifikation „Empfehlungen", die von der Instanz ohne Weiteres übernommen werden. Die Funktion der Entscheidungsvorbereitung impliziert, dass sich die Inhaberin/der Inhaber der Stabsposition in die jeweilige Materie

vertieft und in diesem Wege intensive Auswahl-, Verdichtungs-, Trans-
formations- und Bewertungsaktivitäten stattfinden. Diese sind für die
Linienstelle kaum mehr nachzuvollziehen. Überspitzt lässt sich daher
sagen, dass der Stab de facto in Fachfragen selbst entscheidet, auch
wenn er dazu die formale Befugnis gar nicht besitzt. Würde die Linienstelle die „Vorschläge" nicht beachten, stellte sie damit indirekt ihre
eigene Entlastungsnotwendigkeit in Frage.

Spezialisierte Stabsstellen sind oft nicht leicht von *Zentralstellen* (oder
Dienstleistungsstellen) zu unterscheiden, weil beide unterstützende
Funktionen gegenüber den Instanzen haben. Der wesentliche Unterschied ist, dass Zentralstellen nicht einer bestimmten Leitungsstelle
zugeordnet sind, sondern mehrere Instanzen ihren Service in Anspruch
nehmen. Außerdem beschäftigen sich Stäbe eher mit neuartigen Fragen,
während Zentralbereiche sich durch ihre Spezialkompetenz auszeichnen,
die im Sinne einer Querschnittsfunktion von vielen anderen Stellen in
Anspruch genommen werden.

Beispiele für Zentral- oder Dienstleistungsstellen sind spezielle Pla-
nungs- oder Organisationsabteilungen und eine Reihe von anderen
grundsätzlicheren Funktionen, bei denen sich eine „Bündelung" lohnt
(vgl. Kreikebaum 1992, Sp. 2604):

„- Unternehmensplanung;

- Organisation;

- Personalwirtschaft;

- Finanz- und Rechnungswesen;

- Rechtsfragen;

- Steuern;

- Controlling;

- Public Relations;

- Volkswirtschaft;

- Marktforschung;

- Elektronische Datenverarbeitung und Datenschutz;

- Revision;

- Patentwesen und Lizenzen;

- Umweltschutz;

- Ingenieurwesen und Technik;
- Logistik und Materialwirtschaft."

Textbeleg 4-3: Typische Funktionen von Zentralbereichen

Zudem haben Zentralbereiche im Unterschied zu Stäben in der Regel fachliche Weisungsbefugnisse (keine disziplinarischen!) gegenüber nachgeordneten Linieninstanzen.

4.1.4 Stellenbildung

4.1.4.1 Aufgabenanalyse

Nach der Differenzierung diverser Stellentypen schließt sich die Frage an, wie in einer Organisation die Stellen geschaffen werden. Um die idealtypischen Prozesse der Stellenbildung zu erklären, können wir noch einmal zum Aspekt der Aufgabendifferenzierung zurückkehren, wie wir sie im Abschnitt über die Spezialisierung bereits anhand des Schreinerbeispiels kennen gelernt haben (vgl. Abschn. 3.1.1).

Sieht man von einem 1-Person-Unternehmen ab, brauchen die arbeitenden Menschen ein Konzept, wie aus der gesamten Unternehmensaufgabe (z. B. das Fertigen und Vertreiben von Stühlen und Tischen) Teilaufgaben gebildet und abgearbeitet werden. Dabei kann man nach dem - nicht eben typischen - Prinzip der Mengenteilung (alle fertigen ganze Stühle und teilen nur die zu produzierende Menge unter sich auf) oder nach der Artenteilung und damit nach der Idee der Spezialisierung vorgehen. Die Spezialisierung hat dabei seit jeher Produktivitäts- und Effizienzgewinne versprochen.

Im Zusammenhang mit der Stellenbildung spielt naheliegender Weise die Aufgabenanalyse eine herausragende Rolle. Dabei dreht sich alles um die sieben W's der Aufgabenanalyse:

*W*er (Aufgabenträger) macht *w*as (Verrichtung/Tätigkeit), *w*o (Ort/Raum), *w*ann (Zeitpunkt/Zeitdauer), *w*ie (Sachmittel/Methode), *w*omit (Objekt) und *w*arum (Ziel/Zweck)?

Nach Kosiol (1962, S. 49 ff.) soll eine größere Aufgabe (Unternehmensaufgabe) nach der folgenden Schrittfolge in ihre Elementarteile zerlegt werden:

-   Verrichtungen (Sägen, Schweißen, Nieten),
-   Objekte (Tische, Stühle, Schränke),
-   Rang (Entscheidungs-/Ausführungsaufgaben),
-   Phase (Planung, Realisation, Kontrolle),
-   Zweckbeziehung (unmittelbar/mittelbar auf die Erfüllung der Produktion).

Kosiol (ebenda) fordert für die Aufgabenanalyse:

„Jede synthetisch zu bildende, auf organisatorische Untereinheiten (Stellen und Abteilungen) und damit auf Arbeitskräfte zu übertragende Teilaufgabe ist nach den angeführten Gesichtspunkten eindeutig und vollständig zu kennzeichnen. Daher erfordert auch die vorbereitende Aufgliederung der Gesamtaufgabe, dass jede analytisch gewonnene Teilaufgabe durch diese fünf Merkmale charakterisiert ist."

„Nach dem Kriterium der *Verrichtung* könnten bspw. auf einer ersten Analyseebene die Teilaufgaben Beschaffung (A), Fertigung (B) und Absatz (C) unterschieden werden. Die Beschaffungsaufgabe lässt sich weiter in drei Aufgabenkomplexe zerlegen: Lieferantenauswahl (a1), Bestellvorgang (a2) und Warenannahme (a3). Jeder Aufgabenkomplex besteht wiederum aus unterschiedlichen Subaktivitäten wie Lieferantensuche (a11), Verhandlungen mit Lieferanten (a12) und Auswahl eines Lieferanten (a13). ...

Dienen die im Unternehmen bearbeiteten *Objekte* als Analysekriterium, könnten z. B. auf einer ersten Analyseebene die Aufgaben, die für ein Produkt A anfallen (bei einem Automobilhersteller bspw. PKW), von den Aufgaben getrennt werden, die für ein Produkt B anfallen (z. B. LKW). Bei tiefergehender Analyse könnten die Bereiche Motor (a1), Karosserie (a2) und Innenausstattung (a3) unterschieden werden und weiterhin einzelne Motorbestandteile...

> Nach dem Analysekriterium *Sachmittel* lassen sich bspw. Aufgaben, die mit Hilfe eines Roboters erledigt werden, von jenen Aufgaben trennen, die mit herkömmlichen Maschinen zu vollziehen sind. Nach dem Kriterium *Raum* könnte man die Gesamtaufgabe zerlegen in Teilaufgaben, die im Inland oder im Ausland, im Werk A oder im Werk B erledigt werden. Nach der *Phase* unterscheidet man bspw. im Rahmen der Fertigung die Teilaufgaben Fertigungsplanung, Fertigungsprozess und Fertigungskontrolle."

Textbeleg 4-4: Kriterien der Aufgabenanalyse (nach Bea/Göbel 2002, S. 215 f.)

Aufgrund der heute geltenden Bedingungen (rasche Marktveränderungen, Einführung neuer Technologien) stellen *neuere Konzepte* bei der Aufgabenanalyse auch folgende Fragen:

- Strategische Bedeutung: Was trägt die Teilaufgabe zum Kundennutzen bei?

- Aufgabenschwierigkeit: Ist die Aufgabe in einzelne Bestandteile zerlegbar und sind Verfahren zur Bearbeitung einzelner Aufgabenbestandteile bekannt?

- Aufgabenhäufigkeit: Wie häufig fällt eine bestimmte Teilaufgabe an?

- Aufgabenvariabilität: (Aufgabenunterschiedlichkeit): Wie groß ist die Anzahl der Ausnahmefälle, für die unterschiedliche Verfahren und Methoden erforderlich sind?

- Aufgabeninterdependenz (Aufgabenabhängigkeit): Wie groß ist die Abhängigkeit der ausführenden Stelle von vor- und nachgelagerten Stellen?

- Aufgabenkomplexität: Wie groß sind die Anzahl und die Verknüpfungen der einzelnen Aufgabenmerkmale?

- Aufgabenstrukturiertheit: Wie genau lässt sich die Aufgabenerledigung erfassen und sachlich und zeitlich planen?

Mit diesen Fragen soll u. a. herausgefunden werden, welche Tätigkeiten so häufig, ähnlich und wiederkehrend sind, dass sie standardisiert und über technische Einrichtungen automatisiert bzw. unterstützt werden können. Damit schwingt bei der Aufgabenanalyse die Annahme mit, dass es sich um klare, eindeutige, oft zu wiederholende Elemente handelt (Bea/Göbel 2002, S. 215).

4.1.4.2 Aufgabensynthese

Auf die Aufgabenanalyse folgt im zweiten zentralen Schritt zur Stellenbildung die *Aufgabensynthese,* der „eigentliche organisatorische Akt" (Schreyögg 2003, S. 124).

Dabei geht es um die Zusammenfügung der analytisch gewonnenen Teilaufgaben zu einem sinnvollen Aufgabenkomplex im Hinblick auf gedachte Aufgabenträger. Die Synthese geht in der Regel von den gleichen Kriterien wie die Aufgabenanalyse aus. Gängige Gliederungsmöglichkeiten sind insofern:

- nach gleichartigen Objekten oder Verrichtungen,
- nach Rang (Entscheidung - Ausführung),
- nach Entscheidungsprozess (Planungs-, Durchführungs-, Kontrollaufgaben).

Um Spezialisierungsvorteile realisieren zu können, kommt es zumeist darauf an, ähnliche Teilaufgaben zusammenzufassen. Für die Synthese sind aber auch die anderen Faktoren wichtig. So sind die wahrscheinlich zu bearbeitenden Mengen ebenso bedeutsam, wie die Berücksichtigung der erforderlichen Bearbeitungszeiten für die Teilaufgaben. Die angedachten Teilaufgaben müssen umfangmäßig und zeitlich zueinander passen: Unser Schreinermeister steht dumm da, wenn er die Aufgaben so zu Stellen synthetisiert, dass zu einem bestimmten Zeitpunkt 1000 Sitzflächen, aber nur 2000 Stuhlbeine gefertigt worden sind. Bei diesen räumlichen, zeitlichen und intensitätsmäßigen Festlegungen liegt die Schnittstelle zur (noch zu behandelnden) Ablauforganisation.

Aufgrund der negativen Erfahrungen mit einer zu weit vorangetriebenen Spezialisierung (vgl. Abschn. 3.1.2) ist bei der Aufgabensynthese auch an mögliche Motivationsprobleme bei den Arbeitenden aufgrund von Monotonie und einseitigen Belastungen zu denken.

Die wie auch immer ermittelten Ergebnisse der Aufgabensynthese werden dann in *Stellen* als die kleinsten organisatorischen Einheiten zusammengefasst. Aus mehreren Stellen (zumeist die, die nach gleichen Merkmalen gestaltet wurden) werden auf der übergeordneten Ebene *Abteilungen* gebildet. Beispiel: 10 Stellen, die mit dem Einkauf von Produkten befasst sind, werden zu einer Einkaufsabteilung gebündelt. Dabei ist aber zu beachten, dass auch andere Kriterien wie z. B. Objekte ausschlaggebend sein können für die Bildung von Abteilungen. Dies ist etwa der Fall, wenn eine Abteilung „Seifen und Parfums" oder eine Abteilung „Südamerika-Geschäft" Ergebnis des Bündelungsprozesses ist (vgl. auch Bea/Göbel 2002, S. 232).

Dieser Vorgang, die Bündelung von Stellen und die Bestimmung der Abteilungsaufgabe nach Art und Umfang, wird auch als *primäre Abteilungsbildung* bezeichnet. Bei der *sekundären Abteilungsbildung* geht es um die Abteilungsgliederung, um die Festlegung des Verhältnisses der Abteilungen untereinander, was nachher auf der Makroebene - im Organigramm - auf den ersten Blick zu erkennen ist.

Abschließend sei darauf hingewiesen, dass die dargestellten Zusammenhänge bei der Stellenbildung für die/den praktische/n Betrachter/in oft etwas abgehoben klingen. In der Praxis findet die Aufgabenanalyse in den allermeisten Fällen nicht am Reißbrett, wie bei einer Neugründung „auf der grünen Wiese", statt, sondern sie vollzieht sich in einem Rahmen bestehender Organisationsstrukturen und Leistungserstellungsprozesse. Insofern sind Stellenstrukturen und Arbeitsteilungen oft stark vorgeprägt (man spricht auch treffend von „gebundener Organisationsarbeit").

Gleichwohl ist dieses idealisierte Vorgehen erforderlich, um sich die Grundprinzipien der Aufgabenanalyse und -synthese klar zu machen und so einen Einblick in die zentralen Prinzipien und „Logiken" zu erhalten. Der Hinweis auf die „gebundene Organisationsarbeit" verweist zugleich auf den hohen Stellenwert des Phänomens des organisatorischen Wandels, auf das noch ausführlich einzugehen sein wird.

4.2 Grundmuster der Aufbauorganisation

Wenn wir soeben auf die Bildung von Abteilungen zu sprechen gekommen sind, bewegen wir uns in der Betrachtung langsam von der Mikro- zur Makrostruktur der Organisation. Durch die sekundäre Abteilungsbildung wird eine vertikale Gesamtstruktur geschaffen, die wir bereits im Rahmen der Grunddimension der „Konfiguration" angesprochen haben (vgl. Abschn. 3.3). Dabei haben wir hinsichtlich der prinzipiellen Regelung der Unterstellungsverhältnisse schon zwischen dem Einlinien- und Mehrliniensystem unterschieden. Wir haben damit aber noch nicht berücksichtigt bzw. vertieft, dass es auf der Makro-Ebene der Organisation viele Möglichkeiten gibt, organisatorische Strukturen zu gestalten und darzustellen.

So kann man auch auf Abteilungsebene verschiedene Spezialisierungs-
formen wählen, wie etwa

-   nach Verrichtungen, so dass in der Konsequenz eine *funktionale Organisation* entsteht;
-   nach Objekten, was zu einer *divisionalen Struktur* führt.

Diese beiden Formen sind aber nur Grundtypen, die in der Praxis oft
miteinander vermischt werden. Die Organisationsstrukturen in den verschiedenen Unternehmen sind aufgrund ihrer jeweiligen historischen
Entwicklung und einer Vielzahl von Veränderungen und Anpassungen
selten in diesen beiden Reinformen vorzufinden.

Mit diesen beiden grundlegenden Organisationsformen beschäftigen wir
uns in diesem Abschnitt.

4.2.1 Funktionale Organisation

Bei der funktionalen Organisation wird auf der zweiten Ebene unterhalb
der Unternehmensleitung nach gleichartigen Funktionen gegliedert, wie
z. B. Beschaffung, Produktion, Absatz, Forschung und Entwicklung
usw. Nach Krüger (2005, S. 194) handelt es sich bei der funktionalen
Organisation um „eine verrichtungsorientierte Einlinienorganisation mit
der Tendenz zur Entscheidungszentralisation."

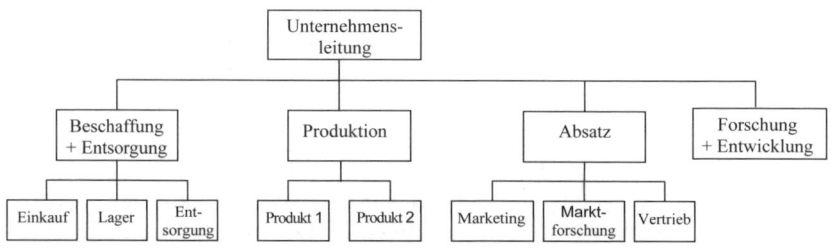

Übersicht 4-2: Die funktionale Organisation

Der funktionale Typ ist sozusagen die klassische Organisationsform des
kapitalistischen Unternehmens.

Die Auswahl der relevanten Funktionen hängt natürlich stark von dem
jeweils konkreten Leistungsprozess ab. Die obige Abbildung bezieht
sich auf einen Industriebetrieb, wobei durchaus noch Funktionen wie
kaufmännische Verwaltung, Finanzen und Personal zu dem Grundmo-

dell hinzukommen können. Für ein Versicherungsunternehmen könnte die Struktur an den Funktionen Kundenakquisition, Kundenbetreuung, Schadensregulierung und Verwaltung ausgerichtet sein (Bea/Göbel 2002, S. 321).

Zwischen den ausdifferenzierten Funktionen gibt es zahlreiche Abhängigkeiten und wechselseitige Beeinflussungen. Daher löst die funktionale Organisation tendenziell einen hohen Koordinationsbedarf aus. Die zielorientierte Abstimmung der Funktionsbereiche ist in erster Linie Aufgabe der Unternehmensleitung. Dies erfordert im Bedarfsfall die Möglichkeit einer straffen und schnellen Intervention, weswegen der funktionalen Organisation eine Tendenz zur Entscheidungszentralisation zugeschrieben wird.

Typisch ist das funktionale Grundmodell noch heute für mittlere und kleinere Unternehmen mit relativ homogenem Produktionsprogramm und unter vergleichsweise stabilen Umweltbedingungen. Sie ist die bei Gründung und Wachstum einer Organisation sozusagen urwüchsig entstehende Form.

Die Funktionsbereiche auf der zweiten Ebene können ihrerseits im Innenverhältnis nach Funktionen oder auch nach Objekten (z. B. Regionen/Produkten) untergliedert sein, was durchaus typisch für Mehrproduktunternehmen ist.

Es schließt sich die Frage an, was die *Vorteile* der funktionalen Organisation sind.

Rein ökonomisch interpretiert, verspricht die funktionale Gliederung die Erzielung von sog. Skalenerträgen („economies of scale"). Von Skalenerträgen sprechen wir, wenn eine proportionale Erhöhung des Inputs von bestimmten Faktoren zu einer überproportionalen Erhöhung des Outputs führt. Mit der verrichtungsorientierten Bündelung kann nämlich in der Regel

- die Beschaffung rationeller einkaufen, indem sie bessere Konditionen aushandeln kann,
- die Produktion effizienter produzieren, weil sie Losgrößenvorteile erzielen und die Fixkosten senken kann,
- der Absatz die Vertriebswege rationalisieren.

Weitere Vorteile sind, stichwortartig benannt:

- Da die Arbeitsteilung weitgehend an den Realgüterfluss an-
  knüpft, lassen sich Abläufe gut standardisieren und Zuständigkeiten abgrenzen.

- Einsatz und Bereitstellung von Personal sind erleichtert, weil in
  den einzelnen Bereichen Funktionsspezialist/innen herangebil-
  det werden.

Diesen Vorteilen stehen jedoch auch beträchtliche *Nachteile* des funktionalen Modells gegenüber:

So führt die Spezialisierung schnell zu Ressortegoismen und zu Bereichsdenken. Die einzelnen Bereiche sind oft bestrebt, ihre (Kosten-)
Ziele zu erreichen, ohne Rücksicht auf Nachbarbereiche oder die Gesamtzielerreichung. In der Betriebswirtschaftslehre ist dieses Problem
bereits früh als die Gefahr der „Suboptimierung" beschrieben worden:
Die Produktion ist an kostengünstiger Fertigung interessiert (kurze
Durchlaufzeiten, große Serien, hohe Auslastung ohne Rücksicht auf
Absetzbarkeit), die Beschaffung an einem günstigen Einkauf (ggf. zulasten der Qualität oder auf Kosten von Lagerhaltung), der Absatzbereich
an möglichst hohen Umsatzzahlen (wobei nicht selten Sonderwünsche
der Kund/innen akzeptiert werden mit der Folge von Kostensteigerungen in der Produktion).

Die Unternehmensleitung wird aufgrund der Schnittstellenproblematik
bzw. der Intensität ihrer Koordinationsaufgabe schnell überlastet. Die
Übersicht geht verloren, das Tagesgeschäft überwiegt zulasten des Strategischen. Diese Situation macht in der Regel komplexe und integrierte
Planungssysteme erforderlich.

Zudem leidet das System darunter, dass in den einzelnen Funktionsbereichen keine eigenständige Produkt- und Marktverantwortung etabliert
ist. Insofern ist ein „Mangel an Markt- und damit Wettbewerbsorientie-
rung" in dem funktionalen Modell angelegt (Bea/Göbel 2002, S. 323;
ähnlich Krüger 2005, S. 195).

Angesichts dieser Sachlage lässt sich allgemein formulieren, dass die
Nachteile des funktionalen Strukturmodells bei einer stetiger Erweiterung des Produktprogramms überwiegen. Ein solcher Prozess der Verbreiterung der Produktpalette wird in der Organisationslehre als *„Diversifikation"* bezeichnet (vgl. Kieser/Walgenbach 2003, S. 235 ff.).

Man kann sich leicht vorstellen, dass es in einem diversifizierten Betrieb auf große Schwierigkeiten stößt, wenn zwei oder mehrere ganz unterschiedliche Produkte einen Funktionsbereich zu durchlaufen haben und die Produktion dabei mit anderen Funktionsbereichen abzustimmen ist. Auch die Skalenerträge verringern sich bei einer Ausweitung des Produktionsprogramms, da sich die Fertigung stärker spezialisieren muss. Den auf Verrichtungen spezialisierten Bereichsleitungen fällt es schwer, den durch das heterogene Leistungsprogramm gestiegenen Belangen der Objekte (Produkte, Dienstleistungen) gerecht zu werden.

Aus diesen Gründen gibt es einen auch empirisch gut belegbaren Zusammenhang zwischen Diversifikation und Divisionalisierung. Schon Chandler (1962) beschreibt Divisionalisierungsprozesse großer amerikanischer Unternehmen der 20er Jahre infolge einer Produktionsausweitung. Die Beibehaltung einer funktionalen Organisation erzeugt über die Produktgruppen hinweg einen derart hohen Koordinationsaufwand, dass die Effektivität der Diversifikationsstrategie gefährdet ist. Daher spricht bei zunehmender Diversifikation Vieles für einen grundlegenden Wechsel der Makrostruktur der Organisation hin zu einem divisionalen Ansatz. Chandler hat diesen Zusammenhang zwischen Diversifikation und Divisionalisierung in einem berühmt gewordenen Lehrsatz zusammengefasst: „Structure follows strategy."[8]

4.2.2 Divisionale Organisation

Im divisionalen Strukturmodell (auch Sparten- oder Geschäftsbereichsorganisation genannt) treten auf der zweiten Hierarchieebene Objekte statt Verrichtungen als Gliederungsprinzip in Erscheinung. Dies können vor allem sein:

- Produkte, Produktgruppen,
- Regionen,
- Kund/innen, Kundengruppen.

Krüger (2005, S. 196) charakterisiert die divisionale Struktur als „objektorientierte Einlinienorganisation mit Tendenz zur Entscheidungsdezentralisation."

---

[8] Vgl. besonders intensiv zu diesen Zusammenhängen Kieser/Walgenbach (2003, S. 242 ff.).

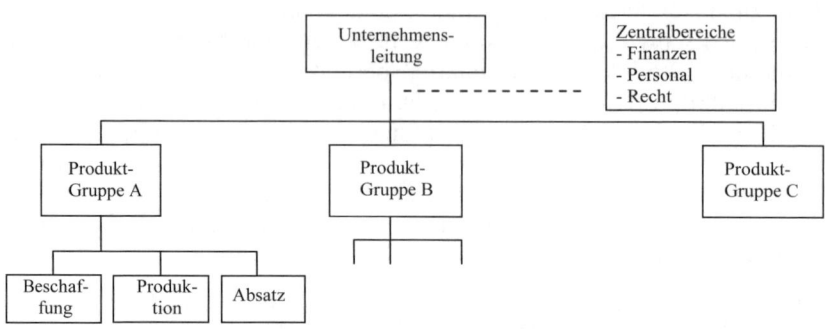

Übersicht 4-3: Die divisionale Organisation

Die durch die Strukturierung nach Produkten, Regionen oder Kunden entstehenden Organisationseinheiten heißen Geschäftsbereiche, Divisionen oder Sparten.

Für die Divisionen ist typisch, dass sie für ihren Bereich relativ autonom agieren können (daher die Neigung zur Entscheidungsdezentralisation) und auch die Gewinnverantwortlichkeit innehaben. Sie werden dadurch zu einer Art *„Unternehmen im Unternehmen"* und werden auch in der Regel nach dem *Profit Center-Prinzip* geführt (vgl. Bea/Göbel 2002, S. 327 f.).

Am häufigsten liegt sicherlich die Gliederung nach Produkten vor, mitunter wird aber auch nach speziellen Kunden (vor allem bei Investitionsgütern) und Regionen (z. B. im Auslandsgeschäft) strukturiert. Ab der dritten Ebene ist in der Regel wieder nach Verrichtungen gegliedert.

Meist bleiben aber einige übergreifende Aufgaben aus der Spartenstruktur ausgegliedert. Diese werden zumeist als Zentralbereiche organisiert (z. B. Finanzen, Unternehmensplanung, EDV, Personal, Recht; vgl. zu den Zentralbereichen allgemein Abschn. 4.1.3). In ihnen werden nach wie vor funktionale Spezialisierungsvorteile genutzt, auf die die Unternehmensleitung wie auch die einzelnen Sparten zurückgreifen können (Bühner 1992, S. 124).

Ein wesentlicher Vorzug dieser Organisationsform ist, dass das Divisions- oder Spartenmanagement den jeweiligen Markterfordernissen seiner Produktgruppe entsprechend Beschaffung, Produktion und Absatz schnell koordinieren und auf Marktänderungen flexibel reagieren kann. Folgen sind eine größere Anpassungsfähigkeit und problemorientiertere Entscheidungen, was gerade an dynamischen Märkten erhebliche Wettbewerbsvorteile einbringen kann.

Zudem wird die Unternehmensleitung vom operativen Geschäft entlastet und kann sich mehr den übergeordneten, strategischen Fragen zuwenden. Auch die Kommunikationsstruktur wird weniger beansprucht.

Probleme bereitet oft der größere Bedarf an qualifiziertem Leitungspersonal sowie die Koordination der Bereiche. Das Problem der „Suboptimierung" taucht im Übrigen auch in der divisionalen Organisation auf und kann die Gefahr des Verlustes einer einheitlichen Politik des Gesamtunternehmens nach sich ziehen. Auch die Spartenleitungen neigen dazu, ihr „eigenes Süppchen zu kochen" und die anderen Einheiten eher als Konkurrenz um knappe Budgets zu betrachten.

Trotz Bildung von Zentralbereichen ist die divisionale Struktur anfällig für eine Effizienz mindernde Mehrfachabdeckung von Aufgaben sowie für Doppelarbeit über die Sparten hinweg.

Insofern ist die Spartenorganisation keineswegs für alle Unternehmen generell sinnvoll. Wichtige Bedingungen für ihre effiziente Anwendung sind:

- eine ausreichende Größe des Unternehmens, die die Zerlegung in voneinander weitgehend unabhängige Bereiche erst möglich macht,
- auch die auszudifferenzierenden Marktbereiche, in denen die Einheiten wirken sollen, müssen ausreichend groß und relativ unabhängig voneinander sein,
- ein entsprechend aufgefächertes Produktprogramm bzw. Dienstleistungsangebot,
- die Bereiche sollten in Bezug auf Beschaffung, Fertigung und Absatz möglichst wenig untereinander verbunden sein.

Jedoch ist keine pauschale Unternehmensgröße angebbar (z. B. 10.000 Beschäftigte), von der an sich der Übergang zu divisionalen Formen empfiehlt. Dies hängt stark von den unterschiedlichen Bedingungen in den Unternehmen bzw. auf den Märkten ab. Dennoch dürfte die Spartenstruktur heute die weithin dominierende Organisationsform von

Großunternehmen sein (vgl. Krüger 2005, S. 199 f. mit dem aktuellen Beispiel der Siemens AG).

4.3 Sekundärorganisation

Die bislang erörterten Grundformen mit den Typen der funktionalen und der divisionalen Organisation bilden die sog. *Primärorganisation* des Unternehmens. In ihr spiegeln sich die Strukturlösungen für die Bearbeitung der *Daueraufgaben* des Betriebes wider. Diese sind durch Aspekte wie Routinisierung, Standardisierung und häufige Wiederholung charakterisiert. Eben auf deren kontinuierliche Bewältigung nach Maßgabe eines als effizient erachteten Musters ist die Primärorganisation ausgerichtet.

Dessen ungeachtet müssen die meisten Unternehmen auch regelmäßig *Spezialaufgaben* bearbeiten, für deren zielführende Lösung die Strukturen der Primärorganisation rasch an ihre Grenzen stoßen (vgl. Bea/Göbel 2002, S. 343; Krüger 2005, S. 169). Diese Spezialaufgaben sind häufig durch Neuartigkeit, nicht selten auch durch Komplexität geprägt. Sie erfordern ein hohes Maß an Innovativität, die durch die Primärorganisation aufgrund ihrer fixierenden, standardisierenden Eigenschaft eher unterdrückt denn gefördert wird.

Andere Spezialaufgaben ergeben sich aus Schnittstellenproblemen und den daraus erwachsenden spezifischen Koordinationsbedarfen. So werden z. B. bei funktionaler Organisation manchmal Stellen geschaffen, die über die Funktionen hinweg für ein bestimmtes Produkt oder eine Produktgruppe zuständig sind (Produktmanagement) und damit aus der Primärorganisation herausfallen. Oder bei einem Unternehmen mit divisionaler Struktur bietet es sich in einigen Fällen an, unabhängig von den einzelnen Produkten auch spezielle Positionen oder Abteilungen für (Groß-) Kunden oder Regionen zu bilden.

Diesen Formen der Sekundärorganisation zur schnittstellenübergreifenden Bündelung und Abstimmung sowie zur Wahrnehmung innovativer Sonderfunktionen wenden wir uns nunmehr in diesem Abschnitt zu.

4.3.1 Projektorganisation

4.3.1.1 Wesen von Projekten

Projekte sind in einer ersten Annäherung umfangreiche, zeitlich begrenzte Aufgaben, die die Zusammenführung von Know-how aus verschiedenen Bereichen erfordern. Beispiele sind die Entwicklung eines neuen Produkts, die Einführung einer neuen Technologie, die Errichtung einer neuen Niederlassung, eine komplexere Softwareentwicklung, Anlagenbau usw. Die folgenden Problemskizzen zeigen typische Anlässe, aus denen in Unternehmen ein Projekt aufgelegt wird, das aus der herkömmlichen Struktur (Primärorganisation) herausfällt.

1. Ein mittelständisches Unternehmen hat ein neues Produkt auf den Markt gebracht. Bald stellt sich heraus, dass dieses keinen Erfolg hat, weil es den Ansprüchen der Kund/innen nicht genügt. Der Arbeitgeber beschließt daraufhin, dass sich ein bereichsübergreifendes Team, das sich aus Mitarbeiter/innen der Konstruktion und Entwicklung, des Produktionsbereichs, des Marketing und aus dem Qualitätsbeauftragten zusammensetzt, eingehend mit Möglichkeiten zur Verbesserung des Konzepts auseinandersetzen soll. Die Mitarbeiter/innen werden dafür zu 50% von ihren sonstigen Aufgaben für die Laufzeit des Vorhabens entbunden.

2. Im Anschluss an eine Fusion zweier Unternehmen sollen nunmehr die völlig unterschiedlichen EDV-Konzeptionen zusammengeführt werden. Mit dieser schwierigen Aufgabe wird ein Spezialistenteam aus EDV-Expert/innen beauftragt, die sich die jeweils erforderlichen Informationen (z. B. über die Aufgabenvollzüge) aus den Fachabteilungen holen sollen. Die Unternehmensleitung weist alle Bereichs- und Abteilungsleiter/innen strikt an, die Arbeit des Teams zu unterstützen und ihm auf Anforderung die benötigten Ressourcen zur Verfügung zu stellen.

3. Im Verwaltungsbereich eines großen Industriekonzerns soll gegen den Widerstand einiger verantwortlicher Führungskräfte Gruppenarbeit eingeführt werden. Ein Projektteam unter Leitung eines Befürworters dieser Entwicklung wird zur Vorbereitung und Umsetzung des Vorhabens eingesetzt. Die wichtigen

> Entscheidungen sollen jedoch in einer „Steuerungsgruppe" fallen, in denen auch der Betriebsrat, der trotz einiger Bedenken dem Vorhaben positiv gegenübersteht, sowie mehrere „kritische" Bereichsleiter/innen und ein Mitglied des Vorstandes sitzen.

Übersicht 4-4: Typische Projekt-Anlässe

Projekte drehen sich somit um komplexe, zeitlich begrenzte Aufgaben, deren Lösung einer Zusammenführung von Ressourcen und der Kooperation von Mitarbeiter/innen aus oft unterschiedlichen Fachbereichen bedarf. Diese sollen jeweils ihre Spezialkenntnisse und -erfahrungen einfließen lassen, um in einem kreativ-kooperativen Prozess eine Bewältigung der Projektaufgabe, die einen einzelnen Bereich überfordert, zu ermöglichen.

Es gibt sogar eine DIN-Norm (Nr. 69901), in der in etwa festgelegt wird, was unter einem Projekt zu verstehen ist. Demnach handelt es sich um

„ein Vorhaben, das im Wesentlichen durch die Einmaligkeit der Bedingungen in ihrer Gesamtheit gekennzeichnet ist, wie z. B.

- Zielvorgabe,
- zeitliche, finanzielle und andere Begrenzungen,
- Abgrenzung gegenüber anderen Vorhaben,
- projektspezifische Organisation."

Weitere wichtige Merkmale sind die relative Neuartigkeit und der hohe Schwierigkeitsgrad der Aufgabe, was eine fachübergreifende Kooperation erfordert. Zudem sind Projekte häufig mit einem hohen Maß an Unsicherheit behaftet.

Projekte bereiten vielen Unternehmen Schwierigkeiten, weil diese nicht auf solche außergewöhnlichen Vorhaben hin strukturiert sind, sondern ihre (Primär-) Organisation eher im Hinblick auf die Abwicklung von Routinetätigkeiten ausgerichtet haben. Das Projekt jedoch lässt sich im Rahmen dieser Strukturen nicht sinnvoll abwickeln. Sie sind oft zu starr und unbeweglich, um fachübergreifende und kreative Problemlösungen zu fördern. Standardisierte Abläufe und Hierarchien sind dem freien Fluss von Energien und Informationen abträglich, der für ein erfolgrei-

ches Projekt angesichts seiner Komplexität und Unsicherheit unabdingbar ist.

4.3.1.2 Organisationsformen

Wie schon in obigen Beispielen ersichtlich, könnte man eine verbreitete
Form der Bearbeitung von Projekten als eine *institutionalisierte Selbstabstimmung auf Zeit* bezeichnen (Kieser/Walgenbach 2003, S. 148), indem spezifische Ausschüsse, Projektgruppen, Task Forces oder anders
benannte Teams zur Bearbeitung der Projektaufgabe gebildet werden,
ohne dass die Grundstruktur der Organisation verändert wird.

Überschreiten aber die Projektaktivitäten ein bestimmtes Maß, kommt
es zu einer zu starken Beanspruchung der Linienstellen, und es wird für
das laufende Projektmanagement eine eigene Stelle oder ein ganzer
Bereich eingerichtet. Der Begriff *Projektorganisation* bezeichnet die für
die Durchführung des Vorhabens eingerichtete spezifische Organisationsform (Sekundärorganisation) sowie deren Eingliederung und Verbindung mit der bestehenden Organisation des Unternehmens (Primärorganisation). Damit soll ein Ordnungsrahmen geschaffen werden, der
das zielgerichtete Zusammenwirken der am Projekt beteiligten Bereiche
bzw. Personen gewährleisten soll, möglichst ohne die regulären Abläufe
allzusehr zu beanspruchen und in ihrem „Alltagsgeschäft" zu stören.

Im Hinblick auf die Verteilung von Kompetenzen zwischen Projekt und
Linie unterscheidet man drei spezifische Formen der Projektorganisation
(vgl. zum Folgenden Kieser/Walgenbach 2003, S. 149 ff.).

Beim sog. *„Einfluss-Projektmanagement"* („Projekt-Koordination")
wird ein/e Projektmanager/in ohne Entscheidungs- und Weisungskom-
petenzen eingesetzt. Sie/er hat Pläne für den Projektablauf zu erstellen,
für Akzeptanz zu sorgen, den Projektfortschritt zu überwachen usw.
Dabei ist er/sie darauf angewiesen, - so die Bezeichnung - Einfluss auf
die Vorgesetzten der Abteilungen und Bereiche auszuüben. Wegen der
fehlenden Befugnisse ist die Durchsetzungsfähigkeit von der Überzeugung des Linienmanagements und von der Anerkennung der persönlichen und fachlichen Autorität der Projektmanagerin/des Managers abhängig.

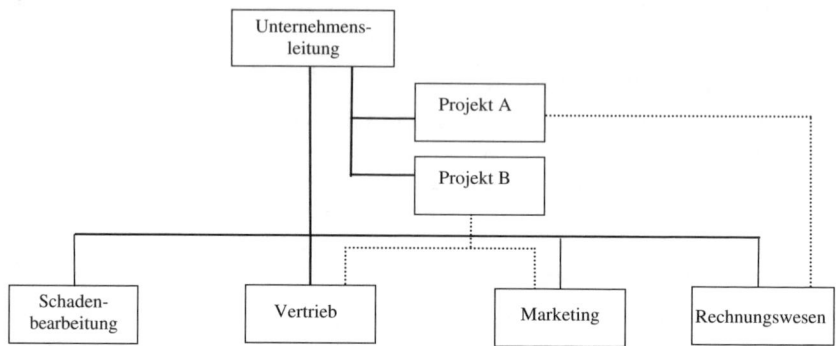

Übersicht 4-5: Einfluss-Projektorganisation

Vorteil dieses einfachen Konzepts ist, dass man in der Organisationsstruktur nur wenig verändern muss. Nachteilig ist jedoch, dass die/der Projektmanager/in sich oft nicht gegenüber den Fachabteilungen durchzusetzen vermag mit der Folge, dass bei Schwierigkeiten übergeordnete Instanzen eingeschaltet werden müssen mit entsprechenden Zeit- und Reibungsverlusten. Daher ist diese Variante nur für kleinere, weniger komplexe und bedeutsame Projekte geeignet.

Von einem „*Reinen Projektmanagement*" spricht man, wenn der/dem Projektmanager/in für die Laufzeit des Vorhabens das erforderliche Personal voll unterstellt wird (z. B. bei NASA-Projekten, einem Staudammbau, einer größeren Softwareentwicklung). Bei dieser Form kann recht selbständig, konsequent und zielstrebig an der Projektaufgabe gearbeitet werden. Nachteile liegen aber in der erheblichen Ressourcenbindung, ggf. mit der Konsequenz, dass Spezialist/innen oder Spezialmaschinen nur z. T. ausgelastet sind. Dies wird verstärkt durch die nicht selten zu beobachtende Neigung der Projektmanager/innen zum „Horten": In Phasen mit relativ geringem Ressourcenbedarf gibt sie/er die Mittel nicht frei.

Als Konsequenz aus diesem letztgenannten Problem wird im Rahmen der Organisation von Projekten oft das sog. *Matrix-Prinzip* angewandt. Matrixorganisation heißt zunächst ganz allgemein, dass gleichzeitig zwei der Gliederungsprinzipien „Verrichtung" („Funktion"), „Region", „Produkt" oder „Projekt" angewandt werden.

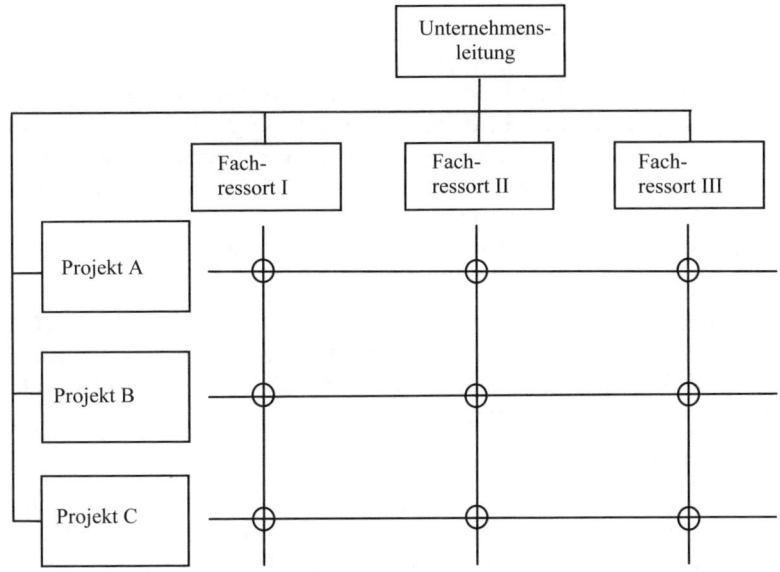

Übersicht 4-6: Matrix-Organisation

Bei der Matrix-Projektorganisation wird die vertikal gegliederte Linien- bzw. Primärorganisation (z. B. nach Funktionen oder nach Divisionen) von einer horizontal strukturierten Projektorganisation überlagert. Die Projektmanager/innen erhalten dabei keine oder nur einen Teil der Ressourcen fest zugeteilt. Ansonsten sind sie gezwungen, auf Ressourcen der Fachabteilungen zurückzugreifen. Im Unterschied zum Einfluss-Projektmanagement verfügen sie aber über projektbezogene Entscheidungs- und Weisungsbefugnisse, d. h. sie können den Instanzen aus dem Linienbereich und deren Unterstellten im Zusammenhang mit Projektangelegenheiten Weisungen erteilen. Damit entsteht ein Mehrliniensystem mit der Folge einer besseren Ressourcenauslastung, ohne das Projekt hintanzustellen. Es werden Doppelunterstellungen herbeigeführt: Die Mitarbeiter/innen in den Abteilungen sind zwei Instanzen unterstellt, nämlich zum einen der Führungskraft der Fachabteilung und zum andern der Projektleiterin/dem Leiter.

Somit ist in der Matrixorganisation das in der klassischen Organisation „eherne" Prinzip der Einheitlichkeit der Auftragserteilung an die Mitarbeiter/innen durchbrochen. Wesentlicher Vorteil dieser Organisationsform ist, dass der Projektleiter/die Leiterin mit Nachdruck die benötigten Ressourcen beanspruchen kann. Aber auch das Folgeproblem dieser Lösung liegt auf der Hand: eine enorme Konfliktträchtigkeit. Ein Stück Konflikt ist gewollt und in dieser Strukturlösung angelegt. Es kommt aber regelmäßig auch zu einem Kompetenzgerangel zwischen Projekt und Linie, was zu lähmenden Auseinandersetzungen zwischen den beiden Sphären der Matrix führen kann. Daher wird versucht, durch langfristige Rahmenplanung oder Kompetenzabgrenzung in Stellenbeschreibungen die Konflikte zu kanalisieren.

Auch lassen sich in der Matrixstruktur Erfolge bzw. Misserfolge manchmal nicht klar zuordnen. „Das ‚Herumreichen des Schwarzen Peters' wird gelegentlich als Hauptmerkmal der Matrixorganisation festgestellt" (Bea/Göbel 2002, S. 342).

4.3.1.3 Projekt-Infrastruktur

Ungeachtet dieser grundlegenden Frage des Typs der (Sekundär-) Organisation, wird auch häufig eine spezifische Projekt-Infrastruktur gebildet, die für das Vorantreiben des Vorhabens, die Einbeziehung der einzelnen Bereiche und das Treffen wichtiger (Vor-) Entscheidungen im Projektzusammenhang zuständig sein soll. Die drei gängigen Institutionen in diesem Zusammenhang sind:

- der Lenkungsausschuss,
- die Projektkoordinatorin oder -leiterin/der Leiter,
- die Projektgruppen.

Der *Lenkungsausschuss* (manchmal auch Steuerungsausschuss, -komitee oder ähnlich benannt) soll in größeren, stark zergliederten Organisationen die Anbindung des Projekts an die Primärorganisation festigen und zuständige Leitungskompetenz aus den Fachbereichen bündeln. In diesem mächtigen Gremium, das regelmäßig und/oder nach Bedarf tagt, versammeln sich in der Regel hochrangige Führungskräfte aus der Unternehmensleitung und aus den vom Projekt beanspruchten Bereichen. Bisweilen sitzen auch Vertreter/innen des Betriebsrats, Qualitätsverantwortliche, Datenschutzbeauftragte oder andere spezielle Funktionsträger in diesem Organ. Dem Lenkungsausschuss obliegt zumeist die verantwortliche Leitung und Steuerung des Projekts und damit das Treffen wichtiger Grundsatzentscheidungen, sofern sich diese nicht die Unternehmensleitung allein vorbehalten hat. Es geht also z. B. um Fragen wie Zielkonkretisierung, Termine, das „Absegnen" von Zwischenschritten oder -ergebnissen, das Planen wichtiger Details, personelle Entscheidungen usw. Die Sitzungen werden zumeist von der Projektkoordination oder -leitung vorbereitet und moderiert.

Die *Projektkoordinatorin* (oder - je nach Organisationsform - der *Projektleiter*) ist sozusagen hauptamtlich für das Projekt zuständig. Es liegt primär in ihrer/seiner Verantwortung, das Projektziel zu erreichen und die notwendigen Detailaktivitäten zu planen, zu veranlassen und zu koordinieren. Er/sie muss auf die Termineinhaltung drängen, Konflikte moderieren und lösen, auf die Kosten achten und ggf. (vom Lenkungsausschuss oder von zuständigen Führungskräften) Entscheidungen herbeiführen. In der reinen Projektorganisation sowie in einer Matrixstruktur hat die Projektleitung wie gesagt auch eigenständige Entscheidungskompetenzen. Detailarbeiten hat sie/er an geeignete Personen oder Projektgruppen zu delegieren. Solche Positionen erfordern von ihren Inhaber/innen ein hohes Maß an fachlichen, sozialen und methodischen Kompetenzen.

Schließlich werden für einzelne Arbeitspakete, bei kleineren Vorhaben auch für die hauptsächliche Arbeit, *Projektgruppen* eingesetzt. Durch Kleingruppenarbeit soll das Wissen und die Kompetenz aus verschiedenen benötigten Bereichen zusammengeführt werden.

Getreu der schon von dem griechischen Philosophen Aristoteles formulierten Annahme, dass das Ganze mehr sei als die Summe seiner Teile, macht man sich zu Nutze, dass individuelle Fähigkeiten und Kenntnisse im Rahmen von Gruppen so koordiniert und integriert werden können, dass sich aus dem Zusammenwirken eine Gesamtleistung ergibt, die vor allem in qualitativer Hinsicht erheblich über das Potenzial der Einzelleistungen der Mitglieder hinausreicht (so genannte „Synergie-Effekte"). Schwächen des einen Mitglieds können durch Stärken der anderen ausgeglichen werden (Prinzip des Fehlerausgleichs). Als Ursachen für die Leistungsüberlegenheit der Gruppe gelten:

-   die individuellen Beiträge werden summiert,
-   falsche bzw. unangemessene Beiträge und Vorschläge werden durch Selbstkritik und Selbstkontrolle der Mitglieder zurückgewiesen bzw. korrigiert,

- das fähigste Gruppenmitglied drückt der Gruppenarbeit inhaltlich seinen Stempel auf,
- die vertrauenswürdigen Mitglieder „pflegen" die atmosphärische Seite, sorgen für den Gruppenzusammenhalt,
- die Gruppenmitgliedschaft weckt ein größeres Interesse an der zu lösenden Aufgabe,
- die Gruppe verfügt über eine größere Informationsmenge.

Nach dem Motto „Konkurrenz belebt das Geschäft" soll der Leistungsvorteil vor allem auch durch das Konkurrenz fördernde Gefühl des gegenseitigen Beobachtet-Seins zu Stande kommen. Aus der als ständig präsent erlebten Kontrolle durch die übrigen Gruppenmitglieder resultiert ein sozialer Druck auf die/den Einzelne/n, auch tatsächlich das Gewünschte zu leisten und z. B. bereitwillig ihre/seine ganze Fülle von Sachkenntnissen ungeachtet eventueller Folgen in den Gruppenprozess einzubringen.

4.3.1.4 Projektmanagement

Ungeachtet der Findung der „richtigen" Projektorganisation und der infrastrukturellen Regelungen sind im Rahmen der erfolgreichen Abwicklung eines solchen Vorhabens viele andere Managementprobleme zu lösen. Im sog. „Projektmanagement" werden die typischen Elemente eines Projektes (einmaliger Ablauf, komplexe Struktur, festgelegtes Ziel, gegebener Abschluss und Termin, Kostenbegrenzung) und die des regulären Managements (Planung, Steuerung, Koordination, Kontrolle) zusammengeführt. Insbesondere geht es im Projektmanagement um

- die Regelung der organisationsstrukturellen Voraussetzungen der Projektabwicklung,
- die Festlegung der erforderlichen Fachkenntnisse und Qualifikationen der am Projekt Beteiligten,
- die Anwendung problemangemessener Techniken und Methoden und
- die möglichst konkrete Planung, Koordination und Steuerung des Projektesablaufs.

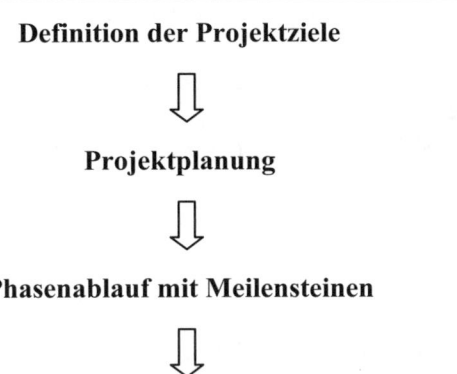

Definition der Projektziele

⇩

Projektplanung

⇩

Phasenablauf mit Meilensteinen

⇩

Kontinuierliche Projektsteuerung

Übersicht 4-7: Wichtige Elemente des Projektmanagements

Es geht zunächst darum, klare *Projektziele* zu definieren und möglichst zwischen den beteiligten Personen und Bereichen zu vereinbaren, damit relevante Entscheidungsträger/innen eingebunden und die notwendige Projektunterstützung gesichert werden können. Ein Ziel ist ein gedanklich vorweggenommener künftiger Zustand, der mittels der Projektaktivitäten angestrebt und herbeigeführt werden soll. Ein konkretes Ziel ist somit unverzichtbare Richtschnur und Maßstab für alle Projektaktivitäten. Es ist genau zu klären, was bis wann erreicht werden soll. Gegebenenfalls sind auch die dafür höchstens aufzuwendenden Ressourcen klar zu definieren.

Insofern kennzeichnen im Einzelnen drei Zielfestlegungen ein Projekt:

- ein Sachziel (was genau soll erreicht werden?),
- ein Terminziel (bis wann soll das Sachziel erreicht werden?) und
- ein Kostenziel (was darf das Projekt insgesamt kosten?).

Wenn das Ziel geklärt ist, geht es darum, im Wege einer *Projektplanung* ein geeignetes Konzept für seine Erreichung zu finden. Planen bedeutet in diesem Sinne, das künftige Handeln im Sinne der Zielerreichung zu durchdenken, angemessene Wege für die „Strecke" zwischen Ausgangspunkt und Zielumsetzung zu finden und die dafür benötigten Ressourcen zu aktivieren. Planung läuft darauf hinaus, die gesamte Aufgabe in überschaubare und abgrenzbare Pakete zu zerlegen. Im Detail wird dazu benötigt:

-   ein Projektstrukturplan (Haupt- und Teilaufgabe; Arbeitspakete),
-   ein Projektablaufplan (für die Reihenfolge der Arbeitspakete),
-   ein Terminplan,
-   ein Kapazitätsplan (Übersicht der benötigten Ressourcen),
-   ein Kostenplan,
-   ein Plan zur Sicherung der Qualität der Ergebnisse.

Diese Teilplanungen fließen häufig ein in ein Konzept von *Projektphasen mit Meilensteinen*. Dabei wird Schritt für Schritt, vom Groben zum Detail der Weg zwischen dem Status quo und der Zielerreichung in einzelne Blöcke untergliedert. Solche Phasenpläne sehen unterschiedlich aus. Ein gängiges Vorgehen differenziert aber nach den folgenden Schritten:

-   In der Definitionsphase werden die Probleme analysiert, die letztlich den Anlass für das Projekt bilden. Zudem werden die Ziele geklärt, die Durchführbarkeit geprüft, für einen angemessenen Projektauftrag (mit Unterstützung der Unternehmensleitung) gesorgt und eine erste Grobplanung vorgenommen.

-   In der Planungsphase werden die Details des Projektes, wie oben ausgeführt, gedanklich vorweggenommen und in handhabbare Pakete unterteilt.

-   In der Realisierungsphase werden mögliche Lösungen entwickelt, im Hinblick auf ihre Realisierbarkeit und weitere Folgewirkungen durchgeprüft und eventuell Entscheidungen innerhalb des Projekts getroffen.

-   In der Abschlussphase werden die Projektergebnisse den Entscheidungsträger/innen des Unternehmens „übergeben" und gegebenenfalls die Umsetzung der Lösung(en) in die Wege geleitet.

Unter Meilensteinen werden wichtige Ereignisse innerhalb dieser Phasen verstanden, die von entscheidender Bedeutung für den weiteren Ablauf des Projektes sind. Jeder Meilenstein soll erst dann überschritten werden, wenn die vorhergehenden Anforderungen tatsächlich erfüllt worden sind.[9]

Im Sinne des Steuerungsgedankens ist - in jeder einzelnen Phase - die *laufende Feststellung von eventuellen Abweichungen* zwischen Planung („Soll") und realem Projektverlauf („Ist") unabdingbar, um den Erfolg und die Qualität der gefundenen Lösung(en) zu sichern. Die Projektsteuerung ist damit eine kontinuierliche Aufgabe für die gesamte Laufzeit, um das Erreichte an der definierten Zielvorgabe und an den Planungen zu spiegeln. Bei festgestellten Abweichungen zwischen Soll und Ist sind Anpassungs- beziehungsweise Korrekturmaßnahmen erforderlich.

4.3.2 Weitere Ausprägungsformen von Sekundärorganisation

Neben der recht ausführlich behandelten Projektorganisation sind noch weitere Ausprägungsformen sekundärer Strukturierung gebräuchlich, auf die jeweils kurz eingegangen wird.

4.3.2.1 Produktmanagement-Organisation

Die Idee einer Koordination durch spezielle Stellen, die mit funktionalen Weisungsrechten ausgestattet sind, hat neben der „Projektorganisation" noch ein weiteres wichtiges Anwendungsfeld gefunden: das sog. *Produktmanagement* (vgl. z. B. Kieser/Walgenbach 2003, S. 153 f.; Bea/ Göbel 2002, S. 344)

Vor allem in der Markenartikelindustrie stellen die meisten Unternehmen Produkte bzw. Marken her, die ein spezielles Marketing erfordern (z. B. Werbekampagnen, Rabattaktionen). Pionier war die amerikanische Firma Procter & Gamble, die schon 1927 zur Überwindung von Absatzproblemen bei ihrer Seife „Camay" ein spezifisches Produktmanagement eingeführt hat.

---

[9] Allerdings ist diese Aussage missverständlich. Gerade in neuzeitlichen Projekten (etwa zur Produktentwicklung) spielt der Faktor Zeit eine wesentliche Rolle. Daher wird aus Gründen der zeitlichen Straffung oft mit überlappenden statt sequenziell abzuarbeitenden Projektphasen gearbeitet (vgl. z. B. Bühner 1992, S. 209 ff.; Krüger 2005, S. 219 f.). Aber auch in diesen Fällen ist die genaue Definition von Meilensteinen und Anforderungen angezeigt.

Für marketingfokussierende Unternehmen ist typisch, dass sie ihren Absatzbereich stark ausgebaut und spezialisiert haben. Neben Vertriebsabteilungen, die für den Absatz im technischen Sinne zuständig sind, gibt es z. B. spezielle Abteilungen für Werbung, Marktforschung, Außendienst-Schulung, Produktgestaltung, Kundendienst usw.

Um für die jeweiligen Produkte nun eine in sich geschlossene Marketingkonzeption zu gewährleisten, werden „Produktmanager/innen" oder gar ganze Produktmanagement-Abteilungen eingesetzt, die die Marketingaktivitäten für „ihre" Produkte oder Produktgruppen bündeln, steuern und koordinieren (vgl. etwa Bühner 1992, S. 190 f.). Die/der Produktmanager/in erarbeitet ihr/sein spezielles Konzept zusammen mit den Spezialist/innen für Marktforschung, Werbung, Produktdesign usw. Alle Informationen, die für das Produkt relevant sind, laufen beim Produktmanagement zusammen, was schnelle und stimmige Reaktionen auf Marktveränderungen sicherstellen soll.

„Wenn das Angebotsprogramm der Unternehmung nun Produkte oder Produktgruppen umfasst, die in Märkten mit sich dynamisch und unterschiedlich entwickelnden Bedingungen angesiedelt sind, dann bietet eine funktionale Organisationsstruktur meist nicht in ausreichendem Umfang die Voraussetzung dafür, dass die Aktivitäten der Unternehmung auf die Besonderheiten der verschiedenen Märkte ausgerichtet sind. Die Abteilungsleiter konzentrieren sich auf die Erfüllung ihrer spezifischen Funktionen und die Gebietsverkaufsleiter auf die Besonderheiten ihrer Gebiete. Es gibt keine Stellen, die für den Erfolg der Produkte oder Produktgruppen verantwortlich sind, die folglich Informationen über die spezifischen Produktmärkte erfassen und auswerten, produktmarktspezifische Marketingkonzepte erstellen und dafür Sorge tragen, dass diese Konzepte in Aktivitäten umgesetzt werden. Das Marketing für die verschiedenen Produkte oder Produktgruppen ist u. U. nur unzureichend auf die Erfordernisse der spezifischen Märkte abgestimmt; Marktpotenziale werden nicht ausgeschöpft. Produktmanagement-Stellen sollen diesem Problem Abhilfe schaffen. ...

... auch in Geschäftsbereichen oder Divisionen kann es angebracht sein, Stellen für Produktmanager einzurichten: Geschäftsbereiche sind sozusagen Unternehmen in der Unternehmung. Innerhalb eines

> Geschäftsbereichs können wiederum Produkte oder Produktgruppen angesiedelt sein, deren Marktbedingungen so unterschiedlich sind, dass die Einrichtung von Produktmanagement-Stellen, die eine Koordination im Hinblick auf die spezifischen Märkte bewerkstelligen, angezeigt ist. In der Praxis finden sich Produktmanager sowohl in funktionalen als auch in divisionalen Organisationsstrukturen. Ihre Aufgaben sind in beiden Fällen identisch ..."

Textbeleg 4-5: Produktmanagement (nach Kieser/Walgenbach 2003, S. 153 f.)

Der Produktmanager kann - wie die Projektmanagerin - mit oder ohne Kompetenzen ausgestattet sein. D. h., bei der zugrunde liegenden Organisationsform kann es sich z. B. um einen Quasi-Stab der Marketing-Leitung, aber auch um eine umfassende Produkt-Matrix-Organisation handeln. Diese unterschiedlichen Typen entsprechen in weiten Zügen denen der Projektorganisation und bedürfen daher nicht der vertiefenden Beschreibung.

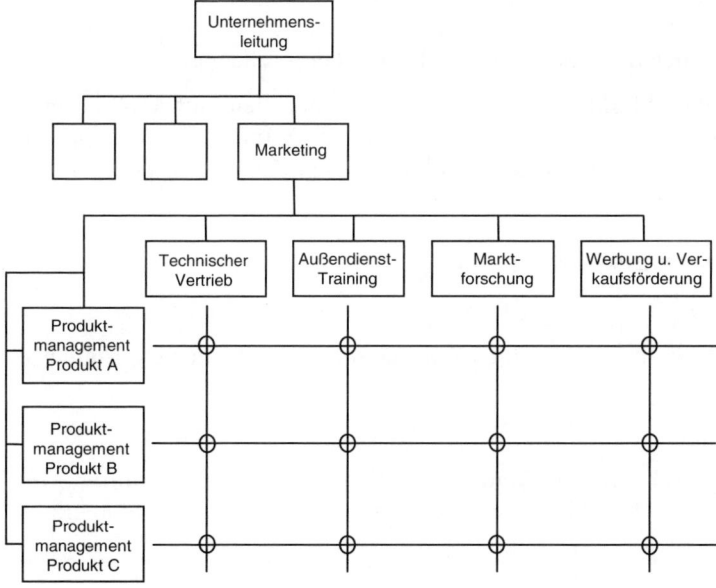

Übersicht 4-8: Produkt-Matrix-Organisation

4.3.2.2 Key account-Management-Organisation

Ergänzend oder alternativ zum Produktmanagement können sog. Key account-Manager/innen eingesetzt werden. „Key accounts" heißt soviel wie Schlüsselkunden, denen man damit eine besondere Betreuung zuteil werden lässt. Anwendungsbereiche sind z. B. Unternehmen der Nahrungsmittelindustrie, die Key account-Manager/innen oder -Abteilungen für ihre wichtigen Großkunden (etwa Metro, Aldi, Lidl) unterhalten.

Das Unternehmen ist mit dieser Ausprägungsform der Sekundärorganisation besser in der Lage, die speziellen Beziehungen zu (Groß-) Kunden zu gestalten und zu pflegen. Im Key account-Management laufen alle Konzepte, Planungen und Aktivitäten zusammen, die sich um den jeweiligen Schlüsselkunden drehen (vgl. Diller/Gaitanides 1989; Bühner 1992, S. 192 f.). Durch „Beziehungspflege" zu dem wichtigen Abnehmer soll zudem dessen Macht kanalisiert und berechenbarer werden.

4.3.2.3 Marktmanagement-Organisation

Schließlich sind gerade im Kontext von Internationalisierungsbestrebungen marktbezogene, etwa an Ländern oder ganzen Regionen festgemachte Formen der Sekundärorganisation hervorzuheben.

Aufgabe des Marktmanagements ist es, bezogen auf das jeweilige Marktsegment (z. B. „Südostasien-Geschäft") Informationen zu sammeln und für die Organisation aufzubereiten. Zudem werden bereichsspezifische Planungen, Marketingkonzeptionen usw. entwickelt.

4.4 Aufgaben und Diskussion

Aufgabe 4-1:

Welche Merkmale zeichnen Leitungshauptstellen (Instanzen, Linienstellen) aus?

Aufgabe 4-2:

Was ist typisch für eine Stabsstelle? Differenzieren Sie in Ihrer Argumentation zwischen „Theorie" und Praxis der Tätigkeit von Stäben!

Aufgabe 4-3:

Erläutern Sie die sieben W's der Aufgabenanalyse!

Aufgabe 4-4:

Erläutern Sie, inwiefern sich die klassischen Grundlagen der Ablauforganisation auf den Ansatz des Taylorismus zurückführen lassen!

Aufgabe 4-5:

Was sind die Vorteile der funktionalen Organisation eines Unternehmens? Wo liegen aber auch Probleme dieses Modells?

Aufgabe 4-6:

Erläutern Sie, inwiefern die funktionale Organisation durch die Merkmale Verrichtungsprinzip, Einliniensystem und Zentralisation geprägt ist!

Aufgabe 4-7:

Können Sie sich erklären, warum im funktionalen Modell in der Unternehmensspitze leicht ein sog. „Kamineffekt" entstehen kann? Was könnte man in diesem Zusammenhang unter „Kamineffekt" verstehen?

Aufgabe 4-8:

Was versteht man unter dem Problem der Suboptimierung von Bereichen?

Aufgabe 4-9:

Erläutern Sie anhand des Zusammenhangs von Diversifikation und Divisionalisierung Chandlers berühmte These „structure follows strategy"!

Aufgabe 4-10:

Erläutern Sie, inwiefern die divisionale Organisation durch die Merkmale Objektprinzip und Dezentralisation geprägt ist!

Aufgabe 4-11:

Was sind die Vorteile der divisionalen Organisation? Wo liegen aber auch Probleme dieses Modells?

Aufgabe 4-12:

Warum lassen sich Projekte im Rahmen der regulären Organisationsstrukturen kaum sinnvoll bearbeiten?

Aufgabe 4-13:

Diskutieren Sie die Behauptung: Die Matrixorganisation ist auf die produktive Entfaltung des Konflikts hin angelegt!

Aufgabe 4-14:

Das „Produktmanagement" ist inzwischen auch ein wichtiges Feld in der Angebotspalette externer Unternehmensberater geworden. Informieren Sie sich über Details dieses Aufgabenfeldes, indem Sie in einer Internet-Suchmaschine den Begriff „Produktmanagement" recherchieren und sich in den erhaltenen Links vier bis fünf Angebote von Beratungsfirmen genau ansehen.

5. Prozessorganisation

In den letzten ein bis zwei Jahrzehnten hat die vorher alles dominierende Perspektive der Aufbauorganisation Konkurrenz bekommen: die Prozessorganisation. Dahinter stehen praktische Entwicklungen im Zusammenhang mit neueren Managementkonzepten wie etwa dem Qualitätsmanagement oder dem „business reengineering". Einen großen Anteil an der Hinwendung zu Prozessen haben auch wichtige Arbeiten aus dem Bereich des strategischen Managements wie etwa Porters Betrachtung von Wertschöpfungsketten (vgl. Porter 1986).

- Technologische Erfordernisse bzw. Chancen: Durch die zunehmende Integration von Technologien, z. B. von der Produktentwicklung über die Fertigung bis zum After-sales-Service und u. U. sogar bis zur endgültigen Entsorgung entstehen relativ lange Prozesse, deren gesamthafte Gestaltung Effizienzverbesserungen gegenüber einer autonomen Optimierung von Teilabschnitten bringen kann.

- Rechtliche Erfordernisse: Insbesondere Umweltschutz-, Produktsicherheits- und Produktqualitätsvorschriften bzw. diesbezüglich eingegangene Verpflichtungen, z. B. im Rahmen von Zulieferverträgen, verlangen eine durchgehende Gestaltung, Dokumentation und teilweise sogar Offenlegung von betriebsinternen Prozessen ... Qualitätssicherung ist heute nicht mehr eine Frage einer Endkontrolle, sondern einer durchgängigen Prozessgestaltung.

- Erhöhte Anforderungen aus der Logistik, wie z. B. termingenaue Lieferungen, Just-in-time-Konzepte bei Weiterverarbeitern, erfordern eine genauere zeitliche Beherrschung der Leistungsprozesse.

- Durch bewusste Ausrichtung von Prozessen an Kundenbedürfnissen statt an internen Zuständigkeiten kann das Marketing insofern unterstützt werden, weil dadurch die langfristige Gestaltung von Kundenbeziehungen erleichtert wird, die für viele Betriebe als Marketingziel heute vor isolierten Einzelverkäufen steht.

- Die Beschleunigung von Prozessen sollte nicht nur Lieferzeiten zum Nutzen des Marketing verkürzen, sondern auch zu geringeren Kapitalkosten führen. Allerdings könnte dem eine Verschlechterung bei der Anlagenkapazitätsauslastung entgegenwirken ...

- Die Betonung der Prozessgestaltung gegenüber der Hierarchie- oder Funktionsgestaltung dürfte schließlich auch Vorteile für die Mitarbeitermotivation bringen, weil sich die Position der Mitarbeiter durch Dezentralisierung von Verantwortung und flachere Organisationsstrukturen verändert.

Übersicht 5-1: Beweggründe für eine verstärkte Prozessorientierung (nach Mugler 1999, S. 115 f.)

Heute zählt die Identifizierung und Gestaltung der Kernprozesse zu den im höchsten Maße strategierelevanten Aktivitäten. In Anlehnung an den schon im anderen Zusammenhang erwähnten Lehrsatz Chandlers „structure follows strategy" lässt sich heute mit Fug und Recht ebenso sagen „process follows strategy" (vgl. Krüger 2005, S. 178).

In diesem Kapitel werden - in gegebener Kürze - die wichtigsten Fragen rund um die Prozessorganisation behandelt.

5.1 Grundlagen der Prozessorganisation

5.1.1 Ablauforganisation in der Organisationslehre

Der heute gebräuchlich gewordene Begriff der Prozessorganisation findet sich in älteren Ansätzen noch nicht. Die deutsche Organisationslehre der Nachkriegszeit ist vielmehr in starkem Maße geprägt worden von dem Begriffspaar und dem dahinter stehenden Dualismus der Aufbau- und der *Ablauf*organisation.[10] Demgegenüber ist in amerikanischen Arbeiten der Prozessbegriff bereits seit Jahrzehnten gebräuchlich.

Die bisher behandelte Aufbauorganisation befasst sich mehr mit institutionellen Aspekten. Es geht z. B. um den äußeren Aufbau des Unternehmens oder die Verteilung von Weisungsrechten. D. h., im Mittelpunkt der aufbauorganisatorischen Perspektive steht das Aufgaben- und

---

[10] Als wichtigster Fachvertreter, der dies so vorgenommen hat, muss wohl Kosiol (1962) angeführt werden. Als Urheber gilt aber Nordsieck (1934).

Kompetenzgefüge. Demgegenüber fokussiert die Ablauforganisation den *Vollzug der Leistungserstellung.*

> „Nach der traditionellen Vorstellung von den Aufgaben der Organisationsgestaltung geht die Aufbauorganisation der Ablauforganisation voraus. Nachdem grundsätzlich festliegt, wer, was, woran und womit machen soll, besteht der nächste Schritt nun im Vollzug der Aufgabe, d. h. der Umsetzung der Aufgabe in Arbeit. Dabei sind Tätigkeiten zu verrichten, Prozesse abzuwickeln (dynamischer Aspekt). Es muss konkretisiert werden, in welcher sachlichen, zeitlichen und räumlichen Abfolge einzelne Tätigkeiten zu realisieren sind. ...
>
> Diese Prozesse müssen organisiert werden, wenn sie effizient ablaufen sollen. Das ist die Aufgabe der Ablauforganisation."

Textbeleg 5-1: Funktion der Ablauforganisation (nach Bea/Göbel 2002, S. 290)

Der „Altmeister" Kosiol (1962, S. 187) hat nie einen Hehl daraus gemacht, dass er der Aufbauorganisation Priorität beimisst und in der Ablaufstrukturierung nur eine „zusätzliche" raumzeitlich ausgerichtete Form einer nachgeordneten Organisation sieht. Abläufe vollziehen sich in dem Rahmen, den die Struktur der Organisation vorgibt. Insofern gelten sie als nachrangiges Gestaltungsproblem.

Das typisch Kosiolsche Analyse-Synthese-Konzept, das wir schon in Zusammenhang mit der Aufbauorganisation als Aufgabenanalyse und -synthese kennen gelernt haben, wird in Gestalt der *Arbeits*analyse auch auf die Ablauforganisation übertragen.

Die Stellenaufgaben (!) als Teilaufgaben niedrigster Ordnung werden weiter nach Arbeitsschritten untersucht. Kosiol bezeichnet sie daher als die „Verlängerung der Aufgabenanalyse". Auch die Gliederungskriterien sind dieselben, wobei dem Verrichtungskriterium besondere Bedeutung zukommt.

Mit der *Arbeitssynthese* werden die elementaren Teilaufgaben nach Verrichtungs-, Objekt-, Rang- oder Phasenmerkmalen zusammengefasst. Die Zusammenfassung verläuft in drei Schritten:

(1) Arbeitsverteilung (personale Synthese)

Dabei werden die einzelnen Arbeitsgänge bestimmt. Unter einem Arbeitsgang versteht man alle Arbeitsteile, die von einem Arbeitssubjekt (in der Regel einer Person, ggf. auch einer Gruppe) an einem Arbeitsobjekt bei Einsatz bestimmter Arbeitsmittel in einem räumlichen und zeitlichen Rahmen vollzogen werden. Der Arbeitsgang ist damit sozusagen der arbeitsmäßige Ausdruck einer Stelle.

(2)   Arbeitsvereinigung (temporale Synthese)

Die Arbeitsvereinigung betrifft die zeitliche Koordination verschiedener Arbeitsgänge bzw. Arbeitsträger. Grundlegende Ziele sind die Optimierung von Durchlaufzeiten und die Minimierung von Lagern.

(3)   Raumgestaltung (lokale Synthese)

Dieser Aspekt dreht sich um die räumlich zweckmäßige Arbeitsgestaltung. Ziel ist beispielsweise die Minimierung von Arbeitswegen.

5.1.2 Von der Ablauf- zur Prozessorganisation

Wie schon einleitend in diesem Kapitel gesagt, legen eine ganze Reihe von Managementkonzepten der neueren Zeit einen Betrachtungsschwerpunkt auf Prozesse. In der Tat darf die sachliche Angemessenheit der Marginalisierung von Abläufen durch Kosiol und andere bezweifelt werden. Wie u. a. Schulte-Zurhausen (1999, S. 45) zu Recht feststellt, führt die Vernachlässigung des Umstandes, dass Abläufe in der Regel stellenübergreifend sind, zu einem Zerrbild der organisatorischen Wirklichkeit.

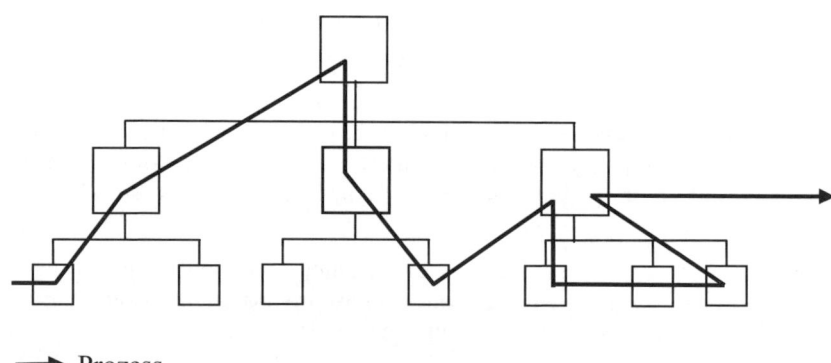

➞ Prozess

**Übersicht 5-2: Idealtypische Darstellung eines funktionsübergreifenden
Prozesses (vereinfacht nach Schulte-Zurhausen 1999, S. 45)**

Richtigerweise ist die Prozessperspektive daher in den letzten Jahren erheblich weiterentwickelt worden. Dies ist auch auf die Erfahrung aus vielen Produktionsbereichen zurückzuführen, in denen immer schon prozessorientierte Blickwinkel als quasi naturwüchsiges Prinzip vorgeherrscht haben, wohingegen etwa das Organigramm von nachrangiger Bedeutung war.

Die Prozessperspektive hat sich folglich in zahlreichen Konzepten eingenistet, die heute als Synonyme für modernes Management gelten: Kontinuierlicher Verbesserungsprozess, Kunden-Lieferanten-Beziehung, Just in time-Produktion, Workflow-Management, um nur einige zu nennen.

Was ist nun unter einem Prozess zu verstehen? „'Process' refers to the conversion of inputs (resources) into outputs (goods and services)" (Harrison 1995, S. 60).

Das heißt, Geschäftsprozesse bestehen aus einer Abfolge von Tätigkeiten oder Aktivitäten (bzw. in zeitlicher Hinsicht von Phasen), an deren Ende z. B. die Erstellung oder - je nach Sichtweise - der Absatz eines Gutes (einer Dienstleistung) steht. Natürlich gibt es auch Prozesse, die nur indirekt der Gütererstellung dienen.

Prozesse bestehen aus einem definierten Anfang und einem Ende. Die Abfolge der Aktivitäten ist standardisiert und damit wiederholbar. Inputs und Outputs sind jeweils identifizierbar (Corsten 1996, S. 6 f.).

Einige wesentliche Informationen werden in der nachfolgenden Übersicht zusammengestellt:

Prozessdefinition

Serie von Aktivitäten oder Verrichtungen, die in einem direkten Beziehungszusammenhang stehen und direkt oder indirekt der Erstellung von Gütern oder Dienstleistungen verschrieben sind; idealtypischer Weise mit messbarer Eingabe, Wertschöpfung und Ausgabe/Ergebnis

Prozessbeginn

Anforderung des (externen oder internen) Kunden

Prozessende

Übergabe des Ergebnisses an (externen oder internen) Kunden

Prozessverantwortung

Bereichs- bzw. abteilungsübergreifend unter Beachtung gegenseitiger Abhängigkeiten

Ziele

Prozessoptimierung im Hinblick auf

   o Effektivität

   o Effizienz

   o schnellere Adaptionsfähigkeit

   o verbesserte Kostentransparenz

Verhaltensweisen

   o ganzheitliches Denken und Handeln

   o verstärkte Eigeninitiative

   o Verantwortungsbereitschaft

Übersicht 5-3: Kernelemente einer Prozessperspektive (modifiziert nach Sibiera/Stich 2001, S. 741)

In Deutschland hat Gaitanides (1983) schon in den 80er Jahren sein innovatives Werk zur Prozessorganisation vorgelegt, mit dem er an der Vernachlässigung von stellen- und abteilungsübergreifende Abläufen ansetzt. Dabei dreht er die bislang geltenden Prioritäten auf den Kopf. Es geht um die Orientierung an einer prozessorientierten Organisationsgestaltung,

„in der die Stellen- und Abteilungsbildung unter Berücksichtigung spezifischer Erfordernisse des Ablaufs betrieblicher Prozesse im Rahmen der Leistungserstellung und -verwertung konzipiert werden" (ebenda, S. 62). „Structure follows process" (Krüger 2005, S. 178).

Gaitanides' Vorstellung, zunächst empirisch eine Prozessanalyse zu betreiben und im Wege der Prozesssynthese nach Kriterien der Effizienz und der Schaffung von Interdependenzen Abläufe festzulegen, die dann erst eine entsprechende Stellen- bzw. Abteilungs-„Schneidung" nach sich zieht, kommt dem Kern des erst zehn Jahre später populär gewordenen Managementkonzept des „business reengineering" schon sehr nahe (vgl. Abschn. 10.2.3).

Nicht zuletzt aufgrund der Arbeiten von Gaitanides ist das ziemlich starre, schematische Konzept von Kosiol in der Folgezeit im Sinne einer „echten" Prozessorganisation erheblich erweitert und modifiziert worden. Es wurde vor allem um eine Vielzahl von ablaufplanerischen Elementen und Methoden ergänzt. Dabei geht es im Prinzip um eine *Algorithmisierung von Teilprozessen* (vgl. zum Folgenden Gaitanides 1992, Sp. 7 ff.).

Ein Algorithmus ist die logische Verdichtung eines Ablaufs oder (Teil-) Prozesses in Form einer Regel, bei der die einzelnen Schritte lückenlos aufeinander folgen. Er ist zugleich oft die Grundlage für ein Rechnerprogramm, das einen Vorgang automatisch ablaufen lässt. Mit Hilfe von Algorithmen gilt es, die folgenden Probleme einer möglichst optimalen Lösung zuzuführen:

(1) Probleme der Arbeitsverteilung

Wie schon bei der personalen Synthese Kosiols werden Arbeitsteile zu Arbeitsgängen zusammengefasst. Ein Arbeitsgang besteht aus den von einer Person oder einer Gruppe (Station) durchzuführenden Teilarbeiten. Je weniger Teile ein Arbeitsgang umfasst, umso größer ist die Arbeitsteilung bzw. Spezialisierung.

(2) Probleme der Gruppierung

Diese ergeben sich bezüglich der

- Menschen (Stärke von Teil-Belegschaften, Schichten oder Kolonnen),
- Arbeitsmittel (Anordnung der Maschinen; Werkstatt- versus Fließprinzip),
- Arbeitsobjekte.

(3) Probleme der Reihenfolge

Probleme der räumlichen und zeitlichen Reihenfolge bestehen sowohl zwischen verschiedenen Arbeitsgängen als auch innerhalb eines Arbeitsganges.

(4)   Probleme der Leistungsabstimmung

Nachdem die Arbeitsgänge durch die Arbeitsverteilung inhaltlich festgelegt sind, müssen die Leistungsbeiträge der verschiedenen Arbeitsträger, also der Menschen, zeitlich und mengenmäßig synchronisiert werden. Das anschaulichste Beispiel dafür ist die getaktete Fertigung am Fließband. Die durchzuführenden Arbeitsteile, Reihenfolgen, Leistungsmengen, Zahl und (im Durchschnitt bemessene) Leistungsintensität der Menschen sind mathematisch möglichst exakt aufeinander abzustimmen, so dass die Bearbeitungszeiten minimiert werden.

(5)   Transportprobleme

Sie entstehen bei Arbeitsteilung zwangsläufig, etwa zwischen den verschiedenen Arbeitsstationen.

5.1.3 Ziele der Prozessorganisation

Insoweit geht es bei der Prozessorganisation um die möglichst rationale Beherrschung von Handlungskomplexität durch Strukturierung von Bearbeitungssequenzen, und damit um eine Standardisierung und Routinisierung von Prozessen.

Typische Ziele bei der Organisation der Abläufe sind

-   hohe Kapazitätsauslastung,
-   Minderung von Lagerbeständen,
-   Effizienz des Ressourceneinsatzes,
-   kurze Durchlaufzeiten sowie Leer- und Wartezeiten,
-   gute Bearbeitungsqualität,
-   hohe Termintreue,
-   kundengerechte Problemlösungen,
-   hohe Produktqualität.

Neben ökonomischen Zielen sollte nicht vergessen werden, dass gerade bei der Prozessorganisation auch die Interessen der Mitarbeiter/innen von Bedeutung sind. Gute Arbeitsbedingungen und eine adäquate Gestaltung der Arbeitsinhalte und -prozesse sind von ausschlaggebender Bedeutung für das Wohlbefinden am Arbeitsplatz. Dies ist spätestens seit den Herzbergschen Analysen zur „intrinsischen Motivation" bestens bekannt (vgl. selbst Laux/Liermann 2003, S. 503).

Daher sollte jenseits des Zieles der Optimierung nach Effizienzgesichts-punkten und jenseits der „Algorithmisierung" auch mit hohem Stellen-wert auf den motivierenden Charakter der Arbeits- und Prozessgestal-tung geachtet werden. Die enge Beziehung zwischen der Organisation von (Arbeits-) Prozessen und der Motivation der Mitarbeiter/innen ist in der letzten Zeit verstärkt beachtet worden (vgl. Bea/Göbel 2002, S. 293) und hat u. a. zur verstärkten Einrichtung von Ansätzen der Teamarbeit geführt (vgl. ausführlich Abschn. 5.2.3).

Außerdem gibt es ein Konfliktpotenzial zwischen dem Ziel der größt-möglichen Effizienz durch standardisierende „Schneidung" der Prozesse und dem Anspruch nach *Flexibilität*. Gerade bei hoher Ungewissheit und intensiven Einflüssen von dynamischen Marktsituationen sind „fi-xierte" Prozesse problematisch, weil sie die rasche Anpassung an verän-derte Bedingungen behindern. Insofern gehört auch die Gewährleistung eines Mindestmaßes an Flexibilität zu den wichtigsten Zielen der Pro-zessorganisation - bei aller effizienzsteigernder Bedeutung hoher Routi-nisierung und Standardisierung.

5.2 Arbeitsorganisation als Bestandteil der Prozessorganisation

Bei der Gestaltung des Vollzuges und der Koordination der Abläufe im Rahmen der betrieblichen Leistungserstellung werden unweigerlich auch Bearbeitungsstationen und -abfolgen (z. B. eines industriell zu fertigenden Produkts, aber auch einer Dienstleistung) strukturiert. Inso-fern gibt es einen engen Zusammenhang zwischen der Prozessorganisa-tion und der Arbeitsorganisation. Dies ist mit darauf zurückzuführen, dass Ausführungsprozesse im Gegensatz zu vielen Führungsprozessen „genauer bestimmbar, weniger komplex, häufiger wiederkehrend und daher besser standardisierbar und routinisierbar" sind (Bea/Göbel 2002, S. 295).

Nach einer groben Unterteilung kann man zwischen Fertigungsprozes-sen und Verwaltungsprozessen („Büroarbeit"; vgl. Bea/Göbel 2002, S. 295) differenzieren.

In der industriellen Fertigung dominiert die Umwandlung physischer Inputs zu materiellen Ergebnissen (Produkten oder Produktteilen). In der Verwaltung ist hingegen die prozessuale Verarbeitung von Informatio-nen vorherrschend. Dabei ist jedoch nicht zu verkennen, dass diese Un-terscheidung empirisch an Schärfe verloren hat, etwa wenn man ins

Kalkül zieht, welch eminent wichtige Bedeutung den Informationsflüssen in der industriellen Fertigung heute zukommt.

5.2.1 Gegenstände der Arbeitsorganisation

Bei der Arbeitsorganisation (in etwa synonym: Arbeitsstrukturierung, Arbeitsgestaltung) geht es vor allem um die Art der Arbeitsteilung sowie um die Abfolge von Arbeitsschritten. Bezugspunkte der Arbeitsgestaltung sind einzelne Stellen oder Gruppen.

Konkret geht es bei der Arbeitsorganisation um folgende Ansatzpunkte:

-   die Gestaltung des Fertigungs- bzw. Arbeitsprozesses (z. B.: Fließ(band)fertigung oder sog. Boxenfertigung);
-   die Funktionsverteilung zwischen Menschen und Arbeitsmitteln (z. B. Wahl der Technologie, Art und Grad der Mechanisierung);
-   die Aufgabenverteilung zwischen den verschiedenen Menschen im Produktionsablauf (das kollektive Moment der Arbeitsorganisation);
-   die Festlegung der Aufgabeninhalte der einzelnen Arbeitnehmer/innen inklusive der Entscheidung, wie hoch die Freiheitsgrade, die Handlungs- und Entscheidungsspielräume der jeweiligen Aufgabenträger sind (das individuelle Moment der Arbeitsorganisation);
-   die Festlegung der Umgebungsbedingungen, d. h. die umfeldbezogenen, sog. ergonomischen Gestaltungsentscheidungen (z. B. die klimatischen, akustischen, optischen und sicherheitstechnischen Arbeitsbedingungen).

Die entscheidenden Dimensionen, nach denen die arbeitsorganisatorischen Arrangements getroffen werden, sind dabei die folgenden:

In *sachlich-funktionaler* Hinsicht geht es um die Arbeits(ver)teilung, die Festlegung der Gesamtheit wie auch der einzelnen Aufgaben- bzw. Stellenprofile.

Mit der *zeitlichen* Dimension ist die Abfolgegestaltung, die Koordination der verschiedenen Arbeitsvorgänge und der Aktivitäten der einzelnen Mitarbeiter/innen oder Gruppen angesprochen. Hier spielen Fragen wie die Optimierung von Durchlaufzeiten und die Minimierung von Lagern eine wichtige Rolle.

Schließlich hat die Arbeitsorganisation auch einen *räumlichen* Aspekt, bei dem es um die zweckmäßige räumliche Anordnung der Verrichtungen und eine Minimierung von Arbeitswegen geht.

5.2.2 Taylorisierung der Arbeit und deren Grenzen

Die klassisch-konzeptionellen Vorstellungen zur Arbeitsorganisation sind auch in ihren Erweiterungen einer ganz bestimmten Rationalisierungsphilosophie eng verbunden: dem Taylorismus (vgl. Abschn. 2.2.2). Es geht um eine möglichst flächendeckende, hochgradige Vereinheitlichung und Routinisierung von Prozessen, um Standardisierung und Optimierung. Diese Vorgehensweise ist weitgehend auf die Verhältnisse in der Ära der industriellen Massenproduktion zugeschnitten. Auf die Folgen einer starken Spezialisierung sind wir schon an anderer Stelle näher eingegangen (vgl. Abschn. 3.1.2).

Die betriebswirtschaftliche Organisationslehre ist - etwa mit ihren Hauptvertretern Nordsieck (1934) und Kosiol (1962) - dieser Linie sehr weit gefolgt. Das schon erörterte Analyse-Synthese-Konzept ist darauf ausgerichtet, „ganzheitliche" Abläufe in Teilbestandteile niedriger und niedrigster Ordnung („Griffe", „Griffelemente") zu zergliedern, um nach technisch-ökonomischen Aspekten Bewegungsabläufe zu optimieren, Zeitvorgaben herzuleiten und - zum Teil - daran eine variable Vergütung (z. B. im Akkord) zu koppeln. Durch die Synthese werden Arbeitskomplexe geschaffen, die dann Personen zugeordnet werden. Dass diese aufgrund der Spezialisierungsvorteile bei einem rein technisch verstandenen Optimierungsansatz eine starke Neigung zu engen Aufgabenzuschnitten aufweisen, versteht sich fast von selbst. Insofern ist die betriebswirtschaftliche Organisationslehre dem tayloristischen Gedankengut eng verhaftet geblieben (vgl. auch Bea/Göbel 2002, S. 296). Das Motivationsziel kann bei dieser Art der Prozessoptimierung hingegen auf der Strecke bleiben.

Nun haben wir an anderer Stelle schon die negativen Folgewirkungen einer weit getriebenen Taylorisierung der Arbeit skizziert. Unter einer Prozessperspektive und unter Einbeziehung der heute vorherrschenden Produktionsbedingungen wird - neben dem Motivationsdefizit - auch die Starrheit derart „optimierter" Arbeitsflüsse häufig zum Problem. Modernere Abfassungen zu Fragen der Ablauforganisation befassen sich daher unter erweiterter Perspektive mit dem Problem der Gestaltung von Arbeitsprozessen. Fabrik und Büro der Zukunft, neue Informations- und Kommunikationstechniken, Neue Arbeits- und Produktionskonzepte sind Schlagworte, die in diesem Zusammenhang auftauchen.

Dabei wird zum Teil wieder von einer (zu) weit entwickelten Standardisierung von Prozessen abgerückt. Dies wird im Folgenden an einem Teilaspekt gezeigt: der Entwicklung weg von der taylorisierten Einzelarbeit hin zur Gruppenarbeit.

5.2.3 Gruppenarbeit

Tatsache ist, dass anhand von diversen Kleingruppenkonzepten wie Qualitätszirkel, Projektgruppen oder dauerhaft als Team zusammenarbeitenden („teilautonomen") Arbeitsgruppen sowie auch auf den Einzelarbeitsplatz bezogenen Maßnahmen der Arbeitsanreicherung seit Jahren versucht wird, die durch das Prinzip der tayloristischen Arbeitsteilung vielfach sinnentleerten Tätigkeitsinhalte wieder anregender zu machen. Dabei geht es nicht nur um die Steigerung der Motivation, sondern auch um die Aktivierung der kreativen Fähigkeiten der Beschäftigten zur Verbesserung der Produktionsabläufe und Produktqualitäten. Von besonderem Stellenwert ist in diesem Zusammenhang zweifelsohne der verbreitete Übergang zu festen Teams in der industriellen Fertigung, die weitgehend eigenverantwortlich und selbststeuernd Produktteile herstellen und auch einen Teil der indirekten Aufgaben wie Materialbereitstellung, Instandhaltung und Qualitätssicherung übernehmen.

Die Gruppe erzeugt Motivation, Identifikation und Akzeptanz auf der Gefühlsebene und prägt Bewusstseinsinhalte der Mitglieder im Sinne der „Unternehmenskultur". Sie ist aber auch ein Hort für die Entfaltung der kreativen Potentiale der Mitarbeiter/innen (vgl. schon die Ausführungen zu „Projektgruppen" in Abschn. 4.3.1.3). Gruppenarbeit erbringt nicht nur bessere Problemlösungen, sondern durch die Kooperation mit anderen und die Zusammenführung verschiedenster Informationen auch produktive Lerneffekte in fachlicher und sozialer Hinsicht.

Seit Anfang der 90er Jahre erlebt die Gruppenarbeit in deutschen Unternehmen eine vorher kaum für möglich gehaltene Verbreitung. Äußerlicher Beweggrund war das Erscheinen der zum Bestseller gewordenen Studie des „Massachusetts Institute of Technology" (MIT) über die

„Zweite Revolution in der Automobilindustrie" (Womack/Jones/Roos 1991), in der sich die Autoren in vergleichender Perspektive mit den Produktionskonzepten asiatischer, amerikanischer und europäischer Unternehmen der Autoproduktion auseinander setzten. Dabei fanden sie heraus, dass der japanische Ansatz mit seiner „schlanken" Produktion und vor allem mit der intelligenten Nutzung der Fähigkeiten, Fertigkeiten und Ideen des arbeitenden Menschen deutlich überlegen ist (vgl. ausführlicher zur „lean production" Abschn. 10.2.2). Als ein wesentliches Ergebnis steht seitdem das *Arbeiten in festen Teams* auch bei uns zunehmend im Mittelpunkt konzeptioneller Vorstellungen zur Arbeitsorganisation, von denen erwartet wird, dass sie das produktive Potenzial moderner flexibler Fertigungstechnologien erst zur vollen Entfaltung bringen. Dabei gilt der Übergang von der Einzel- zur Gruppenarbeit für viele auch als Schritt zur Humanisierung des Arbeitslebens.

Die Einführung von flexibleren und kreativeren Arbeitsformen wie Gruppenarbeit gilt daher als viel versprechender Weg, um die aufgezeigten Probleme taylorisierter Arbeit zu lösen ohne völlig von den klassischen Konzepten (z. B. der Fließfertigung) abzurücken. Verbreitete Anwendung finden die Konzepte der Gruppenarbeit entsprechend in Produktionsbetrieben, in denen zuvor hochgradig arbeitsteilige und monotone Fertigungsprozesse vorherrschten und die sich wegen internationaler Wettbewerbsintensivierung und neuen technologischen Möglichkeiten zu einer teilweisen Revision ihrer traditionellen Formen der Arbeitsorganisation veranlasst sehen. Das ist hauptsächlich in der Automobilindustrie, in der elektrotechnischen Industrie sowie zum Teil in der chemischen Industrie der Fall. Darüber hinaus wird die Einführung von Gruppenarbeit ihrer Vorteile wegen inzwischen aber auch in vielen anderen Bereichen (auch im Dienstleistungs- und Verwaltungsbereich) erwogen und zum Teil auf experimenteller Ebene umgesetzt.

Dabei ist zunächst gar nicht so leicht zu sagen, was überhaupt unter Gruppenarbeit verstanden werden soll. Es gibt in der Wirtschaftspraxis die unterschiedlichsten Typen eines irgendwie gearteten Arbeitens in Gruppen mit ebenso phantasievollen Namensgebungen. Infolgedessen lassen sich Gruppenkonzepte nach verschiedenen Kriterien typologisieren, etwa nach den Zielen, den Strukturmerkmalen im weitesten Sinne, den zu bearbeitenden Gegenständen, der „Herkunft" der Mitglieder (z. B. ein Arbeitsbereich oder bereichsübergreifend), der Führung des Teams usw. (vgl. dazu ausführlich Breisig 1990, S. 68 ff.). Bereits seit mehreren Jahren gibt es in vielen deutschen Unternehmen episodische Gruppenkonzepte wie z. B. Qualitätszirkel, Projektgruppen, Lernstätten oder anders benannte Teams, deren Mitglieder sich in regelmäßigen Abständen zur Problembearbeitung treffen, ansonsten aber weiterhin an Einzelarbeitsplätzen tätig sind. Um sich nicht in dieser Vielfalt zu verlieren, empfiehlt es sich, mit dem Begriff Gruppenarbeit ausschließlich feste, als institutionelle Einheit im Rahmen der Arbeitsorganisation verankerte Teams zu belegen.

Im Sinne einer ersten Annäherung kann man unter Gruppenarbeit eine Form der Arbeitsorganisation in festen Teams von maximal 15 Beschäftigten verstehen, die zum Zwecke einer besseren Arbeitsstrukturierung zusammengefasst werden und nunmehr - im Gegensatz z. B. zu einem Qualitätszirkel - dauerhaft und arbeitsalltäglich zusammen arbeiten. Vielfältige Teilarbeiten zur Herstellung eines Produktes, die bisher von verschiedenen, unterschiedlich qualifizierten Beschäftigten ausgeübt wurden, können nun gemeinschaftlich bearbeitet werden. Dabei kann die Gruppe mehr oder weniger eigenverantwortlich handeln.

Jedoch entzünden sich häufig bereits an der Definition von Gruppenarbeit Streitigkeiten. Im Extremfall könnte man auch z. B. 10 Leute, die am Fließband an aufeinander folgenden Arbeitsplätzen (Einzelarbeitsplätze!) tätig sind, als Gruppe bezeichnen. Gleiches gilt für die Beschäftigten in einem Call Center. Entsprechend „minimalistische" Definitionen, wie z. B. die vom REFA-Verband, sehen Gruppenarbeit lediglich als eine Arbeitsform an, bei der „die Arbeitsaufgabe eines Arbeitssystems teilweise oder ganz durch mehrere Arbeitspersonen erfüllt wird" (Verband für Arbeitsstudien und Betriebsorganisation 1984). So etwas schon als Gruppenarbeit auszugeben, läuft Gefahr, jedwede arbeitsorganisatorische Weiterentwicklung gerade im Hinblick auf ihr Potenzial zur Motivation und zur Humanisierung der Arbeit zu blockieren. Insofern ist die Klärung dessen, was Gruppenarbeit sein soll (und was nicht), keine akademische Debatte um des Kaisers Bart, sondern sie ist höchst praktischer und politisch bedeutsamer Natur.

Den minimalistischen Ansätzen werden auch offensivere Auffassungen entgegengehalten, die nicht nur ein wenig Arbeitsplatzwechsel („Job Rotation") sowie ein bisschen Selbstverantwortung, -steuerung und -kontrolle der Gruppen, sondern die *echte Erweiterung ihrer Handlungs- und Entscheidungskompetenzen* in den Mittelpunkt stellen: Entscheidend ist dann nämlich das qualitative Moment der (Teil-) Autonomie. Die Mitglieder befinden - je nach Ausprägungsgrad mehr oder minder selbständig - über Arbeitsplanung, -verteilung, -erledigung und -kontrolle, Materialbereitstellung, Wartung und Instandhaltung, also über das Wer, das Wie und das Womit der Produktion im Rahmen der gegebenen technisch-organisatorischen und materiellen Möglichkeiten (Funktionsintegration). Lediglich das Was (Produkt/Produktteil), das Wieviel (Produktionsziele) und/oder das Bis-Wann (Termin der Fertigstellung) sind vorgegeben bzw. vereinbart. Eine Kopplung an knapp bemessene Fließbandtakte ist zu vermeiden. Die Gruppenmitglieder verfügen über (annähernd) gleich hohe Qualifikationen, was eine weitgehende wechselseitige Ersetzbarkeit sichert. Es geht nicht nur um qualitative und quantitative Arbeitsfeldvergrößerung im Sinne des Job Rotation, -Enlargement und -Enrichment, sondern wesentlich um soziale und kommunikative Aspekte des Arbeitens, die sich nur in einem Gruppengefüge umsetzen lassen. Ein so verstandenes Konzept von Gruppenarbeit bedeutet eine wirkliche Abkehr von der tayloristischen Neben- und Nacheinanderschaltung von spezialisierten, hocharbeitsteiligen Einzelfunktionen.

Als Merkmale von „echter" Gruppenarbeit in diesem Sinne müssen gelten:

- Gruppe von 5 bis maximal 15 Beschäftigte;
- arbeiten fest (dauerhaft) als Gruppe zusammen;
- die Gruppe ist eine eigenständige Einheit innerhalb der Unternehmenshierarchie;
- sie fertigt ein komplettes Produkt (bzw. Dienstleistung) oder - realistischer - ein Produktteil;
- sie bestimmt die Gestaltung des Arbeitsablaufs selbst (geringe Kontrolle von außen);
- von außen: Definition von Grenzbedingungen (z. B. Produktionsziele, Qualitätsstandards);
- keine interne Hierarchie (i. d. R. aber ein Gruppensprecher);
- Mitglieder verfügen - idealtypischerweise - über die ganze Bandbreite der für das Aufgabenspektrum der Gruppe benötigten Qualifikationen.

Übersicht 5-4: Merkmale von „echter" Gruppenarbeit

5.3 Aufgaben und Diskussion

Aufgabe 5-1:

Was kann man unter einem Prozess verstehen?

Aufgabe 5-2:

Nennen Sie einige Beispiele für Prozesse aus der betrieblichen Praxis!

Aufgabe 5-3:

Worum genau geht es im Prinzip bei einer Prozessorganisation?

Aufgabe 5-4:

„Teamarbeit ist eine Modeerscheinung und wird bald wieder von der Bildfläche verschwunden sein!" Stimmen Sie dieser Prognose zu? Begründen Sie Ihre Meinung!

6. Kultur der Organisation

Mit der Organisations- oder Unternehmenskultur ist vor allem in den 1980er und 90er Jahren ein Phänomen organisationaler Wirklichkeit in den Mittelpunkt der Betrachtung gerückt, das bis dahin weitestgehend unbeachtet blieb, nämlich dass für das Funktionieren und für den Erfolg von Organisationen nicht nur die zielgerichtete strukturelle und prozessuale Gestaltung, sondern in beachtlichem Maße auch *kulturelle Aspekte* ausschlaggebend sind. Hintergrund für den Aufstieg des Konzepts der Organisations- oder - hier synonym verwendet - Unternehmenskultur waren nicht zuletzt die beeindruckenden Weltmarkterfolge japanischer Unternehmen (spätestens) seit den 1980er Jahren, die vor allem mit der hohen Motivation und Identifikation der japanischen Arbeitnehmer/ innen mit „ihrem" Unternehmen, also mit „weichen" Faktoren, erklärt wurden.

Es war schon überraschend, dass zu Beginn der 80er Jahre auf dem amerikanischen Literaturmarkt ein bestimmter Typus von Managementbüchern von sich Reden machte, die in kurzen Zeitabständen erschienen und allesamt zu Bestsellern avancierten:

- *Theory Z* von Ouchi (1981),
- *The Art of Japanese Management* (Die Kunst des japanischen Managements) von Pascale und Athos (1981),
- *Corporate Culture* (Organisationskultur) von Deal und Kennedy (1982) und vor allem
- *In Search of Excellence* (Auf der Suche nach Spitzenleistungen) von Peters und Waterman (1984).

Nach Angaben von Neuberger/Kompa (1987, S. 9) wurden von „In Search of Excellence" allein in den USA über vier Millionen Exemplare abgesetzt. Die deutsche Übersetzung hat innerhalb eines Jahres die zehnte Auflage erreicht. Damit haben ein paar populärwissenschaftliche Managementbücher von Unternehmensberatern dem Organisationskulturkonzept zum Durchbruch verholfen.

6.1 Begriff, Varianten, Ziele

Die zunächst naheliegende Frage, was Organisations- oder Unternehmenskultur denn nun genau ist, ist leichter gestellt als beantwortet. Der

Kulturbegriff wird der Anthropologie entlehnt. Dort bezeichnet er die spezifischen, historisch gewachsenen, zu einer komplexen Gestalt verdichteten Merkmale von Volksgruppen (Schreyögg 2003, S. 449 f.). Das heißt, bei der Kultur drehte es sich um jeweils dominante Wert- und Denkmuster inklusive der sie vermittelnden Sprache. Auf Organisationen übertragen bedeutet dies, dass jede Organisation zugleich eine eigenständige Kulturgemeinschaft mit individuellen, unverwechselbaren Sinn- und Orientierungsmustern darstellt, die das Verhalten der Mitglieder und ihr Denken nach innen und außen prägen.

Trotz dieser „Herleitbarkeit" aus dem anthropologischen Kulturbegriff gehen die vorfindbaren Meinungen und Betrachtungen über den Begriff der Organisationskultur zum Teil weit auseinander, die Definitionsversuche in der Literatur sind entsprechend zahlreich und unterschiedlich.

So wird Organisationskultur zum Beispiel definiert als „die Summe der gemeinsam von Unternehmensleitung, Führungskräften und Mitarbeitern getragenen Regeln, Normen und Wertvorstellungen, die die betriebliche Wirklichkeit prägen" (DGFP/AGP o. J., S. 7); oder als „eine stabile Sammlung von Werten, Symbolen, Helden, Ritualen und Geschichten, die unterhalb der Oberfläche wirken und mächtigen Einfluss auf das Verhalten am Arbeitsplatz hat" (Deal/Kennedy 1983, S. 503).

Hauser (1985, S. 10) schließlich sieht in der „Organisationskultur" ein Gebilde, „das in der Vergangenheit verankert ist, nun aber die Denkschemata und Problemlösungsmuster der Gegenwart beeinflusst und insofern die Zukunft bestimmt, als die kulturellen Grundmuster einer Unternehmung den Organisationswandel entweder hemmend oder fördernd beeinflussen können."

Aus diesen Präzisierungsversuchen lässt sich ableiten:

- Organisationskultur hat etwas mit unternehmensspezifischen Werten, Normen und Regeln zu tun. Sie ist im höchsten Maße unternehmens-individuell.

- Diese Werte und Normen sind historisch gewachsen und von hoher Bedeutung für den Erfolg des Unternehmens.

- Die Organisation wird im Ganzen - eben als eine Art eigenständiges und spezifisches Kultursystem - betrachtet.

- Organisationskultur koordiniert und steuert das Verhalten der Organisationsmitglieder. Es handelt sich um einen nicht strukturellen Koordinationsmechanismus (vgl. Abschn. 3.2.2). Sie gibt den Mitarbeiter/innen Muster vor für die Selektion und Interpretation auftretender Probleme und Stimuli sowie für angemessene Reaktionen darauf.

- Die Organisationskultur ist im Wesentlichen ein Ergebnis von Lernprozessen im Umgang mit der internen und externen Umwelt. Durch „Versuch und Irrtum" schälen sich bestimmte Sichtweisen und Muster heraus.

- Organisationskultur wird den Mitgliedern in einem Sozialisationsprozess vermittelt. Sie ist zwar erlernbar, sie wird aber nicht bewusst gelernt. Organisationen entwickeln bestimmte Mechanismen, die die neuen Mitglieder lehren, im Sinne der kulturellen Traditionen zu handeln.

- Aufgrund dieser steuernden und koordinierenden Wirkung muss die Organisationskultur sozusagen als zentraler „Wirtschaftlichkeitsfaktor" durch geeignete Maßnahmen weiterentwickelt, gehegt und gepflegt werden (etwa durch handfeste Instrumente wie Führungs- und Unternehmensgrundsätze oder Einführungsprogramme für neue Mitarbeiter/innen, durch „firmeneigene" Geschichten, Anekdoten und Fabeln, durch Kultivierung von „Held/innen", durch Rituale und Spiele bis hin zu eigenen Firmenhymnen). Dies ist jedenfalls zentrale Intention des „instrumentellen Ansatzes" (vgl. unten).

Allerdings muss strikt zwischen zwei Richtungen der Behandlung des Themas unterschieden werden. Auf der einen Seite liegen inzwischen vielfältige organisationstheoretische Arbeiten über das Kulturphänomen vor, die Organisationen als kollektiv herausgebildete Lebenswelten begreifen und analysieren und sich als überfälligen Gegenpol zu „rationalistischen" Organisationstheorien sehen. Diese Lebenswelten müssen *interpretativ* erschlossen und beschrieben werden (vgl. Abschn. 2.5.1); sie sind jedoch kein Gegenstand einer bewussten Gestaltung im Sinne einer Managementtechnik. Das grundlegende Verständnis lautet: Die Organisation *ist* eine Kultur; aus diesem Grunde kann man diese Richtung als den *phänomenologischen Ansatz* bezeichnen.

Die stärker betriebswirtschaftlich ausgeprägte Perspektive nimmt demgegenüber auch die Frage der zielgerichteten Gestaltbarkeit von Organisationskultur in den Blick. Genauso wie die Struktur und/oder der Prozess soll auch die Kultur der Organisation Gegenstand einer an den Unternehmenszielen ausgerichteten, tendenziell „rationalen" Planung und Prägung sein. Dies ist möglich, weil im Verständnis dieses Ansatzes das Unternehmen eine Kultur *hat*, die man demnach auch beeinflussen und „machen" kann. Diese Richtung kann man als den *instrumentellen Ansatz* bezeichnen.

Dass die Gestaltung von Organisationskulturen gerade in kleineren Unternehmen offenbar leichter vonstatten geht als im Großbetrieb, ist durch vielfältige Beispiele aus dem Mittelstand belegt (vgl. die Übersicht von solchen Firmenprofilen bei Schuble 2003). Nachfolgend wird exemplarisch eines dieser Beispiele dokumentiert:

> „'Reden ist Silber, Schweigen ist Gold.' Ein Sprichwort, das in manchen Lebenslagen zutreffen mag. Nicht aber, wenn es um das Miteinander im Betrieb geht. Schweigen wäre da fatal. Ist doch der Dialog zwischen den Mitarbeitern für den Erfolg unverzichtbar. Bestes Beispiel ist ESW Extel Systems, die konsequent auf die Kommunikation als zentralem Element der Unternehmenskultur setzt. Das wirkt sich positiv aus: Seit Jahren schon ist die Fluktuation unter ihren Mitarbeitern verschwindend gering.
>
> Wenn ein Mensch von ‚unserer Firma' spricht, könnte das ein Mitarbeiter der ESW Extel Systems sein. Denn das Unternehmen aus Wedel bei Hamburg - Hersteller von Fahrzeug- und Flugzeugausrüstungen sowie Antriebs- und Energiesystemen - hat seinen ganz eigenen Stil für den Umgang miteinander entwickelt, die so genannte 4-M-Kultur. Konkret heißt das nichts anderes als: Mitwissen, Mitentscheiden, Mitverantworten und Mitdenken.
>
> Damit ist es dem Unternehmen gelungen, ein Klima des Vertrauens im Betrieb zu schaffen, das jeden Mitarbeiter in seinem Bewusstsein der Verantwortung für die Firma bestärkt sowie ihn dabei unterstützt, unternehmerisch zu denken und zu handeln. Gerade wenn es um das Change-Management geht, ist dies wichtig. Denn während eines Veränderungsprozesses müssen alle Mitarbeiter die Fähigkeit besitzen, mit Konflikten richtig umzugehen. Das können sie aber nur, wenn sie sich als Teil des Unternehmens betrachten, verinnerlicht haben, dass das ja auch ihre Firma ist.

Für diese Identifikation sorgt bei ESW die 4-M-Kultur. Mit der logischen Konsequenz, dass sich die Mitarbeiter ins Unternehmen einbringen. Kein Wunder: Wer motiviert ist, weil er seine Firma mitgestalten darf, engagiert sich auch.

Damit das so bleibt, steht bei ESW die Unternehmenskultur immer wieder auf dem Prüfstand. Messwerkzeuge sind dabei Stärken- und Schwächenprofile, mit denen man herausfindet, wo Defizite auftreten und wie man sie abbauen kann. Gleiches gilt für die Stärken. Sind sie als solche erkannt, können sie weiter ausgebaut werden. Mit dem Ziel, noch besser zu werden.

Zentrales Instrument dabei ist, permanent miteinander im Gespräch zu bleiben - die Führungskräfte mit den Mitarbeitern und umgekehrt. Eine wichtige Rolle spielt dabei die Delegierung als Grundprinzip für den Führungsstil bei ESW. Nur wenn alle Mitarbeiter nicht nur Verantwortung übernehmen, sondern auch die Ziele gemeinsam erarbeiten und tragen, werden diese schließlich auch erreicht."

(Profil der Firma ESW Extel Systems, 657 Beschäftigte)
(aus Schuble 2003, S. 77)

Textbeleg 6-1: Kultur-„Profil" eines mittelständischen Unternehmens

Die Ziele des (instrumentellen) Organisationskultur-Ansatzes haben Neuberger/Kompa (1987, S. 21) nicht ohne Hintergedanken in dem Merkwort „ELITE" wie folgt zusammengefasst:

Ver-*E*inigen	**E**
Ver-*L*ebendigen	**L**
Ver-*I*nnerlichen	**I**
Ver-*T*iefen	**T**
Ver-*E*wigen	**E**

Übersicht 6-1: Ziele des Instrumentellen Organisationskultur-Ansatzes
(nach Neuberger/Kompa 1987)

Dabei soll „Vereinigen" bedeuten, Gemeinschaft, Einheit und ein möglichst alle Mitarbeiter/innen umfassendes Wir-Gefühl herbeizuführen.

„Verlebendigen" heißt so viel wie die Tradition und die Werte des Unternehmens zu erkennen und zu erhalten, sie aber auch zu aktivieren, sie
weiterzuentwickeln, ggf. zu erneuern und die Organisationsmitglieder
dafür zu begeistern.

„Verinnerlichen" bedeutet, dass die kulturellen Werte von den Mitarbei-
ter/innen möglichst intensiv aufgenommen werden, damit sich die Außensteuerung durch zunehmende Innensteuerung ersetzen oder zumindest ergänzen lässt.

„Vertiefen" stellt darauf ab, dass es durch eine starke Kultur besser gelingt, die „objektive" Wirklichkeit zu dechiffrieren und zu deuten, damit
auch Sinn zu suchen und zu geben.

„Verewigen" bedeutet, den Bezug zu Tradition und Geschichte herzustellen und in Routinen oder Ritualen zu verfestigten und zu verdingli-
chen.

6.2 Das Kulturebenenmodell von Schein

Organisationskulturen sind sehr komplexe Phänomene. Dazu gehören
nicht nur Orientierung und Sinnmuster, sondern auch sichtbare Vermitt-
lungsmechanismen und Ausdrucksformen. Dies ist auch die Voraussetzung dafür, die Kultur im Sinne der gerade erläuterten Zielrichtungen
des instrumentellen Ansatzes zu reflektieren und gestaltend weiterzuentwickeln. Der Amerikaner Schein hat ein sehr anschauliches Kulturebenen-Modell entwickelt, mit dessen Hilfe Organisationskulturen beschrieben und gegebenenfalls entschlüsselt werden können. Ausgehend
von sichtbaren Oberflächenphänomenen gilt es, die Kernsubstanz einer
Organisationskultur interpretativ zu erschließen - entweder um sie im
Sinne des phänomenologischen Ansatzes zu entschlüsseln und zu be-
schreiben oder (und) um sie nach dem instrumentellen Ansatz zielgerichtet zu gestalten.

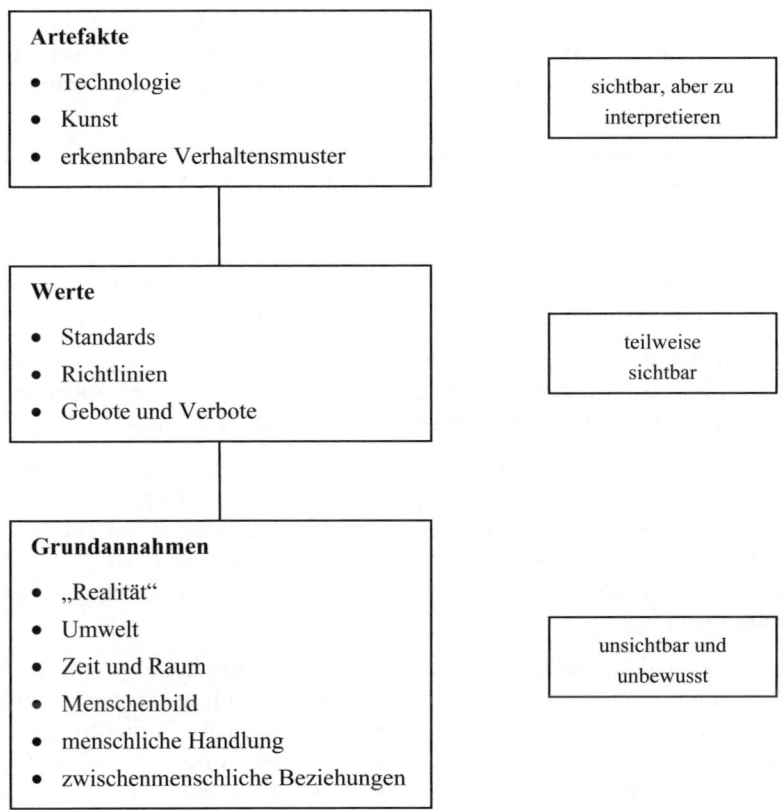

Übersicht 6-2: Kulturebenen-Modell nach Schein (1984)

Die Basis einer Organisationskultur sind bestimmte *Grundannahmen* („Weltanschauungen") über grundlegende Orientierungs- und Vorstellungsmuster. Sie gelten als organisationsinterne Selbstverständlichkeiten und wirken automatisch und unbewusst, ohne dass die Organisationsmitglieder darüber nachdenken müssen. Zu diesen Basisannahmen gehören:

-   Annahmen über die Organisationsumwelt (wie wird die Umwelt gesehen - bedrohlich, herausfordernd, mächtig, chancenreich ...?),

- Annahmen über „Wahrheit" (z. B. wie werden Entscheidungen gefällt - kraft Traditionen, Autorität der Vorgesetzten oder des Unternehmensgründers, unter Partizipation der Mitarbeiter/innen ...?),

- Annahmen über die „Natur des Menschen" (z. B. der Mensch neigt zur Faulheit und muss kontrolliert werden oder er ist ein Hort kreativer Energien),

- Annahmen über zwischenmenschliche Beziehungen (z. B. was bringt Erfolg - eher das Team oder der Einzelkämpfer? Kommt man eher mit Wettbewerb oder mit Kooperation weiter?).

Diese meist unbewussten und ungeplant entstandenen Basisannahmen stehen nicht isoliert nebeneinander, sondern bilden ein mehr oder minder stimmiges Muster, einer Art organisationales „Weltbild".

Dieses Weltbild findet seinen Niederschlag in konkretisierten *Wertvorstellungen* und Verhaltensstandards, die die zweite Ebene des Modells von Schein ausmachen. Manche Unternehmen greifen diese Werte auf und bringen Sie in einer Unternehmensphilosophie zum Ausdruck (oft auch *Leitbild* genannt). Insofern kann ein solches Wertesystem teilweise sichtbar sein.[11]

Die Werte und Verhaltensstandards müssen in zeitlicher Hinsicht lebendig erhalten, weiter ausgebaut und, besonders wichtig, an neue eintretende Organisationsmitglieder weitergegeben werden. Zu diesem Zweck spielen die so genannten *Artefakte* eine wichtige Rolle. Sie bilden sichtbare, aber interpretationsbedürftige Symbolsysteme zur Vermittlung und Darstellung der Muster der Organisationskultur. Diese Symbolsysteme als am ehesten sichtbares Moment der Organisationskultur stehen oft im Mittelpunkt der Betrachtung. Für die einen, die Phänomenologen, sind sie der Schlüssel zur interpretativen Erschließung der je spezifischen Organisationskultur. Für die anderen, die „Macher", sind sie der An-

---

[11] Allerdings weist Schreyögg (2003, S. 456 f.) zu Recht darauf hin, dass solche Leitbilder in vielen Fällen eher „von oben" erwünschte Idealvorstellungen denn ein reales Abbild der bestehenden Kultur sind. Insofern sind sie dann eher als Veränderungsversuch der gelebten Kultur, in der Regel durch das Management, zu interpretieren.

satzpunkt für Gestaltungsprozesse, die die Kultur in eine bestimmte (vom Management) gewünschte Richtung lenken sollen.

6.3 Die „starke" Organisationskultur

Die Diskussion um Organisationskultur war von Beginn an geprägt von der Idee, dass bestimmte Kulturausprägungen besonders intensiv das Denken und Verhalten der Mitarbeiter/innen formen. Diese „starke" Form von Kultur sei die Basis für „Spitzenleistungen" (vgl. Peters/Waterman 1984). Was aber versteht man genau unter einer „starken" Kultur?

Nach Schreyögg (1989; vgl. auch 2003, S. 464 ff.) muss man drei Merkmale zur Bestimmung der Stärke einer Organisationskultur heranziehen:

1. *Prägnanz und Umfang.* Dieses Merkmal fragt danach, wie markant die Orientierungs- und Wertemuster sind. Es geht darum, inwieweit Sie Klarheit und Eindeutigkeit vermitteln, was erwünscht ist und was nicht. Damit ist insbesondere gemeint:

   - Konsistenz der Werte und Normen (Widerspruchsfreiheit) sowie

   - Dichte des Netzes kultureller Prägung (umfassender Zuschnitt des Normensystems).

   Der Inhalt ist für die Stärke der Kultur unerheblich (z. B. ob die Werte und Standards kulturell hoch stehend, moralisch oder unmoralisch sind).

2. *Verbreitungsgrad.* Darunter versteht man das Ausmaß, in dem die Mitarbeiter/innen die Kultur teilen. Eine starke Kultur umgreift möglichst alle Beschäftigten, „Sub-Kulturen" sind in diesem Sinne unerwünscht.

3. *Verankerungstiefe.* Dabei geht es um das Ausmaß, in dem die Organisationsmitglieder die Werte verinnerlicht, sie internalisiert haben. Haben sie sie nur vordergründig übernommen, um nicht anzuecken, oder sind sie ihnen sozusagen in Fleisch und Blut übergegangen und somit zu einem selbstverständlichen Bestandteil des täglichen Handelns geworden?

Wie schon ausgeführt, gilt die starke Organisationskultur als Garant von Spitzenleistungen. Dies wird damit begründet, dass auf Grund der festen Orientierungen als klare Basis für das tägliche Handeln der Bedarf an formalen Regelungen geringer ist als in anderen Unternehmen. Zudem ermöglicht das von allen geteilte Wertesystem eine reibungslosere Kommunikation und damit eine leichtere Koordination der Aktivitäten. Signale werden zuverlässiger interpretiert, Informationen bei der Weitergabe weniger verzerrt.

Die gemeinsame Sprache und das Präferenzsystem ermöglichen eine rasche Einigung und damit eine schnelle Entscheidungsfindung, die zudem noch breite Akzeptanz findet. Der Kontrollaufwand ist wegen der verinnerlichten Orientierungsmuster eher gering. Durch die Verpflichtung auf gemeinsame Werte sind die Organisationsmitglieder bereit, sich intensiv für das Unternehmen und für ihre Arbeit zu engagieren.

Allerdings kann eine starke Organisationskultur auch *negative Effekte* hervorrufen. Dies liegt daran, dass sie tendenziell zu einem geschlossenen System wird, das Widerstände gegen allzu intensive Veränderungen entwickelt. Das starke Wertesystem, das wie eine intensive Kraft wirkt, wird dann nämlich leicht zum „Bumerang".

Warnsignale oder neue Anforderungen können verdrängt, neue Chancen, die die Umwelt bietet, nicht wahrgenommen werden. Frische Kräfte von außen werden nur schwer in das System assimiliert. Veränderungen werden abgelehnt, sofern sie die Identität der Kultur zu bedrohen scheinen. Insofern kann eine starke Organisationskultur auch eine unsichtbare Barriere für den betrieblichen Wandel sein. Die Suche nach neuen Problemlösungen wird durch den Konformitätsdruck allenfalls begrenzt zugelassen. Starke Kulturen neigen daher dazu, auf Regeln von gestern zu verpflichten und Lösungen von morgen zu vernachlässigen.

Im Sinne eines Gesamttenors lässt sich folgern, dass eine starke Kultur den Wandel im Kleinen, der sich mit den Imperativen des verfestigten Werte- und Orientierungssystems vereinen lässt, erleichtert. Den Wandel im Großen stellt die starke Kultur aber oft vor schwer überwindliche Hindernisse. Irgendwo ist eine Schwelle des Umkippens, wo die ursprünglichen Vorteile der starken Kultur zum - möglicherweise sogar existenzbedrohenden - Problem werden.

6.4 Umsetzung und Gestaltung von Organisationskultur

Wie schon erwähnt, gehen die Vertreter des instrumentalistischen Organisationskultur-Ansatzes davon aus, dass man Kulturen auch bewusst gestalten, mithin planmäßig verändern kann ("Kulturingenieure"; vgl. Schreyögg 2003, S. 480). Zwar ist man sich bewusst, dass dies nicht gerade über Nacht gelingen kann, wohl aber über einen längerfristigen, sich auf vielen verschiedenen Ebenen und Seiten vollziehenden Prozess. Die intendierte Kulturgestaltung bzw. -veränderung setzt, in der Terminologie des Modells von Schein, in den Sphären der zumindest teilweise sichtbaren Ebenen der Werte und Artefakte an. Um diese Ansatzpunkte etwas plastischer darstellen zu können, wird im Folgenden differenziert nach:

- dem personellen Moment,

- dem verbalen Moment,

- dem interaktionellen Moment und

- dem instrumentellen Moment.

6.4.1 Das personelle Moment: der „heldenhafte" Kulturmanager

Von herausragendem Stellenwert ist bei den Überlegungen zur Kulturprägung zunächst die *personelle Komponente*. Werte können geschaffen bzw. gesetzt werden von „Helden und Heldinnen, von kreativen Leuten, die Visionen haben, etwas sehen können" (Deal 1984, S. 31).

Den typischen „Kulturmanager" (die Managerin) als wertesetzende Schlüsselfigur soll ein Flair von Abenteuer und Draufgängertum umgeben. Mit ihr/ihm sollen sich die Leute identifizieren können, er/sie soll alle mitreißen und begeistern, kein „Schreibtischtäter" sein, sondern hemdsärmelig Probleme anpacken, Konflikte von Angesicht zu Angesicht lösen, sich auch nicht zu fein dafür sein, sich regelmäßig in den Werkshallen und Schreibbüros blicken zu lassen. Letzteres nennt man übrigens in der Terminologie der Organisationskultur-Vertreter/innen häufig *„Management by Wandering Around"*.

Die nicht gerade „neue" Erkenntnis lautet: „Organisationskultur ist auf Dauer Sache der Führungskräfte" (Wollert 1986, S. 201). Und: „Gestalten der Organisationskultur heißt, die Kultur durch das Management vorleben..." (Pümpin/Kobi/Wüthrich 1985, S. 23). Die kulturbewusste Managerin (der Manager) ist das Vorbild für alle und drückt damit dem Unternehmen und dem Wertesystem einen unverwechselbaren Stempel auf.

Vielleicht erklärt das auffällige Wieder-Aufmöbeln dieser simplen Thesen aber den in der Tat beeindruckenden Erfolg des Konzepts der Organisationskultur in Praxis und Wissenschaft, dem bescheinigt wird, gerade nicht zu den „vergänglichen" Moden am Markt der Managementkonzepte zu gehören (Schreyögg 2003, S. 449). Vielleicht ist die Verwendung pathetischer Begriffe wie „Helden" nur ein psychologisch geschickter Marketingschachzug von Peters/Waterman und anderen. Denn eins steht fest: Man schmeichelt den Manager/innen, schreibt ökonomische Erfolge nicht ausgeklügelten Konzepten der Unternehmens- und Arbeitsorganisation, sondern ihrer Persönlichkeit und ihrem Handeln zu; man erobert ihr Herz, indem erfolgreiche Manager/innen als vorbildhaft herausgestellt werden.

Gerade in kleineren und mittleren Unternehmen sind naturgemäß die Rahmenbedingungen für diese personelle Ebene der Vermittlung von Organisationskultur besonders günstig. Aufgrund der überschaubaren Betriebsgröße kann hier die/der „charismatische" Gründer/in und/oder die visionäre Akzente setzende und nicht nur auf formelle Weisungsbefugnis pochende Führungskraft sehr wohl mit Erfolg eine „starke" Kultur prägen.

6.4.2 Das verbale Moment: Mythen, Märchen und Maxime

Ein weiterer Schwerpunkt im Repertoire der „Kulturingenieure" ist die Konzentration auf die sprachliche Komponente. Der Herausbildung und Kultivierung einer unternehmensspezifischen Sprache werden ganz bestimmte Funktionen zugewiesen. Man lernt durch Sprache, tritt mit anderen in Kontakt, stellt sich selbst dar und vieles andere. Mitreden zu können heißt: Man gehört dazu. Es ist auch kein Geheimnis, dass man mittels Sprache beeinflussen, ja sogar manipulieren kann. Vor allem in Form von „firmeneigenen" Geschichten, Anekdoten, Fabeln, Legenden, Märchen, aber auch von Sprüchen und Sprachregelungen, Slogans, Mottos, Grundsätzen, Maximen bis hin zu Firmenliedern und Hymnen glaubt man, die als wichtig erachteten Firmenwerte transportieren, sie plastisch und einprägsam ausdrücken und plakativ, für alle sichtbar, hervorheben zu können. Sie sollen abgrenzen, Handlungsspielräume abstecken, Zusammenhänge vermitteln oder ganz allgemein „Sinn" und Orientierung spenden. Zur Illustration werden im Folgenden drei solcher Geschichten als Beispiel wiedergegeben:

„In der Firma IBM wird eine Geschichte über eine junge Frau erzählt, die vor kurzem eingestellt worden war und den Zugang zu einem Sicherheitsbereich zu kontrollieren hatte. Als eines Tages (der oberste Chef) Watson mit einer Schar von Direktoren kam, verweigerte sie ihm zur Bestürzung aller Umstehenden den Zutritt, weil er den erforderlichen Sicherheitsausweis nicht hatte. Entgegen dem befürchteten Wutanfall lobte Watson die junge Frau und schickte einen der Direktoren fort, um einen Ausweis zu besorgen" (zit. nach Neuberger/ Kompa, 1987, S. 59).

„Der New Yorker Times-Gründer Ochs erzählte gern folgende Geschichte über einen mittelalterlichen Reisenden, der an einer Straße hintereinander drei Steinmetze bei der Arbeit traf und jeden fragte, was er täte. Der erste sagte: ‚Ich klopfe Steine!' Der zweite sagte: ‚Ich mache einen Eckstein!' Aber der dritte antwortete: ‚Ich erbaue eine Kathedrale!'" (zit. nach Neuberger 1985, S. 36).

„Bill Hewlett kam an einem Samstag ins Werk und fand das Materiallager verschlossen. Er ging sofort in die Reparaturabteilung, griff sich einen Bolzenschneider und entfernte das Vorhängeschloss von der Tür. Er hinterließ einen Zettel, den man am Montagmorgen fand. Auf diesem Zettel stand geschrieben: ‚Diese Tür besser nie wieder abschließen. Danke, Bill'" (Schreyögg 2003, S. 457)

Textbeleg 6-2: Beispiele für firmeneigene Geschichten

Die Adressat/innen innerhalb und außerhalb des Unternehmens sollen ganz bestimmte Botschaften aus solchen Geschichten herausdestillieren können. Sie haben eine Moral, sollen eine bestimmte Sicht der Dinge nahe legen und erwünschtes Verhalten modellhaft vorführen - oder anders ausgedrückt: Sie sollen Werte, Einstellungen und Handlungen in eine gewünschte Richtung lenken. Die Beschäftigen der New York Times sollen sich als Kathedralenbauer und nicht bloß als Steineklopfer verstehen; bei IBM hat der Chef keine Staralüren, pocht nicht auf die formale Position, hält sich an bestehende Regeln und lobt die Untergebenen bei auffallenden Leistungen. Bei Hewlett Packard herrscht das Prinzip der „Offenen Tür", und selbst der oberste Chef packt - an einem Samstag! - mit an.

Die formale Beachtung solcher sprachlichen Gesichtspunkte und ihrer steuernden Funktion ist wirklich ein gewisses Novum, das der Organisationskultur-Ansatz im Vergleich zu anderen, älteren Führungs- und Managementkonzepten für sich in Anspruch nehmen kann. Allerdings wird dem entgegengehalten, dass es letztendlich naiv sei, daran zu glauben, dass in der offenen Mediengesellschaft der märchenerzählende Kulturmanager und das Absingen der Firmenhymne Einstellungen und Verhaltensweisen der Beschäftigten entscheidend prägen und aus einem unauffälligen Durchschnittsbetrieb ein „exzellentes Unternehmen" machen können.

6.4.3 Das interaktionale Moment: Riten, Zeremonien und Traditionen

Dass sich auf der Ebene von Sprachregelungen nicht viel bewegen lässt, wissen natürlich auch die (meisten) Unternehmenskultur-„Macher". Vor allem das angestrebte „Wir-Gefühl" lässt sich allein auf diese Weise wohl kaum erzeugen.

Daher wird angestrebt, die gewünschten Werthaltungen über Sprache hinaus auch in greifbaren, stilisierten und sich (regelmäßig) wiederholenden Aktivitäten zu vergegenständlichen, in die die Beschäftigten als Hauptadressaten wie in ein Rollenspiel eingebunden werden. Sie sollen das symbolische Programm hautnah erleben, nachvollziehen und sich selbst auch aktiv einbringen können - im Rahmen von verfestigten Routinen, Ritualen, Zeremonien und Spielen. Dazu gehören etwa feste Parkplatzregelungen, Kantinensitzordnungen, Weihnachtsfeiern, der Geburtstagsdrink mit den Kolleginnen und Kollegen, die jährliche Information der leitenden Angestellten durch den Vorstandsvorsitzenden, die Anrede beim Vornamen, bestimmte Kommunikations- und Beschwerdepraktiken („Offene Tür") und vieles andere (vgl. die vielfältigen Beispiele in Neuberger/Kompa 1987, S. 158 ff.)

Besonders Betriebsfeiern und -ausflüge rücken oft in den Mittelpunkt des Interesses. Sie sollen sorgfältig geplant und vorbereitet, und nach einer ausgeklügelten „Dramaturgie" abgewickelt werden.

Ein relativ junger Ansatzpunkt für interaktionale Kulturvermittlung ist das sog. Unternehmenstheater (vgl. Schreyögg/Dabitz 1999). Unternehmenstheater werden von darauf spezialisierten Anbietern aufgeführt, die von dem jeweiligen Betrieb engagiert worden sind. Dabei wird, im Anschluss an eine Art Bestandsaufnahme der kulturellen und sonstigen Gegebenheiten, ein stark unternehmensspezifisches Bühnenstück geschrieben (mit komödiantischen, satirischen oder auch tragischen Inhalten) und später vor der Belegschaft durch Schauspieler/innen aufgeführt. Durch die Wiedererkennung zentraler Elemente ihrer Alltagssituation sollen die Zuschauer/innen emotional angesprochen und eventuell auch für Veränderungen sensibilisiert werden. Ggf. kann das Gesehene sogar in nachgeschalteten Workshops oder Seminaren aufgearbeitet werden.

6.4.4 Das instrumentelle Moment: „Unternehmenskultur zum Anfassen"

Bei der vierten Stufe der Vermittlung von Organisationskultur geht es um den Einsatz konkreter personalwirtschaftlicher oder organisatorischer Führungsinstrumente, die oft schon lange Zeit in den Unternehmen angewandt werden, nunmehr aber in den Status von „Kulturprodukten" erhoben werden.[12]

Diese Ebene umfasst ein ganzes Spektrum von Maßnahmen, so etwa die Vergabe von Urkunden an verdiente Mitarbeiter/innen, das Aufhängen von Plakaten, die Auslobung von Preisen (zum Beispiel „Incentive-Reisen" für besonders erfolgreiche Außendienstmitarbeiter/innen), Broschüren wie Führungs- oder Unternehmensgrundsätze (Leitbilder), Sozialbilanzen, Firmenzeitschriften, spezielle Einführungsprogramme für neue Beschäftigte, Systeme der Gewinn- und/oder Kapitalbeteiligung, firmeneigene Freizeit- und Sporteinrichtungen bis hin zu bestimmten Statussymbolen (zum Beispiel Firmenwagen) oder so profane Dinge wie die Kleidung der Organisationsmitglieder.

Unter dem Begriff der Schaffung einer „Corporate Identity" und/oder eines „Corporate Design" wird des Weiteren versucht, die Kultur in der visuellen Gestaltung von Artefakten zum Ausdruck zu bringen. Dies beginnt beim eingängigen Firmenlogo und endet bei der entsprechenden Gestaltung der gesamten Architektur.

Zur Demonstration wird im Folgenden das Unternehmensprofil eines Mittelständlers vorgestellt, der intensiv mit verschiedenen Instrumenten

---

[12] Schreyögg (2003, S. 449) beklagt nicht ohne Grund, dass in das Unternehmenskultur-Konzept alle möglichen schon bislang bekannten Instrumente „hineingewoben" wurden mit der Konsequenz der Verwässerung des Begriffes und der Verwirrung über seinen zentralen Inhalt.

(z. B. Vorgesetztenbeurteilung „von unten", Mitarbeiterbefragungen)
arbeitet:

> „In vielen Firmen ist es ein festes Ritual, dass die Führungskraft den
> Mitarbeiter beurteilt. Bei Schreiner gibt es das auch. Aber man geht
> auch den umgekehrten Weg: Eine institutionalisierte Führungsstilana-
> lyse verschafft jeder Führungskraft eine detaillierte Rückmeldung des
> Teams. Anschließend wird das Ergebnis gemeinsam besprochen. Das
> Ziel: gegenseitiges Verständnis, der Aufbau einer gemeinsamen
> ‚Landkarte' und eine reibungsfreie und durch Freude geprägte Zu-
> sammenarbeit.
>
> Etiketten braucht jeder einmal - also braucht man die Schreiner
> GmbH & Co. KG. Der renommierte Spezialist für Selbstklebetechnik
> ist ein Wachstumsunternehmen, das sich statt am kurzfristigen Share-
> holder-Value an langfristigen Werten wie Innovation, Qualität, Leis-
> tungskraft und Freude orientiert. Sämtliche Kundenkontakte sowie
> Auswahl und Förderung der Mitarbeiter sind langfristig angelegt.
> Schreiner ist ein Unternehmen, das die Bedürfnisse seiner Mitarbeiter
> ernst nimmt: Die rund 50 verschiedenen Arbeitszeitmodelle, die prak-
> tiziert werden, zeigen eindrucksvoll, dass Familienorientierung und
> wirtschaftlicher Erfolg nicht im Widerspruch stehen müssen.
>
> Bei Schreiner zu arbeiten, das ist mehr als einfach nur ein Job. Das
> zeigen auch die Ergebnisse der regelmäßig durchgeführten Mitarbei-
> ter-Zufriedenheitsanalysen. Insbesondere in den Kategorien ‚Zusam-
> menarbeit in der Gruppe', ‚Tätigkeit' und ‚Arbeitsbedingungen', ‚Ar-
> beitszeit' und ‚Entwicklungsmöglichkeiten' stellten die Beschäftigten
> dem Unternehmen ein durchweg positives Zeugnis aus.
>
> ‚Wenn jeder dazulernt und an sich arbeitet, dann macht die Zusam-
> menarbeit mehr Freude und die Ergebnisse werden entsprechend bes-
> ser', davon ist Inhaber und Geschäftsführer Helmut Schreiner zutiefst
> überzeugt. Deshalb setzt sein Unternehmen Akzente im Bereich Wei-
> terbildung und richtet den Fokus dabei bewusst auf die soziale und
> emotionale Kompetenz der Mitarbeiterinnen und Mitarbeiter. Mehr
> als 1.400 Schulungstage bei insgesamt 450 Mitarbeitern lassen höchst
> deutlich erkennen, dass sich bei Schreiner niemand auf seinen Lor-
> beeren ausruht, sondern man ständig bereit ist, noch besser zu wer-
> den.

Kontinuierliche Verbesserung - das ist in vielen Unternehmen ein Schlagwort. Doch bei Schreiner ist es mehr als das: Im Jahr 2001 wurden über 2.160 Verbesserungen vorgeschlagen und umgesetzt. Herzstück der Unternehmens- und Innovationskultur sind dabei circa 50 Gruppen, in denen die Zusammenarbeit geregelt ist. Um eine effektive Gruppenarbeit zu ermöglichen, gilt ein übergreifender Leitgedanke: „Jeder ist an seinem Platz ein Meister.'"

(Profil der Firma Schreiner GmbH & Co. KG, 450 Beschäftigte)
(aus Schuble 2003, S. 146)

Textbeleg 6- 3: „Kultur-Instrumentarium" aus einem mittelständischen Unternehmen

6.5 Kritische Würdigung des instrumentellen Ansatzes

Ohne jede Frage war der Aufstieg des Themas der Organisationskultur in der Folgezeit der 1980er Jahre überfällig, betont sie doch ein bis dahin völlig unterbelichtetes aber für das Funktionieren und den Erfolg von Organisationen wichtiges Phänomen. Heute gehört die Betrachtung der Kultur zu den unverrückbaren Standards von Organisationslehre und -theorie. Gleichwohl wird vor allem der instrumentelle Ansatz zum Teil auch kritisch gesehen. Die beiden Hauptstränge dieser Kritik sollen im Folgenden kurz erörtert werden.

6.5.1 Ein hegemoniales Konzept?

Den Vertreter/innen des instrumentellen Organisationskultur-Ansatzes wird, übrigens bevorzugt von Anhänger/innen der phänomenologischen „Schule" (vgl. z. B. Smircich 1983), mitunter vorgeworfen, dass ihr Denken normativ bedenklich sein kann. Wenn z. B. die Deutsche Gesellschaft für Personalführung (DGFP) und die Arbeitsgemeinschaft zur Förderung der Partnerschaft in der Wirtschaft (AGP) wie oben gesehen (vgl. Abschn. 6.1) kundtun, es handle sich um ein *gemeinsames Wertesystem* von Unternehmensleitung, Führungskräften und Mitarbeiter/innen, das durch Maßnahmen der beschriebenen Art entwickelt werden soll, so ist das zumindest missverständlich. Eindeutiger Ausgangspunkt oder Urheber dieser Werte soll nämlich das Management sein, und gemeinsame Normen aller Unternehmensangehörigen sollen es nach den Wünschen der Initiator/innen erst werden.

Dort, wo in der Literatur Näheres zum Inhalt dieser Werte, Normen und Regeln verlautet, wird rasch offenkundig, dass sie sich mittelbar oder unmittelbar auf den wirtschaftlichen Erfolg des Unternehmens beziehen. Nach „effizienzfremden" Werten wie humane Arbeitsorganisation, sozialverträgliche Technikgestaltung, Abbau von Arbeitslosigkeit, Mitbestimmung oder Ähnlichem sucht man in den Rezeptbüchern der „Kulturmacher" hingegen meist vergebens.

Instrumentalistische Ansätze zur Organisationskultur unterliegen damit einer Neigung zur „Ausübung von ‚kultureller Hegemonie' sowieso schon mächtigerer Personengruppen" (Türk 1989, S. 110). Die von den Promotor/innen gemeinten Werte, Normen und Regeln sind meist nicht pluralistisch und wenig konfliktär, sondern „von oben" gesetzt und damit auch unmittelbar Ausfluss der Managementinteressen. Sie sollen den Beschäftigten durch vielschichtige Maßnahmen und Instrumente langfristig vermittelt werden, sollen ihnen in Fleisch und Blut übergehen. Organisationskultur bedeutet dann schnell versuchte Bewusstseinsprägung und „Seelenmassage". Neuberger/Kompa (1987) benutzen dafür den Begriff „Herrschaft Dritten Grades". „Eine starke Kultur ist ein starker Hebel zur Verhaltenssteuerung ..." (Deal/Kennedy 1982, S. 15).

„Eine starke Kultur ermöglicht es Individuen, bessere Gefühle in bezug auf ihre Tätigkeit zu entwickeln, so dass sie wahrscheinlich härter arbeiten werden" (ebenda, S. 16; übersetzt von Ebers 1987, S. 5 f.). Das heißt mit anderen Worten: Die Situationswahrnehmung und -interpretation der Arbeitnehmer/innen gegenüber dem Unternehmen und der Arbeitswelt soll so beeinflusst werden, dass sie die vom Management erwünschten Einstellungen und Verhaltensweisen im Kopf und auf der Gefühlsebene akzeptieren und möglichst aus eigener Überzeugung anstreben. Die Möglichkeit des Andersseins und Andersdenkens soll ihnen gar nicht mehr in den Sinn kommen; Motto: „Wir, die Firma" (vgl. Neuberger/Kompa, 1987).

Die Arbeitnehmerin/der Arbeitnehmer soll, auf den zugespitzten Punkt gebracht, dazu veranlasst werden, bereitwillig und dauerhaft Höchstleistungen zu erbringen, dabei weniger an die eigene Gesundheit zu denken, sich den Wünschen und Vorstellungen des Arbeitgebers zu unterwerfen, sich ihm und seiner Sache verpflichtet zu fühlen, sich „total" mit „ihrem" bzw. „seinem" Unternehmen zu identifizieren, neue Technologien zu akzeptieren, ihr/sein Produktionswissen gern zu Rationalisierungszwecken offen zu legen oder ganz einfach Arbeit als das wichtigste im Leben anzusehen usw. Gelingt diese Strategie, bedeutet das im Extremfall für die Betroffenen: Unterordnung, Abhängigkeit bis hin zur Hörigkeit, „freiwillige, beinahe wollüstige Unterwerfung" (Wächter 1985, S. 609). Sie sollen resistent werden gegenüber „Irritationen" von außen, die Möglichkeit des Andersseins gar nicht mehr in Betracht ziehen.

Es wäre aber wohl falsch, an diesem entscheidenden Punkt alle, die über Organisations- oder Unternehmenskultur reden oder schreiben, über einen Kamm zu scheren. Viele legen ihren Überlegungen durchaus eine (begrenzt) „pluralistische" Kulturkonzeption zugrunde in dem Sinn, dass die Leitwerte von verschiedenen Interessengruppen gespeist werden, dass also trotz Strapazierung des altbekannten Harmoniemodells wenigstens etwas Raum für widerstreitende Positionen und Konfliktaustragung bleibt. Zudem ist, sollte jemand wirklich diesen „Visionen" unkritisch anhängen, die Erfolgswahrscheinlichkeit begrenzt, da die reale Entwicklung einer Kultur kaum planbar und steuerbar ist.

6.5.2 Ist Organisationskultur machbar?

Eine weitere, mit dem Hegemonievorwurf durchaus zusammenhängende kritische Frage bezieht sich auf die Vorstellung der Gestaltbarkeit der Kultur. Ist diese wirklich einer „ingenieursmäßigen Gestaltungsrationalität" zugänglich? Tatsache ist, dass Kulturen auf Grund ihrer Natur nur begrenzt steuerbar sind. Die Annahme, man könne sie generalstabsmäßig planen, ist geradezu naiv.

„Unternehmenskulturen - um es noch einmal zu wiederholen - entwickeln sich über einen längeren Zeitraum hinweg, sie werden nicht rational gelernt, sondern handelnd erfahren und in einem komplexen Vermittlungsprozess erworben. Einen solchen Prozess linear vorzuplanen und künstlich herbeizuführen, erscheint so gut wie ausgeschlossen. Kulturen sind keine wohlstrukturierten Gebilde, die Ausfluss klar geschnittener Strukturpläne wären, sondern symbolische Konstruktionen, die sich dem einfachen Schema von Ursache-Wirkungs-Beziehungen versagen."

Textbeleg 6-4: Grenzen der Machbarkeit von Kultur I
(nach Schreyögg 2003, S. 481)

Denkbar ist allenfalls eine Art „Kurskorrektur", aber in einem offenen Prozess. Es ist möglich, auf der Basis einer Rekonstruktion und Kritik der Ist-Kultur Alternativen zu diskutieren und allmählich eine Art Gegen- oder besser: Anders-Kultur zu erzeugen mit einem veränderten Werte- und Symbolsystem. Organisationskulturen sind keine Naturgewalten, sondern eine Schöpfung menschlichen Handelns und insoweit auch grundsätzlich veränderbar. Sie wachsen aber unter dem Einfluss vieler Personen, Gruppen, Institutionen, äußeren Rahmenbedingungen und konkreten Aktivitäten. In einem derart komplexen Handlungsfeld ist der Gang der Entwicklung nicht wirklich steuerbar und prognostizierbar. Bestimmte geplante Richtungen nehmen oft eine ungeahnte Wendung, ja können sogar in ihr Gegenteil umschlagen.

Kurskorrektur bedeutet daher nicht viel mehr als der Versuch, auf der Basis einer Kulturanalyse Anstöße zur Diskussion und Reflexion zu geben und einen Prozess der Kulturveränderung zu initiieren und zu moderieren. D. h., man kann bestimmte Muster, die man als problematisch und veränderungsbedürftig erkannt hat, verdeutlichen, diskutieren und für einen Wandel eintreten bzw. entsprechende stützende Aktivitäten ergreifen. Aber:

> „Es ist augenscheinlich, dass ein solcher Prozess nicht angeordnet werden kann. Neue Werte lassen sich nicht befehlen, allenfalls eine oberflächliche Anpassung daran. Solange sich die Umorientierung, die Assimilation neuer Annahmen und Sichtweisen nicht in den täglichen Routinen verankert, ist jede Anstrengung im Prinzip wertlos. Die Organisation muss - mehr noch als bei jedem anderen organisatorischen Wandel ... - bereit und motiviert sein, etwas Neues auszuprobieren ..."

Textbeleg 6-5: Grenzen der Machbarkeit von Kultur II
(nach Schreyögg 2003, S. 484)

Insofern lässt sich resümieren, dass durchaus eine Diskussion und Veränderung der Organisationskultur möglich ist. Einem solchen Wandel sind aber in größerem Umfang Grenzen auferlegt. Die Vorstellung einer rational kalkulierten Steuerung in eine vom Management erwünschte Richtung ist nicht nur naiv, sie ist schlicht falsch. Gleichwohl kann man durch eine Diskussion und Reflexion der Kultur Veränderungen bewirken und Richtungen beeinflussen. Dies erfordert jedoch in besonderem Maße Nachhaltigkeit, Glaubwürdigkeit und einen von einer gewissen

Offenheit begleiteten Prozess des „Mitnehmens" der beteiligten Akteursgruppen. Dass man auf einem solchen Weg durchaus mit einem langen Atem Erfolg haben kann, zeigt das bekannt gewordene Beispiel der Kulturprägung im Hause Bertelsmann (vgl. Bundesmann-Jansen/ Pekruhl 1992).

6.6 Aufgaben und Diskussion

Aufgabe 6-1:

Versuchen Sie, mit Ihren eigenen Worten den Begriff „Unternehmenskultur" zu definieren.

Aufgabe 6-2:

Unterscheiden Sie zwischen dem phänomenologischen und dem instrumentellen Kulturansatz! Mit welcher Organisationstheorie lässt sich der phänomenologische Ansatz in Verbindung bringen?

Aufgabe 6-3:

Bitte erläutern Sie Ziele des instrumentellen Organisationskultur-Ansatzes, die Neuberger und Kompa in dem Merkwort „ELITE" zusammengefasst haben!

Aufgabe 6-4:

Was hat es mit der so genannten „starken" Organisationskultur auf sich?

Aufgabe 6-5:

Nennen Sie Beispiele für Rituale, Zeremonien und andere „interaktionale" Ansatzpunkte zur Kulturprägung! Wie ist deren Funktionsweise zu erklären?

7. Organisation und Wandel

Gerade wurde gezeigt, wie schwierig es ist, Unternehmenskulturen zu verändern. Damit sind wir gedanklich bei einer Thematik angelangt, die weit über das Kulturphänomen hinaus für das gesamte Fachgebiet von außerordentlich hohem Stellenwert ist, nämlich bei der Frage des Wandels von und in Organisation.

Viele aufbau- und ablauforganisatorische Probleme werden in Organisationslehre und -theorie so betrachtet, als ob es um ein Neu-Arrangement ohne einen Vorzustand ginge. Dies ist für viele Fälle ein regelrechtes Zerrbild von der Wirklichkeit. In der Regel ist „Organisieren" gebunden an einen Status quo, auf dem es sich wie auf einer Folie abspielt („gebundene Organisationsarbeit"). So ist z. B. die Aufgabenanalyse (besser: Neu-Analyse) nicht von der bestehenden Organisation bzw. den technischen Hilfsmitteln zu trennen. Daher ist für viele praktische Fälle nicht das „Organisieren", sondern der *organisatorische Wandel* das relevante Problem. Es gibt permanent Gründe und Anlässe zum Verändern. Dies war schon immer so und gilt erst recht für Organisationen der Gegenwart und Zukunft, die auf unsicheren und dynamischen Märkten operieren und sich ständig anpassen, oft sogar in umfassendem Sinne neu aufstellen müssen.

Bei den Klassikern wie Weber oder Taylor findet sich noch keine Spur über die Problematik des organisatorischen Wandels. Es hat in der Organisationstheorie bis in die 1970er Jahre gedauert, bis diesem in der Praxis so wichtigen Phänomen überhaupt Rechnung getragen wurde.

7.1 Reorganisation und Bombenwurf

Im situativen Ansatz (vgl. Abschn. 2.3) wurden wie gezeigt Divergenzen in Organisationsstrukturen auf Unterschiede in der Situation zurückgeführt. Insofern ist diese Theorie gerichtet auf die Anempfehlung spezifischer Organisationsdesigns für entsprechende Umweltkonstellationen. Damit wird in einem „ergebnisbezogenen" Sinne der Wandel thematisiert, nicht aber in prozessbezogenem Sinne. Dieses blieb vielmehr einer Reihe von Arbeiten aus dieser Zeit vorbehalten, die sich unter dem Schlagwort der *Reorganisation* mit den Problemen organisationaler Veränderungen beschäftigten. Dahinter stand/steht das Ziel, dass die notwendigen Veränderungen planvoll und systematisch vor sich gehen. Nicht Zufälligkeit und Improvisation sollen vorherrschen und das

Ergebnis des Wandels zu einem Vabanquespiel machen, sondern Reflexion und Rationalität in der Vorgehensweise.

Dass die Thematisierung von Problemen der Reorganisation gerade in dieser Zeit erfolgt, ist - natürlich - kein Zufall. Die Dekade von Mitte der 1960er bis Mitte der 70er Jahre galt in der Organisationspraxis als das erste Jahrzehnt wirklich tief greifender Wandlungen seit der Einführung tayloristischer Produktionssysteme. Insbesondere durch Druck von den Märkten her wurde verstärkt auf Innovationen gesetzt wie z. B.

- EDV-Einführung,
- Praktizierung neuer Arbeitsmethoden,
- Übergang von einer funktionalen zu einer divisionalen Organisationsstruktur im Bereich der Aufbauorganisation.

Entsprechend wuchs der Bedarf an Konzepten zur Integration des Momentes „Wandel" in das statische Gebilde „Organisation". Unternehmen als organisierte Systeme streben danach, auch den Wandel in gewisser Weise zu organisieren. Dadurch soll, wie schon gesagt, die Effizienz des Prozesses (Schnelligkeit, Kosten) und die Qualität der Ergebnisse positiv beeinflusst werden.

Unter Reorganisation versteht man eine „bewusste und geplante, i. d. R. tief greifende und umfassende Änderung der Aufbau- und Ablauforganisation mit dem Ziel der Effektivitätssteigerung" (Bea/Göbel 2002, S. 428). Das Veränderungsbild dieser Richtung ist aber immer noch recht zentralistisch. Man geht davon aus, dass „Organisatoren" (Führungskräfte, spezialisierte Stabsmitarbeiter/innen, externe Berater/innen) zielorientiert und planvoll eine veränderte Struktur entwerfen und diese im Unternehmen nach einem stimmigen Konzept umsetzen (vgl. z. B. Rohner 1976). Die so verstandene, expertenbasierte Reorganisation hat im Prinzip den Charakter eines Projektes, einer neuartigen, zielgerichteten, komplexen und zeitlich begrenzten Aufgabe (vgl. Bea/Göbel 2002, S. 428 f.).

> „(Der in der Betriebswirtschaftslehre dominierende) entscheidungslogische Denkansatz bringt die traditionelle Organisationslehre dazu, die Veränderung einer Organisation, gleichgültig auf welcher Ebene und in welchem Umfang, im Wesentlichen nur als ein planerisches Problem zu begreifen. Im Zentrum steht die Auswahl, d. h. die Be-

> stimmung der optimalen organisatorischen Lösung, die der veränderten Situation oder dem veränderten Stand des Organisationswissens Rechnung trägt. Die Umsetzung der neuen Lösung in die Praxis wird lediglich als eine Frage der korrekten Anweisung gesehen."

Textbeleg 7-1: Wandel als Planungsproblem (nach Schreyögg 2003, S. 497)

Immerhin wurde im Zusammenhang mit der Beschäftigung mit Reorganisationsprozessen die häufige Strategie bei Organisationsveränderungen nach der sog. *„Bombenwurf-Taktik"* unter Umgehung der Betroffenen und nach Maßgabe eines Geheimplanes erstmals nachhaltig problematisiert. So hat etwa Gabele (1981) empirisch Reorganisationsprozesse im Zusammenhang mit der Einführung divisionaler Organisationsstrukturen untersucht und dabei festgestellt, dass im Zusammenhang mit dem Konzipieren der Organisationsänderung nach Kategorien der „Planungsrationalität" eine zentralistische, den Prozess selbst kaum problematisierende Umsetzungsstrategie vorherrscht:

> „Die Auswertung der Protokolle unserer … Interviews legt die Vermutung nahe, dass die Praxis bei der Einführung von Geschäftsbereichsorganisationen tendenziell wie folgt vorgeht: Reorganisationen werden grundsätzlich nur dann eingeleitet, wenn verantwortliche Personen im Unternehmen krisenartige Symptome wahrnehmen. Ihre gegenwärtige oder erwartete Veränderung überschreitet einen Schwellenwert, ab dem die Personen akuten Reaktionsdruck in erste Handlungen umsetzen. Sie geschehen unter weitgehender Geheimhaltung; der Zirkel der informierten Stellen bleibt ganz eng. Innerhalb dieses Zirkels stehen allein sehr grobe alternative Konzepte einer neuen Führungsstruktur zur Debatte, die in der Regel die Anzahl und den Typ der Geschäftsbereiche festlegen sowie die Personen der ersten und zweiten Führungsebene bestimmen. Dieses Grobkonzept wird schlagartig und relativ unwiderruflich in Kraft gesetzt; es fällt gewissermaßen wie eine ‚Bombe' in die laufende Geschäftstätigkeit der Unternehmung. Man verlässt sich weitgehend darauf, dass die ‚Getroffenen' bzw. ‚Betroffenen' selbständig in der Lage sind, die vom Grobkonzept belassenen Gestaltungsspielräume auszufüllen. Meist werden damit die ‚Selbstheilungskräfte' im Unternehmen beträchtlich überschätzt; die Beteiligung bleibt halbherzig und fordert den Einsatz neuer Machtmittel heraus, mit denen schließlich eine erste Anpassung

der Betroffenen und Verfestigung der neu geschaffenen Geschäftsbereiche erreichbar ist.

Mit dieser ‚Strategie des Bombenwurfs' setzt die Führungsspitze ihre konzeptionellen Ergebnisse unwiderruflich in die Wirklichkeit um. Als Begründung für die gewählte Vorgehensweise führt sie die Befürchtung an, dass bei Beteiligung aller Betroffenen die Komplexität zu groß würde, zudem die prinzipielle Durchführung einer Reorganisation gefährdet wäre."

Textbeleg 7-2: Reorganisation per „Bombenwurf" (nach Gabele 1981, S. 57 f.)[13]

Beim „Bombenwurf" soll der Überraschungseffekt mögliche Widerstände lähmen. Die kontraproduktiven Folgen dieser Vorgehensweise bekommen aber viele Unternehmen in unangenehmer Weise zu spüren: Die übergangenen Mitarbeiter/innen reagieren mit offenem oder verdecktem Widerstand, es passiert eine Menge Unvorhergesehenes, der angestrebte schnelle Wandel schleppt sich in der Umsetzungsphase dahin (Schreyögg 2003, S. 497).

Die zentralistisch-geplante Strategie verkennt, dass die Beschäftigten, etwa bei der Einführung von neuen Techniken, viele Möglichkeiten haben, sich zu „rächen". Einige Beispiele für solche *Akzeptanzprobleme* sind:

- Dienst nach Vorschrift,
- Informationszurückhaltung,
- Lernblockaden,
- Absichtliche Ausdehnung von Trainingszeiten,
- bewusste Sabotage.

Die Menschen fühlen sich jedoch nicht nur überrumpelt, sie haben auch *Angst* vor den mit der Reorganisation verbundenen Veränderungen, die die Widerstände verschärft und verfestigt. Ursachen solcher Befürchtungen sind typischerweise:

- ökonomische und/oder Prestige-Verluste,
- Verschlechterung der Bedürfnisbefriedigungschancen,

---

[13] Hier zit. nach Welge (1987, S. 261).

-   Zwang, sich in einer neuen Umwelt zurechtfinden zu müssen,

-   Herausreißen aus Gewohntem; erworbene Sicherheit geht verloren,

-   Angst vor neuen Anforderungen,

-   Arbeitsplatzverlust.

Ein weiteres Problem des „Bombenwurfs" ist, dass die Wissensbasis der Mitarbeiter/innen zur Findung der bestmöglichen Lösung nicht ausgeschöpft wird. So benötigen z. B. die EDV-Expert/innen bei der Einführung neuer Techniken die detaillierte Kenntnis der einzelnen Arbeitsvollzüge und -verfahren. Diese sind aber, entgegen den Lehren Taylors, häufig zentral nicht erfasst, sondern liegen in den Köpfen der Arbeitskräfte, die bisher mit der Arbeitsaufgabe betraut gewesen sind. Von daher haben die „Betroffenen" von Reorganisationsprozessen auch für die sachliche Problemlösung eine wichtige Zulieferungsfunktion von Kenntnissen und Erfahrungen, die die Bombenwurf-Taktik unberücksichtigt lässt.

Auch wenn das Problem erkannt ist - mit einer zentralistisch verstandenen, rein auf das Know-how von Expert/innen und die Macht von Führungskräfte-Zirkel setzenden Reorganisationsstrategie lassen sich die beschriebenen Ursachen von Widerständen gegen den Wandel nicht wirklich angehen. Bestenfalls wird an Symptomen herumkuriert.

7.2 Organisationsentwicklung

Aus der Unzufriedenheit mit gängigen Reorganisationsmaßnahmen heraus und in Wahrnehmung der kontraproduktiven Begleitumstände entstand Ende der 1970er Jahre ein neuer, deutlich prozessbezogener Ansatz mit starker sozialwissenschaftlicher Unterfütterung, der die Gestaltung des organisationalen Wandels und die Überwindung der Widerstände gegen Veränderungen zu seinem Programm gemacht hat: die Organisationsentwicklung.

7.2.1 Begriff und Ziele

Organisationsentwicklung (OE) ist ein umfassendes und variantenreiches Konzept, das thematisch nicht leicht zu erfassen und zu begrenzen ist. Es handelt sich um ein „Geschöpf" der verhaltenswissenschaftlich orientierten Wirtschaftswissenschaften und wurde überwiegend von akademisch ausgebildeten Mitarbeitern der Personal- und betriebspsychologischen Abteilungen in die Praxis transportiert.

Die Gesellschaft für Organisationsentwicklung (GOE), ein Zusammenschluss von OE-Berater/innen, versteht Organisationsentwicklung

„als einen längerfristig angelegten, organisationsumfassenden Entwicklungs- und Veränderungsprozess von Organisationen und der in ihr tätigen Menschen. Der Prozess beruht auf Lernen aller Betroffenen durch direkte Mitwirkung und praktische Erfahrung. Sein Ziel besteht in einer gleichzeitigen Verbesserung der Leistungsfähigkeit der Organisation (Effektivität) und der Qualität des Arbeitslebens (Humanität). (Unter ‚Qualität des Arbeitslebens' bzw. 'Humanität' im Arbeitsbereich versteht die GOE nicht nur materielle Existenzsicherung, Gesundheitsschutz und persönliche Anerkennung, sondern auch Selbständigkeit (angemessene Dispositionsspielräume), Beteiligung an Entscheidungen sowie fachliche Weiterbildungs- und berufliche Entwicklungsmöglichkeiten)."

Textbeleg 7-3: Definition von Organisationsentwicklung
(zit. nach Trebesch 1982, S. 51)

Über die Definitionsbestandteile hinaus erscheinen zwei weitere Aspekte wichtig.

Aus der Begriffsbestimmung der GOE geht nicht hervor, dass OE in einem sehr engen Zusammenhang mit der technisch-organisatorischen Rationalisierung diskutiert werden muss. Zur Grundphilosophie der OE gehört die so genannte *sozio-technische Betrachtungsweise*, wobei der Tatsache Rechnung getragen wird, dass es bei der ökonomisch optimalen Technikeinführung nicht nur um die Technik als solche, sondern auch um die Bewältigung der damit verbundenen sozialen Probleme (z. B. Akzeptanz durch die Betroffenen) geht.

Ein weiterer Gesichtspunkt ist der hohe Stellenwert, der in Bezug auf OE-Projekte den *Unternehmensberater/innen* zukommt. Da in starkem Umfang mit prozessbezogenen verhaltenswissenschaftlichen Instrumenten und Methoden gearbeitet wird, wird die Einbeziehung einer Beraterin/eines Beraters *("Change agent")* als unverzichtbar angesehen. Diese/r soll im Grunde durch ihre/seine sozialpsychologisch-pädagogischen und methodischen Kenntnisse die Weichen für den langfristigen Wandel stellen, dem Unternehmen sowie den Mitarbeiter/innen „Hilfe zur Selbsthilfe" leisten.

In nahezu allen Veröffentlichungen zu OE wird ausdrücklich oder stillschweigend von einer doppelten Zielsetzung ausgegangen. OE soll

- die Organisation leistungsfähiger, d. h. flexibler, anpassungsfähiger machen (Oberziel: Effektivität) und
- die „Selbstverwirklichung" und „Selbstbestimmungsmöglichkeiten" der Beschäftigten im Arbeitsprozess kontinuierlich verbessern (Oberziel: Humanisierung).

Dem hochgesteckten Anspruch der OE nach müssen beide Ziele miteinander in Einklang stehen bzw. gleichberechtigt verfolgt werden, soll der erwünschte Zustand, eine „kompetente" (gesunde) Organisation, eintreten. Der Weg, der zu diesen Zielen hinführt, wird in einem die ganze Organisation umfassenden Lernprozess gesehen.

7.2.2 Wissenschaftliche Wurzeln

Das klassische Konzept der OE fußt zum einen auf *gruppendynamischen Methoden* und zum anderen auf den *Verfahren der Datenrückkopplung*, die auch heute noch zu den wichtigsten Bausteinen von OE-Vorhaben gehören. In beiden Fällen lassen sich die Ursprünge bis in die 40er Jahre des 20. Jahrhunderts zurückverfolgen.

Maßgeblich bei den gruppendynamischen Methoden war das Bemühen, Verhaltensprobleme nicht nur zu analysieren und Lösungen vorzuschlagen, sondern nach dem Prinzip der Hilfe zur Selbsthilfe die Fähigkeit möglichst aller betroffener Mitarbeiter/innen zu fördern, die eigenen Verhaltensweisen kritisch zu reflektieren, Fehler zu erkennen und selbst bessere Alternativen zu entwickeln, wobei der Sensibilität für das eigene Verhalten besondere Bedeutung beigemessen wird. Als Mittel dazu wurde eine Gruppe angesehen, in der über die eigenen Verhaltensweisen und die anderer gesprochen wird, also eine unmittelbare Erfahrungsgrundlage besteht, und in der man sich gegenseitig hilft, neue Verhaltensweisen zu trainieren.

Die Datenrückkopplung ist eine Weiterentwicklung strukturierter Befragungstechniken, mit denen Sozialwissenschaftler/innen seit den 1930er Jahren in Betrieben arbeiteten. In erster Linie handelte es sich dabei um Zufriedenheitsbefragungen. Typisch war dabei lange Zeit, dass die Arbeitnehmer/innen befragt, die Ergebnisse aber dem Management zur Verfügung gestellt wurden. Die Bedeutung der Datenrückkopplung *an die Betroffenen* wurde in ersten Aktionsforschungsprojekten des Psychologen Kurt Lewin mit sozialen Problemgruppen Mitte der 40er Jahre erkannt. Die von den Mitgliedern einer Gruppe in Einzelbefragung erhobenen Daten wurden in einer gemeinsamen Gruppensitzung präsentiert und lieferten dort die Basis für eine gemeinsame Situationseinschätzung und die Diskussion von Handlungsmöglichkeiten.

Diese beiden wesentlichen Wurzeln der OE wurden schließlich ergänzt durch die Forschungsarbeiten des Tavistock-Institute of Human Relations in London, die bis in die 50er Jahre des letzten Jahrhunderts zurückreichen. Die Untersuchungen (vor allem im britischen Steinkohlebergbau) führten zu dem Ergebnis, dass Strukturen und Technologien einen erheblichen Einfluss auf das Leistungsverhalten der arbeitenden Menschen haben wie auch umgekehrt. Die Erkenntnis, dass das soziale *und* technische System einer Organisation aufeinander abgestimmt werden müssen, übte einen starken Einfluss auf den OE-Ansatz aus.

In der Bundesrepublik erlebte das OE-Konzept ab etwa Mitte der 1970er Jahre einen regelrechten Boom, der sich zunächst allerdings darauf beschränkte, das OE-Wissen aus den USA zu importieren und unreflektiert den hiesigen Verhältnissen überzustülpen. Man übersetzte vorliegende Standardwerke der amerikanischen OE-Literatur; Beratungskonzepte in der Praxis lehnten sich eng an die Vorbilder aus den USA an.

7.2.3 Ablauf eines OE-Projektes

Der Ablauf eines OE-Projektes, wie er modellhaft in der einschlägigen Literatur beschrieben wird, enthält zwei zentrale Momente:

- Die *Beratung* bzw. den OE-Berater/die Beraterin als Dreh- und Angelpunkt bei der Einleitung, Begleitung und Steuerung von Veränderungsprozessen und

- die *Aktionsforschung* als sozialwissenschaftliches Grundmodell für die Zusammenarbeit zwischen Forscher/innen (Berater/innen) und Klienten (Organisationen bzw. Unternehmen), das gleichzeitig den Ablaufplan für OE-Projekte im klassischen Sinne abgibt.

Am Beginn eines OE-Vorhabens steht die Wahrnehmung eines Problems, dem man mit den vorhandenen Instrumenten und Verfahren nicht beizukommen glaubt. Die Verantwortlichen (in der Regel das Management) suchen Hilfe bei einer externen oder internen OE-Beraterin/einem Berater.

Den meisten OE-Vorhaben liegt das Aktionsforschungsmodell zugrunde, das in seinen Ursprüngen eng mit den Wurzeln der OE, vor allem mit der Methode der Datenrückkopplung, verwandt ist. Aktionsforschung kann gekennzeichnet werden als „ein auf Daten basierendes Problemlösungsmodell, das die Schritte der wissenschaftlichen Untersuchungsmethode umfasst" (French/Bell 1977, S. 110). Sie besteht im Wesentlichen aus drei elementaren Vorgängen: der *Sammlung von Daten* (im Unternehmen), der *Rückgabe der Daten* (Feedback) sowie der *anschließenden Handlungsplanung*. Demnach ist Aktionsforschung als Zyklus zu verstehen, in dessen Verlauf sich die genannten drei Kernbestandteile, ergänzt durch eine Vorlaufphase der Problemerkenntnis sowie einen Abschnitt der Durchführung, ständig wiederholen können.

Nach abgeschlossener Datensammlung und Problemdiagnose stellt sich die Frage nach der erfolgversprechendsten *Methode*, um in der Organisation einen andauernden Veränderungsprozess auszulösen. Im OE-Jargon spricht man häufig von Interventionstechniken. Diese können u. a. sein (vgl. Sievers 1978, S. 27 ff.):

-   Bei *Teamentwicklungsinterventionen* geht es um die Herbeiführung einer Leistungssteigerung von Arbeitsgruppen.

-   *Intergruppeninterventionen* zielen auf die Verbesserung der Zusammenarbeit und der Kommunikation zwischen zwei oder mehreren Gruppen ab, die z. B. im Rahmen eines Produktionsprozesses aufeinander angewiesen sind.

-   *Training und Fortbildung* sollen die individuellen Fähigkeiten, Fertigkeiten und Kenntnisse verbessern.

-   *Technisch-strukturelle Interventionen* sind auf solche Effektivitätssteigerungen gerichtet, die vorwiegend durch technische und strukturbezogene Anpassungen realisiert werden sollen.

-   *Prozessberatungsinterventionen* sollen die Arbeitsabläufe analysieren helfen und Verbesserungsmöglichkeiten ableiten.

- „*Neutraler-Dritter*"-*Interventionen* dienen vor allem der Konfliktlösung bzw. -regulierung zwischen einzelnen Mitgliedern oder Gruppen der Organisation.

- Bei der *Einzelberatung* (counseling) wird mit einzelnen Mitarbeiter/innen gearbeitet.

- *Lebens- und Karriereplanungsinterventionen* sollen einzelnen Mitarbeiter/innen bei der Zielsetzung und Realisierung ihrer Lebens- und Karriereplanung helfen.

- Bei *Planungs- und Zielfindungsinterventionen* geht es um Planungs- und Zielsetzungsverfahren, die eine bessere Steuerung und Koordination von Aktivitäten verschiedener Mitarbeiter/innen oder Gruppen ermöglichen sollen.

7.2.4 Einschätzung von OE

Der Ansatz der OE hat in der Organisationstheorie und -praxis bleibende Spuren hinterlassen. Der Begriff gehört heute zum Standardrepertoire der Organisationsgestaltung. Das Verdienst der Vertreter/innen dieses Ansatzes ist, dass sie das Augenmerk auf den Veränderungsprozess und die direkte und aktive Beteiligung der Betroffenen („Die Betroffenen zu Beteiligten machen") gerichtet haben. Beruht der „Bombenwurf" auf reiner Machtausübung unter Verzicht auf die innere Einbindung und Akzeptanz der Betroffenen, so baut ein „echtes" OE-Projekt auf die Partizipation der Beschäftigten und die Einleitung von gemeinsamen Lernprozessen. Allerdings hat sich der emanzipatorische Anspruch, der auch in der behaupteten Gleichrangigkeit ökonomischer und sozialer Ziele zum Ausdruck kommt, oft genug als naiv erwiesen, sind es doch die Unternehmensleitungen, die letztlich die Beratungen engagieren und insoweit primär *ihre* Zielsetzungen im Kontext der Veränderungsprozesse umgesetzt sehen wollen.

Trotz der großen Resonanz des OE-Ansatzes in Theorie und Praxis der Organisation und des zunächst einleuchtenden Programms vermochte er bei weitem nicht alle Probleme des organisatorischen Wandels zu lösen. Um nur zwei Punkte herauszustellen (vgl. Steinmann/Schreyögg 1993, S. 440):

- OE-Projekte sind auf einen längeren Zeitraum hin angelegt. Man könnte sie als „evolutionär" bezeichnen. Dies ist sozusagen der Preis, der für die intensive Beteiligung der Betroffenen und für die Lernprozesse entrichtet werden muss. Oft aber sind in Organisationen - etwa in Krisensituationen - *rasche* Veränderungen erforderlich, um zu überleben. OE eignet sich kaum für diskontinuierliche, „revolutionäre" Veränderungen, in denen unter zeitlichem Druck der organisatorische Bezugsrahmen (Strategien, Strukturen, Basisroutinen usw.) zur Disposition steht.

- Der organisationale Wandel wird in der OE immer noch als *Sonderfall* begriffen, als Episode. Der Veränderungsbedarf hat aber in vielen Organisationen, beispielsweise aufgrund ständig zunehmender Marktdynamik, ein Entfaltungsmaß angenommen, das den Wandel zu einem Dauerzustand macht.

Angesichts dieser Probleme werden in Fachkreisen seit geraumer Zeit Überlegungen angestellt, wie sich Organisationen den potenzierten Veränderungserfordernissen stellen können. Diese Ansätze werden oft unter dem Schlagwort von der *„Lernenden Organisation"* diskutiert.

7.3 Die Lernende Organisation

7.3.1 Grundgedanken

In der Perspektive des Ansatzes der Lernenden Organisation wird die Lernfähigkeit von Menschen und Organisationen absolut in den Mittelpunkt gestellt. Nach dem „ökologischen Gesetz des Lernens" kann ein System nur überleben, wenn seine Lerngeschwindigkeit gleich oder größer ist als die Änderungsgeschwindigkeit seiner Umwelt.

Ging es bei OE noch um Anpassung, geht die Lernende Organisation mehrere Schritte weiter. Anvisiert ist nicht mehr die Änderung an sich, sondern die Vorwegnahme ständiger Wandlungserfordernisse und eine entsprechende Transformation sämtlicher Struktur- und Kulturelemente nach dem Leitbild der Lernenden Organisation. Die Konzepte zur Lernenden Organisation leiten sich aus der Vorstellung ab, dass nicht nur Individuen lernen, also sich Verhaltensänderungen aufgrund von Erfahrungen einstellen, sondern auch Unternehmen diese Möglichkeit besitzen.

Lernen in Organisationen beinhaltet alle interaktiven Prozesse, die die Fähigkeit zur Variation, zur bewussten und erfolgreichen Veränderung besitzen und somit ein Potenzial der Anpassung und Weiterentwicklung schaffen. Organisationales Lernen bedeutet mehr als die Verbreiterung der Summe des Wissens der Organisationsmitglieder. Individuelles Wissen wird in der Organisation gespeichert und somit im organisationalen System verankert. Die „Speichermedien" sind nach den Vorstellungen der Vertreter/innen dieses Ansatzes vielgestaltig. Sie reichen von abstrakten Unternehmensgrundsätzen („Leitbildern") über intelligente Strukturregelungen, problemangemessene Informations- und Kommunikationssysteme bis hin zu einer „starken" Organisationskultur. Organisationales Wissen besteht unabhängig von bestimmten Mitgliedern und verlässt somit auch bei einem Personalwechsel das Unternehmen nicht.

Organisationales Wissen verändert sich aber nur durch den Zugang zu individuellem Wissen. Daher kommt es entscheidend auf den Austausch der Ergebnisse individueller Lernprozesse innerhalb des Unternehmens an. *Kommunikation* stellt dabei das entscheidende Bindeglied zwischen individuellen und organisationalen Wissensbasen dar. Die Organisation muss daher so gestaltet sein, dass ein ständiger und intensiver interner wie auch Außenquellen einbeziehender Erfahrungsaustausch möglich wird. Die Lernprozesse der Menschen müssen vermittelbar, auswertbar und im sozialen System mit Lernprozessen anderer Organisationsmitglieder verknüpfbar gemacht werden. Teamstrukturen wirken dabei aufgrund ihrer kollektiven Lernfunktion unterstützend.

Die Organisationsstruktur eines lernenden Unternehmens muss aber nicht nur so gestaltet sein, dass Kommunikationsprozesse in intensiver und möglichst reibungsloser Form ablaufen können, sondern dass auch eine anschließende Reflexion über die erhaltenen Informationen stattfindet. Lernorganisationen besitzen deshalb „Freiräume" für hierarchiearme Dialoge. Lernprozesse gestalten sich demnach besser ohne straffe Führung und Hierarchie in einer Sphäre des Vertrauens und der Gleichberechtigung. Aus diesem Grunde verbinden sich die Konzepte der Lernenden Organisation oft mit dem Schlagwort der *„Selbstorganisation"* (vgl. Göbel 1993; Probst 1992), wobei sich eine problemangemessene und flexible organisatorische Ordnung vor allem durch die Ausfüllung umfassender Handlungs- und Entscheidungsspielräume der Organisationsmitglieder selbst einstellt. Damit steht die Lernende Organisation sowohl den klassischen Vorstellungen der „Fremdorganisation" (Weber, Taylor) wie auch den Ansätzen zur Reorganisation entgegen, die den

Wandel als mehr oder weniger exklusive Angelegenheit von Spezialist/innen und Planungsfachleuten betrachten.

7.3.2 Kernelemente Lernender Organisation

Allerdings ist ein wirklich klares Konzept der Lernenden Organisation im Sinne eines Gegenmodells zur klassischen organisatorischen Regelungslogik noch nicht zu erkennen. Es zeichnen sich jedoch einige Kernelemente von nachhaltig veränderten Organisationssystemen ab, die wie folgt zu skizzieren sind:

- organische, dezentrale Strukturen mit entsprechend weitgehenden Kompetenzen der einzelnen Organisationseinheiten;
- intensive Durchdringung des Unternehmens mit Teams in verschiedenen Bereichen und Ebenen (vgl. oben);
- Zurückdrängung hoch arbeitsteiliger, taylorisierter Strukturen;
- Reduktion detaillierter Vorschriften, Verfahrensrichtlinien usw. zugunsten der Handlungs- und Entscheidungsspielräume der organisatorischen Einheiten;
- geringere Hierarchiebetonung; Abflachung der Hierarchie;
- stärkere (Selbst-) Steuerung über Ziel- und Leistungsvereinbarungen, beteiligungsorientierte Entscheidungsfindung;
- hierarchie- und dienstwegungebundene Informations- und Kommunikationsstile; d. h. Informationen fließen ständig, rege und ohne strukturbedingte Beeinträchtigung; die Kommunikation über innovationsbezogene Problemlagen ist nicht nachrangig gegenüber dem Tagesgeschäft und der Behandlung von Routineangelegenheiten;
- Systemoffenheit, d. h. kein Abschirmen nach außen; Führen ständiger „Innovationsdialoge" mit der Umwelt;
- organisatorischer Wandel als beinahe alltägliche Selbstverständlichkeit;
- die Teilsysteme und -einheiten des Unternehmens sind nicht mehr starr, sondern eher lose aneinander gekoppelt; sie sollen sich als interne Lieferanten bzw. Kunden betrachten und dadurch mehr Spielraum auch für bereichsübergreifende Prozesse der Selbstregulierung erhalten;

- bei Personalrekrutierung und -einsatz wird großer Wert gelegt auf kritik- und konfliktfähige, flexible Menschen mit hohen sozialen Kompetenzen;
- innovatives Handeln wird prämiert und nicht im Gegensatz dazu sanktioniert.

Angesichts derartiger Überlegungen über eine „zukunftsfähige" Lernende Organisation stößt man in der Praxis inzwischen auf erstaunliche Beispiele erfolgreicher Unternehmen, die bis vor kurzem noch nicht für möglich gehalten wurden. Als ein solcher, sicherlich besonders spektakulärer Fall soll im Folgenden das Organisationsmodell des mittelständischen dänischen Hörgeräte-Herstellers Oticon (o. V. 1997) vorgestellt werden (www.oticon.de):

> „Vom Chef bis zum Azubi hat jeder der 160 Mitarbeiter in der Oticon-Zentrale einen Laptop, ein Handy und einen Rollcontainer für persönliche Sachen, aber keinen eigenen Schreibtisch. ... Es gibt keine festgeschriebenen Posten, via Computernetz sind alle Informationen für alle offen, die Arbeitszeiten bestimmt jeder selbst. ...
> Sämtliche Hierarchieebenen sind heute beseitigt, die Privilegien der ehemaligen Führungskräfte wurden radikal abgeschafft. Das historische Verwaltungsgebäude mit seinen riesigen Chefbüros und dem dunkel getäfelten Kasino für das Führungspersonal ist verkauft, die alten Vorstände wurden ... in Pension geschickt...
>
> Die Ein-Mann-Revolution setzte einen heftigen Motivationsschub frei, überall in der Firma tauchten plötzlich neue Ideen auf. Das nur noch vier Gramm schwere Digifocus, ein digitales Mehrkanalhörgerät, brachte es als kleinster Computer der Welt sogar zu einem Eintrag ins Guinness-Buch der Rekorde.
>
> Heute ist Oticon, obwohl weiter im Hochlohnland Dänemark geforscht, entwickelt und gefertigt wird, profitabel und schuldenfrei. Die Produktivität hat sich seit 1991 verdoppelt. Die Zahl der Beschäftigten stieg von etwas über 1000 im Jahr 1991 auf heute rund 1450 ...
>
> In der High-Tech-Firma läuft alles in sich selbst organisierenden Gruppen. Bei ihrem monatlichen Meeting entscheidet die fünfköpfige 'Development-Group', eine Art Expertenrat, welche Ideen der Projektteams umgesetzt werden und welche nicht.

'Bekommst du ein okay', sagt Pernille Rønn, kaum über 30 und schon Projektleiterin, 'dann beginnt der Kampf um die Ressourcen.' Gemeint sind die Mitarbeiter. Die besten sind entsprechend gefragt und suchen sich ihre Jobs innerhalb der Firma selbst aus - meist arbeiten sie in mehreren Teams gleichzeitig. Die Zeit von der Idee bis zur Markteinführung eines neuen Produkts hat sich dank dieser 'Spaghettistruktur' ... glatt halbiert."

Übersicht 7-1: Das Organisationsmodell von Oticon

7.3.3 Einschätzung der Lernenden Organisation

Allerdings können solche Einzelbeispiele nicht darüber hinwegtäuschen, dass die Realisierung derart weit reichender Gegenmodelle zur klassischen Organisationsweise in der breiten Masse der Unternehmen auf massive Widerstände stößt. Die Umsetzung eines derartigen Konzepts der Lernorganisation, das ja an den Grundfesten klassisch organisierter Systeme rüttelt, stellt sich als außerordentlich langwierig dar und steckt in den allermeisten Unternehmen noch in den Kinderschuhen – sofern es denn jemals den Zustand der Umsetzung erreichen wird.

Es versteht sich von selbst, dass die oben aufgezeigten lernförderlichen Elemente (z. B. Hierarchieabbau) in erwerbswirtschaftlichen Organisationen nicht nur auf Gegenliebe stoßen, etwa beim mittleren Management, dessen „Privilegien" in Frage gestellt werden. Auch kommen viele Menschen mit der Offenheit selbstorganisierender Systeme nicht gut zurecht. Die entlastende und eine gewisse Sicherheit spendende Funktion organisierter, „festgerasteter" Strukturen und Regelungen wird vermisst.

Und überhaupt hat man bisweilen den Eindruck, dass die Entlastung etwa von fixierten Programmen oder der Effizienzvorteil einer hohen Aufgabenspezialisierung in der Sichtweise der Vertreter/innen dieser Richtung völlig unterschätzt wird. Schreyögg (2003, S. 568 ff.) zeigt demgegenüber detailliert auf, dass die „totale Lernorganisation" in ihrer radikalisierten und faktisch „anti-strukturell" ausgerichteten Lesart auf einer falschen Vorstellung beruht. Sie führt in letzter Konsequenz zu einer nicht zu bewältigenden Überflutung mit Lernimpulsen von außen und de facto zu einer Verwischung der Grenzen zwischen Organisation und Umwelt.

> „… Organisationen (bedürfen) eines – grenzerhaltenden, d. h. zumindest temporär stabilen – ‚Regelwerks' … Das Regelwerk (Systemstruktur) übernimmt Systemleistungen, die durch Lernprozesse nicht erbracht werden können. Es standardisiert einen Teil der System/ Umwelt-Bezüge durch Vorselektion bestimmter Handlungsmuster.
>
> Das System gewinnt dadurch eine gewisse Autonomie; es blendet bestimmte Umweltbezüge aus und hält sich ihnen gegenüber indifferent. … Ein lernendes System muss auch in der Lage sein, bestimmte Zusammenhänge dem Lernmechanismus zumindest temporär zu entziehen, also gezielt nicht zu lernen."

Textbeleg 7-4: Probleme der „totalen Lernorganisation"
(nach Schreyögg 2003, S. 571)

7.4 Aufgaben und Diskussion

Aufgabe 7-1:

Diskutieren Sie, warum man den organisatorischen Wandel nicht als reine Angelegenheit von Spezialist/innen auffassen darf!

Aufgabe 7-2:

Was versteht man unter Reorganisation?

Aufgabe 7-3:

Erklären Sie, was man unter Organisationsentwicklung versteht! Arbeiten Sie systematisch Gemeinsamkeiten und Unterschiede von Organisationsentwicklung und Reorganisation heraus!

Aufgabe 7-4:

Inwieweit weist Organisationsentwicklung einen „sozio-technischen" Charakter auf?

Aufgabe 7-5:

Diskutieren Sie die Rolle des „change agent"! Wird sie/er in der Lage sein, den interessenausgleichenden Anspruch (Effektivität und Humanität) in der Organisationsentwicklung zu wahren?

Aufgabe 7-6:

Inwieweit ist die Umsetzung der Organisationsentwicklung ein „Projekt"?

Aufgabe 7-7:

Im Gegensatz zum „Bombenwurf" beruht ein „echtes" OE-Projekt auf der Beteiligung (Partizipation) der Beschäftigten an den Veränderungen getreu dem Motto, die Betroffenen zu Beteiligten zu machen. Was bringt aus Sicht des Unternehmens eine Beteiligung der Mitarbeiter/innen?

Aufgabe 7-8:

Inwiefern gehen die Grundgedanken der Lernenden Organisation über die von Organisationsentwicklung hinaus?

Aufgabe 7-9:

Warum ist es so schwierig, eine Lernende Organisation zu sein bzw. zu werden?

Aufgabe 7-10:

Auch wenn bislang nur Ansätze „Lernender Organisationen" in einzelnen Unternehmen umgesetzt sind, so kann man auf jeden Fall sagen, dass sie „anti-tayloristisch" ausgeprägt sind. Zeigen Sie diese Behauptung im Detail auf!

8. Organisation und strategisches Management

Dass sich Organisationen aufgrund der größeren Dynamik an vielen Märkten heute häufiger verändern müssen als noch vor mehreren Jahrzehnten, ist evident. Ein oft gehörter Spruch in diesem Zusammenhang lautet, dass der Wandel, den wir im vorherigen Kapitel thematisiert haben, das einzig Beständige ist. Die aus der Situation erwachsenden Probleme sind aber nicht automatisch bewältigt, wenn das Unternehmen in der Lage ist, sich rasch an veränderte Bedingungen anzupassen. Vielmehr muss das Unternehmen dazu auch „richtig aufgestellt" sein.

Die Rahmenbedingungen für die ökonomische Betätigung der Unternehmen haben sich in der jüngsten Zeit nochmals erheblich verschärft. Die Wirtschaft wird immer mehr mit Krisenerscheinungen an den Märkten, Sättigungstendenzen bei den Verbraucher/innen, zunehmender regionaler, nationaler und internationaler Konkurrenz und anderen schwierigen Entwicklungen konfrontiert. Auch aus dem politischen und gesellschaftlichen Umfeld resultieren Herausforderungen, die es zu meistern gilt. Die Gesellschaft tritt mit Forderungen nach einer stärkeren Berücksichtigung der ökologischen Grundlagen an die Unternehmen heran. Fragen wie Verbraucherschutz, Beteiligung betroffener gesellschaftlicher Gruppen an Entscheidungen, Vermeidung von Tierversuchen und viele andere können in einer modernen Unternehmensführung nicht mehr ignoriert oder auch nur vernachlässigt werden.

Hinzu kommt, dass sich der Staat offenbar nicht in der Lage zeigt, die seit Jahren drängenden Probleme der Arbeitslosigkeit, der Reform der sozialen Sicherungssysteme und einer steigenden Steuern- und Abgabenlast einer zukunftsfähigen und beständigen Lösung zuzuführen. Das führt zu immer hektischeren und wenig planvollen Aktivitäten etwa in der Steuerpolitik, in der Rentenversicherung, im Gesundheitswesen, in der Wirtschafts- und Arbeitsmarktpolitik und auf vielen anderen Gebieten, die sich oft unmittelbar auf die Wirtschaftsbetriebe und auch auf die Arbeitnehmer/innen auswirken.

Turbulenz und Dynamik sind Begriffe, die diese Umstände treffend umschreiben. Es liegt auf der Hand, dass das zielgerichtete Führen von Organisationen unter solchen Rahmenbedingungen schwieriger und anspruchsvoller wird. Während dies ehedem für Großbetriebe galt, sind davon heute auch viele kleinere und mittlere Betriebe „betroffen".

Nach Pfriem (2004, S. 83 ff.) muss man, ohne dass hier aus Platzgründen auf Details eingegangen werden kann, das moderne Unternehmen aufgrund der schwierigen Rahmenbedingungen in mindestens sieben Dimensionen betrachten:

- Das Unternehmen als *ökonomisches* Gebilde
- Das Unternehmen als *produzierendes* Gebilde
- Das Unternehmen als *soziales* Gebilde
- Das Unternehmen als *kulturelles* Gebilde
- Das Unternehmen als *ökologisches* Gebilde
- Das Unternehmen als *informationsverarbeitendes und kommunizierendes* Gebilde
- Das Unternehmen als Gebilde *im Raum.*

Übersicht 8-1: Sieben Dimensionen des Unternehmens
(nach Pfriem 2004, S. 83 ff.)

In dieser Vielfältigkeit muss das Management eines Unternehmens ebenso vielfältige Antworten auf Herausforderungen finden, die angesichts der Turbulenz und Dynamik in der Umwelt, insbesondere auf den Märkten, zu einer Dauererscheinung geworden sind. Aus diesem Grunde hat, neben dem vorher behandelten Aspekt des Wandels von und in Organisationen, die *Unternehmensstrategie* bzw. das Handlungsfeld des *strategischen Managements* erheblich an Bedeutung gewonnen.

Die nachfolgenden Erörterungen sollen in diesen Bereich einführen. Dabei wird zunächst der allgemeine Managementbegriff erörtert, bevor wir uns dem Aspekt der strategischen Orientierung im modernen Management zuwenden.

8.1 Management

Der Management-Begriff gehört heute ohne Frage zu den Kernbegrifflichkeiten in der Betriebswirtschaftslehre, der aber nicht unumstritten ist.

8.1.1 Management und Betriebswirtschaftslehre

Der Begriff des „Management" hat in der deutschen Betriebswirtschaftslehre erst nach dem zweiten Weltkrieg Beachtung gefunden. Er gehört auch nicht zum Kernbestand der klassischen Ökonomie. Die klassische

Ökonomie arbeitet de facto organisationslos: sie hat sich nicht für Probleme wie Management und Organisation interessiert (insbesondere aufgrund des Prinzips des methodologischen Individualismus). Unternehmen (Organisationen) sind in diesem Kontext allenfalls - wenn überhaupt - zu denken als temporäre Zusammenfassung von Wirtschaftssubjekten mit je individueller Nutzenfunktion. Mehr noch: Das Unternehmen fällt in dieser Sichtweise zumeist mit der Nutzenfunktion des Unternehmers in eins.

Staehle (1994, S. 69) zufolge war erst die 1948 erschienene deutsche Übersetzung des Bestsellers von Burnham (1941), „The Managerial Revolution", die Initialzündung für das Einfließen der Begriffe „Manager" und „Management" in die Betriebswirtschaftslehre.

Management beinhaltet von seinem Begriffsumfang her oft nicht weniger als die gesamte Unternehmensführung. So ist von einigen Fachvertretern sogar der Versuch einer Uminterpretation der Betriebswirtschaftslehre im Sinne einer Managementlehre in Angriff genommen worden (z. B. Bleicher, Hill, Ulrich, Malik, Kirsch). Demnach soll die Betriebswirtschaftslehre als Allgemeine Managementlehre verstanden werden, als generelle Wissenschaft der Führung komplexer zweckgerichteter sozialer Systeme, die deren Vieldimensionalität und Dynamik gerecht wird. Betriebswirtschaftslehre als Managementlehre geht davon aus, dass in der Praxis der Unternehmen betriebswirtschaftliche Probleme nicht isoliert auftreten, sondern so gut wie immer verbunden mit anderen Faktoren (z. B. rechtlicher, gesellschaftlicher, technischer, ökologischer Art).

Beschränkt sich die klassische Betriebswirtschaftslehre (Gutenbergscher Prägung) bei den Problemen jedoch auf ihre rein wirtschaftliche Dimension und operiert sie zudem noch methodisch überwiegend mit mathematisch-entscheidungslogischen Verfahren, kann die Disziplin keinen ausreichenden Beitrag zur Lösung praktischer Probleme bieten, denn die ganzheitliche Gestaltung und Lenkung des Systems „Unternehmung" ist ein vieldimensionales Problem. Für Malik, als ein Vertreter dieser Richtung, stellt sich die Situation wie folgt dar:

> „Insbesondere dann, wenn man eine wesentliche Eigenschaft von Unternehmungen, nämlich ihre Komplexität und Dynamik, ernst nahm und nicht durch reduktionistische Annahmen und die ceteris pa-

ribus Klausel künstlich eliminierte, wurde deutlich, dass viele im Zentrum der klassischen, ökonomistischen Betriebswirtschaftslehre stehenden Fragen im Grunde von recht untergeordneter Bedeutung waren oder doch recht selten vorkommende Spezialfälle darstellten. Weiter zeigte sich, dass zahlreiche Probleme von größter Relevanz bis dahin nur wenig oder gar keine Beachtung fanden. Die Beispiele sind zahlreich: es beginnt mit grundlegenden Problemen, wie etwa, ob Unternehmensführung aus der Perspektive der Gewinnmaximierung oder -optimierung überhaupt richtig verstanden werden kann, ob das Problem der Faktorkombination sich für die Unternehmung in der von der Betriebswirtschaftslehre behandelten Weise stellt, ob die etwa im Bereich der Absatzwirtschaft behandelten Preisbildungsmodelle und hypothesen praktische Relevanz besitzen, ob die Investitionen wirklich nach den Gesichtspunkten der Investitionstheorie beurteilt werden usw.

Wesentliches Element der klassischen Ansätze ist ja das Problem der Optimierung unter bestimmten Bedingungen oder auch der optimalen Entscheidungsfindung, wobei aber in der Regel die Verwendung ökonomischer und damit quantifizierbarer Parameter dominiert. Sind die unterstellten Voraussetzungen aber auch wirklich erfüllt? Genügt es, ökonomisch-quantitative Einflussgrößen allein zu berücksichtigen? Viele Beobachtungen zeigen, dass für die praktische Unternehmensführung viele andere Dinge eine wesentlich wichtigere Rolle spielen und es nur selten um Optimierungsfragen geht, sondern man vielfach schon damit zufrieden sein muss, wenn man die Ergebnisse überhaupt unter einer gewissen Kontrolle hat."

Textbeleg 8-1: Betriebswirtschaftslehre als Managementlehre (nach Malik 1986, S. 24)

Daher plädiert Malik, ähnlich wie Staehle (1994), für eine nach den Verhaltenswissenschaften offene, interdisziplinär ausgerichtete Betriebswirtschaftslehre als Managementlehre.

8.1.2 Etymologische Deutung

Es hat sich bewährt, bei der Abklärung wichtiger Begrifflichkeiten bei ihrer sprachlichen Herkunft zu beginnen. Im Rahmen einer solchen „etymologischen" Deutung kann nicht zweifelsfrei geklärt werden, wo das dem Begriff zugrunde liegende Verb „to manage" herkommt. Dafür gibt es mindestens drei Interpretationen:

---

a) Der Begriff stammt von dem lateinischen *„manu agere"*, was so viel heißt wie „mit der Hand arbeiten."

b) Er kommt von *„manus agere"*, was in seinem Kern bedeutet „an der Hand führen" oder auch „ein Pferd in allen Gangarten üben".

c) Schließlich kann er auch von *„mansionem agere"* abgeleitet werden, „das Haus für einen Eigentümer bestellen."

Übersicht 8-2: Drei mögliche Quellen des Managementbegriffes

Vielleicht mit der Ausnahme der erstgenannten Interpretation sind alle Varianten plausibel. Letztlich konnte die etymologische Bedeutung des Managementbegriffes aber noch nicht zweifelsfrei geklärt werden. Die letztgenannte Version stellt darauf ab, dass in vielen Kapitalgesellschaften (insbesondere Aktiengesellschaften) angestellte Manager/innen die Unternehmerfunktion sozusagen im Auftrag der oft weit gestreuten Eigentümer/innen innehaben.

8.1.3 Management als Funktion

Typischerweise gibt es im anglo-amerikanischen Sprachraum zwei Bedeutungsvarianten des Managementbegriffes.

-   Management im funktionalen (instrumentellen) Sinne,

-   Management im institutionellen Sinne.

Diese Differenzierung entspricht im Übrigen haargenau derjenigen, wie sie regelmäßig mit dem Organisationsbegriff vorgenommen wird (vgl. Abschn. 1.1).

Management im funktionalen Sinne stellt darauf ab, dass im Wege der Leitung eines Unternehmens führende, planende und kontrollierende Aufgaben zu bewältigen sind. Demnach umfasst das Management alle Leitungsaufgaben, die in arbeitsteiligen Organisationen zur Leistungserstellung und -verwertung erfüllt werden müssen. In einem schon etwas betagten Lehrbuch liest sich das so:

> „Wenn jemand Manager wird, wird er vielleicht weiterhin einen Teil der eigentlichen Arbeit selbst tun, vielleicht aber auch nicht. In jedem Fall übernimmt er zusätzliche neue Aufgaben, die ihrem Charakter nach Managerfunktionen sind. Er muss die Arbeit für andere planen, muss delegieren, d. h. entscheiden, welche Arbeit er jedem Untergebenen zuweisen will, muss allen, die ihm unterstellt sind, Anreize geben, ihre Arbeit möglichst gut zu verrichten, und den Fortgang ihrer Arbeit kontrollieren."

Textbeleg 8-2: Managementfunktionen (nach Dale 1972, S. 13)

Der Management-Begriff kommt aus dem Anglo-Amerikanischen, ist aber längst „eingedeutscht". Gleichwohl werden verschiedentlich auch synonyme oder zumindest sinnähnliche deutsche Begriffe verwendet wie Unternehmensführung, Leitung, Führung oder auch *„dispositiver Faktor"* im Produktionsfaktoren-Ansatz von Gutenberg (1975, S. 27 ff.).

Welche einzelnen Funktionen nun aber unter dem Managementbegriff zu fassen sind, darüber gehen die Meinungen in der Literatur weit auseinander. Viele Darlegungen gehen auf die alte Einteilung von Henry Fayol (1929) zurück, der sich schon im frühen 20. Jahrhundert mit Fragen der Unternehmensführung beschäftigt hat und wonach diese aus den folgenden Teilbereichen oder Funktionen besteht:

- Vorschau und Planung („prévoir"),
- Organisation („organiser"),
- Leitung („commander"),
- Koordination („coordonner") und
- Kontrolle („controler").

Andere Definitionen erweitern diese Perspektive von Grundfunktionen, indem auch Ziele und Zwecke angegeben und/oder indem Managementfunktionen als Phasen eines zielgerichteten Prozesses interpretiert werden. In einer anderen Erweiterung der Grundfunktionen wird zudem auf die generelle Notwendigkeit aller Organisationen abgestellt, Ressourcen zu beschaffen und zieladäquat einzusetzen. Schließlich werden in einer vierten Perspektive, der systemtheoretischen Lesart, die Grundfunktionen ergänzt um das Moment der Koordination von Systemen und Subsystemen mit ihrer Umwelt.

8.1.4 Management und Ausführung

Häufig nähert man sich auch dem Managementbegriff, indem man das Management von rein ausführenden Tätigkeiten abhebt. Dieser Vorgehensweise hat sich ja bereits Dale (1972) in dem Zitat im vorhergehenden Abschn. bedient. Nach Ulrich/Fluri (1995, S. 14) „umfasst das Management alle zur Bestimmung der Ziele, der Struktur und der Handlungsweisen des Unternehmens sowie zu deren Verwirklichung notwendigen Aufgaben, die nicht ausführender Art sind."

Dabei sind Ausführungstätigkeiten dadurch geprägt, dass die maßgeblichen Entscheidungen über Ziele, Maßnahmen und Mittel bereits von anderen, in der Regel hierarchisch höherstehenden Personen getroffen sind. Zu Recht weisen Ulrich/Fluri darauf hin, dass jedoch in einem Unternehmen viele Positionen sowohl Management- als auch Ausführungsaufgaben erledigen und die scharfe Trennung von Hand- und Kopfarbeit bei Taylor (vgl. Abschn. 2.2.2.2) sowie die geistesverwandte Separierung zwischen dispositiver und objektbezogener Arbeit bei Gutenberg (1975) heute mehr ein Zerrbild der Realität als eine sinnvolle konzeptionelle Basis zur Betrachtung von Managementphänomenen sind.

Sperling (1994, S. 20 ff.) arbeitet in diesem Sinne heraus, dass sich seit Jahren eine Entwicklung hin zur Reintegration von planenden und kontrollierenden Elementen auch in die Aufgabendefinitionen der Stellen an der Basis der Hierarchie (qualifizierte Fach- und Dienstleistungsarbeit) vollzieht. Daher werde das Management immer mehr zur *„Alltagsaufgabe von Nicht-Managern"*:

„Indem durch ... Organisations-Innovationen die Arbeitenden als 'Nicht-Manager' an Entscheidungs- und Gestaltungsprozessen beteiligt werden, nehmen sie spezifische Managementaufgaben wahr, wie Aufgaben des Personalmanagements ..., des Weiterbildungsmanagements oder Aufgaben des Produktionsmanagements bei der Feinabstimmung der Auftragsbearbeitung oder der Optimierung von Ablauforganisation."

Textbeleg 8-3: Ubiquitarisierung der Managementfunktion
(nach Sperling 1994, S. 32 f.)

Insofern ist fraglich, ob die Definition von Managementfunktionen als Negativ-Abgrenzung zu Ausführungsaufgaben (heute noch) die erforderliche Schärfe aufweist.

Gleichwohl wird man nach wie vor tendenziell größere „Managementspielräume" unterstellen dürfen, je höher man in der Hierarchie des Betriebes geht. Dies soll das folgende Schaubild demonstrieren:

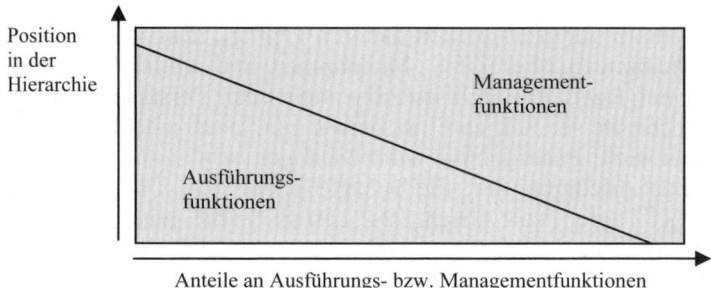

Übersicht 8-3: Anteile von Management- und Ausführungsaufgaben in Abhängigkeit von der hierarchischen Position

8.1.5 Management als Institution

Schließlich spricht man auch von *dem* Management und meint eine bestimmte Personengruppe (Management im institutionellen Sinne). Das Management als Institution umfasst diejenigen Personen oder Personengruppen, die Managementaufgaben wahrnehmen. Würde man an diesem Punkt die oben thematisierte Entwicklung zu einer „Generalisierung" von Managementfunktionen zugrundelegen, würde der institutionelle Managementbegriff jeglicher Schärfe beraubt.

Daher macht es Sinn, im institutionellen Sinne als zusätzliche Bedingung unter „dem Management" nur die Gruppe von Unternehmern und Führungskräften zu verstehen, die formal mit Weisungs- und Entscheidungsrechten (insbesondere mit dem Direktionsrecht) ausgestattet sind. Ggf. kann ergänzend als Abgrenzungskriterium die Vertretungsbefugnis nach außen hinzugezogen werden. Man hat es bei bestimmten Personen umso mehr mit Manager/innen zu tun, je eher sie in der Lage sind, die

Aktivitäten anderer in Richtung auf „gemeinsame" Ziele zu lenken und Weisungen zu erteilen.

Gleichwohl verbleiben immer Interpretationsspielräume, wer „Manager/in" ist und wer nicht. Z. B. sagt in den USA der Titel „Manager/in" wenig aus über Einfluss und hierarchische Position der Person bzw. der Stelle. Dort werden im Zensus regelmäßig etwa 10 Millionen Menschen als „Manager/innen" erfasst: Einkäufer/innen, Beamt/innen, Verwaltungsangestellte, Gewerkschaftssekretär/innen usw.

Im Laufe der Jahre hat es interessante Erhebungsversuche darüber gegeben, was Manager/innen ungeachtet des Problems der treffenden Erfassung dieses Personenkreises im Rahmen der Ausübung ihrer Tätigkeit konkret tun (vgl. zum Folgenden Staehle 1994, S. 82 f.). Eine Studie von Mahoney/Jerdee/Carroll (1965) erfasste anhand eines Fragebogens den Zeitanteil, den Manager/innen für die Wahrnehmung der verschiedenen Managementfunktionen benötigen. Die Ergebnisse brachten das folgende Bild hervor:

- Führen, Anleiten, Entwickeln von Mitarbeiter/innen   28,4%
- Planung   19,5%
- Koordination (insbes. Kommunikation mit anderen)   15,0%
- Beurteilung von Vorschlägen, Leistungen, Personen   12,7%
- Informationssammlung, -aufbereitung, -auswertung   12,6%
- Verhandeln (z. B. mit Kund/innen, Gewerkschaften)   6,0%
- Personalauswahl, Beförderung, Versetzung   4,1%
- Repräsentation, Öffentlichkeitsarbeit   1,8%

Eine Erhebung von Mintzberg (1973) gelangte aufgrund der Beobachtung der Tätigkeiten von Manager/innen zu einem Rollenmodell, wonach deren Arbeit die folgenden 10 Rollen „bedient":

- Repräsentant,
- Führer,
- Koordinator,
- Informationssammler,
- Informationsverteiler,
- Informant externer Gruppen,

- Unternehmer,
- Krisenmanager,
- Ressourcenzuteiler,
- Verhandlungsführer.

Diese beiden Studien sind natürlich nicht mehr ganz aktuell. Wahrscheinlich können sie aber im Hinblick auf die Erfassung der Tätigkeiten nach wie vor Gültigkeit beanspruchen. Es steht jedoch zu vermuten, dass zwischenzeitlich die kommunikativen und interpersonalen Aktivitäten noch einmal erheblich an Stellenwert gewonnen haben.

Diese (und andere) Befunde zeigen, dass „Management" ein ausgesprochen abstraktes, kaum erschöpfend und abschließend zu erfassendes Konstrukt ist. In der Fachliteratur wird außerdem zwischen dem *allgemeinen* und dem *speziellen Management* unterschieden (vgl. Ulrich/ Fluri 1995, S. 15). Unter dem „speziellen Management" sind dabei die einzelnen Teil- oder Funktionsbereiche wie Marketing, Forschung & Entwicklung, Materialwirtschaft, Produktion, Finanzierung, Rechnungswesen, Organisationsgestaltung oder Personalwesen zu verstehen.

Im Rahmen des „allgemeinen Management" (englisch: „general management") geht es um die Entwicklung einer umfassenden Konzeption und eines systematischen Instrumentariums für das Gesamtunternehmen. Oft gehörte Synonyme sind etwa „strategisches Management" (vgl. z. B. Welge/Al-Laham 1999), Unternehmenspolitik (Ulrich 1990; Pfriem 1995) oder Unternehmensführung (Macharzina 1995). Dieser generellen, mehr grundsätzlich ausgerichteten Ebene wird im Folgenden unter dem Begriff des *„strategischen Managements"* Aufmerksamkeit geschenkt.

8.2 Strategisches Management

Zu den zentralen Aufgaben des allgemeinen Managements gehört das Finden und Umsetzen einer Strategie für das Unternehmen. Im Rahmen des „strategischen Managements" werden für das Unternehmen grundsätzliche Entscheidungen über die maßgeblichen Fragen der Unternehmenspolitik getroffen. Im Prinzip haben alle Unternehmen eine Strategie, sie kann jedoch nicht immer - etwa anhand spezieller Dokumente (z. B. strategische Pläne) - nachvollzogen werden. Gerade in Kleinbetrieben vollzieht sie sich oft auf der Basis von sehr intuitiven und emotional geprägten Erwägungen des Unternehmers/der Unternehmerin.

8.2.1 Gegenstand

Worum es beim „strategischen Management" geht, kann am besten mit einem Zitat aus der Praxis der Getränkeindustrie verdeutlicht werden:

> „Der Markt für alkoholische Getränke befindet sich z. Z. in einer Stagnationsphase. Eine Hauptursache für diese Entwicklung ist in einer Veränderung des Nachfragerverhaltens zu sehen: Der Gesundheitsaspekt tritt bei Getränken immer mehr in den Vordergrund. So ist in Deutschland der Bierausstoß im Jahre 1993 um 4% gesunken. Die Hersteller von alkoholischen Getränken reagieren auf diese Marktveränderungen mit einer Änderung ihres Produktionsprogramms, d. h. sie erweitern ihre Produktpalette um alkoholfreie Getränke wie Fruchtsäfte und Mineralwasser. ... Mit diesen *Strategien* soll das Wachstum der Unternehmen gesichert werden."

Textbeleg 8-4: Strategiebeispiel aus der Getränkeindustrie (nach Bea/Haas 1995, S. 3).

In diesem Beispiel wird eine typische Strategieentscheidung getroffen: Angesichts von Veränderungen in der Unternehmensumwelt (rückläufiger Umsatz infolge von Einstellungsveränderungen bei den Verbraucher/innen) richten Unternehmen ihre Produktpalette neu aus und versuchen so, die (drohenden) Verluste im angestammten Geschäft zu kompensieren. Beim „strategischen Management" (häufig auch: „strategische Unternehmensführung" o. Ä.) geht es um das Treffen von Entscheidungen, die die grundlegende Positionierung des Unternehmens in einer (in der Regel hoch dynamischen) Umwelt betreffen. Häufig stehen dabei, wie an dem Beispiel ersehen werden kann, Produkt-Markt-Überlegungen im Mittelpunkt. Ziel des strategischen Managements ist der langfristige Erhalt der internen und externen Erfolgspotenziale des Unternehmens.

Es geht - mit Staehle (1994) gesprochen - primär um das „Management der System-Umwelt-Beziehungen". Insofern stehen externe Faktoren bei den Betrachtungen oft im Vordergrund. Aber: die Beeinflussbarkeit der Umwelt ist begrenzt. Daher werden zwangsläufig auch endogene Fakto-

ren - z. B. die Produktion, Organisationsstrukturen, vielleicht auch
-kulturen, Personalpolitik - einbezogen.

Entsprechend dieser grundlegenden Überlegungen werden heute in der
betriebswirtschaftlichen Strategietheorie häufig zwei grundlegende Ansätze unterschieden, die „market based view" und die „resource based
view".

Die Grundthese der *„market based view"* ist, dass sich die Strategie
eher an den äußeren Gegebenheiten auf den relevanten Märkten zu orientieren hat, etwa an der Attraktivität der Branche und/oder der relativen
Stärke des Unternehmens im Vergleich zu den Konkurrenten.

Die *„resource based view"* fokussiert demgegenüber die internen Stärken des Unternehmens. Demnach beruhen Wettbewerbsvorteile vor
allem auf der Einzigartigkeit eigener Ressourcen, etwa der technischen
Ausstattung, der Rohstoffe oder - vor allem - der „Humanressourcen",
und auf den sog. „Kernkompetenzen" (vgl. Welge/Al-Laham 1999,
S. 49 f.).

Die beiden Perspektiven werden häufig gegeneinander diskutiert. Diese
„Entweder-oder"-Sichtweise muss aber als fraglich gelten, wird es doch
in der Praxis zumeist auf beide Sphären ankommen.

Die Fokussierung der Umwelt resultiert daraus, dass sie zumeist die
Rahmenbedingungen setzt, auf die angemessen reagiert werden muss.
Daher müssen die Umweltbedingungen sorgfältig analysiert und sich
anbietende Folgerungen getroffen werden. Die daraus resultierenden
Gestaltungserfordernisse müssen sich aber wegen der mangelnden Beeinflussbarkeit der Umwelt zwangsläufig zu einem großen Teil nach
innen richten. Eine starke Umfeldsensibilität ist unmittelbar zu verbinden mit einer entsprechenden *Binnenorientierung*, die sich insbesondere
auf die Felder der Flexibilität, der Kreativität und der Innovationsfähigkeit und -bereitschaft ausrichtet. Dies resultiert aus dem Mangel an Beeinflussbarkeit der Umwelt und der Voraussetzungen für eine rationale
Durchdringung der Zukunft (Planbarkeit, Machbarkeit). In einer instabi-
len und unsicheren Umwelt kommt es vor allem auf die Ausschöpfung
der kreativen Energien im Unternehmen und die Gewährleistung einer
größtmöglichen Flexibilität an.

Wie schon in dem Beispiel aus der Getränkeindustrie deutlich wurde,
suchen Strategien vor allem Antworten auf zwei Fragen:

1. In welchen Geschäftsfeldern wollen wir tätig sein? Dabei handelt es sich um die Entscheidung über die sog. *„Domäne"* des Unternehmens. Soll das Unternehmen im angestammten Geschäft verbleiben? Oder bietet sich eine Weiterentwicklung des Produktangebots (z. B. neue Varianten) oder gar eine Diversifikation „hinein" in neue Bereiche an?

2. Wie wollen wir den Wettbewerb in diesen Geschäftsfeldern bestreiten? Wie können Wettbewerbsvorteile gewonnen werden? Will man sich als Nischenanbieter profilieren? Oder durch besonders kostengünstige Produktion zum Marktführer in regionalen, nationalen oder gar internationalen Märkten werden?

Im Rahmen der Strategiefindung geht es entscheidend um die mittel- und langfristige Überlebenssicherung des Unternehmens. Insofern wird Strategie assoziiert mit Begriffen wie Langfristigkeit, Wichtigkeit, Proaktivität, Selektivität (es wird aus mehreren Optionen ausgewählt, eine Entscheidung getroffen) und Intentionalität (Strategien hängen eng mit Unternehmenszielen zusammen).

8.2.2 Ursprung und Entwicklung des Strategiebegriffs

Ein Problem ist, dass der Strategiebegriff inzwischen in der anwendungsorientierten Betriebswirtschaftslehre inflationär verwendet wird. Ständig wird vom „strategischen Marketing", „strategischen Personalmanagement", „strategischen Controlling" usw. gesprochen. Es gibt kaum einen Gegenstandsbereich in der Betriebswirtschaftslehre, der nicht schon irgendwo mit dem Adjektiv „strategisch" versehen worden ist. Die Gefahr dieser Entwicklung ist, dass der Begriff zu einer leeren Floskel wird.

Wie schon beim Managementbegriff soll daher im Folgenden nach der Herkunft des Terminus „Strategie" geforscht werden (vgl. zum Folgenden Staehle 1994, S. 573 f.). Etymologisch stammt er aus dem Griechischen und bedeutet dort so viel wie die Kunst der Heerführung (strategos = Heerführer). Der militärische Ursprung wird auch bei der weiteren Verfolgung des „Werdegangs" dieses Begriffes deutlich. Im 19. Jahrhundert wurde er vor allem durch den Militärführer Carl von Clausewitz aufgegriffen und mit Inhalt gefüllt. Strategie ist für ihn Austarieren von physikalischen (Mensch und Material), moralischen, geographischen und zeitlichen Elementen. Wichtig für die Strategie sind unter anderem folgende Faktoren: Überlegenheit der Zahl, Überraschung und List, Sammlung von Kräften in Raum und Zeit, Verfügen über Reserven, Wechselspiel von Spannung und Ruhe.

Clausewitz selbst hat schon unmittelbar Parallelen zwischen dem Militär und der Wirtschaft gesehen (Krieg unterscheidet sich im Prinzip kaum von einem Handelsgeschäft). Schon von daher ist es nicht verwunderlich, dass Begriffe der Kriegsführung Eingang in betriebswirtschaftliche Terminologie gefunden haben.

Hinterhuber (1992, S. 7) nimmt eher Moltke als Clausewitz zum Ausgangspunkt für die Weiterentwicklung des Strategiebegriffs. Für Moltke ist Strategie „die Fortbildung des ursprünglich leitenden Gedankens entsprechend den stets sich ändernden Verhältnissen." Diese Sichtweise bringt eher das Merkmal der „Spezifität" und Einmaligkeit von Strategien zum Ausdruck: Strategien sind spezifisch, unwiederholbar, einmalig und stark von den äußeren Bedingungen geprägt.

Die breite Rezeption des Strategie-Begriffs in ökonomische Zusammenhänge hat in den USA ihren Ausgangspunkt genommen. Als Initialzündung gilt die Übernahme des Strategie-Paradigmas in den „Business Policy-Kurs" zur Aus- und Weiterbildung von Managern an der Harvard Business School in den 50er Jahren. Nach diesem Konzept umfasst die Unternehmensstrategie („corporate strategy"):

- die Festlegung langfristiger Ziele,
- die Festlegung der Politiken und Richtlinien,
- die Festlegung der Mittel und Wege zur Erreichung der Ziele.

Innerhalb der „corporate strategy" sind Bereichsstrategien („business strategies") zu entwickeln. Diese sind weniger umfassend und legen einzelne Produkt-Markt-Kombinationen pro Geschäftsbereich fest.

8.2.3 Der strategische Managementprozess

Die Kernelemente der Strategieentwicklung werden in der Fachliteratur oft als Bestandteile eines „strategischen Managementprozesses" dargestellt. Dabei sind die folgenden Schritte auseinander zu halten:

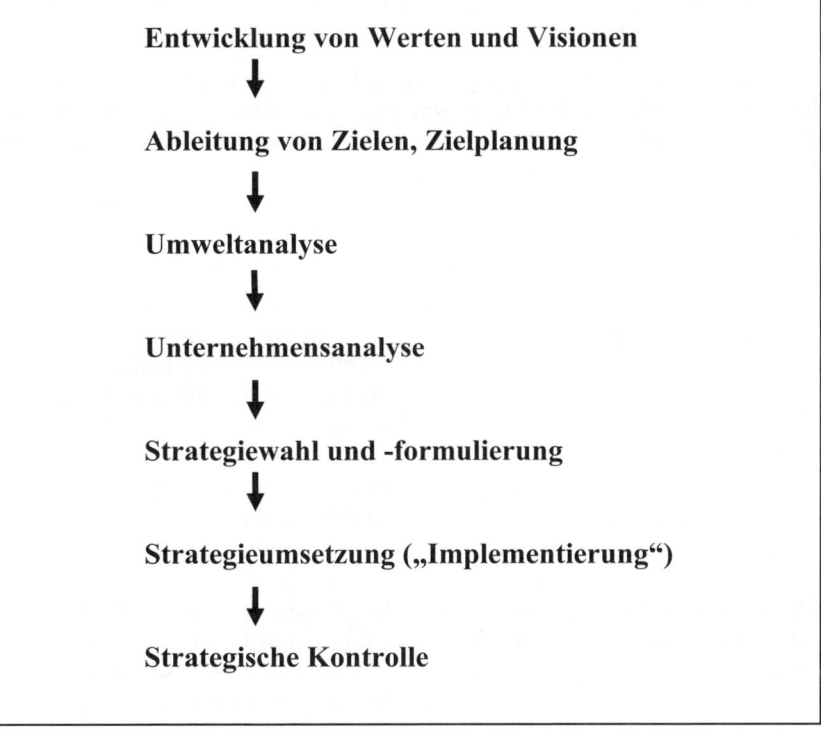

Übersicht 8-4: Der strategische Managementprozess

8.2.3.1 Entwicklung von Werten und Visionen

Im Rahmen der „strategischen Analyse" soll das Management Werte und generelle Zwecke analysieren und Vorstellungen von gegenwärtig und zukünftig anzustrebenden Zuständen entwickeln. Diese Überlegungen werden häufig zu einer Vision, Mission, Philosophie o. Ä. verdichtet. Werden sie schriftlich formuliert und um Verhaltenserwartungen für die Mitglieder des Unternehmens ergänzt, spricht man zumeist von einem „Leitbild". Diese Dokumente enthalten z. B. Aussagen über den Grund der Unternehmensgründung und -betreibung, Grundsätze der Organisation und Führung, vor allem aber auch über Werte und Ziele der Unternehmer/innen bzw. der Manager/innen sowie ggf. anderer Anspruchsgruppen des Unternehmens. Letztere werden in der letzten Zeit häufig als die sog. *„stakeholder"* bezeichnet: Arbeitnehmer/innen,

Kund/innen, Lieferanten, Staat, Öffentlichkeit, Interessengruppen (z. B. im Umweltschutz) usw.

Die Leitbilder sollen handlungs- und einstellungsleitend sein, das Denken und Handeln im Betrieb prägen. Bea/Haas (1995, S. 65) führen dazu das folgende Beispiel eines Leitbildes des mittelständischen Filterwerkes Mann+Hummel GmbH an (gekürzt):

Visionen („Was")	Leitsätze („Wie")
Mann + Hummel ist international ausgerichtet; unser Markt ist der Weltmarkt	Wir sind leistungsorientiert, handeln eigenverantwortlich, arbeiten vertrauensvoll zusammen und unterstützen uns gegenseitig
Mann + Hummel hat die Aktivitäten außerhalb des Kfz-Zuliefergeschäfts ausgebaut	Wir messen uns an der Zufriedenheit unserer Kunden
Mann + Hummel operiert weltweit mit einer marktorientierten Service- und Handelsorganisation	Wir haben mit unseren Lieferanten eine faire Partnerschaft Wir handeln verantwortungsbewusst gegenüber der Gesellschaft und Umwelt Wir sind Mann + Hummel; jeder von uns ist Schlüssel zum Erfolg

Übersicht 8-5: Visionen und Leitsätze eines mittelständischen Unternehmens

8.2.3.2 Ableitung von Zielen, Zielplanung

In engem Zusammenhang mit der (Weiter-) Entwicklung des Leitbilds spielt die Ableitung von Zielen eine zentrale Rolle im strategischen Managementprozess. „Die Formulierung von Zielen gilt als Grundfunktion des Managements" (Welge/Al-Laham 1999, S. 109). „Eine wesentliche Aufgabe im Rahmen des Strategischen Managements besteht darin, Ziele für das Unternehmen zu setzen" (Bea/Haas 1995, S. 65).

Die Ziele werden dabei in einer idealtypischen Betrachtung unmittelbar aus der Vision oder dem Leitbild hergeleitet und natürlich auch von den weiteren, im folgenden noch zu erläuternden Phasen und Elementen des Managementprozesses beeinflusst.

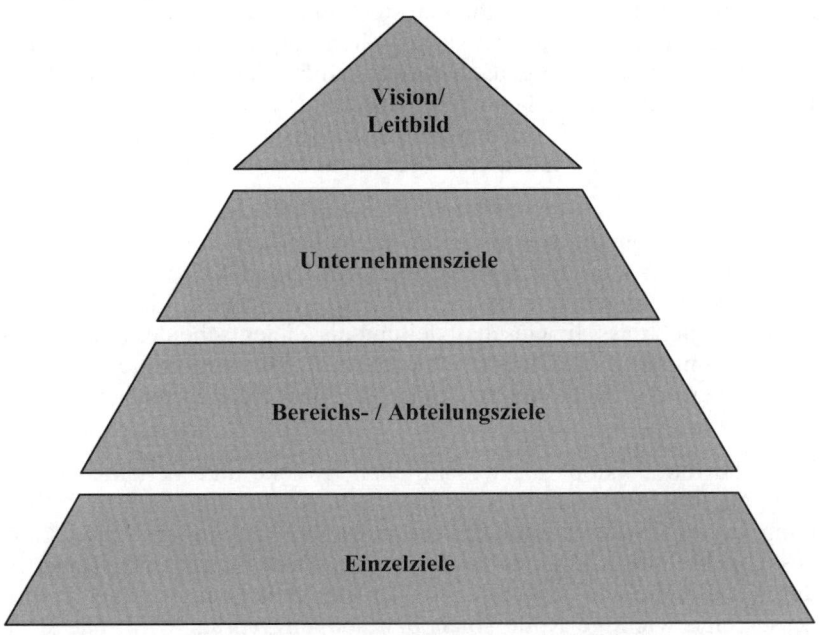

Übersicht 8-6: Zielableitung aus der Vision

Die Zielformulierung bildet die Grundlage für die langfristige Entwicklung des Unternehmens. Die Ziele dienen als Steuerungsinstrument und ermöglichen bei guter Operationalisierung eine permanente Kontrolle für die Effizienz des Managementprozesses.

Strategische Ziele können jedoch nicht als gegeben vorausgesetzt werden, sie „fallen nicht vom Himmel". Vielmehr müssen sie geplant, formuliert, zueinander in Beziehungen gesetzt und schließlich konkretisiert und im Zuge des Strategieimplementationsprozesses umgesetzt werden. Steinmann/Schreyögg (1993) halten fest, dass die Zielformulierung grundsätzlich eine Aufgabe des Linienmanagements ist und häufig durch Stabsabteilungen unterstützt wird. Diese Stäbe sind spezielle Planungsabteilungen, die mit Instrumenten und Methoden der strategischen Planung vertraut sind und die Unternehmensleitung darin beraten.

Aufgrund des Umstandes, dass die Informationsbeschaffungs- und -verarbeitungskapazität der Entscheider/innen (wie bei jedem Menschen) begrenzt ist, sollen Planungstechniken bzw. deren Anwendung die Wahrnehmungs- und Denkkapazitäten vergrößern. Planungstechniken beinhalten eine „vorgedachte Rationalität" und können so eine „gefühlsmäßig-intuitive" Planung ergänzen und funktionaler gestalten (Bea/Haas 1995, S. 51). Transparenz und Kontrolle der Planung sind durch den Einsatz formalisierter Techniken ebenfalls besser zu gewährleisten.

Zielentwicklungsprozesse in Unternehmen sind durch eine Vielzahl von beteiligten Personen und Instanzen aus der Organisation und ihrer Umwelt geprägt. In den meisten Fällen sind sie arbeitsteilig strukturiert. Dies bedeutet, dass die Geschäftsleitung als Zielentscheiderin bzw. Zielsetzerin fungiert und anderen Personen (z. B. Führungskräfte auf mittleren Ebenen) die Zielkonkretisierung für ihren Bereich und die Umsetzung obliegt.

Während die „Vision" die wesentlichen Zwecke und Verhaltensgrundsätze als Rahmen festhält, ist es die Aufgabe der strategischen Zielplanung, innerhalb dieses Rahmens die angestrebte zukünftige Entwicklung des Unternehmens konkret zu definieren. Die Unternehmenssteuerung durch Ziele, die wie gesagt in allen Teilelementen des Managementprozesses eine wichtige Rolle spielt bzw. davon geprägt wird, hat in der letzten Zeit noch einmal erheblich an Bedeutung gewonnen (vgl. Breisig 2001).

8.2.3.3 Umweltanalyse

Im Rahmen der Umweltanalyse sind die Chancen und Risiken aus dem wirtschaftlichen und sonstigen Umfeld der Unternehmensbetätigung zu untersuchen. Dies ist die exogene Komponente der strategischen Analyse: Es wird nach außen geschaut.

Die Umwelt des Unternehmens stellt ihren Wirkungskreis dar, in ihr kann sie ihre Leistungen absetzen. Gleichzeitig stellt diese aber auch Ansprüche an sie und setzt ihr (z. B. wirtschaftliche, aber auch rechtliche) Grenzen. Bei der Umweltanalyse ist es notwendig, die Umwelt auf verschiedenen Ebenen zu beachten.

> „Die Entscheidungsträger müssen eine Idee von den relevantesten Einflussfaktoren und ihren Verknüpfungen entwickeln. Erst eine Vorstellung dieser Zusammenhänge - die allerdings wegen der unüberschaubar vielen Anschlussmöglichkeiten zwischen den Elementen des Umfeldes immer nur eine vereinfachte Konstruktion sein kann - ermöglicht den Entwurf strategischer Handlungsmöglichkeiten und die Beurteilung bestehender strategischer Positionen."

Textbeleg 8-5: Umweltanalyse (nach Steinmann/Schreyögg 1993, S. 155).

Die globale Umwelt stellt den durch die Organisation nur sehr eingeschränkt veränderbaren Rahmen dar, in dem sie handeln und auf dessen Veränderung sie reagieren muss. Mit Hilfe der Bestimmung von Schlüsselgrößen aus den unterschiedlichen Trends werden deren Einflussgrößen bestimmt und mögliche Prämissen für den Planungsprozess festgelegt.

Die strategische Planung beinhaltet nicht nur die Analyse der globalen Umwelt eines Unternehmens. Stets wird ein besonders intensives Augenmerk auf das nähere ökonomische Umfeld des Unternehmens - die Branche - geworfen. Die Branche wird oft als das direkte Handlungsfeld des Unternehmens bezeichnet. Die Branchenbedingungen sind ein entscheidender Faktor für das Engagement eines Unternehmens.

Aufgrund dieser überragenden Bedeutung wird dem industrieökonomischen Ansatz von Porter weiter unten ein eigener Abschnitt gewidmet, so dass sich hier weitergehende Ausführungen erübrigen.

8.2.3.4 Unternehmensanalyse

Im Rahmen der *Unternehmensanalyse* werden die betrieblichen Ressourcenpotenziale im Lichte der Erkenntnisse aus der Umweltanalyse unter die Lupe genommen. Wo liegen Stärken, wo Schwächen des Unternehmens? Was bietet sich im Hinblick auf eventuelle Bedrohungen aus der Umwelt an Reaktionen in der Gestaltung der Binnenverhältnisse des Unternehmens, die sich viel besser beeinflussen lassen als die Umwelt selbst, an?

Die Unternehmensanalyse setzt sich vor allem aus zwei Elementen zusammen:

- der Ressourcenanalyse, d. h. der Untersuchung und Bewertung der Potenziale des eigenen Unternehmens und

-   der Konkurrentenanalyse, die danach fragt, worin die Stärken und Schwächen der Konkurrenz zu sehen sind und wie die eigenen Potenziale in diesem Licht dastehen.

In die Analyse werden finanzielle, physische (z. B. Standorte), humane (z. B. qualifizierte Arbeitskräfte), organisatorische oder technologische Ressourcen einbezogen.

Da nicht nur die Umwelt, sondern auch das Interieur zumindest größerer Unternehmen reichlich komplex ist, muss auch im Rahmen der Unternehmensanalyse selektiert werden, d. h. eine Konzentration auf die strategisch wichtigen Aspekte stattfinden.

Zu diesem Zweck werden in der Fachliteratur zum „strategischen Management" vielfältige Instrumente präsentiert und erörtert, die hier nicht erschöpfend behandelt werden können. Ein sehr bekannt gewordener Ansatz ist das *Wertkettenkonzept*, das auf Porter zurückgeführt wird.

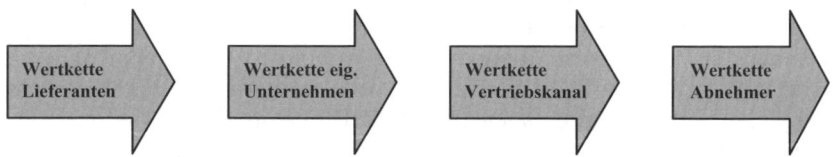

Übersicht 8-7: Miteinander verwobene Wertketten

Bei diesem Ansatz wird der *Wertschöpfungsprozess* in den Mittelpunkt der Betrachtung gestellt. Der Wertschöpfungsprozess umfasst den gesamten Vorgang der Produktion und des Absatzes eines Gutes oder einer Dienstleistung, d. h. von der Lieferung von Rohstoffen oder Materialien bis hin zum Verkauf an Kund/innen. Da an der Wertschöpfung oft mehrere Unternehmen oder sonstige Wirtschaftseinheiten (z. B. Abnehmer) beteiligt sind, werden mehrere Wertketten und damit auch die Schnittstellen in die Betrachtung einbezogen. Die Betrachtung von Wertschöpfungsketten ist für die Ermittlung von strategischen Handlungsspielräumen von hoher Bedeutung, weil neue Strategien oft auch eine grenzüberschreitende Neuordnung der Wertaktivitäten verlangen (vgl. weiter unten Abschn. 9.2). Ggf. liegen auch gerade in einer solchen Neuordnung große Chancen. In diesem Zusammenhang werden z. B. oft *Outsourcing*-Entscheidungen getroffen: Ein Automobilhersteller-Unter-

nehmen beschließt etwa, diverse Auto-Teile, die es bislang selbst hergestellt hat, künftig von Zulieferern zu beziehen („make or buy") und damit die Kosten zu drücken.

Jedes Geschäftsfeld wird einer derartigen Untersuchung unterzogen
(„eigene" Wertketten-Analyse) und damit auch die vor- und nachgelagerten Aktivitäten, die sich teilweise außerhalb der Unternehmensgrenzen abspielen, in die Einschätzungen einbezogen.

Porter (1986) gliedert die Wertaktivitäten in zwei Klassen:

- „primäre Aktivitäten" sind unmittelbar mit der Herstellung und
  dem Vertrieb eines Produktes verbunden,
- „unterstützende Aktivitäten" beziehen sich auf die flankieren-
  den Versorgungs- und Steuerungsaktivitäten (z. B. Beschaffung, Technologieentwicklung, Personalwesen).

8.2.3.5 Strategiewahl und -formulierung

Auf der Basis der in der Analysephase gewonnenen Erkenntnisse über
die sich bietenden Chancen und Wettbewerbsvorteile gilt es im nächsten
Schritt des hier betrachteten Prozesses, Strategien zu entwickeln, die an
den Vorteilen ansetzen, die Kräfte bündeln und die Ressourcenbasis
verbessern. Dazu sind die Strategien und Strukturen des Unternehmens
so aufeinander abzustimmen, dass eine „Passung", ein „strategischer
Fit" entsteht (vgl. zu diesem Grundansatz Bea/Haas 1995).

Zunächst geht der eigentlichen Strategiewahl die Bewertung der möglichen alternativen Strategien voran. Dabei werden die Auswirkungen der
Varianten auf die Zielerreichung überprüft. Methodisch werden zu diesem Zweck etwa Checklisten, Nutzwertanalysen, Szenario-Techniken
oder unternehmenswertorientierte Instrumente eingesetzt.

Je nach Konzentration der Wettbewerbsvorteile ergeben sich unterschiedliche Ansatzpunkte: Bei umweltbasierten Vorteilen muss die
Struktur des Unternehmens der Strategie angepasst werden, bei unternehmensbasierten Vorteilen hat sich die Strategie an der vorhandenen
Struktur auszurichten.

Ergebnisse der Strategiewahl können etwa sein: *Wachstumsstrategien*
(durch Zukäufe oder internes Wachstum), *Stabilisierungsstrategien,
Des-Investitionsstrategien* (durch Konzentration auf die „Kernkompetenzen"), *Kostenführerstrategien*, Strategien der *Produktdifferenzierung*

(Diversifikation), *Nischenstrategien* oder auch spezifische Strategien in Funktionsbereichen wie in der Beschaffung, im Marketing oder im Bereich der Humanressourcen.

8.2.3.6 Strategieimplementierung

Nach der Festlegung der Strategien müssen sie im Unternehmen umgesetzt werden. Es werden dabei drei Aufgaben unterschieden (vgl. Bea/Haas 1995, S. 175):

- die sachliche Aufgabe, die die Zerlegung der Strategien in Einzelmaßnahmen umfasst;

- die organisatorische Aufgabe, bei der es um die Ablauforganisation der Strategieimplementierung geht und

- die personale Aufgabe, die für die Schaffung der personellen Voraussetzungen „zuständig" ist.

Bei der Zerlegung der Strategie in Einzelmaßnahmen handelt es sich um das Erstellen von Maßnahmenkatalogen bzw. um strategische Programme für die jeweils betroffenen Untereinheiten des Unternehmens sowie um die Formulierung von monetären Zielen (Budgets), die das Erreichen des Strategieziels messbar machen sollen. Bei der Entwicklung der strategischen Programme wird die Strategie nun konkret auf die betrieblichen Funktionen heruntergebrochen. Im Idealfall sollen möglichst viele Mitarbeiter/innen in diesen Transformationsprozess einbezogen werden. Zur Visualisierung der Implementierungsschritte und besseren Prozesskontrolle werden dabei immer stärker die sog. *Balanced Scorecards* eingesetzt.

Die Ablauforganisation soll das Fortschreiten der zur Umsetzung der Strategie notwendigen Maßnahmen steuern und koordinieren. Dabei geht es zum einen um die Reihenfolge der Maßnahmen, zum anderen um die Abstimmung der Maßnahmen über die verschiedenen beteiligten Bereiche eines Unternehmens hinweg. Bezogen auf die organisatorischen Aufgaben soll ein strategiegerechtes Organisations- und Führungssystem aufgebaut werden, um die Steuerkraft des Unternehmens bezogen auf die strategischen Ziele zu erhöhen. Dabei kann es z. B. auch zur Bildung von strategischen Geschäftseinheiten oder anderen Organisationsformen kommen.

Die Schaffung der personalen Voraussetzungen betrifft die Einbeziehung der Personalbeschaffung und -planung sowie die Veränderung der

Leistungsbeurteilungs- und Anreizsysteme in Bezug auf die strategischen Ziele des Unternehmens. Auch die Personalentwicklung und Qualifizierung ist häufig ein Handlungsfeld, das im Wege der Strategieumsetzung eine große Rolle spielt. Alles zusammen soll dazu beitragen, dass die Mitarbeiter/innen strategieentsprechend handeln.

Vielfach wird gefordert, die Betroffenen (Mitarbeiter/innen) in den Implementierungsprozess einzubeziehen, um mögliche Widerstände gegen die Einführung der Strategie zu verhindern oder abzubauen. Ursachen für solche Widerstände können zum Beispiel in Zielkonflikten zwischen persönlichen Zielen der Beteiligten und der Strategieausrichtung, in Verlustängsten bezüglich Ressourcen und Prestige oder auch in einer generellen Abneigung gegen Wandel liegen. Ein möglicher Ansatzpunkt ist hierbei, die Betroffenen im Zuge eines Organisationsentwicklungsprozesses in die Strategiewahl und -implementierung aktiv mit einzubeziehen (vgl. dazu ausführlich Abschnitt 7.2).

8.2.3.7 Strategische Kontrolle

Die letzte Phase des strategischen Managementprozesses stellt die strategische Kontrolle dar. Diese ist jedoch nicht als Schlusspunkt des Prozesses zu sehen, sondern als eigenständiger Prozess, der schon die Phasen der Strategiewahl und -implementierung begleitet und weit über einen reinen Soll-/Ist-Vergleich der Zielgrößen (der klassischen Auffassung von strategischer Kontrolle) des Ergebnisses einer Strategie hinausgeht.

Bea/Haas (1995, S. 206) definieren Kontrolle im Kontext des strategischen Managementprozesses wie folgt:

> „Strategische Kontrolle ist ein geordneter, kontinuierlicher, informationsverarbeitender Prozess, der parallel zur strategischen Planung verläuft und durch Ermittlung von Abweichungen zwischen Plangrößen und Vergleichsgrößen die Richtigkeit der strategischen Planung überprüft."

Textbeleg 8-6: Strategische Kontrolle

Unter der Prämisse, dass die strategische Kontrolle einen die Planung begleitenden Prozess darstellt, können nach Steinmann/Schreyögg (1993, S. 391 ff.) drei Bausteine der strategischen Kontrolle unterschieden werden, nämlich die strategische Überwachung als Globalfunktion sowie die strategische Prämissenkontrolle und die strategische Durchführungskontrolle als Spezialfunktionen.

Die *strategische Prämissenkontrolle* dient ab dem Moment der Strategieformulierung der fortlaufenden Überwachung, inwieweit man die Strategie bei allen Überlegungen und Planungen im Auge behält. Dabei wird überprüft, ob die Annahmen und Voraussetzungen, die die Basis für die gewählte Strategie lieferten, auch im weiteren Prozess Bestand haben oder ob aufgrund veränderter Prämissen der Prozess von Neuem begonnen werden muss.

Die *Durchführungskontrolle* begleitet den gesamten Prozess der Strategieimplementierung. Hierzu wird dieser durch das Benennen von Zwischenzielen (oft sog. „Milestones") aufgeteilt und hinsichtlich des Erreichens dieser Ziele messbar gemacht. So kann ein Abweichen vom beabsichtigten Kurs frühzeitig erkannt und hinterfragt werden, ob die gesetzten Ziele durch die gewählte Strategie überhaupt erreichbar sind.

Die beiden erstgenannten Kontrolltypen haben die gewählte Strategie und die dazugehörigen Maßnahmen zum Gegenstand. Der dritte Baustein dient einer strategischen Gesamtkontrolle. Die *strategische Überwachung* beinhaltet eine ungerichtete Beobachtung des Unternehmens und seiner Umwelt bezogen auf Entwicklungen und unvorhergesehene Ereignisse, die der strategischen Ausrichtung der Organisation zuwiderlaufen und damit erneutes strategisches Handeln notwendig machen.

8.2.4 Der industrieökonomische Ansatz von Porter

Wie gesehen ist die Analyse der speziellen Umwelt ohne Frage einer der Eckpfeiler im strategischen Managementprozess. Für dieses Kernelement hat Porter (1986) ein sehr einleuchtendes und wichtiges Konzept vorgelegt, den sog. „industrieökonomischen Ansatz", um den es im Folgenden gehen soll.

Im Mittelpunkt des industrieökonomischen Ansatzes steht die Analyse der Branche und der wichtigsten Konkurrenten. Ziel ist die Beschreibung von Markt- bzw. Industriestrukturen sowie die Analyse ihrer potenziellen Wirkungen auf das Verhalten von Unternehmen bzw. deren Ergebnisse.

In dieser Betrachtungsweise sind die Industriestrukturen vor allem geprägt durch die Faktoren:

- Art und Anzahl der auf einem abgegrenzten Markt agierenden Wettbewerber,
- Höhe der Markteintritts- bzw. -austrittsbarrieren,
- Qualität der zur Verfügung stehenden Informationen,
- Standardisierungsgrad und Substituierbarkeit der Produkte,
- zwischen den Produktionsstufen bestehende Interdependenzen.

Das Verhalten der Unternehmen ist geprägt durch:

- eingeschlagene Diversifikations- bzw. vertikale Integrationsstrategien und
- gewählte Wettbewerbs- bzw. Kooperationsstrategien.

Porters Leistung besteht vor allem darin, dass er ein plausibles Modell zur Strukturanalyse von Branchen in Form einer Heuristik entwickelt hat. Die Grundlage dieses Modells besteht aus der Analyse der fünf auf eine Branche einwirkenden Wettbewerbskräfte und ihrer Konsequenzen. Die Branchenstruktur beeinflusst zum einen den Wettbewerb, zum anderen wirkt sie sich auch auf die Strategien aus, die den Unternehmen zur Verfügung stehen. Deshalb betrachtet er die Strukturanalyse als Grundgerüst für die Formulierung der Wettbewerbsstrategie.

In jeder Branche wirken *fünf Wettbewerbskräfte* zusammen, die Wettbewerbsintensität und Rentabilität der Branche maßgeblich bestimmen. Dies sind:

1. Die Gefahr des Markteintritts neuer Anbieter.
2. Die Rivalität unter den bestehenden Wettbewerbern.
3. Die Bedrohung durch Substitutionsprodukte.
4. Die Verhandlungsmacht der Abnehmer.
5. Die Verhandlungsstärke der Lieferanten.

8.2.4.1 Gefahr des Markteintritts neuer Anbieter

Die Bedrohung durch neue Konkurrenten ist abhängig von den existierenden Markteintrittsbarrieren und den absehbaren Reaktionen der etablierten Wettbewerber.

Vor allem die *Markteintrittsbarrieren* sind für potenzielle Anbieter, die beabsichtigen, in einen neuen Markt zu gehen, von zentraler Bedeutung. Sind diese Barrieren hoch, so ist ein Eintritt für neue Anbieter sehr riskant und wohl nicht sehr wahrscheinlich. Porter nennt fünf wesentliche Ursprünge von Eintrittsbarrieren:

- Betriebsgrößenersparnisse ("economies of scale"),
- Produktdifferenzierung,
- Kapitalbedarf,
- Umstellungskosten,
- Zugang zu Vertriebskanälen.

Eine weitere Ursache für das Vorhandensein von Markteintrittsbarrieren stellen größenunabhängige Kostennachteile bzw. -vorteile dar. So können z. B. etablierte Unternehmen über Kostenvorteile verfügen, die für neue Konkurrenten unerreichbar sind. Als wichtigste Kostenvorteile nennt Porter:

- den Besitz von Produkttechnologien,
- den günstigen Zugang zu Rohstoffen,
- den Besitz günstiger Standorte,
- die Unterstützung durch staatliche Subventionen und
- die Möglichkeit der erfahrungsbedingten Kostendegression (Lernkurveneffekte).

Auch die staatliche Politik kann eine Ursache für Eintrittsbarrieren sein. Sie kann den Markteintritt erheblich erschweren oder sogar verhindern (z. B. mit Instrumenten wie Lizenzierung oder Begrenzung des Zugangs zu Rohstoffen). Ferner können staatliche Sicherheits- und Effizienzvorschriften für Produkte sowie Umweltschutzvorschriften zu Eintrittsbarrieren führen.

Eine andere Einflussgröße ist die *erwartete Vergeltung* durch die im Markt befindlichen Anbieter. Erwarten die potenziellen neuen Konkurrenten eine heftige Reaktion der bestehenden Wettbewerber, so wird sie dies womöglich abschrecken. Porter führt vier Bedingungen auf, die eine hohe Vergeltungswahrscheinlichkeit signalisieren:

- harte Vergeltungsmaßnahmen gegen frühere Eintretende,
- die etablierten Wettbewerber verfügen über umfangreiche Mittel zur Abschreckung,

- die Unternehmen sind etabliert, mit der Branche eng verwachsen und haben hochgradig illiquide Aktiva in sie investiert (sog. „sunk costs", versunkene Kosten),
- langsames Wachstum, das die Fähigkeit der Branche begrenzt, ein neues Unternehmen aufzunehmen, ohne dass dadurch die Umsätze der anderen Wettbewerber geschmälert und ihre Finanzlage verschlechtert werden.

Porter fasst die Bedingung des Brancheneintritts in einem Konzept zusammen, das er *„den für den Eintritt kritischen Preis"* nennt: der Preis, der gerade die Ertragschancen aus dem Eintritt (so wie der mögliche Neuanbieter sie einschätzt) mit den erwarteten Kosten (aus der Überwindung struktureller Eintrittsbarrieren und drohender Vergeltungsmaßnahmen) ins Gleichgewicht bringt.

Darüber hinaus weist Porter darauf hin, dass Eintrittsbarrieren keine festen und statischen Größen sind, sondern sich im Zeitablauf verändern können. Beispielsweise können Produktinnovationen oder neue Technologien zu einem Wegfall von Eintrittsbarrieren führen.

8.2.4.2 Rivalität unter den bestehenden Wettbewerbern

Rivalität unter den bestehenden Wettbewerbern äußert sich z. B. in Preiswettbewerb, Werbeschlachten, der Einführung neuer Produkte oder in dem Versuch, bessere Service- oder Garantieleistungen anzubieten.

Ausgelöst werden solche Positionskämpfe, weil einer oder mehrere der Konkurrenten sich unbedingt dazu veranlasst fühlen oder auch die Möglichkeit sehen, auf diese Weise ihre Position zu verbessern. Innerhalb der meisten Branchen besteht zwischen den Wettbewerbern eine wechselseitige Abhängigkeit: Maßnahmen eines Unternehmens bleiben nicht ohne Wirkung auf seine Konkurrenten und ziehen häufig Vergeltungs- oder Gegenmaßnahmen nach sich. Die Rivalität in manchen Branchen zeichnet sich aus durch sich gegenseitig „hochschaukelnde" Maßnahmen und Gegenmaßnahmen und kann dazu führen, dass alle im Markt befindlichen Wettbewerber darunter leiden. Dies ist in der letzten Zeit im Einzelhandel gut zu beobachten gewesen.

Für Porter ist die Rivalität die Folge einer Reihe zusammenwirkender struktureller Faktoren. Besonders wichtig ist die *Anzahl bzw. die Stellung* der im Markt befindlichen Unternehmen. Ist die Zahl der Wettbewerber hoch, so steigt die Maßnahme-Wahrscheinlichkeit. Denn in der

Masse kann man eher davon ausgehen, dass die Konkurrenz dies vielleicht gar nicht registriert. Im Falle weniger, ähnlich starker Wettbewerber kann es aber ebenfalls eine sehr hohe Kampfbereitschaft geben.
Dominieren hingegen ein oder wenige Unternehmen die Branche oder
ist sie hoch konzentriert, so wird es kaum eskalierende Positionskämpfe
geben, weil jeder ein zutreffendes Gefühl für die relative Stärke hat.

Ein weiterer wichtiger Einflussfaktor ist das *Wachstumspotenzial* der
Branche. Bei langsamem Wachstum führt der Wettbewerb in der Regel
zu Kämpfen um die Höhe der Marktanteile. Unternehmen, die expandie-
ren wollen, konkurrieren wesentlich intensiver um Marktanteile als dies
bei schnellem Branchenwachstum der Fall wäre. Branchenexpansionen
führen fast immer automatisch zu einer Verbesserung der Ergebnisse,
wenn die Unternehmen nur mit dem Wachstumsdrang der Branche mit-
halten.

Weitere Faktoren der Branchenstruktur, die rivalitätsfördernd wirken
können, sind:

- hohe Fix- oder Lagerkosten,
- fehlende Produktdifferenzierung oder Umstellungskosten,
- große Kapazitätserweiterungen,
- heterogene Wettbewerber,
- hohe strategische Einsätze einiger Unternehmen,
- hohe Austrittsbarrieren.

Nach Porter können sich die oben genannten Faktoren, die den Grad der
Konkurrenz beeinflussen, verändern. So nimmt z. B. das Branchenwachstum mit zunehmender Reife der Branche ab, was zu höherer Rivalität und somit zu sinkenden Gewinnen führt. Auch eine Beteiligung
oder ein Kauf können, etwa durch das Hinzustoßen einer neuen Unter-
nehmenspersönlichkeit zur Branche, eine Veränderung der Rivalität
bewirken.

8.2.4.3 Bedrohung durch Substitutionsprodukte

Industriezweige, die *Ersatzprodukte* (Substitute) herstellen, können im
weiteren Sinne auch als Konkurrenten einer Branche angesehen werden.
Sie mindern nicht nur die Gewinne in normalen Zeiten, sondern schmälern auch die Sondergewinne, die eine Branche in Boomphasen erzielen
kann. Um Ersatzprodukte aufzuspüren, muss nach Produkten gesucht

werden, die die gleiche Funktion erfüllen wie das Produkt der Branche. Eine solche Suche ist oft sehr aufwendig und schwierig und führt den Analytiker manchmal in Geschäftszweige, die anscheinend wenig mit der Branche zu tun haben.

Um die Position der Branche gegenüber Ersatzprodukten zu verteidigen, ist oft kollektives Handeln gefragt: gemeinsame Initiativen zur Erhöhung der Produktqualität, Steigerung des Marketing und eine Verbesserung der Angebotsstrukturen des Produkts können die Lage der Branche verbessern.

Die meiste Aufmerksamkeit verdienen diejenigen Ersatzprodukte, deren Preis-Leistungs-Verhältnis sich in Relation zum Branchenprodukt tendenziell verbessert und die, deren Produzenten hohe Gewinne erwirtschaften.

8.2.4.4 Die Verhandlungsmacht der Abnehmer

Auch die Abnehmer stehen im Wettbewerb mit der Branche. Sie drücken Preise herunter, verlangen höhere Qualität oder bessere Leistung, spielen konkurrierende Anbieter gegeneinander aus und beeinflussen so die Rentabilität der Branche (Beispiele: Zuliefer-Industrie von Automobilfirmen, Lebensmittelhersteller gegenüber Handels-Konzernen).

Porter führt folgende Charakteristika einer starken Abnehmergruppe auf:

- Die Abnehmergruppe ist konzentriert oder hat einen großen Anteil an den Gesamtumsätzen der Verkäufer.

- Die Produkte, die sie von der Branche bezieht, sind standardisiert oder nicht differenziert.

- Ihre Umstellungskosten sind niedrig.

- Ihre Gewinne sind niedrig (insbesondere wegen starker Konkurrenz innerhalb der Abnehmer-Branche).

- Die Abnehmer können glaubhaft mit Rückwärtsintegration drohen.

- Das Branchenprodukt ist für die Qualität der Leistung des Produkts, das die Abnehmer herstellen, relativ unerheblich.

Diese Faktoren können sich mit der Zeit verändern und so die Macht der Abnehmer beeinflussen. Beispielsweise lässt die Zunahme der Konzentration bei den Abnehmern ihre Verhandlungsmacht gegenüber ihren Lieferanten steigen (Beispiel: Handel).

8.2.4.5 Verhandlungsstärke der Lieferanten

Das Androhen von Preiserhöhungen und/oder Qualitätssenkungen gehört zu den Mitteln, mit denen Lieferanten ihre Verhandlungsstärke gegenüber ihren Käufern ausspielen. Die Rentabilität von Branchen, die Kostensteigerungen in ihren eigenen Preisen nicht weitergeben können, kann so durch mächtige Lieferanten empfindlich gemindert werden.

Folgende Merkmale kennzeichnen eine starke Lieferantengruppe:

-   Die Lieferantengruppe wird von wenigen Unternehmen beherrscht und ist stärker konzentriert als die Branche, an die sie verkauft.
-   Ihre Verkäufe an die Branche werden nicht durch Ersatzprodukte streitig gemacht.
-   Die Branche ist als Kunde für die Lieferanten relativ unwichtig.
-   Das Produkt der Lieferanten ist ein wichtiger Input für das Geschäft des Abnehmers.
-   Die Lieferantengruppe kann glaubwürdig mit Vorwärtsintegration drohen.

Unter „Lieferanten" können nicht nur Unternehmen, sondern z. B. auch Arbeitskräfte verstanden werden, die oft beträchtliche Macht besitzen (auch Gewerkschaften). Vor allem knappe, hochqualifizierte Kräfte und/oder gewerkschaftlich gut organisierte Beschäftigte verfügen über Möglichkeiten, das Gewinnpotenzial einer Branche in Tarifverhandlungen deutlich zu schmälern.

8.3 Aufgaben und Diskussion

Aufgabe 8-1:

Mit welchen Argumenten fordern viele Vertreter/innen eine (Um-) Orientierung der Betriebswirtschaftslehre im Sinne einer allgemeinen Managementlehre?

Aufgabe 8-2:

Geben Sie drei vorkommende Erklärungen für die etymologische Herkunft des Managementbegriffes wieder und schätzen Sie jeweils deren Plausibilität ein!

Aufgabe 8-3:

Erläutern Sie die funktionale Bedeutung des Managementbegriffes! Welche synonymen Begriffe oder Begriffe mit ähnlichem Sinngehalt sind Ihnen bekannt?

Aufgabe 8-4:

Der funktionale Managementbegriff wird oft auch durch eine „Negativ-Abgrenzung" zu Ausführungsaufgaben zu präzisieren versucht. Was ist davon zu halten?

Aufgabe 8-5:

Was versteht man unter Management im institutionellen Sinne?

Aufgabe 8-6:

Skizzieren Sie, am besten anhand eines Beispieles aus ihrem betrieblichen Erfahrungsbereich, worum es beim „strategischen Management" geht!

Aufgabe 8-7:

Was versteht man im strategischen Management unter einer Vision? Grenzen Sie die Vision von einem Leitbild ab. Halten Sie diese Abgrenzung für scharf?

Aufgabe 8-8:

Worum genau geht es bei der Umweltanalyse?

Aufgabe 8-9:

Was muss beim strategischen Management an was angepasst werden, die Struktur der Strategie oder umgekehrt die Strategie der Struktur?

Aufgabe 8-10:

Worum geht es Porter in seinem „industrieökonomischen Ansatz"?

Aufgabe 8-11:

Überlegen Sie sich bitte einige Beispiele für Substitutionsprodukte, die für eine Branche zur Bedrohung geworden sind.

9. Interorganisationale Beziehungen

Indem wir uns im vorangehenden Kapitel mit Fragen des strategischen Managements beschäftigt haben, ist implizit schon deutlich geworden, dass die traditionelle Binnenorientierung des Fachgebiets Organisation zu kurz greift. Anders ausgedrückt: Die Bewältigung von Organisationsproblemen erfordert in Zeiten des ständigen Wandels und der strategischen Weitsicht zwingend die Transzendierung der Organisationsgrenzen.

Spätestens mit dem Bekanntwerden des bei Toyota praktizierten, von Womack/Jones/Roos (1991) als „lean production" bezeichneten Arbeits- und Produktionskonzeptes (vgl. Abschn. 10.2.2) ist stärker ins Bewusstsein gerückt, dass nicht nur die nach innen gerichteten Strukturen und Kulturen, sondern auch eine exogene Größe eine besondere strategische Stärke ausmachen kann. Gemeint sind die in einem ausgefeilten Beziehungsgeflecht z. B. zwischen großen Herstellerunternehmen und deren Zulieferern, aber auch zu Absatzmittlern (Händlern) zum Ausdruck kommenden *interorganisationalen Beziehungen*.

Genauer betrachtet sind die Wertschöpfungsnetze á la Toyota aber keineswegs die einzig relevante Form solcher organisationsübergreifender Arrangements. Bekanntlich hat der Zusammenschluss von Organisationen in *Konzernen* wirtschaftshistorisch schon früh eine starke Anziehungskraft auf Unternehmer/innen bzw. Manager/innen ausgeübt. Diese Faszination ist bis heute ungebrochen:

„Der Konzern ist die typische Organisationsform mittelständischer und großer Unternehmungen. Der Anteil der Konzerne an deutschen Aktiengesellschaften ist von 1980 bis 1991 von 70% auf 90% angestiegen. Gleichzeitig sind ca. 50% der GmbHs konzernverbunden" (Mellewigt/ Matiaske 2001, S. 109).

Auch von daher wird in den klassischen Organisationsperspektiven viel zu wenig berücksichtigt, dass Betriebe nur beschränkt als Einzelakteure zu begreifen sind, sondern dass es sich vielfach um *verbundene Unternehmen* handelt. Die zwangsläufige Konsequenz ist, dass sich Organisationsprobleme nicht nur inner- sondern auch überbetrieblich stellen.

Das Fachgebiet hat einen starken Hang zur endogenen Dimensionierung. Organisation wird verstanden als die interne Ausrichtung mechanistisch-struktureller Standards zur Koordination des Verhaltens der fest definierten Mitglieder im Hinblick auf die Erreichung bestimmter Ziele (vgl. Abschn. 1.2). Damit wird das Organisationsproblem verkürzt analysiert, weil nur in Richtung einer veränderbaren, aber gegebenen „Binnenstruktur" gedacht wird. Zwar spielt die Umwelt, insbesondere im Rahmen des Kontingenzansatzes, eine herausragende Rolle in der Organisationstheorie. Diese wird aber üblicherweise als gesichtsloses und amorphes Gebilde konzeptualisiert und lediglich im Hinblick auf bestimmte, für (nach innen gerichtete) Organisationsentscheidungen relevante Zustände analysiert (z. B. technologische Entwicklung, Wettbewerbsintensität).

In diesem Kapitel werden wir uns insoweit in Erweiterung dieser traditionellen Perspektive mit den zwei zentralen Ausprägungsformen von Interorganisationsbeziehungen beschäftigen, nämlich mit Konzernen und Netzwerken.

9.1 Konzerne

9.1.1 Momentaufnahme zu Unternehmenszusammenschlüssen

Schon in der betriebswirtschaftlichen Standardliteratur wird - unter Angabe empirischer Befunde - darauf verwiesen, dass viele Unternehmen *Wachstum* als eigenständiges Ziel betrachten (vgl. für viele Schierenbeck 1993, S. 49 ff.). Demnach strebt die Mehrzahl der Unternehmen nach einer Ausweitung ihrer Marktanteile durch Vergrößerung. Die Hälfte ist dafür sogar bereit, auf mögliche Gewinnanteile zu verzichten. Für die Umsetzung von Wachstumszielen gibt es grundsätzlich zwei mögliche Strategien:

- internes Wachstum und
- externes Wachstum, nämlich über Unternehmenszusammenschlüsse.

Die ökonomische Entwicklung nach dem Zweiten Weltkrieg setzte zunächst starke Impulse für eine verstärkte Konzentration durch Unternehmenszusammenschlüsse. Triebfedern dafür waren (sind):

- die Schaffung größerer Märkte,
- verschärfte interne Konkurrenz,
- zunehmende Mechanisierung oder

- immer kostspieliger werdende Forschung und Entwicklung (vgl. Wöhe 1990, S. 401).

Allerdings hat es auch mahnende Stimmen gegeben, indem man vor ein bis zwei Dekaden den „Mega-Konzernen" noch aufgrund ihrer (realen oder vermeintlichen) Unbeweglichkeit ihr bevorstehendes Ende prognostiziert und das Unternehmensnetzwerk (vgl. Abschn. 9.2) als bessere Alternative proklamiert hat. Demgegenüber hat sich in den letzten Jahren eher das Gegenteil eingestellt. Ein spektakulärer Unternehmenszusammenschluss jagt buchstäblich den anderen: Daimler und Chrysler, Vodafone und Mannesmann, Sanofi-synthelabo und Aventis, Unicredito und Hypovereinsbank, um nur ein paar davon zu nennen. Erkennbar ist auch die zunehmend internationale Ausrichtung derartiger Formationen.

Die Gründe für die hier in Rede stehenden, in der angelsächsischen Literatur zumeist als „mergers and acquisitions" bezeichneten Aktivitäten sind schier unendlich vielfältig und von Fall zu Fall verschieden. Generell lässt sich sagen, dass es letzten Endes um Marktwertsteigerung bzw. um Vermögensvermehrung der Eigentümer geht. Konkrete Ziele können sein:

- Stückkostendegression, Lernkurven- und Losgrößenersparnisse;
- Verbesserung des Know-how, Forschung und Entwicklung;
- Kostensenkung in der Beschaffung;
- bessere Kapazitätsauslastung, in der Produktion, aber auch im Gemeinkosten-Bereich (Verwaltung);
- Synergieeffekte verschiedenster Art (z. B. im Bereich der Zusammenführung verschiedener Technologien);
- Funktionsbündelung im Marketing und im (technischen) Vertrieb;
- Risikostreuung;
- Zutritt zu spezifischen Märkten;
- finanzpolitische Zwecke.

Schon die soeben angeführten aktuellen Beispiele von Mega-„Fusionen" legen nahe, dass die zunehmende Internationalisierung ökonomischer Aktivitäten als ein derzeit besonders wichtiger Beweggrund für Konzernbildung gelten muss. Die oft so genannten „Global Player" sind in der Lage, durch geschickte unternehmerische Disposition nationale

Unterschiede (z. B. in den Kostengefügen, in Gesetzgebung, Besteuerung, Infrastruktur, Forschungsbedingungen usw.) zu ihrem Vorteil auszunutzen.

Die immer schon zu beobachtende Faszination des Wachstums scheint also ungebrochen. Umso überraschter muss man jedoch sein, wenn man die Frage aufwirft, wie erfolgreich die „mergers and acquisitions" sind. Die wissenschaftlichen Befunde sind, gelinde gesagt, katastrophal (vgl. für viele Kleinert/Klodt 2000; Kleinert 2000). Viele der Zusammenschlüsse erwirtschaften nicht einmal die Kapitalkosten, die Aktienkurse sinken entgegen der Erwartung, die Renditen gehen gerade am Anfang wegen der fälligen Umstrukturierung in den Keller, viele Akquisitionen werden nach verlustreichen Investitionen wieder abgestoßen (z. B. Rover von BMW).

Allerdings muss dabei bedacht werden, dass die Untersuchungszeiträume zumeist recht kurz angelegt sind. Viele Zusammenschlüsse sind, so jedenfalls viele der zuständigen Manager/innen, strategisch-langfristig angelegt.

Die Gründe für das Scheitern vieler Zusammenschlüsse sind vielfältig, so etwa:

-   mangelnde Kenntnis der Produkt- und Marktgegebenheiten (besonders bei sog. Portfolio-Investitionen);
-   die übernommenen Unternehmen erweisen sich als Sanierungsfall („Fass ohne Boden");
-   Verschuldungsprobleme;
-   Integrationsprobleme.

Gerade der letztgenannte Punkt, die Integration, gilt als die heikelste, schwierigste und über Erfolg bzw. Misserfolg letztlich ausschlaggebende Frage (vgl. Freund 1991; Schäfer 1998).

Ungeachtet der ohnehin schon schweren Aufgabe, zwei mehr oder weniger unterschiedliche Strukturen und Kulturen miteinander zu verschmelzen, zumindest aber aufeinander abzustimmen, beginnt die Problematik schon bei der Frage, wem die „integrierende Leitung" des übernommenen Unternehmens obliegt. So bestehen etwa die folgenden Möglichkeiten (vgl. Freund 1991, S. 492):

- Ein/e Delegierte/r der Unternehmensleitung kümmert sich um die Integration, wird Leiter/in des übernommenen Unternehmens (der so genannte „Supremo"). Dies gilt als die autoritäre Variante und zieht häufig massive Akzeptanzprobleme nach sich.

- Es wird ein/e speziell für Integrationsfragen zuständige/r „Merger"-Manager/in eingesetzt. Ähnlich dem Projektmanagement (vgl. Abschn. 4.3.1.2) stellt sich hierbei das Problem der Vollmachten dieser Person und wie sie von den Zuständigkeiten und Kompetenzen der anderen Führungskräfte abzugrenzen sind.

- Ggf. kann auch ein/e externe/r Makler/in hilfreich sein. Solche Außenstehenden haben aber häufig in den Unternehmen eine schwierige Position. Zudem fehlt es ihnen des Öfteren an notwendigen betrieblichen Kenntnissen.

- Eine weitere Möglichkeit ist die Einsetzung einer hochrangigen Arbeitsgruppe zum Zwecke der Integrationsförderung.

Immer noch gilt das Zusammenführen verschiedener *Unternehmenskulturen* (vgl. Kapitel 6) als besonders problematisch. Wie schwierig gerade dieser Aspekt ist, zeigt sich in der Praxis immer wieder als ein zentraler Grund für den unbefriedigenden Verlauf von Aktivitäten im Bereich von „mergers and acquisitions".

9.1.2 Unternehmensverbindungen

Wie schon einleitend zu diesem Kapitel gesagt, hat sich die Organisationslehre ebenso wie die (Allgemeine) Betriebswirtschaftslehre lange Zeit kaum mit derartigen unternehmensübergreifenden Arrangements auseinandergesetzt. Jedoch hat man sich mit dem Aspekt von *Unternehmenszusammenschlüssen* (oder Unternehmensverbindungen) beschäftigt, allerdings im Rahmen einer mehr typisierenden als problemorientierten Perspektive.

„Unternehmenszusammenschlüsse entstehen durch Verbindung von bisher rechtlich und wirtschaftlich selbständigen Unternehmen zu größeren Wirtschaftseinheiten, ohne dass dadurch die rechtliche Selbständigkeit und die Autonomie der einzelnen Unternehmen im Bereich wirtschaftlicher Entscheidungen aufgehoben werden muss" (Wöhe 1990, S. 399).

In dieser Sichtweise unterscheidet man zwischen

- Kooperationen und
- Konzentration.

Unter einer *Kooperation* wird die - zumeist temporär begrenzte - Zusammenarbeit von Betrieben z. B. bei der Rohstoffbeschaffung, beim Absatz (etwa durch Preisabsprachen), im Bereich der Typung und Normung usw. verstanden. Als institutionalisierte Kooperationen werden Kartelle, Arbeitsgemeinschaften (oder Konsortien) sowie Unternehmensverbände zwecks Interessenvertretung der Wirtschaft gegenüber Öffentlichkeit, Staat, Gewerkschaften usw. betrachtet, ohne dass hier darauf näher eingegangen werden müsste (vgl. Wöhe 1990, S. 411 ff.).

Unter dem Begriff der *Konzentration* wird demgegenüber die Bildung von Konzernen durch „mergers and acquisitions" verstanden:[14]

„Führt ein Unternehmenszusammenschluss durch kapitalmäßige oder vertragliche Bindungen zur Einschränkung oder völligen Aufhebung der wirtschaftlichen Selbständigkeit der beteiligten Unternehmen, obwohl ihre rechtliche Selbständigkeit gewahrt bleibt, so handelt es sich um eine Form der Konzentration" (Wöhe 1990, S. 400).

In Öffentlichkeit und Presse wird fälschlicherweise der Begriff der *Fusion* auf den Zusammenschluss von Unternehmen im Rahmen von Prozessen der Konzernbildung angewandt. Nach der betriebswirtschaftlichen Fachterminologie ist das aber nur in wenigen Fällen berechtigt, nämlich dann, wenn die Unternehmen ihre rechtliche Selbständigkeit aufgeben und nach dem Zusammenschluss nur noch eine Firma existiert. Dies war z. B. bei der Verschmelzung der Hoechst AG mit dem französischen Unternehmen Rhone-Poulenc zu Aventis der Fall.

Im Konzern werden mindestens zwei, oft aber mehrere rechtlich selbständige Unternehmen zusammengeschlossen. Der Zusammenschluss dient wirtschaftlichen Zwecken und steht, ein wichtiges Merkmal, *unter*

---

[14] Allerdings sei darauf hingewiesen, dass es auch andere Formen der Konzernbildung gibt, so etwa durch Aufspaltung von bestehenden Unternehmen oder indem eine Gesellschaft neue Unternehmen gründet (z. B. eine Vertriebsgesellschaft), an denen sie die Mehrheit der Anteile besitzt.

einheitlicher Leitung. Der § 18 Abs. 1 des Aktiengesetzes (AktG) von 1965 definiert:

> „Sind ein herrschendes und ein oder mehrere abhängige Unternehmen unter der einheitlichen Leitung des herrschenden Unternehmens zusammengefasst, so bilden sie einen Konzern; die einzelnen Unternehmen sind Konzernunternehmen."

Übersicht 9-1: Konzerndefinition laut Aktiengesetz

Die angeschlossenen Unternehmen bleiben rechtlich selbständig, unterliegen aber der einheitlichen (Konzern-) Leitung die ausgeübt werden kann durch:

- Mehrheitsbeteiligung (faktische Beherrschung) und/oder
- Beherrschungsvertrag (möglich auch ohne entsprechende Beteiligung).

Auskunft über die Beteiligungsverhältnisse im Konzern liefern in der Regel die sog. Beteiligungsstammbäume, die oft verschachtelt sind und in etwa folgendes Aussehen haben:

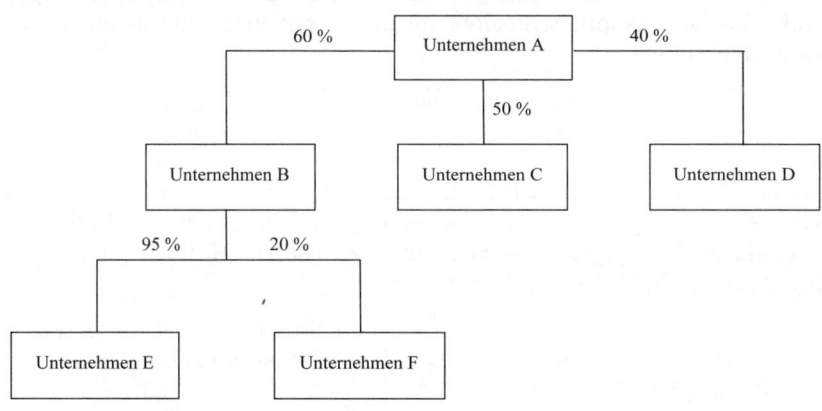

Übersicht 9-2: Schema von Beteiligungsstammbäumen

Man unterscheidet bei den Beteiligungsverhältnissen mehrere Stufen mit je unterschiedlicher Intensität der Beteiligung (vgl. Schierenbeck 1993, S. 50):

95-100% Beteiligung: *Eingliederungs-Beteiligung*

75-95% Beteiligung: *Dreiviertelmehrheits-Beteiligung*

50-75% Beteiligung: *Mehrheits-Beteiligung*

25-50% Beteiligung: *Sperrminderheits-Beteiligung* („Schachtel")

0-25% Beteiligung: *Minderheits-Beteiligung*

Übersicht 9-3: Abstufung von Beteiligungsquoten im Konzern

Die 25%- (bzw. 75%-) Grenze hat dabei folgende Bewandtnis: Hält ein Eigner 25% der Anteile an einer Gesellschaft, besitzt er eine sog. *Sperrminorität*. In diesem Fall kann die Hauptversammlung dieser Gesellschaft ohne dessen Zustimmung keine Beschlüsse mehr fassen, für die sie eine Dreiviertelmehrheit braucht (z. B. Erhöhung bzw. Herabsetzung des Grundkapitals, Fusion mit einem anderen Unternehmen, Satzungsänderungen).

Das AktG von 1965 hat zum Schutz von beherrschten Gesellschaften, Gläubigern und Aktionären den Begriff des *„verbundenen Unternehmens"* eingeführt und den betroffenen Gesellschaften zum Teil umfangreiche Regelungen und Pflichten auferlegt wie z. B. die Offenlegung von Verbindungen oder Rechnungslegungs- und Ausgleichpflichten gegenüber abhängigen Gesellschaften bzw. deren Aktionäre und Gläubiger (vgl. z. B. Hoffmann 1992).

Die Unterteilung der „verbundenen Unternehmen" erfolgt im Gesetz in vier Arten, die sich aber nicht ausschließen müssen (vgl. dazu ausführlich Wöhe 1990, S. 434 ff.).

Mehrheitsbeteiligung (§ 16 AktG)

„Gehört die Mehrheit der Anteile eines rechtlich selbständigen Unternehmens einem anderen Unternehmen oder steht einem anderen Unternehmen die Mehrheit der Stimmrechte zu (Mehrheitsbeteiligung), so ist das Unternehmen ein in Mehrheitsbesitz stehendes Unternehmen, das andere Unternehmen ein an ihm mit Mehrheit beteiligtes Unternehmen."

Abhängige und herrschende Unternehmen (§ 17 AktG)

„Abhängige Unternehmen sind rechtlich selbständige Unternehmen, auf die ein anderes Unternehmen (herrschendes Unternehmen) unmittelbar oder mittelbar einen beherrschenden Einfluss ausüben kann."

Konzernunternehmen (§ 18 AktG)

„Sind ein herrschendes und ein oder mehrere abhängige Unternehmen unter der einheitlichen Leitung des herrschenden Unternehmens zusammengefasst, so bilden sie einen Konzern; die einzelnen Unternehmen sind Konzernunternehmen."

Wechselseitig beteiligte Unternehmen (§ 19 AktG)

„Wechselseitig beteiligte Unternehmen sind Unternehmen mit Sitz im Inland ..., die dadurch verbunden sind, dass jedem Unternehmen mehr als der vierte Teil der Anteile des anderen Unternehmens gehört."

Übersicht 9-4: Verbundene Unternehmen laut Aktiengesetz

Die Vorschriften des Gesetzes zu den „verbundenen Unternehmen" gelten im Übrigen für alle Rechtsformen, mindestens eines der Unternehmen muss aber eine Aktiengesellschaft (AG) oder eine Kommanditgesellschaft auf Aktien (KGaA) sein.

Bei den hier natürlich besonders interessierenden Konzernen unterscheidet der § 18 AktG (Abs. 1 und 2):

- den *Unterordnungskonzern*, für den ein asymmetrisches Verhältnis der Abhängigkeit des beherrschten Unternehmens von der „einheitlichen Leitung" des herrschenden Unternehmens typisch ist, sowie

- den *Gleichordnungskonzern*, bei dem es zwar auch (ex definiti-
  one) eine einheitliche Leitung geben muss, die verbundenen
  Unternehmen aber nicht in einem Abhängigkeitsverhältnis stehen. Die einheitliche Leitung kann z. B. durch einen gemeinsamen Beirat, ein sonstiges vertragliches Gemeinschaftsorgan
  und/oder personelle Verflechtungen der Geschäftsführungen der
  beteiligten Unternehmen ausgeübt werden.

Gleichordnungskonzerne sind in der Praxis recht selten. Die Verschmelzung von Mercedes und Chrysler zu DaimlerChrysler wurde z. B. ursprünglich als „merger of equals" verkauft, was sich aber alsbald als
irrig herausstellte.

In rechtlicher Hinsicht bieten sich für die Etablierung von Konzernstrukturen die folgenden Gestaltungsalternativen an:

- Beim *Vertragskonzern* (§§ 291 f. AktG) gibt es zwischen Mutter und Tochter bzw. Töchtern einen Beherrschungsvertrag,
  zumeist gekoppelt mit einem Gewinnabführungsvertrag. Die
  Leitung des abhängigen Unternehmens untersteht direkt den
  Weisungen aus dem herrschenden Unternehmen.

- Beim *Eingliederungskonzern* (§§ 319 f. AktG) liegen mindestens 95% der Anteile beim herrschenden Unternehmen. Es handelt sich fast schon um eine Einheitsgesellschaft, die rechtliche
  Selbständigkeit ist wohl nur noch eine Farce. Nach außen soll
  die Verbindung jedoch als Konzernverhältnis fortbestehen.

- Der *Faktische Konzern* als schwächste Form beruht auf Basis
  einer Mehrheitsbeteiligung (vgl. Übersicht 9-3). Bei breiter
  Streuung des restlichen Kapitals reicht ggf. auch eine Minder-
  heitsbeteiligung aus. Faktische Konzerne sind als Unterord-
  nungs- und Gleichordnungskonzerne denkbar.

Nach ihrer *Richtung* werden bei Konzentrationsprozessen die folgenden
Formen unterschieden (vgl. z. B. Bühner 1989, S. 158):

- Bei *horizontalen Zusammenschlüsse* (horizontaler Integration)
  verlaufen die Konzernbildungs-Prozesse innerhalb der gleichen
  Produktions- und Handelsstufe (z. B. bei Brauereien, Banken,
  Handelsunternehmen). Wichtige Ziele sind die Erzielung von
  „economies of scale" sowie die Verbesserung der Marktstel-
  lung.

- *Vertikale Zusammenschlüsse* (vertikale Integration) folgen der Wertschöpfungskette, und zwar nach rückwärts zwecks Sicherung der Versorgung mit Rohstoffen und Fertigteilen und/oder nach vorwärts zur Sicherung des Absatzes und einer einheitlichen Leitung.
- *Anorganische oder konglomerate Zusammenschlüsse* (volkstümlich sog. „Gemischtwarenläden") führen in ihrem „Portfolio" nicht verwandte Produkt- und Marktbereiche zusammen.

Während bis vor etwa 15 Jahren besonders konglomerate Konzerne aus Gründen der Risikodiversifizierung en vogue zu sein schienen, hat sich dies seitdem nachhaltig verändert. Im Zusammenhang mit dem „Kernkompetenzen-Ansatz" (vgl. Prahalad/Hamel 1995) hat es seitdem eine deutlich erkennbare Fokussierung auf horizontale Zusammenschlüsse gegeben, vor allem in Stammhaus-Konzernen (vgl. z. B. Mellewigt 1995). Zudem betreiben viele der „Gemischtwarenläden" eine Strategie der „Bereinigung" ihres Portfolios, indem sie nicht zu ihrem Kernbereich gehörende Töchter abstoßen („desinvestieren"; vgl. das von Dormann 1992 früh beschriebene Beispiel der Hoechst AG).

9.1.3 Konzern-Organisation

Organisatorisch besteht ein Konzern aus zwei Ebenen („Bausteinen"):

- Die *Grundeinheiten* (rechtlich selbständige Töchter) erfüllen die Sachaufgaben, das heißt sie sind in der Regel für die konkrete Leistungserstellung und -veräußerung zuständig. Die Definition des § 18 AktG (vgl. Übersicht 9-1) setzt zwar die rechtliche Selbständigkeit der Grundeinheiten voraus. In der Praxis sind aber durchaus viele Übergangsformen zwischen rechtlich selbständigen Tochterunternehmen und quasi als Unternehmensbereiche oder Sparten operierenden, unselbständigen Konzernteilen an der Tagesordnung.
- Den *Spitzeneinheiten* (Konzernleitung, -hauptverwaltung) obliegt die Gestaltung und Steuerung des Konzerngebildes.

Ist die Spitzeneinheit ein selbst am Markt tätiges Unternehmen, das Güter oder Dienste erstellt, spricht man von einem *Stammhauskonzern* (zum Teil auch als „operative Holding" bezeichnet). Annähernd zwei Drittel der existierenden Verbindungen sind nach empirischen Befunden Stammhauskonzerne (Mellewigt/Matiaske 2001, S. 116).

Unter einer *Holding* versteht man ein Unternehmen, dessen Hauptzweck im „Halten" einer auf Dauer angelegten Beteiligung an einem oder mehreren rechtlich selbständigen Unternehmen besteht. Eine Holding kann z. B. dadurch gebildet werden, dass die angeschlossenen Gesellschaften ihre Anteile in eine solche Dachgesellschaft einbringen, die die Leitungsfunktion für das Konzerngebilde wahrnimmt. Selbstredend bleibt dabei die rechtliche Selbständigkeit der einzelnen Unternehmen bestehen (Wöhe 1990, S. 447). Konkret obliegen der Holding je nach Einzelfall Funktionen wie die Verwaltung, Finanzierung und die strategische Führung der Unternehmensgruppe. Sie regelt zudem die Aufgaben- und Kompetenzverteilung zwischen Spitzen- und Grundeinheiten.

Im Einzelnen lassen sich die folgenden Ausprägungen von Holding-Gesellschaften unterscheiden (vgl. Hoffmann 1992, S. 553 ff.):

- Bei der *Strategischen Holding* (auch: Management-Holding; geschäftsführende Holding) übernimmt die Dachgesellschaft die zentralen konzernstrategischen Aktivitäten wie Finanzierung, Kauf und Verkauf von Töchtern, Koordination von Forschung und Entwicklung, wichtige Personalentscheidungen usw. Die Tochterunternehmen sind weitgehend nur für operative Aufgaben zuständig, die ihnen zugewiesen werden. Die Koordination der Aktivitäten erfolgt durch „finanzielle Lenkung" (etwa über Budgets), Verträge und/oder Personalunionen von Führungskräften der Holding und der Töchter.

- Im Gegensatz dazu sind bei der *Finanzholding* alle Funktionen auf die Konzernunternehmen delegiert, bis auf die Finanzen. Entsprechend wird auch über finanzielle Mechanismen, insbesondere die Zuteilung von Ressourcen, gesteuert, während eine direkte Beeinflussung der Geschäftsaktivitäten der Tochterunternehmen weitgehend unterbleibt. Im Extremfall ist die Holding nicht mehr als eine reine Kapitalverwaltungs- oder Investmentgesellschaft.

- Bei der *Unternehmerischen Holding* bestehen ein vergleichsweise hohes Maß an unternehmerischer Autonomie für die einzelnen Konzernunternehmen und entsprechend geringe Abhängigkeitsbeziehungen. Neben formalen Strukturen bildet eine personell-kulturelle Verwobenheit die Basis dieser Variante. Z. B. kann eine kleine Gruppe von Führungskräften der Konzernunternehmen die steuernde bzw. koordinierende Einheit des

Konzerns ausmachen. Kultur-Transfer, reger Personalaustausch und gegenseitige Beratung und Information sind Kernelemente dieser Ausprägungsform. Als „Vorbild" gelten die japanischen Unternehmensgruppen, die unter dem Begriff „Keiretsu" bekannt geworden sind (vgl. Schneidewind 1991).

Hinzu kommt die Form der „operativen Holding" im Stammhauskonzern. Für diese Ausprägungsform ist typisch, dass die Töchter meist wesentlich kleiner sind und in der Regel ergänzende oder unterstützende Funktionen bezüglich der Aktivitäten des Stammhauses ausüben.

Die dargestellten Holdingstrukturen lassen sich anhand verschiedener Kriterien wie Autonomie oder Innovations- und Synergiepotenzial voneinander abgrenzen (vgl. Hoffmann 1992, S. 555 f.).

Die *Autonomie* beschreibt den Handlungs- und Entscheidungsspielraum, der den Tochterunternehmen von der Konzernleitung zugestanden wird. Dieser ist bei der operativen und strategischen Holding eher gering ausgeprägt. Entsprechend verhält es sich mit der Delegation von Kompetenzen. Die Autonomie korreliert mit der *Flexibilität* des Konzerngebildes im Hinblick auf die Unmittelbarkeit von Reaktionen auf Veränderungen (insbesondere auf den Märkten). Diese ist umso niedriger, je eher dem Gebilde eine operative oder eine Strategische Holding vorsteht.

Ein *Innovationspotenzial* kann am ehesten durch Handlungsspielraum und Eigeninitiative in den Tochterunternehmen ausgeschöpft werden, während *Synergien* am besten in stark integrierten und straff geleiteten Strukturen zu realisieren sind. Im Hinblick auf Ziele wie Know-how-Transfer erscheint daher die Stammhausstruktur, zumindest aber eine strategische Form der Holding, am ehesten aussichtsreich.

Neben den bislang behandelten Bausteinen von Konzernstrukturen, nämlich Grund- und Spitzeneinheiten, werden in größeren, komplexeren Konzernen zusätzlich *Zwischeneinheiten* eingeschoben (vgl. Bleicher 1992, Sp. 1157). Diese können zum einen rechtlich verselbständigt werden. An der Spitze des Konzerns steht dann die so genannte „reine Holding". Bei den Zwischeneinheiten spricht man von einer „gemischten Holding", weil diese dann in der Regel auch spezifischere Leitungs- und Ausführungsfunktionen wahrzunehmen hat, neben dem Erwerb und der Verwaltung von Anteilen der angeschlossenen Konzernunternehmen.

Eine andere Möglichkeit ist, dass die Zwischeneinheiten nicht rechtlich selbständig sind. Man spricht dann meist von „Gruppenverwaltungen", die als Zwischeninstanzen mehrere Töchter gleicher oder ähnlicher wirtschaftlicher Aktivität oder gleichen Standortes zusammenfassen. Die unselbständigen Zwischeneinheiten bilden dann mit der Spitzeneinheit eine rechtliche Einheit.

Zwischeneinheiten gibt es mitunter auch im Stammhauskonzern, um die „Mutter" zu entlasten (vor allem bei großer Heterogenität der Grundeinheiten). Die Zwischeneinheiten sind dann meist rechtlich unselbständige „Abteilungen" die z. B. „Abteilung Beteiligungen" oder „Gruppenverwaltung" genannt werden.

Im Hinblick auf die *Gesamtorganisationsstruktur* von Konzernen gilt im Prinzip das Gleiche wie für die Betriebsorganisation generell. Man findet auch in der Praxis alle Varianten. Selbst die funktionale Organisation, die für viele als antiquiert gilt, hat in vielen Konzernen bis heute überlebt. Dies gilt vor allem bei Gesellschaften mit relativen homogenem Produktspektrum bzw. Markt.

9.1.4 Konzerne zwischen Differenzierung und Konzentration

Neben organisationsstrukturellen Fragen ist bei der Betrachtung von Konzernen ferner eine unternehmenspolitisch-strategische Perspektive von Konzernpolitiken angezeigt. Dabei besteht ein Spannungsfeld, ein konfliktgeladenes Kräftefeld zwischen zwei Größen, nämlich

-    dem Differenzierungsgebot und

-    dem Konzentrationsgebot.

Beim *Differenzierungsgebot* steht vor allem der Risikoausgleich durch Diversifizierung im Fokus. Die Differenzierung legt entsprechend eine eher konglomerate Konzernstruktur nahe, die am bekannten „Portfolio-Modell" ausgerichtet ist. Angestrebt wird ein ausgeglichenes Portfolio von aufstrebenden, reifen und auslaufenden Geschäftsbereichen. Beweggründe dafür können neben dem Risikoausgleich auch Erstarrungs- und Demotivationsprobleme von Großorganisationen sein, denen durch Dezentralisation und Teilautonomisierung von Subsystemen entgegengewirkt werden soll.

Das *Konzentrationsgebot* ist demgegenüber auf die Bündelung von möglichst homogenen Kräften und Ressourcen ausgerichtet. Hier steht häufig das Erzielen von „economies of scale" im Vordergrund.

Je nachdem, welches Gebot dominiert, lassen sich aus konzernpolitischer Perspektive zwei Typen unterscheiden (vgl. Bleicher 1992, Sp. 1155):

-   der die Vielfalt betonende differenzierte Typ (konglomerater Konzern) und
-   der die Einheit betonende konzentrierte Konzerntyp.

Für letzteren unterscheidet Bleicher nochmals zwischen zwei Unterfällen:

-   Der „Prozesstyp", der eher eine horizontale Integration von Unternehmen beinhaltet. Die Konzentrationsleistung besteht in dieser Ausprägung mehr aus der technisch-synergetischen Nutzung des Einsatzes humaner und technischer Ressourcen.
-   Der „Programmtyp", der stärker auf die vertikale Integration ausgerichtet ist. Diese Form ist marktlich-synergetisch orientiert und bemüht sich um eine Vorwärts- und/oder Rückwärtsintegration in der Wertschöpfungskette.

Diese Typologie ist aber sehr schematisch und starr. Es ist für die Politiken vieler (vor allem großer) Konzerne charakteristisch, dass sie sich im Zeitablauf stark gewandelt haben. Wie schon weiter oben angedeutet, sind in der heutigen Zeit konglomerate Typen „out", während die einheitsbetonende Prozessform nach der Typologie Bleichers offenbar immer stärkere Verbreitung findet.

9.2 Unternehmensnetzwerke

9.2.1 Begriff und Bedeutung

Die Zeiten haben sich geändert. Längst nicht mehr lassen sich ökonomische Erfolge von Organisationen nur auf endogene Stärken zurückführen. In einer großen Zahl von Fällen scheint es inzwischen so zu sein, dass das einzelne Unternehmen auch jenseits von Konzernverhältnissen nur noch über die zu anderen Organisationen unterhaltenen Beziehungen zu begreifen ist.

Es ist im empirischen Feld zu beobachten, dass sich vor allem solche Unternehmen, die mit komplexen, widersprüchlichen und dynamischen Anforderungen konfrontiert sind, nicht mehr mit klassischen, nach innen gerichteten betrieblichen Rationalisierungsmaßnahmen zufrieden geben. Zu erkennen sind vielmehr auch Strategien der Reduktion von Fertigungstiefen, der Intensivierung der Kooperation mit anderen, oft sogar konkurrierenden Unternehmen (z. B. im F+E-Bereich) sowie generell einer grundlegenden Umstrukturierung der unternehmensübergreifenden Austauschbeziehungen.

Metaphern wie die „Grenzenlose Unternehmung" (Picot/Reichwald/ Wigand 2003) oder der Begriff der „Virtuellen Organisation" (Davidov/Mallone 1993; Lange 2001) stehen inzwischen auch innerhalb der Betriebswirtschaftslehre für diesen Trend. Das Konzept des „Supply Chain Management" hat speziell die intensive Vernetzung von (größeren) Herstellerunternehmen mit Zulieferbetrieben, ggf. in Erweiterung mit Händlerorganisationen bis hin zum Kunden im Fokus (vgl. z. B. Seuring/Müller/Goldbach/Schneidewind 2003; Corsten/Gössinger 2001).

Auf diese Weise scheinen die oft widersprüchlichen Zielsetzungen von Effizienz und Flexibilität stärker miteinander versöhnt werden zu können. Auch die Möglichkeit der Risikoabwälzung bei zunehmender Unsicherheit und Komplexität sowie die Reduzierung des Kapitalbedarfs durch Funktionsexternalisierung kommen als zentrale Motive für das „Betreiben" von Beziehungen dieser Art in Betracht.

Im Extremfall lösen sich im Zuge einer derartigen Entwicklung vertikal integrierte Unternehmen in hoch organisierten Netzwerken auf. Es entsteht die von Beobachter/innen manchmal so bezeichnete „hollow organization", wofür das amerikanische Unternehmen „Lewis Galoob Toys" bereits in den 1980er Jahren ein frühes Beispiel gesetzt hat:

Lewis Galoob Toys selbst beschäftigt nur etwa 100 Menschen. Ansonsten ist die Wertschöpfung wie folgt organisiert:

→   die Produktideen stammen von unabhängigen Erfinder/innen;

→   die Entwicklungsarbeit erfolgt durch selbständige Ingenieurbüros;

$\rightarrow$ die Produktion wird von Subkontrakt-Unternehmen in Hong-kong durchgeführt, die ihrerseits arbeitsintensive Funktionen nach China externalisieren;
$\rightarrow$ die Fertigprodukte gelangen durch selbständige Spediteure in die USA;
$\rightarrow$ die Distribution erfolgt durch selbständige Vertragsrepräsentanten;
$\rightarrow$ Funktionen wie Factoring, Finanzbuchhaltung oder ähnliche werden selbständigen Dienstleistungsunternehmen übertragen.

Übersicht 9-5: Lewis Galoob Toys als „hollow organization"

Die (Fokal-) Organisation wird zu einer Art „Schaltbrett-Unternehmen", deren Funktion sich der eines Brokers annähert.

Ein Netzwerk ist zunächst ein fast beliebig zu interpretierendes soziales Konstrukt. Analysegegenstand kann das einzelne Individuum ebenso sein wie die Gruppe, Organisationen oder ganze Populationen von Organisationen. Entsprechend häufig und mit wechselnden Inhalten wird es in den Sozialwissenschaften verwendet.

Unternehmensnetzwerke gelten als eine auf die Realisierung von Wettbewerbsvorteilen zielende Form der Organisation bzw. Koordination wirtschaftlicher Aktivitäten, die sich durch komplexe reziproke, eher kooperative denn kompetitive und relativ stabile Beziehungen zwischen rechtlich selbständigen und wirtschaftlich zumindest formal unabhängigen, faktisch jedoch oft abhängigen Unternehmen charakterisieren lässt. Das Netzwerk fußt auf einer mehr oder minder intensiven Arbeitsteilung zwischen den angeschlossenen Unternehmen und einer wie auch immer gearteten Ressourcenzusammenlegung, wobei - idealtypischer Weise - die Tätigkeiten jedes Mitglieds auf die Aktivitäten beschränkt sind, für die es die größte Kompetenz besitzt (vgl. zur diesbezüglichen Bedeutung der Theorie der Kernkompetenzen Picot/Reichwald/Wigand 2003, S. 291 f.).

Netzwerke werden häufig interpretiert als intermediäre Form zwischen rein marktlicher und rein hierarchischer Organisation ökonomischer Aktivitäten, indem Elemente aus beiden miteinander verbunden werden (vgl. Siebert 1991, S. 295).

In marktlichen Beziehungen finden sog. „arm's-length transactions" auf der Basis von Preisen statt. Marktliche Beziehungen sind flüchtig und kompetitiv. Die Informationsflüsse beschränken sich auf die Kommunikation von Preisen und Mengen (u. U. auch Qualitäten). Marktlich interagierende Wirtschaftseinheiten sind also gekennzeichnet durch Funktionsspezialisierung, hohen Effizienzdruck, Opportunismus und ihren Charakter als „Informationsinseln".

In Hierarchien erfolgt die Koordinationsleistung per Anordnung oder Weisung gegenüber einer exakt definierten und per Arbeitsvertrag integrierten Zahl von Organisationsmitgliedern. Die Art der ausgetauschten Leistungen ist eher unspezifisch; die Beziehungen sind auf Dauer angelegt und eher kooperativ. Kennzeichen der Hierarchie sind demnach in komprimierter Form Funktionsintegration, Schutz vor Marktdruck, Vertrauen und Informationsintegration.

Das Unternehmensnetzwerk vereint nunmehr in einer gängig gewordenen Interpretation die Marktcharakteristika Funktionsspezialisierung und Effizienzdruck mit den Hierarchiemerkmalen Vertrauen und Informationsintegration.

Für den Aufbau und die Unterhaltung von Netzwerkbeziehungen gelten drei Faktoren als konstitutiv.

Zunächst spielen *Vertragsbeziehungen* eine entscheidende Rolle. Fast immer werden interorganisationale Relationen innerhalb von Netzwerken durch explizite Vertragsabschlüsse reguliert. Die Kontrakte dienen in erster Linie der Vermeidung bzw. Regelung von ex-post auftretenden Konflikten; sie beinhalten daher z. B. Normen zur Aufgabenverteilung, zur Geheimhaltung von Know-how oder auch schlicht Gebühren- oder Lizenzregelungen.

Des Weiteren spielen die zum Einsatz kommenden *Technologien* eine herausragende Rolle (vgl. Picot/Reichwald/Wigand 2003, S. 70 ff.). Der heute erreichte und erst recht in Zukunft zu erwartende Stand der informationstechnischen Vernetzung muss als notwendige, allerdings nicht hinreichende, Voraussetzung für die hier in Rede stehende Entwicklung gesehen werden. Die bekannte Metapher von der Welt als elektronischem Dorf bringt die Möglichkeit zum Ausdruck, Informationen innerhalb kürzester Zeit an fast jeden beliebigen Ort der Erde zu transferieren. So gelangt eine präzisere Steuerung aller Aktivitäten entlang von

Wertschöpfungsketten anhand von mehr und aktuelleren Informationen in den Bereich des Realisierbaren.

Schließlich sind im Rahmen von netzwerkmäßigen Interorganisationsbeziehungen auch *personelle Beziehungen* ein herausragendes konstitutives Element. Persönliche Kontakte (z. B. zwischen Manager/innen verschiedener Unternehmen) gelten als Keimzelle für den Aufbau von Netzwerken. Als Quellen werden neben marktvermittelten Geschäftsbeziehungen auch Verbindungen im Rahmen von Wirtschaftsverbänden, privaten Vereinigungen wie auch bisweilen innerhalb von familiären Beziehungen genannt. Personelle Komponenten können sich „materialisieren" etwa in Form gegenseitigen Personalaustauschs oder verschachtelter Aufsichtsrats-Mandate. Besonders in den sog. Keiretsu, den großen japanischen Produktionsverbünden, spielt die personale Ebene eine zentrale Rolle (Schneidewind 1991; Picot/Reichwald/Wigand 2003, S. 318).

Ein großes Problem bei der Verwendung der Begrifflichkeit des Unternehmensnetzwerks ist ohne Frage der ausgesprochen weite Umfang dieses Konzepts. Als die wichtigsten spezifischen Formen oder Ausprägungen werden genannt: Strategische Allianzen, Joint Ventures, Spin Off Ventures, Franchising, Information Partnerships und viele andere. Die, etwa im Kontext des „Supply Chain Management", oft im Mittelpunkt stehende und hier auch etwas eingehender zu behandelnde Form sind die sog. *„Wertschöpfungsnetze"*.

Dabei handelt es sich um die wohl intensivste Form der Kooperation: die strategisch-vertikale Zusammenarbeit von formal selbständigen Unternehmen entlang der Wertschöpfungskette von Produkten. Durch Intensivierung der Beziehungen in der Wertkette und Strategien des „Outsourcing" werden Aufgaben, Verantwortungen und Risiken z. B. von einem großen Hersteller-Unternehmen auf andere Organisationen verlagert und die Aktivitäten unter Nutzung der informationstechnischen Infrastruktur (z. B. durch elektronische Lieferabrufe) möglichst exakt koordiniert und synchronisiert.

Netzwerkbeziehungen werden in der Literatur mehr als pro-aktiv gestaltbar denn als sich (von) selbst entwickelnd aufgefasst: Die Bestimmung der Kernkompetenz, die (flexible) Definition der Unternehmensgrenze und die Positionierung des Unternehmens in Kooperationen und Netzen werden zu zentralen strategischen Aufgaben zur Verwirklichung von betrieblichen Erfolgspotenzialen. „Note ... that positioning of the firm in the network becomes a matter of as great strategic significance as positioning its product in the market place" (vgl. schon Thorelli 1986, S. 38).

Aufgrund dessen verwenden einige Autor/innen den Begriff des *stragischen* Netzwerkes, wie beispielsweise Sydow (1992, S. 62 ff.). Strategische Netzwerke unterscheiden sich von anderen netzwerkartigen Arrangements vor allem dadurch, dass sie von einem oder mehreren Fokal-Unternehmen („hub firm") in der Regel planvoll geführt werden, indem diese Organisation eine Art strategische Metakoordination der ökonomischen Austauschprozesse betreibt. Aus Sicht des Fokal-Unternehmens ist oft die Externalisierung von Funktionen („Outsourcing") die dominierende Methode im Rahmen des „Netzwerk-Managements".

> „Ein derartiges Netzwerk, das entweder in einer oder in mehreren miteinander verflochtenen Branchen agiert, ist das Ergebnis einer unternehmensübergreifenden Differenzierung und Integration ökonomischer Aktivitäten. Dazu werden zum einen strategische Make- or Buy-Überlegungen mit dem Ziel angestellt, die Funktionswahrnehmung im Netzwerk unter langfristigen Gewinnerzielungsgesichtspunkten optimal zu verteilen und im Zusammenhang damit die gesamte Wertschöpfungskette durch Restrukturierung zu optimieren. Zum anderen wird - im Falle von Buy-Entscheidungen - die jeweilige Leistungserstellung mit den infrage kommenden Unternehmungen eng abgestimmt sowie die Art der zu entwickelnden interorganisationalen Beziehungen geplant. Diese beinhalten neben ökonomischen Aspekten - wie andere soziale Netzwerke - außerökonomische Aspekte."

Textbeleg 9-1: Netzwerk-Management (nach Sydow 1992, S. 79)

9.2.2 Transaktionskostentheoretische Einordnung

Wie eben gezeigt, spricht Einiges für die theoretische Verortung von Unternehmensnetzwerken als intermediäre Organisationsform, die sowohl marktliche als auch hierarchische Koordinationsmechanismen beinhaltet. Vor dem Hintergrund dieser Einordnung ist es nicht verwunderlich, dass die wohl meisten Wissenschaftler/innen sich zur Erklärung der Evolution von Unternehmensnetzwerken eines Ansatzes bedienen, der jene Koordinationskategorien, Markt und Hierarchie, in den Mittelpunkt seiner Analysen gestellt hat: der Transaktionskosten-Ansatz nach Oliver E. Williamson (vgl. Abschn. 2.6.3).[15] Zentrale Grundannahme dieser Theorie ist, dass die an ökonomischen Austauschprozessen beteiligten Individuen die Transaktionskosten der alternativen Koordinations- bzw. Organisationsformen bewerten. Sie organisieren die Aktivitäten schließlich in der Weise, dass - bei Vernachlässigung der Produktions- und anderer Kosten - die Transaktionskosten, also Anbahnungs-, Vereinbarungs-, Kontroll- und Anpassungskosten, minimiert werden.

Die wichtigsten Erklärungsvariablen des Transaktionskosten-Ansatzes sind schon in Abschn. 2.6.3 erläutert worden, so dass wir uns sogleich der Interpretation der Entstehung von Netzwerken anhand der Kategorien der Transaktionskostenökonomie zuwenden können.

Es war vor allem Jarillo (1988), der an Williamsons Gedankengut anknüpfend eine geläuterte transaktionskostentheoretische Interpretation des Netzwerk-Phänomens vorgelegt hat.

Bei der Entscheidung für Funktionsexternalisierung müssen zwei Bedingungen vorliegen:

- die Früchte der Externalisierung müssen in einer erhöhten Effizienz liegen,
- die notwendige Kooperation muss erreichbar und aufrecht erhaltbar erscheinen.

Komparative Effizienzvorteile kooperativer Arrangements dürften in sehr vielen Wertschöpfungsketten gegeben sein. Dennoch sind viele Unternehmen (noch) vertikal hoch integriert, obwohl die internen Kosten höher sind. Das ist insbesondere auf das Problem der Transaktionskosten zurückzuführen. Die Kosten für Aushandlung, Kontrolle und Einhaltung von Verträgen können stark ins Gewicht fallen. Hinzu kommen Koordinationskosten: Wenn ein Zulieferer nach einem komplizierten, oft wechselnden Plan anliefern muss, könnte es sein, dass die In-house-Fertigung aus Abstimmungsgründen effizienter erscheint.

Gegenüber der reinen Akquisition über den Markt kann die netzwerkartige Koordination von Austauschbeziehungen die Transaktionskosten erheblich senken, etwa durch Erleichterung der Kommunikation und

---

[15] Vgl. z. B. Siebert (1991); Müller (2005).

Koordination durch Nutzung vernetzter Informationstechnologien, langfristige Absprachen mit Lieferanten bzw. Abnehmern, genauere Kenntnis der Stärken/Schwächen der in Frage kommenden Anbieter/Abnehmer (Senkung der Such- und Verhandlungskosten) sowie durch freien Informationsaustausch (auch von sensiblen Daten) infolge von Vertrauensbildung.

Der kritische Faktor bei einer reinen Markt-Koordination ist das Informations-Paradoxon. Informationen sind oft an Personen bzw. Bereiche bzw. Organisationen gebunden („tacit knowledge"); die Kodifizierbarkeit ist häufig mangelhaft. Gerade bei hoher strategischer Relevanz asymmetrisch verteilter Informationen, hoher Transaktionsspezifität sowie -häufigkeit verliert der Markt an Attraktivität. Das Opportunismus-Problem stellt sich als gravierend dar. So könnten z. B. bei marktlicher Koordination Zulieferer Vorteile aus der verdichteten Situation ziehen. Oft sind hohe transaktionsspezifische Investitionen erforderlich, die die strategischen Variationsmöglichkeiten beschränken und das Problem der kleinen Zahl nach sich ziehen.

Die Standard-Antwort der Transaktionskostenökonomie auf diese Probleme lautet: Internalisierung, Koordination im Rahmen der Hierarchie. Da diese Lösung aber mit den Risiken und Rigiditäten des Eigentums verbunden ist, könnte die Netzwerk-Alternative der letztlich attraktivere Weg sein. Das Netzwerk erscheint zumindest „theoretisch" gegenüber dem Markt in der Lage, die kardinalen Probleme asymmetrisch verteilter Informationen und opportunistischen Verhaltens beherrschbar zu machen, ohne den hocheffizienten Koordinationsmechanismus des Preises entbehren zu müssen. Es ermöglicht z. B., dass sich Unternehmen selbst spezialisieren können und dennoch Zugang zum speziellen Know-how anderer haben.

Um die Argumentation noch einmal knapp auf den Punkt zu bringen, liegen die wichtigsten *Transaktionskosten-Vorteile des Unternehmensnetzwerkes* gegenüber dem Markt in den folgenden Faktoren:

- geringere Suchkosten nach Abnehmern/Lieferanten; man kennt das Leistungsprofil der angeschlossenen Organisationen (Stärken und Schwächen);

- geringere Kosten bei Vertragsanbahnung, -aushandlung und -kontrolle;

- Reduktion opportunistischen Verhaltens durch Vertrauensbildung und/oder Kontrolle;
- Übertragung auch wettbewerbsrelevanter Informationen bei besserer Kontrolle über die Wissensverwendung.

Die zentralen Vorteile gegenüber der Hierarchie liegen in den folgenden Punkten:

- Verfügbarkeit des Preismechanismus als Koordinationsinstrument;
- höhere Reversibilität der Kooperationsentscheidung (Anpassungskosten); man kann sich leichter aus der Transaktions-Beziehung zurückziehen;
- größere Umweltsensibilität des dezentral konfigurierten Gesamtsystems.

Jedoch ist bei diesen Kalkülen in Rechnung zu stellen, dass selbstredend auch die Konstituierung und Betreibung von Netzwerken ihrerseits Transaktionskosten verursacht. Dabei ist insbesondere zu denken an die mit dem Aufbau verbundenen Kosten (Partnersuche, Verhandlungskosten), die Kosten für die Koordination der ökonomischen Aktivitäten und schließlich die Aufwendungen für Kontrolle bzw. „Vertrauensbildung" zur präventiven Abwendung opportunistischen Verhaltens.

Gegenüber der klassischen Organisationstheorie hat der Transaktionskosten-Ansatz sicherlich den Vorzug, dass er das Organisationsproblem in einem erweiterten Sinne konzeptualisiert und insoweit auch Raum belässt für die Einbeziehung exogener, zwischenbetrieblicher Beziehungen. Wie soeben dargestellt, gibt es in der Tat eine Reihe von Plausibilitätsüberlegungen, die eine hohe Transaktionskosten-Relevanz von Externalisierungs- bzw. Internalisierungs-Entscheidungen im Zusammenhang mit der Entstehung von Netzwerk-Beziehungen vermuten lassen. Dennoch hat diese Interpretation auch ihre Grenzen.

Vor allem Granovetter (1985) hat Williamson relativ früh vorgeworfen, dass er die Bedeutung relativ stabiler sozialer und personaler Beziehungen für die Abwicklung und Gestaltung ökonomischer Transaktionen unberücksichtigt lässt (die von ihm so genannte „social embeddedness"). Diese Kritik ist gerade bei der Erklärung des Netzwerk-Phänomens von besonderer Relevanz. Der Einfluss gesetzlicher, politischer oder sozialer Verhältnisse wird bestenfalls insoweit berücksichtigt, als er die Transaktionskosten beeinflusst. Die hohe Bedeutung z. B. des etablierten Systems der industriellen Beziehungen, des Banken-Systems (in Japan) oder auch der staatlichen Wirtschaftspolitik (z. B. Behinderung der Konstituierung von Netzwerken durch Anti-Trust-Politik in den USA) bleibt außen vor. Solche Kontingenzen determinieren organisationale Arrangements sicherlich nicht; gleichwohl wirken sie auf reale Entscheidungen ein, indem sie Lösungen vorzeichnen und Spielräume begrenzen.

Letztlich wird daher wohl nur eine eklektische Theorie der Vielschichtigkeit und Vitalität des Netzwerk-Phänomens gerecht. Die Grundgedanken des Transaktionskosten-Ansatzes haben darin durchaus ihren Platz, bedürfen aber der Ergänzung, etwa durch Ansätze der Macht- oder Spieltheorie sowie durch Ideen des Ressourcenabhängigkeitsansatzes (Pfeffer/Salancik 1978). Aus Platzgründen kann darauf hier aber nicht weiter eingegangen werden (vgl. umfangreich Sydow 1992; Müller 2005). Stattdessen ist noch vertiefend darauf einzugehen, worin aufgrund der bisherigen Ausführungen konkret die Vorteile von Netzwerken zu sehen sind, warum aber auch viele Netzwerkbeziehungen scheitern.

9.2.3 Potenziale und Grenzen

Schon aus der bisherigen Argumentation ist deutlich geworden, dass die zentralen ökonomischen Zielsetzungen von Unternehmensnetzwerken in der Steigerung der Profitabilität und Flexibilität bei konsequenter Ausnutzung der Netzwerkstrukturen liegen. Sie sollen einen gezielten Zugang zu fehlenden Ressourcen auch komplexerer und spezifischerer Art ermöglichen, jedoch ohne dafür die Aufwendungen und Risiken einer Konzern-„Lösung" (etwa durch vertikale Integration) nach sich zu ziehen.

Weitere, z. T. das Profitabilitätsziel konkretisierende Motive zum Aufbau von Netzwerkbeziehungen zwischen Unternehmen können sein:

- Kostenreduktion;
- Variabilisierung von Fixkosten (z. B. durch Reduzierung des Personalaufwandes bei Beschaffung und Absatz);
- Risiko-Abwälzung;
- „pfleglicher" Umgang mit knappem Kapital;

- Steigerung der Marktpräsenz (z. B. durch wechselseitige Vertretungen oder Nutzung informationslogistischer Infrastrukturen;

- Akquisition von nicht vorhandenem oder „teurem" Know-how;

- Risiko-Reduktion in der Produktentwicklung durch Nutzung von Informationen und Know-how;

- Verringerung von Entwicklungszeiten oder Zeiten der Markteinführung von Produkten;

- Schaffung von Zugängen zu neuen Märkten (z. B. im Ausland mit dort heimischen Unternehmen, die über die notwendigen Marktkenntnisse verfügen).

Möglich sind aber auch mit Machtaspekten zusammenhängende und damit nur mittelbar ökonomische Motive wie die Schaffung von Normen und Standards, die dann als Markteintrittsbarrieren für potenzielle Konkurrenten wirken. Auch kann es um Fragen wie die Absorption von Gewerkschaftseinflüssen gehen, wofür das Beispiel Fiat steht (vgl. Sydow 1992, S. 108).

Jedoch ist das Eingehen von Netzwerkbeziehungen jeglicher Art nicht per se vorteilhaft und gleichsam automatisch mit einer Verbesserung der Wettbewerbsposition verbunden, erst recht nicht für alle angeschlossenen Unternehmen. Aber selbst aus Sicht einer nicht in inferiorer Position befindlichen Organisation sind eine Reihe von Kooperationsrisiken zu bedenken:

- ggf. das Erfordernis nicht unbeträchtlicher (transaktionsspezifischer) Investitionen;

- opportunistisches Verhalten der „Partner";

- eine problematische Beitrags- und Ergebniszurechnung mit der Konsequenz von interorganisationalen Konflikten;

- Geheimhaltungsprobleme; Know-how- und damit Kompetenzverlust;

- Kontrollverluste durch „Hineinregieren" anderer Unternehmen (insbesondere bei Wertschöpfungsnetzen);

- Doppel- und Mehrfacharbeit infolge mangelnder Abstimmung;

- Vernachlässigung eigener Strategieplanung und Auslotung alternativer Marktchancen;

- Technologische Schnittstellenprobleme mit der Folge erheblichen Anpassungsbedarfs (Investitionserfordernisse, siehe oben).

Vor noch etwa einem Jahrzehnt wurden die Potenziale von Unternehmensnetzwerken fast nur euphorisch eingeschätzt (Müller-Stewens/ Schubert 1993). Konnte Reiss (1996, S. 205) den Trend zu Unternehmensnetzwerken noch als „organisatorischen Großversuch" klassifizieren, so haben zwischenzeitliche Erfahrungen indes eher gezeigt, dass die soeben angesprochenen Kooperationsrisiken eine ernst zu nehmende Hürde für die Etablierung von dauerhaften Netzwerkbeziehungen darstellen. Heute steht man vielerorts vor gescheiterten Projekten, wie etwa der folgende Erfahrungsbericht nahe legt:

„Woran es hapert? Unternehmerisches Handeln ist geprägt von Angst vor Kontrollverlust. Gleichgültig, wohin man schaut: Ob Banken oder Computerfirma, ob Automobilhersteller, Fluglinie oder Bäckerei - in jeder Branche wurden Netzwerk-Kooperationen ausschließlich als ein Zwischenschritt zur Übernahme gesehen. Fast immer stellte sich die Frage, welcher Partner wie schnell groß genug sein würde, den anderen zu übernehmen.

In Arbeiten zu Netzwerkorganisationen wurde viel geschrieben von Vertrauenskultur. Die Praktiker applaudierten - schließlich glaubten sie schon lange, was nun endlich schwarz auf weiß dokumentiert war: Vertrauen ist der Anfang von allem. Anders die Forschung. Sie antwortete mit einem kollektiven Aufschrei, hielt Vertrauenskultur für eine Fiktion. Leider behielten die Forscher Recht. Vertrauen? In einen Wettbewerber? Einen potenziellen Konkurrenten? Im Prinzip ja. Die meisten glühenden Verfechter haben inzwischen sehr schlechte Erfahrungen mit der Ehrlichkeit von lockeren Kooperationspartnern gemacht."

Textbeleg 9-2: Ernüchterung über Netzwerkbeziehungen (nach Scholz 2002, S. 114 f.)

Was folgt nun daraus? Bedeutet die proklamierte Entwicklung zu Unternehmensnetzwerken wieder einmal: viel Lärm um nichts? Dieser Schluss wäre sicher übertrieben. In bestimmten Bereichen spielen diese Arrangements heute und sicher auch künftig eine tragende Rolle. Wertschöpfungsnetze und auch andere Formen der Kooperation werden insofern ihre praktische Bedeutung behalten. Eine maßlose Übertreibung war es indes, mit neuen Slogans („Die Schnellen fressen die Langsamen") den Eindruck zu erwecken, als sei künftig Größenwachstum und damit Konzernbildung („Die Großen fressen die Kleinen") nur noch Schnee von gestern.

Hinzuweisen ist auch auf den bereichernden Effekt dieser Debatte für die Organisationstheorie, die das Organisationsproblem durch die Vernachlässigung von Externalisierungsoptionen nur verkürzt analysiert hat. Netzwerkbeziehungen als „hybride" Organisationsform sind eine Realität, die ihrer weiteren wissenschaftlichen Durchdringung harrt. Wichtige Impulse durch die Transaktionskosten-Ökonomie und den Ressourcenabhängigkeitsansatz bedürfen der Vertiefung und Erweiterung.

9.3 Aufgaben und Diskussion

Aufgabe 9-1:

Nennen Sie potenzielle Ziele von Unternehmenszusammenschlüssen! Wie erklären Sie sich trotz der zum Teil krassen Misserfolge die ungebrochene Attraktivität von „Megafusionen"?

Aufgabe 9-2:

In der Presse ist häufig von „Fusionen" die Rede, wenn Unternehmenszusammenschlüsse stattfinden. Ist dies terminologisch korrekt?

Aufgabe 9-3:

Schauen Sie sich im Internet die Homepages von einigen der im Dax 30 gelisteten deutschen Konzerne an und versuchen Sie, durch Erfassung von deren „Beteiligungsstammbäumen" die aktuellen Unternehmensverbindungen im Konzernzusammenhang herauszufinden!

Aufgabe 9-4:

Was ist der Unterschied zwischen einem Konzern und einem Unternehmensnetzwerk?

Aufgabe 9-5:

„Im Reich der Elefanten herrscht Abenddämmerung!" Solche und ähnliche Slogans haben vor einiger Zeit den Großkonzernen wegen des hohen Kapitalaufwandes und mangelnder Beweglichkeit ihr bald bevorstehendes Ende prophezeit. Was ist daraus geworden?

Aufgabe 9-6:

Erklären Sie Unternehmensnetzwerke mit den Kategorien des Transaktionskosten-Ansatzes! Auf welche Erklärungsgrenzen stößt man mit diesem Konzept?

10. Managementkonzepte

In den vorangehenden Kapiteln über Strategien und interorganisationale Beziehungen ist schon viel über „das Management" ausgeführt worden. Nach diesen grundlegenden Einlassungen über die Bewandtnis des Managements und die schillernden Bedeutungen des Begriffes (vgl. insbesondere Abschn. 8.1) ist nunmehr von Interesse, was man unter *„Managementkonzepten"* verstehen soll. Deren Bezug zum Fachgebiet der betrieblichen Organisation lässt sich schon daran ersehen, dass in synonymer, zumindest eng verwandter Bedeutung der Begriff „Organisationskonzepte" gebräuchlich ist (vgl. z. B. Bauer 1996; Elŝik 1996). Veränderte Strategien speziell im Bereich der Arbeitsorganisation werden in der Industrie- und Betriebssoziologie häufig als „Neue Produktionskonzepte" bezeichnet (vgl. Kern/Schumann 1984) - auch dies ein Terminus, dem man eine inhaltliche Nähe zu „Managementkonzepten" bescheinigen muss.

Im Folgenden wird jedoch alleine die Begrifflichkeit „Managementkonzepte" zugrunde gelegt, da sie es in ihrer Weite als einzige vermag, den umfassenden inhaltlichen Zuschnitt der hier in Rede stehenden Ansätze mit ihren organisatorischen Implikationen einzufangen.

10.1 Allgemeine Grundlagen

10.1.1 Begriff und Ziele

Es handelt sich um einen Begriff, den wir sehr häufig benutzen (insbesondere im Sinne von *„neuen"* Managementkonzepten), der aber insgesamt nicht sehr exakt ist. Zumeist gebrauchen wir ihn ohne große Überlegung als Überbegriff für alle möglichen Ansätze, die aktuell im Management Verwendung finden bzw. im begleitenden „Literatursystem" diskutiert werden (vgl. mustergültig in diesem Sinne Betzl 1996, S. 38 ff.).

Der Begriff des „Konzepts" hat in unserer Sprache mehrere Bedeutungen. Es kann zum einen bedeuten ein erster Entwurf, eine erste Fassung, eine Rohschrift (z. B. einer Rede). Nun kann man nicht bestreiten, dass der Charakter des Unfertigen, des Ausprobierenden auch ein treffendes Merkmal nicht weniger Management-„Konzepte" ist; dennoch wird diese Bedeutung nicht im Vordergrund stehen.

Ein Konzept (bzw. eine Konzeption) ist ferner eine Art *geistiges Bild*, das wir uns von einem in der Regel komplexeren Sachverhalt machen. Der lateinische Begriff „conceptus" bedeutet soviel wie auffassen, erfassen, begreifen, sich vorstellen. Dieser Spur folgend lässt sich sagen, dass ein Konzept soviel wie ein Plan oder ein Programm zur Realisierung einer entsprechenden Vorstellung ist. Ein Konzept oder eine Konzeption enthält eine umfassende, inhaltlich relativ geschlossene Zusammenfügung von Elementen oder Informationen, die für die Umsetzung der ursprünglichen Vorstellung oder der Idee angemessen erscheint. Insofern ist ein Konzept eine Art Programm, um die besagte Vorstellung, die sich Personen von einem bestimmten Gegenstand machen, in die Tat umzusetzen. Damit will man mit einem Konzept nicht nur etwas erklären, sondern man will - eben auf seiner Basis - auch in der Wirklichkeit agieren.

Beispiel:

Ein/e oder mehrere Manager/innen haben die Vorstellung (die Idee), dass sich die produzierten Waren ihres Unternehmens besser absetzen lassen, wenn sie von höchster Qualität sind und auch am Markt ein entsprechendes Qualitätsimage aufgebaut wird. Zur Umsetzung dieser Idee wird beschlossen, ein Konzept des *„Total Quality Management"* zu praktizieren und über entsprechende Einzelmaßnahmen im Unternehmen (und womöglich im Markt) einzuführen.

Solche Maßnahmen können z. B. sein:

- erheblicher Ausbau der technischen Vorrichtungen zur Qualitätssicherung,
- die Qualitätsverantwortung in der Produktion wird ausgebaut; jede/r Mitarbeiter/in ist für die Umsetzung höchster Qualitätsstandards verantwortlich,
- die bessere Nutzung der Erfahrungen und Ideen der Mitarbeiter/innen durch Einführung von Qualitätszirkeln zur Verbesserung der Produktqualität (direkt) und der Produktionsprozesse (indirekt).

Wir können also ein Managementkonzept *definieren* als eine Leitvorstellung über effiziente, zielgerichtete Unternehmensführung, die sich aus einem mehr oder weniger geschlossenen System zugehöriger Elemente oder Informationen zusammensetzt, die für die Umsetzung der ursprünglichen Vorstellung oder der Idee angemessen erscheinen. Managementkonzepte sind in der Regel schriftlich fixiert und zumeist auch aufgrund der Umsetzungsorientierung relativ konkret.

Eine wichtige Rolle spielt in diesem Kontext die Frage der *Übertragbarkeit*. Zumindest in der entsprechenden Fach- und populärwissenschaftlichen Literatur werden Managementkonzepte (auch) zur Diskussion gestellt, damit sich andere Unternehmen daran ein Beispiel nehmen. Für diese Funktion hat sich in der letzten Zeit der Begriff der *„best practice"* herauskristallisiert.

Der Zweck von Managementkonzepten besteht in der Regel darin, geeignetere Strukturen und Konzeptionen für die Zielerreichung zu finden, wobei offen oder stillschweigend unterstellt wird, dass diese (etwa durch große Unsicherheiten, Wettbewerbsvorteile der Konkurrenz) gefährdet ist. Entsprechend stehen zunächst „harte" ökonomische Zielsetzungen im Vordergrund wie z. B.

-   die Optimierung von Kosten und Zeiten (z. B. Durchlaufzeiten),
-   die Verbesserung der Qualität,
-   die Stärkung der Kundenorientierung,
-   die Erhöhung der Produktivitäten,
-   der Abbau von indirekten Bereichen usw.

Zugleich muss man aber bei manchem Managementkonzept sehen, dass es ohne ein gewisses *Eingehen auf Bedürfnisse und Interessen der Mitarbeiter/innen* nicht aussichtsreich erscheint, die wirtschaftlichen Ziele zu erreichen. Insofern stehen sich ökonomische und mitarbeiterorientierte Ziele bzw. Interessen nicht immer unvereinbar gegenüber (vgl. unten, Abschn. 10.1.5):

„Die Erkenntnis, dass die Einführung neuer Organisationskonzepte nur dann erfolgversprechend ist, wenn sie mit den Wertvorstellungen der Mitarbeiter vereinbar ist, hatte zur Folge, dass die tradierten ökonomieorientierten Zielkomponenten der Organisationsgestaltung um soziale Komponenten ergänzt werden mussten. Das ‚Wollen' der handelnden Menschen wurde zunehmend wichtig für den ökonomischen Erfolg der Unternehmen" (Braun 1996, S. 21).

Textbeleg 10-1: Mitarbeiterorientierte Ziele in neuen Managementkonzepten

10.1.2 Managementkonzepte als Moden

Nun muss man zum besseren Verständnis von Managementkonzepten hinzufügen, dass die grundlegenden Vorstellungen bzw. Ideen regelrechte *Konjunkturen* haben. Das heißt, man darf sie nicht so sehr als isolierte geniale Einfälle einzelner Personen oder Manager/innen verstehen, sondern sie werden über ein entsprechendes Unterstützungssystem in die gesamte Wirtschaft transportiert und erleben daher häufig eine intensive Umsetzungsphase, die dann aber wieder mehr oder weniger schnell abebbt.

Der deutsche Organisationsforscher Alfred Kieser (1996a) hat einen regelrechten Modeeffekt bei den Managementkonzepten festgestellt, den er insgesamt kritisch sieht. Kieser vergleicht die - wie er sagt - „Managementmoden" mit den Verheißungen mittelalterlicher „Goldmacher".

„Heutige Managementmoden sind wesentlich kurzlebiger. Dennoch haben sie vieles mit dieser frühen gemein: kühne Versprechungen, umtriebige Unternehmensberater, Magie, sporadische Verweise auf Ergebnisse der strengen Universitätswissenschaft, Mythen ...

Einiges aber hat sich geändert: Bestseller heißen nicht mehr ‚Närrische Weisheiten und weise Narrheit', sondern ‚Auf der Suche nach Spitzenleistungen' oder ‚Reengineering'. Sie verheißen nicht mehr Gold, sondern nur noch ‚Quantensprünge' an Effizienzverbesserungen."

Textbeleg 10-2: Managementmoden (nach Kieser 1996a, S. 22)

Tatsächlich lassen sich solche Modeeffekte in den Managementkonzepten wissenschaftlich gut nachweisen. Für Moden ist typisch, dass sie in ihrem Verlauf einer Art „Glockenkurve" folgen. Zunächst gibt es einige wenige Pioniere oder „Trendsetter", zu denen sich dann im Laufe der Zeit immer mehr Nachahmer gesellen. Die Popularität erreicht dann bald auch ihren Höhepunkt und klingt wieder ab. Alsbald ist die Mode - auf Neudeutsch: - „ausgelutscht", und es entsteht ein Bedarf nach einem neuen Leitkonzept.

Man braucht nur die gängigen Managementzeitschriften nach Artikelthemen bzw. Überschriften der Beiträge auszuwerten, um solche typischen Verläufe zu erkennen. So ergaben z. B. Analysen von Zeitschriften der Jahre 1982 bis 1994 die folgenden „Managementmoden":

- Qualitätszirkel,
- Unternehmenskultur,
- Lean production,
- Total Quality Management,
- Business Process Reengineering.

So wird es auch teilweise vom Unternehmen bzw. seinen Manager/innen erwartet, einem solchen Trend zu folgen.

> „Sehr deutlich wird dies etwa bei der ISO 9000-Zertifizierung (ein Konzept im Rahmen des Qualitätsmanagements, Anmerkung des Verfassers). Kunden, Anteilseigner und Banken signalisieren, dass das Unternehmen das Zertifikat, das nicht nur (durchaus problematischer) Ausweis für Qualität, sondern auch Symbol der Fortschrittlichkeit ist, erwerben sollte."

**Textbeleg 10-3: Handlungszwang bei Managementkonzepten
(nach Kieser 1996a, S. 32)**

Zurzeit ist zu beobachten, dass sich kaum noch ein Unternehmen (trotz unklarer Wirkungen) leisten kann, auf den Einsatz neuer flexibler und leistungsorientierter Vergütungssysteme zu verzichten. Andernfalls steht es in dem Ruf, dass es bei ihm mit der Leistung nicht weit her sein kann. Bei börsennotierten Aktiengesellschaften kann dieses „Urteil" sogar zu wichtigen Argumentationsgrundlagen der Analyst/innen oder gar der gefürchteten Rating-Agenturen werden.

10.1.3 Vielfalt der Managementkonzepte

Aufgrund der erwähnten Modekonjunkturen ist es nicht verwunderlich, dass man in der Praxis auf eine verwirrende Mannigfaltigkeit von Managementkonzepten stößt. Diese haben sich zum einen im Laufe der Geschichte regelrecht angesammelt; zum anderen bewegen sich die Leitvorstellungen, um die sich das jeweilige Managementkonzept dreht, in sehr unterschiedlichen Sphären.

Einige betrachten z. B. den Aspekt der „richtigen" Gestaltung der Arbeit; andere haben mehr mit dem Produktionsprogramm (z. B. Kernkompetenz-Modell), der Art der Produktion (z. B. ökologisch orientierte Unternehmensführung), mit der Unternehmensstruktur, mit der Beweglichkeit und der Wandlungsfähigkeit des Betriebs oder mit dem Umgang mit Kund/innen zu tun.

Das Meer der Schlagworte, auf die die Managementkonzepte oft nur noch reduziert werden, ist unendlich groß.

Total Quality Management	Total Customer Focus
Kernkompetenz-Modell	Benchmarking
Humanisierung der Arbeit	Lean production, lean management
Kontinuierlicher Verbesserungsprozess	Business Reengineering
Organisationsentwicklung	Lernende Organisation
Wissensmanagement	Virtuelle Organisation
Diversity Management	Empowerment

Übersicht 10-1: Vielfalt von Managementkonzepten (Beispiele)

Managementkonzepte sind insoweit auch nicht neu und nicht nur kurzlebig. Ein prägnantes Beispiel für ein ebenso altes wie langlebiges Managementkonzept ist der *Taylorismus*. Der Taylorismus ist (zusammen mit dem sog. Fordismus) in der Entwicklung der kapitalistischen Produktion eine herausragende Etappe in der Gestaltung der industriellen Arbeit(sorganisation), was schon an anderer Stelle dieses Buches ausführlich gezeigt wurde. Obwohl sich der Taylorismus in der Praxis als sehr zählebig erwiesen hat, herrschen heute vielerorts andere Managementkonzepte vor, die mit seinen Vorstellungen brechen und eher gegenteilige Prinzipien befürworten. Deren Vielfalt kann aber hier nicht erschöpfend erfasst werden.

Auch viele bereits in anderen Abschnitten dieses Buches behandelte Ansätze könnte man ebenso mühelos als Managementkonzepte in dem hier erörterten Sinne bezeichnen. Dies gilt etwa für die Folgenden:

- *Organisationsentwicklung* als längerfristig angelegte und die ganze Organisation umfassende Entwicklungs- und Veränderungsstrategie, die maßgeblich auf den Säulen einer umfassenden Beteiligung der Mitarbeiter/innen sowie einer Initiierung von Lernprozessen beruht (vgl. Abschn. 7.2).

- *Lernende Organisation* als Ansatz, der den Prozess des individuellen, kollektiven und gesamtorganisationalen Lernens in den
  Mittelpunkt der Betrachtung stellt, wobei durch eine hohe und
  effektive Lernfähigkeit das Unternehmen in die Lage versetzt
  werden soll, sich schnell den dynamischen Veränderungen auf
  den Märkten anzupassen und jeweils innovative, den neuen Bedingungen angemessene Problemlösungen zu entwickeln (vgl.
  Abschn. 7.3).

- *Unternehmens- bzw. Organisationskultur* als ein stark unter-
  nehmensspezifisch geprägtes System von Regeln, Normen und
  Wertvorstellungen, das von der Unternehmensleitung federführend und bewusst gestaltet bzw. verändert worden ist (vgl.
  Abschn. 6.3 f.).

Mit weiteren typischen Managementkonzepten der letzten Jahre und
Jahrzehnte werden wir uns in diesem Kapitel noch näher auseinandersetzen. Zuvor bedarf es aber noch weiterer genereller Einlassungen über
das Wesen von Managementkonzepten.

10.1.4 Hintergründe neuer Managementkonzepte

Man kann schon mit Fug und Recht sagen, dass der Taylorismus *das*
klassische Managementkonzept mit prägender Wirkung bis in die heutige Zeit ist. Noch in der Nachkriegszeit hat Taylor, abgesehen von seinen
praktischen Wirkungen, in der Betriebswirtschaftslehre den Ansatz von
Erich Gutenberg (1963) stark beeinflusst, der menschliche Arbeit in
zwei Kategorien unterteilte:

- die „objektbezogene" (d. h. rein ausführende) Arbeit, die sich
  gedanklich auf einer Ebene mit den übrigen „Produktionsfaktoren" wie Betriebsmittel oder Werkstoffe ansiedeln lässt sowie

- der sog. „dispositive Faktor" (bei Taylor die Kopfarbeit), der
  für die Planung zuständig ist und Entscheidungen trifft.

Nun ist Gutenbergs Gedankengebäude weitgehend in den 1950er Jahren,
also in einer Zeit mit vergleichsweise günstigen und einfachen Umweltbedingungen entstanden. Die ungeteilte Aufmerksamkeit der Bevölke-
rung galt der Überwindung der Nachkriegsnot, und nach dem raschen
Erreichen dieses Zieles eröffneten sich im Bereich gehobener Kon-
sumgüter (z. B. Autos, Radios, Fernseher) erhebliche Expansionschan-
cen für die Unternehmen. Wiederaufbau und Expansion galten als obers-

te Aufgabe, über deren Priorität eine Art nationaler Konsens herrschte. Der materialistische Zeitgeist und der sich einstellende ökonomische Erfolg ergänzten und verstärkten sich wechselseitig. Die Märkte waren noch recht stabil und übersichtlich.

Es ist hinlänglich bekannt, dass diese Umweltbedingungen etwa beginnend mit den ausgehenden 1960er Jahren regelrecht umgekrempelt wurden. Management ist nicht mehr nur ein internes Problem der ökonomisch ergiebigsten Kombination der Produktionsfaktoren. Es geht vielmehr um die Auseinandersetzung mit dem hochgradig komplizierten und dynamischen Umfeld der Unternehmen in ökonomischer und gesellschaftlicher Hinsicht. Immer mehr gerät die *strategische* Komponente des Managements ins Blickfeld (vgl. Abschn. 8.2). Das Unternehmen wird (zumindest implizit) in der Betriebswirtschaftslehre heute systemtheoretisch als offenes soziales Gebilde interpretiert, das in wechselseitigen Austauschprozessen mit der Umwelt steht (vgl. Abschn. 2.4). Die Kernaufgabe des Managements besteht darin, auf die ständigen Umweltveränderungen anpassend und sachlich opportun zu reagieren, und dafür benötigt man auf den Chefetagen weniger solide „Handwerker" als langfristig und ganzheitlich denkende „Strategen".

Insbesondere in vielen Konsumgüterbranchen zeichneten sich bald gegenüber den Boom-Jahren der Nachkriegszeit *Marktsättigungstendenzen* ab. Die Marketing-Expert/innen sprechen von einem Übergang vom Verkäufer- zum Käufermarkt, auf dem die Nachfrage tendenziell kleiner ist als das Angebot. In dieser Situation sind die Unternehmen zu einer stärkeren Orientierung an den sich zunehmend auffächernden Konsumbedürfnissen der Menschen gezwungen. Eine unmittelbare Reaktion auf diese Entwicklungen war/ist eine zunehmende *Diversifikation* der Produkte, das heißt eine Ausweitung des Leistungsprogramms. War es für die 1950er und 60er Jahre noch eher typisch, über Jahre hinweg ein oder einige wenige Produkt(e) zu fertigen (zum Beispiel den VW Käfer), um den Massenbedarf zu decken, so müssen nun ständig neue Produkte bzw. Produktvarianten auf den Markt gebracht werden, um den ausdifferenzierten Wünschen der Kundschaft gerecht zu werden. Gab es vorher nur *den* Markt oder zumindest eine überschaubare Zahl von Märkten, so *segmentierte* er sich mit steigender Diversifikation immer mehr in dynamische Teilmärkte, die vom (Top-) Management in ihrer Gänze nicht mehr überschaubar und kompetent einzuschätzen sind.

Den Unternehmen wurden/werden in immer stärkerem Maße rasche Reaktionen auf die sich wandelnden Marktbedingungen abgefordert. Dafür sind Eigenschaften wie hohe *Flexibilität*, Innovationsfähigkeit und Reaktionsschnelligkeit notwendig. Die bestehenden Unternehmensstrukturen sind hingegen im Wesentlichen ein Relikt aus der Zeit des Übergangs zum industriellen Großbetrieb und seiner arbeitsorganisatorischen Weiterentwicklung. In ihrem Kern sind die Unternehmen bürokratisch-hierarchische Organisationen mit tayloristischer, an den Prinzipien der immer weitergehenden Zerstückelung von Teilaufgaben orientierter Arbeitsgestaltung. Solche Organisationen sind zu starr und zu schwerfällig, um sich auf die Wandlungen in den Marktbedingungen schnell genug einzustellen.

Modernes Management muss daher zu maßgeblichen Teilen bedeuten: teilweises Aufbrechen dieser unter veränderten Verhältnissen zum Überlebensproblem gewordenen traditionellen Strukturen, jedoch ohne sie aus Gründen der Herrschaftssicherung zu weit zu öffnen.

Auch auf der *gesellschaftlichen Ebene* haben sich zwischenzeitlich gravierende Wandlungen ergeben, die ihrerseits zur Problematik der „klassischen" Managementkonzepte in Gestalt autoritär-hierarchischer und tayloristischer Strukturen beitragen. Mit dem meist so genannten *Wertewandel* ist das Phänomen angesprochen, dass die bis in den 50er und 60er Jahren dominanten bürgerlichmaterialistischen Wertvorstellungen (zum Beispiel Verpflichtung zu unermüdlichem Arbeitseinsatz, hoher Stellenwert von Leistung und Erfolg, Autoritäts- und Obrigkeitsgläubigkeit) in den nachwachsenden Generationen an Bedeutung verlieren.

Die Mehrzahl dieser „bürgerlichen" Werte hat sich hervorragend mit den Funktionsmechanismen autoritär-hierarchischer Organisationen vertragen und nach außen hin die Akzeptanz des auf Wachstum ausgerichteten Wirtschaftens und seiner Folgen gewährleistet. Ihre zunehmende Infragestellung bedeutet daher eine ernste Herausforderung für das Management. Mehr Menschen als früher gehen heute mit einer instrumentellen Einstellung zur Arbeit. Man tut nur so viel, dass es sich noch gerade mit der arbeitsvertraglich eingegangenen Leistungsverpflichtung deckt, und verlegt den Aktivitätsschwerpunkt auf den Freizeitbereich. Managementvertreter/innen sprechen besorgt von der *„inneren Kündigung"* der Beschäftigten. Ebenso brisant ist es, dass die Menschen nicht mehr ohne Weiteres Autoritäten und Hierarchien akzeptieren und verstärkt an sie betreffenden Entscheidungen beteiligt werden wollen. Und auch die verstärkte Orientierung an *ökologischen Werten* zwingt das Management, das sich jahrzehntelang um die umweltzerstörenden Folgen des Wirtschaftens kaum zu kümmern brauchte, zum Umdenken (vgl. Pfriem 1995).

10.1.5 Aktueller Zuschnitt vieler Managementkonzepte

Alle hier aufgezeigten Veränderungstendenzen legen nahe: Management ist zu einem hochkomplizierten und viele Aktivitätsebenen umspannenden Drahtseilakt der Auseinandersetzung mit dynamischen Umweltbedingungen geworden. Die ehemalige Kernaufgabe der optimalen Faktorkombination tritt demgegenüber in den Hintergrund.

Es ist gar nicht möglich, auf alle beobachtbaren Reaktionsformen einzugehen, zu denen Manager/innen als Antwort auf diese Herausforderungen greifen. Es soll hier genügen, drei Eckpunkte im Hinblick auf den Zuschnitt moderner Managementkonzepte hervorzuheben:

Marktorientierung und flexible Produktionstechniken

Die Sättigung des Massenbedarfs hat die Unternehmen zu einer starken Produktdiversifizierung und zur Senkung der Losgrößen (jedenfalls für einzelne Produktvarianten) veranlasst. Dies wird begünstigt durch die Anwendung flexibler Produktionstechniken, mit denen etwa im Vergleich zum klassischen Fließband rasch auf veränderte Marktbedingungen reagiert werden kann. Der Stellenwert des Marketing, die Orientierung von Produkt- und damit zusammenhängenden Entscheidungen am hoch reagiblen Verhalten der Kundschaft hat ebenso zugenommen wie der Einsatz modernster Technologien zum Zwecke der die Marktorientierung erst ermöglichenden Produktionsflexibilisierung.

Ökologieorientierung

Das veränderte gesellschaftliche Bewusstsein über die Folgen der Umweltzerstörung verlangt dem Management neue Strategien mit hoher ökologischer Sensibilität ab. Der häufig existente Zielkonflikt zwischen umweltschonender Produktion (möglichst umweltverträglicher Produkte) und Kostenminimierung kann nicht mehr stur zugunsten des letztgenannten betriebswirtschaftlichen Formalziels aufgelöst werden. Dabei zeigt sich im Übrigen, dass eine umweltorientierte Produktpolitik aufgrund des veränderten Verbraucherbewusstseins die Absatzchancen vieler Erzeugnisse verbessern und damit höhere Kosten kompensieren kann (vgl. vor allem Pfriem 1983 u. 1995).

Beteiligungsorientierung und Unternehmenskultur

Die mechanistische Betrachtung des arbeitenden Menschen als *„Produktionsfaktor Arbeit"*, der sich nach Belieben mit den anderen Faktoren kombinieren und in die daraus resultierenden Strukturen einpassen lässt, ist im Zeichen der neueren Managementkonzepte nicht mehr angemessen. Erstens lassen sich die Menschen nicht mehr als „Produktionsfaktor" behandeln, sondern wollen auch im Arbeitsleben als Mensch geachtet und anerkannt und an sie betreffenden Entscheidungen beteiligt werden. Auf sinnentleerte Arbeit wird mit „innerer Kündigung" reagiert. Zweitens ist aus betriebswirtschaftlicher Perspektive die tayloristische Meinung längst nicht mehr angesagt, wonach nur derjenige ein/e gute/r Arbeiter/in ist, die/der bloß tut, was man ihr oder ihm sagt. Die Anwendung der neuen Technologien macht die Motivation und Initiative, die willige Aktivität, die flexible Zuarbeit und vor allem den Sachverstand der (verbliebenen) Arbeitskräfte zum unverzichtbaren Leistungsbeitrag.

Es ist ein von mehreren Seiten (gesellschaftlicher Wertewandel, veränderte Produktionsbedingungen) gespeister Druck entstanden, Hierarchien und Kontrollen zu lockern und den Beschäftigten Entfaltungs- und Beteiligungschancen zuzugestehen. Dies erfolgt durch den Einsatz von beteiligungsorientierten und sinnspendenden Managementtechniken (z. B. Unternehmenskultur, Human Resource Management, Organisationsentwicklung, Qualitätszirkel, Gruppenarbeit und viele andere) (vgl. z. B. den Überblick in Müller 2003).

10.2 Ausgewählte Managementkonzepte

Es wäre ein interessantes Projekt, einmal - etwa nach einem vergleichenden Raster - ein umfassendes Lehrbuch über die diversen Managementkonzepte zu schreiben, die es in den zurückliegenden Jahrzehnten (unter anderem über den beschriebenen Modeeffekt) in das Bewusstsein der Fachöffentlichkeit gespült hat. Den Rahmen des vorliegenden Werkes würde dieses Vorhaben aber völlig sprengen, so dass wir uns hier auf eine kleine Auswahl beschränken müssen. In diesem Sinne habe ich drei Managementkonzepte aus den letzten zwei Jahrzehnten für die vertiefende Erörterung ausgewählt, von denen ich glaube, dass sie auch inhaltlich im Fachgebiet über ihre „konjunkturelle Hoch-Zeit" hinweg Spuren hinterlassen haben. Es handelt sich um die Ansätze

- Qualitätsmanagement,
- lean production und
- business reengineering.

10.2.1 Qualitätsmanagement

Im Zeichen des verstärkten internationalen Wettbewerbs spielt neben dem Preis heute die *Produkt- und Prozessqualität* eine Rolle, die man gar nicht überschätzen kann. Nicht nur Verbraucher/innen erwarten höchste Qualität, auch im Rahmen der im vorangehenden neunten Kapitel thematisierten Wertschöpfungsnetze ist die Qualität der (Vor-) Produkte eine zentrale Größe. Der „Weiterverarbeiter" muss sich bei seinen Lieferanten auf einwandfreie Güte verlassen können; kostspielige Wareneingangskontrollen sind weitgehend abgebaut worden.

Eine Vielzahl von Aufsätzen und Büchern, aber auch von Konzepten über Fragen des Qualitätsmanagements aus den letzten zwei bis drei Jahrzehnten sind ein Indikator für diese Entwicklung (vgl. für viele Haist/Fromm 1989; Horváth/Urban 1991; Seigner 1996; Geiger/Kotte 2005; Gertz/Harmeier 2005; Kamiske/Brauer 2006). Dabei ist ein darstellungstechnisches Problem schon darin zu erkennen, dass es inzwischen mehrere „Managementkonzepte im Managementkonzept" gibt. Es besteht eine erhebliche Verwirrung um die diversen Ansätze rund um das Thema Qualität wie „Total Quality Management" (TQM), ISO 9000 ff., Kontinuierlicher Verbesserungsprozess (KVP), EFQM-Modell und andere. Wir wollen im Folgenden einige dieser - nennen wir sie: - Managementkonzepte zweiter Ordnung näher erörtern. Zuvor bedarf es jedoch noch einiger grundlegender Erläuterungen zur Thematik der Qualität, der Qualitätssicherung und des Qualitätsmanagements.

10.2.1.1 Qualität, Qualitätssicherung, Qualitätsmanagement

Sicherlich könnte man die erkennbare Popularität der Qualitätsthematik als reine Mode-Erscheinung abtun, die in absehbarer Zeit das „Schicksal" so manch anderen Managementkonzepts teilen wird, nämlich wieder zu verblassen und Neuem Platz zu machen. Eine derartige Vermutung wird dadurch genährt, dass Konzepte wie TQM, EFQM und andere ähnlich evangeliumsartig und weitgehend unkritisch sowie mit Allgemeingültigkeitsansprüchen ausgestattet gegenüber der betrieblichen Praxis feilgeboten werden (vgl. etwa Gertz/Harmeier 2005: „Der schnelle und einfache Weg zu Business-Excellence ...").

Dieser These muss man indes entgegenhalten, dass das Qualitätsmanagement, wenn auch im Gewand unterschiedlicher Teilansätze, nunmehr seit (mindestens) zwei Jahrzehnten auf der Agenda steht. Insofern betreffen Modeeffekte höchstens die diversen Einzelkonzepte, nicht aber in diesem Maße die grundlegende Thematik. Dies muss wohl damit erklärt werden, dass hinter der erheblich angewachsenen Betrachtung von Problemen der Produktqualität reale und dauerhafte Veränderungen im sozio-ökonomischen Umfeld der Unternehmen stehen:

- *Wettbewerbsintensivierung*

Auf vielen Märkten und Marktsegmenten ist es zu einer beständigen Intensivierung der Wettbewerbssituation gekommen. Selbst geographische Marktvorteile werden im Zuge von Internationalisierungstendenzen immer stärker relativiert.

- *Veränderte Erwartungen der Kund/innen*

Von der Abnehmerseite her haben sich die Erwartungshaltungen gegenüber der Produktqualität erheblich verändert. Die Kund/innen verlangen zunehmend selbst bei niedrigen Preisen hohe Funktionalität, Haltbarkeit, Zuverlässigkeit, Sicherheit, anspruchsvolle Designs der Güter und Dienste sowie umfassende Serviceleistungen.

- *Zusammenhang mit gesellschaftlicher Entwicklung: mehr Lebens-Qualität*

Steigende Qualitätsanforderungen stehen ferner in direktem Zusammenhang mit gesellschaftlichen Entwicklungen in Richtung auf Steigerung der Lebens-Qualität (vgl. z. B. Hansen 1993). In diesem Zusammenhang ist auch die gesetzliche Erweiterung der Produkthaftungspflicht zu erwähnen, die entstehende Schäden im Zusammenhang mit Produktmängeln zu einem schwer kalkulierbaren Risiko macht. (Auch) von daher stehen ökonomische Anreize im Raum, qualitätsverbessernde Aktivitäten durchzuführen.

- *Zunehmende unternehmensübergreifende Vernetzung der Herstellungsprozesse*

Anspruchsvolle und komplexere Produkte und Technologien in vielstufigen, über Betriebsgrenzen hinweg verlaufenden Produktionsprozessen erfordern nicht nur erhöhte Qualitätsansprüche gegenüber den Einzelteilen, sondern auch zuverlässige, möglichst fehlerfreie Produktionsabläufe. So sind bei Just in time-Zuliefererverbünden Wareneingangskontrollen schon seit längerem kaum noch vorzufinden. Sie stehen der angestrebten Straffung des Materialflusses zwischen Lieferanten und Abnehmer entgegen. In einem modernen „Stoffstrommanagement" (vgl. etwa Schneidewind 2003) wirken sich Qualitätsdefizite verheerend aus.

Von daher ist im Laufe der Zeit ein erheblicher Druck auf die Unternehmen vieler Branchen entstanden, dem Qualitätsproblem höchste Aufmerksamkeit zu widmen und ihm mit anderen Konzepten und Methoden zu begegnen.

Jedoch wird gerade in populärwissenschaftlichen Betrachtungen oft holzschnittartig unterstellt, dass „früher" Qualität in der Produkt- und Absatzpolitik kaum eine Rolle gespielt hätte und lediglich der Preismechanismus als marktentscheidende Größe wirksam geworden sei. In den Kernsektoren der deutschen Wirtschaft ist man nie einer solchen preisfokussierenden Strategie gefolgt, galt doch das Label „Made in Germany" jahrzehntelang als Garant für qualitativ hochwertige Produkte und beachtliche Erfolge im internationalen Wettbewerb. „Made in Japan" weckte demgegenüber noch vor einigen Jahrzehnten gegenteilige Assoziationen: Japanische Ware galt als billig und minderwertig. Dass sich dies nachhaltig verändert, ja ins Gegenteil verkehrt hat, ist inzwischen allgemein bekannt. Entsprechend bedeutet „Made in Germany" heute wohl kaum noch einen „eingebauten" Wettbewerbsvorsprung.

Wie dem auch sei. Obwohl die Qualitäts-Problematik im Grunde in all ihren Teildisziplinen relevant ist, hat sie in der *Betriebswirtschaftslehre* lange keine exponierte Rolle gespielt. Klassische betriebswirtschaftliche Definitionen von Qualität, Qualitätspolitik oder dergleichen zeichnen sich zunächst noch durch ihre inhaltliche Enge aus.

> „Die Qualitätspolitik bezieht sich auf physische und psychische Komponenten der am Markt angebotenen Güter, insbesondere Waren und deren Verpackung. In physischer Sicht gehören dazu:
> - Die Gestaltung technisch-physikalischer Merkmale, wie Gewicht, Größe, Dauerhaftigkeit u. Ä.,
> - die Standardisierung der Ausführung und Qualität durch Normung, Gütezeichen, Staatliche Prüf- und Gewährzeichen.

> In psychischer Hinsicht sind insbesondere die Produktgestaltung und die Markierungspolitik zu erwähnen."

Textbeleg 10-4: Klassische betriebswirtschaftliche Perspektive von Qualität (nach Zentes 1984, S. 341)

Qualität wird also im Prinzip als etwas Technisches betrachtet, das durch marketingspezifische Aspekte zu ergänzen sei.

Im betrieblichen Rechnungswesen wird die Qualität traditionell als Kosten- und nicht als Leistungsfaktor angesehen. Es wird davon ausgegangen, dass die Erfüllung vorgegebener Qualitätsstandards zusätzliche Kosten mit sich bringt. Qualitätskosten werden als Funktion von Fehlerverhütungs- und Prüfkosten einerseits und Fehlerkosten andererseits betrachtet:

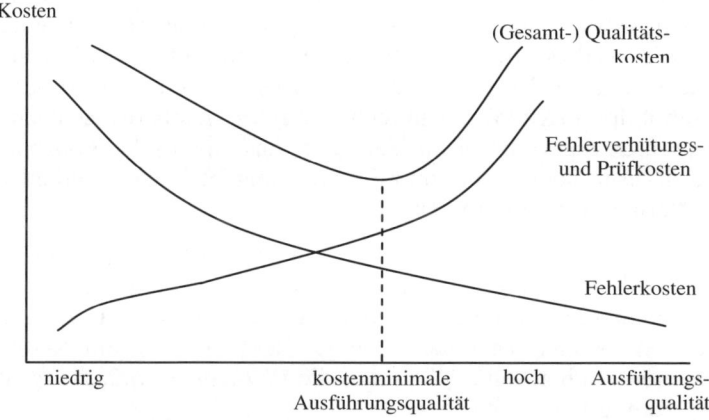

Übersicht 10-2: Annahme über den Verlauf von Qualitätskosten im betrieblichen Rechnungswesen (nach Bantel u. a. 1989, S. 29)

In diesen Modellen schwingt die Grundannahme mit, dass zumindest ab einer bestimmten Schwelle eine Steigerung der Qualität mit einer erheblichen Kostenerhöhung und damit mit Gewinneinbußen und Absatzproblemen verbunden ist. Gerade die Verhinderung der „letzten Fehler-Prozent" verursacht demnach überproportional hohe Verhütungs- und Prüfkosten, was zur Konstituierung des Prinzips der „zulässigen Fehlerrate" (acceptable quality level, AQL) geführt hat (vgl. Haist/Fromm 1989, S. 45).

Als Fehlerkosten gelten dabei Aufwendungen für die Abwicklung von Reklamationen, Garantie- und Gewährleistungen, ggf. sogar Konventionalstrafen. Diese Kosten lassen sich auch vergleichsweise einfach ermitteln. Was aber generell unberücksichtigt bleibt, sind entgangene Deckungsbeiträge infolge des Verlustes von unzufriedenen Kund/innen und der Abhaltung potenzieller Neukund/innen vom Kauf aufgrund eines negativen Qualitätsimages. Ob deren Nicht-Erfassung konzeptionell bedingt ist oder an den unstreitig bestehenden Quantifizierungsproblemen liegt, sei dahingestellt.

Gegenüber diesen Vorzuständen hat in Wissenschaft und Praxis längst ein Prozess der kritischen Reflexion traditioneller Qualitätsstrategien eingesetzt. Er wurde spätestens Ende der 1970er/ Anfang der 80er Jahre durch die japanischen Erfolge auf vielen Weltmärkten ausgelöst, nachdem es den Japanern gelungen war, ihr negatives Qualitätsimage durch substanzielle Verbesserungen aufzubessern und mit Macht in sicher geglaubte Domänen der westlichen Industriegesellschaft (insbesondere die Automobilproduktion) einzubrechen. Erstes sichtbares Zeichen des Wandels waren die verbreiteten Versuche, das japanische Konzept der Qualitätszirkel in der Produktion mit anpassungsbedingten Veränderungen und Variationen zu imitieren.

Qualität bedeutet infolge dieser Entwicklung und unter den heute maßgeblichen Bedingungen erheblich mehr als die Erfüllung von technisch zu definierenden Mindestanforderungen an das Produkt (wie z. B. hohe technische Leistung, Festigkeit, lange Lebensdauer, einwandfreies Funktionieren). Schon seit 1987 gibt es die *ISO-Norm 8402*, die Qualität wie folgt definiert:

„Qualität ist die Gesamtheit von Merkmalen (und Merkmalswerten) einer Einheit bezüglich ihrer Eignung, festgelegte und vorausgesetzte Erfordernisse zu erfüllen."

Diese auf den ersten Anschein wenig verständliche Festlegung enthält als Kernelement den Ansatz, dass letztlich die Erfüllung (vom Kunden) gesetzter Bedürfnisse oder Erfordernisse das Maß der Dinge sind. Die Beschaffenheit eines Produktes oder einer Dienstleistung, die durch die Gesamtheit der Merkmale bestimmt wird, ist zunächst wertfrei. Zum

(Wert-) Maßstab für Qualität wird erst der Bezug zu den kundenseitig definierten Erfordernissen. Diese beziehen sich nicht nur auf das Produkt selbst, sondern auch auf Aspekte wie den Preis, ggf. Maßanfertigung, Lieferfristen, Betreuung, Ästhetik usw. Letztlich gilt der Grundsatz: „Der Kunde bestimmt, was Qualität ist" (HDE 1995, S. 11).

Damit sind die neueren Verständnisse von Qualität erheblich erweitert worden. Neben den ursprünglichen Merkmalen wie einwandfreie Funktionsfähigkeit, Fehlerfreiheit usw. sind kundenbezogene Nutzenkomponenten getreten.

Auch die traditionellen betriebswirtschaftlichen Konzepte der *Qualitätssicherung* erweisen sich unter den heutigen Bedingungen nicht mehr unbedingt als zeitgemäß. Die Qualitätssicherung gestaltet sich in tayloristisch geprägten Produktionskonzepten als von den Produzent/innen „unabhängige" Endkontrolle im Sinne einer Fehlersuche nach Abschluss der Fertigung und vor Auslieferung an die Abnehmer/innen. Ökonomisch und ökologisch nachteilig ist alleine schon die Ressourcenverschwendung, die durch das hohe Maß an Ausschuss und Schrott bedingt ist, die bei der ex-post-Prüfstrategie anfällt. Schon in den 1960er und 70er Jahren wurde es mit zunehmender Marktkomplexität und Variantenvielfalt immer schwieriger, auf diese Weise ein kundengerechtes Qualitätsniveau bei angemessenen Kosten zu gewährleisten. Erste Reaktion war die Einführung instrumenteller Einzellösungen ohne integrierendes Gesamtkonzept wie z. B. statistische Methoden der Qualitätssicherung, Null-Fehler-Programme (vgl. Jovan 1966; Wagner 1966) oder ab den späten 70er Jahren die Einführung der schon erwähnten Qualitätszirkel. Dabei änderte sich aber zunächst noch nichts an der prinzipiellen Trennung von Ausführung und Inspektion.

Umfassende Veränderungen im Verständnis von Qualitätssicherung zeigten sich dann so etwa seit den 1980er Jahren. Sie wird seitdem als vielschichtiger, die gesamte betriebliche Innovations- und Wertschöpfungskette betreffender Prozess begriffen, der die Sicherstellung kundengerechter Entwicklung und Produktion betrieblicher Leistungen sowie die Schaffung von Qualitätsfähigkeit und -bereitschaft aufseiten aller Beteiligten (inklusive der Beschäftigten als „Produzent/innen") gewährleisten soll. Dabei greifen Qualitätssicherungskonzepte auch über Unternehmensgrenzen hinaus, indem insbesondere die Zulieferer in die entsprechenden Aktivitäten einbezogen werden (z. B. durch Qualitäts-audits).

Die Qualitätssicherung ist heute eine Funktion, die nur noch als umfas-sendes *Qualitätsmanagement* sinnvoll begriffen werden kann. Die schon erwähnte ISO-Norm 8402 definiert Qualitätsmanagement als „alle Tä-tigkeiten der Gesamtführungsaufgabe, welche die Qualitätspolitik, Ziele und Verantwortungen festlegen sowie diese durch Mittel wie Qualitäts-planung, Qualitätslenkung, Qualitätssicherung und Qualitätsverbesse-rung im Rahmen des Qualitätsmanagementsystems verwirklichen."

Das Qualitätsmanagement ist also als umfassende, ebenen- und oft be-triebsübergreifende Führungsfunktion zu begreifen, die die Qualität der Produkte bzw. Dienstleistungen wie auch der zugrunde liegenden Pro-zesse sichert, kontinuierlich verbessert und dabei ständig die Anforde-rungen der Kund/innen zum Ausgangspunkt nimmt.

Im Laufe der letzten zwei bis drei Jahrzehnte haben sich auf dem „Markt" eine ganze Reihe von Qualitätsmanagement-Konzepten etab-liert, die als gemeinsame Klammer der systematischen Umsetzung der hier grob beschriebenen Veränderungen verschrieben sind. Allerdings vertreten sie zumindest zum Teil unterschiedliche gedankliche Ansatz-punkte und Instrumentarien und stehen auf dem hart umkämpften Bera-tungsmarkt in einer gewissen Konkurrenz zueinander. Die nach meinem Dafürhalten wichtigsten Konzepte, das Total Quality Management, die Normenreihe ISO 9000ff. und das EFQM-Modell, werden in den nach-folgenden Abschnitten dargestellt und erörtert.

10.2.1.2 Total Quality Management (TQM)

Etwa seit Beginn der 1980er Jahre wird das publicity-trächtige Konzept des „Total Quality Management" (TQM) mit viel Aufwand propagiert und der betrieblichen Praxis zur Implementation empfohlen. Ob für den Ansatz Bezeichnungen wie TQM, „KAIZEN"; „Never ending quality improvement" oder was auch immer gewählt wird (vgl. Lütke 2003, S. 25 ff.) - ihnen ist gemein, dass sie ein umfassendes, ebenenumspan-nendes, ja z. T. unternehmensübergreifendes Konzept des Qualitätsden-kens vertreten. Ansonsten ist TQM kein inhaltlich sehr klar abgrenzba-rer Ansatz. Im Prinzip handelt es sich um eine Bündelung von Erkennt-nissen einer ganzen Reihe von Qualitätsmanagement-„Gurus", die seit den 1950er Jahren vor allem in Japan, aber auch in den USA wirkten. Ihre Namen lauten insbesondere Phil B. Crosby, Joseph Juran, Armand

Feigenbaum, Kaoru Ishikawa, Edward Deming und Taichi Ohno.[16] Es muss daher genügen, typische Merkmale des TQM-Konzepts aufzuarbeiten, die aus den drei Teilbegriffen hergeleitet werden:

1.   „Total".

Alle Unternehmensbereiche und Mitarbeiter/innen müssen in die Qualitätskonzeption einbezogen werden, um so die Verantwortung für Produkt- und Prozessqualität auf jedes einzelne Unternehmensmitglied zu übertragen. Erklärtes Ziel ist somit nicht mehr allein die Aufdeckung und Beseitigung von Fehlern, sondern eine präventive Qualitätsförderung. Wie im vorangehenden Abschnitt schon ausgesagt, ist es nach diesem Verständnis besser, Qualität gleich zu produzieren als zu „erkontrollieren". Das heißt, Qualität soll nicht, wie im Taylorismus, eine Sache von nachgelagerten Kontrolleur/innen oder ganzen Kontrollabteilungen sein, sondern zur Verantwortung der Produzent/innen selbst, also der Arbeitskräfte im Prozess der Leistungserstellung, gehören. Diese Überlegungen laufen, weniger in Japan, dafür aber in den westlichen Industriegesellschaften, auf eine Veränderung der Rolle des arbeitenden Menschen hinaus. Folgte der Gang der technisch-organisatorischen Rationalisierung lange tendenziell den Lehren des Taylorismus, wonach die menschliche Arbeit eher eine der Perfektion der Maschine weit unterlegene Restgröße und Notlösung darstellt, wird der „Produktionsfaktor Arbeit" nunmehr zur Humanressource, deren Kenntnisse und Fähigkeiten das „wertvollste Kapital" des Unternehmens ausmachen (vgl. ausführlich Breisig 2005, S. 83 ff.).

Dessen ungeachtet finden jedoch auch die traditionellen Methoden und Techniken der Qualitätssicherung Berücksichtigung, damit die Kontrolle der technischen Leistungsergebnisse und der Leistungserstellung (Prozesskontrolle) gewährleistet werden kann (Ishikawa 1983, S. 89).

2.   „Quality".

„Qualität" im Unternehmen muss für die Mitarbeiter/innen und die anderen Beteiligten „greifbar" sein, weshalb dieser Begriff klar definiert werden muss. Dabei ist zu berücksichtigen,

---

[16] Vgl. zu einer umfassenden Darstellung der Leistungen dieser und anderer „Pioniere des Qualitätsmanagements" die Arbeit von Zollondz (2002, S. 51 ff.).

- dass auf eine prozessorientierte Begriffsabgrenzung mit internen und externen Kunden-Lieferanten-Beziehungen abgezielt wird und

- dass das Ergebnis eines Herstellungsprozesses berücksichtigt wird.

3. „Management".

Für die Qualitätsmanagement-Konzeption trägt die Unternehmensführung die zentrale Verantwortung. Im Rahmen eines Top-down-Prozesses muss der gesetzte Anspruch durch ein gelebtes Führungskonzept umgesetzt werden. Jede Führungskraft übernimmt eine Verstärkerfunktion, um das Qualitätsdenken im Unternehmen auszubreiten. Das „Managen" von Qualität erfordert eine Umstrukturierung der organisatorischen, personellen und technischen Rahmenbedingungen und stellt insoweit einen integrativen Prozess dar. Erforderlich ist also ein systematisches, reflektiertes und auch transparentes Konzept, das nach Maßgabe des sozio-technischen Systemansatzes technische und personell-soziale Elemente zielführend integriert.

Zur Implementation eines TQM-Ansatzes bedarf es einer systematischen Planung (vgl. schon Frehr 1989). Ein Unternehmen, das langfristig erfolgreich am Markt agieren will, wird Qualität neben anderen Aspekten als Bestandteil seiner Unternehmensstrategie berücksichtigen müssen. Von einem Qualitätskonzept wird demnach verlangt, dass durch seine Umsetzung ein Prozess in Gang gesetzt und aufrechterhalten wird, der die Unterstützung der in der Unternehmensstrategie zusammengefassten Qualitätsziele gewährleistet. Um den Weg eines Unternehmens hin zu TQM systematisch zu skizzieren, werden vier konzeptionelle Phasen gebildet.

Die *Initiierungsphase* begründet das Problembewusstsein, dass für die Einführung von TQM erforderlich ist. In dieser Phase bildet sich häufig eine Art TQM-Arbeitsgruppe, die sich mit der Planung und Umsetzung der Qualitätsaktivitäten befasst. Insofern trägt die TQM-Einführung typischerweise Projektcharakter (vgl. zum Projektmanagement Abschn. 4.3.1).

Die *Informationsphase* dient der Beschaffung von Informationen zur Erfassung der unternehmensexternen und -internen qualitätsrelevanten Rahmendingungen. Zum einen wird festgestellt, welche externen Faktoren auf das Konzept bzw. den Prozess als Datum einwirken. Zum anderen wird im internen Verhältnis geprüft, welche für das Konzept notwendigen Rahmenbedingungen vorhanden sind bzw. geschaffen werden müssen.

Anhand der gewonnenen Information erfolgt in der Konzeptbildungsphase (Zielphase) die Formulierung der Qualitätsziele. Hierdurch wird die Grundlage geschaffen, um die Planung qualitätsverbessernder Maßnahmen in Angriff zu nehmen.

In der *Implementierungsphase* werden schließlich die notwendigen Schritte für die Vorbereitung und Durchführung des Qualitätsmanagement-Konzeptes geplant und zeitlich verbindlich festgelegt.

TQM ist insgesamt also kein einheitlich besetztes und leicht identifizierbares Konzept. Es fungiert für viele mehr als eine Art regulativer Idee für ein umfassendes Qualitätsmanagement, das den hohen Ansprüchen neuzeitlicher Unternehmensführung an dynamischen Märkten standhält. Neben dem umfassenden Zuschnitt fällt auf, dass es sehr prozessorientiert und partizipativ ausgerichtet ist. Da sich andere Ansätze, u. a. das noch zu erörternde EFQM-Modell oder die „lean production", auf ähnliche Elemente stützen, „überlappt" es sich mit anderen Managementkonzepten oder wird mit ihnen in einem Atemzug genannt.

10.2.1.3 Die Normenreihe ISO 9000ff.

Auch Protagonist/innen eines Qualitätsmanagementsystems auf Basis der Normenreihe ISO 9000ff. würden vermutlich die Interpretation nicht ablehnen, dass sie zur Umsetzung der TQM-Philosophie im Betrieb Hilfestellung leisten wollen. Dennoch muss man diesem Ansatz ob seiner noch aufzuzeigenden Spezifika einen gesonderten Abschnitt widmen.

Die ursprüngliche Normenreihe

Die ISO 9000ff.-Normen wurden 1987 ins Leben gerufen mit dem Anspruch, angesichts des weiter oben aufgezeigten Bedarfs Unternehmen bei der Einführung und Praktizierung eines Qualitätsmanagements zu helfen. Besonders in Deutschland hat diese Normenreihe eine erhebliche praktische Bedeutung bekommen, wenngleich sie auch von Beginn an, wie noch zu zeigen sein wird, im Fadenkreuz von Kritik stand. Als teilweise Reaktion auf diese Einwände muss die im Jahr 2000 erfolgte

Überarbeitung und Revision der Normen gedeutet werden, auf die ebenfalls weiter unten noch einzugehen ist.

Eine *Norm* ist eine durch die „interessierten Kreise" herbeigeführte Vereinheitlichung von materiellen und immateriellen Gegenständen zum generellen Nutzen (z. B. von Anbietern und Verbraucher/innen). Eine Norm ist kein Gesetz. Das heißt, sie ist für niemanden bindend, es sei denn, sie wird ausdrücklich in einem Gesetz erwähnt. Dennoch können sie eine faktische Verbindlichkeit haben: Z. B. kauft kein Unternehmen Drehmaschinen ohne normgerechte Schrauben.

Derartige Normen begegnen uns in einer Unzahl von Lebens- und Arbeitsbereichen. Ein allgemein bekanntes Beispiel sind etwa die Normungen für Papierformate („DIN A4"). Bei ISO 9000ff. handelt es sich aber im Gegensatz zu den materiellen um „weiche" Normen, die sehr umfassend und in ihrer konkreten Umsetzung schwierig zu überprüfen sind.

In Deutschland ist das „Deutsche Institut für Normung" (DIN) für diese Angelegenheiten federführend. Es ist aber zugleich evident, dass in Zeiten wirtschaftlicher Internationalisierung rein national ausgerichtete Normungsprozesse wenig sinnvoll sind. Auf der internationalen Ebene ist daher die „International Standardization Organisation" (ISO) zuständig. ISO-Normen sind nicht zwingend für Deutschland gültig, das DIN kann sie aber, was häufig geschieht, für seinen Zuständigkeitsbereich übernehmen. Die konkrete Arbeit an Normungsprozessen findet - national wie international - zumeist in kleinen Arbeitskreisen statt, in die die interessierten Kreise (insbesondere aus der Wirtschaft, aber bisweilen auch aus anderen Sphären und Organisationen) Repräsentant/innen entsenden.

Die Schaffung der Normenreihe ISO 9000ff. in der zweiten Hälfte der 1980er Jahre, die inzwischen mehrfach angepasst und überarbeitet worden ist, ist in der Folgezeit auf eine anfangs wohl nie für möglich gehaltene Akzeptanz gestoßen. Sie ist mittlerweile in 145 Ländern als nationale Norm anerkannt (vgl. Beutler/Langhoff/Neumann 2001, S. 13). Kunden in Zulieferverbünden haben alsbald Aufträge vom Vorweisen eines Zertifikats nach ISO 9000ff. (insbesondere nach 9001 oder 9002) abhängig gemacht, was zu einer Art Kettenreaktion innerhalb von Wertschöpfungsnetzen geführt hat. Schon aus Gründen der Aufrechterhaltung der Wettbewerbsfähigkeit gegenüber der Konkurrenz sind zahllose große, mittlere und kleine Unternehmen nachgezogen. Auch öffentliche Auftraggeber (bis hin zur EU-Kommission) machen Beschaffungen und die Vergabe von Aufträgen davon abhängig, dass die Betriebe nach den in Rede stehenden Normen „zertifiziert" sind (vgl. unten). Über die Industriesektoren hinaus hat die Normenreihe bald auch im Dienstleistungsbereich Anklang gefunden (Brakhahn/Vogt 1987), so etwa in der Unternehmensberatung (vgl. Seigner 1996) oder bei Bildungsträgern.

Das Wesen der Normenreihe besteht darin, dass generalisierte Rahmenbedingungen für den Aufbau eines Qualitätsmanagement-Systems geschaffen werden. Es handelt sich um so genannte Verfahrensnormen, die in dieser Hinsicht Mindeststandards definieren. Dabei bestätigt ein *Zertifikat* die Übereinstimmung mit der Norm. Das bedeutet, die Normen beziehen sich nicht direkt auf die Qualität von Produkten (oder Dienstleistungen), sondern von Produktionsprozessen, aber natürlich mittelbar mit der Absicht, so die Grundlage für die Steigerung der Produktqualität zu legen und sie dauerhaft zu gewährleisten. Gute Qualität soll nicht durch ex post Kontrolle und Spezifikation gewährleistet werden sondern dadurch, dass der ganze Herstellungsprozess von der Entwicklung bis zur Auslieferung und die ganze Unternehmensorganisation auf Qualitätserzeugung ausgerichtet wird. Eine wichtige Rolle spielt dabei das Verhältnis Kunde-Lieferant (intern-extern; konsequente Kundenorientierung). Kunden und Lieferanten sollen eine „gemeinsame Sprache" sprechen und Anforderungen definieren und umsetzen.

Die umfangreiche Normenreihe enthält in diesem Sinne vielfältige Festlegungen zu Fragen, die in mittelbarem und unmittelbarem Zusammenhang mit Qualitätsproblemen stehen, so etwa zu(r):

- Verantwortung der obersten Leitung;
- Beschaffung;
- Identifikation und Rückverfolgbarkeit von Produkten;
- Prozesslenkung in Produktion und Montage;
- Prüfungen und Prüfmittel;
- Behandlung fehlerhafter Produkte;
- einzuleitenden Korrekturmaßnahmen;
- Handhabung, Lagerung, Verpackung und Versand von Produkten;
- Qualitätsaufzeichnungen;

-   internen Qualitätsaudits;
-   Schulungen für Führungskräfte und Mitarbeiter/innen;
-   Kundendienst;
-   statistischen Methoden

u. v. a.

Die Zertifizierung

Ein *Zertifikat* ist in diesem Falle eine Bescheinigung über den Zustand eines Qualitätsmanagement-Systems nach erfolgreicher Prüfung durch eine dafür zugelassene, qualifizierte, unabhängige Institution (z. B. TÜV-CERT, DEKRA, DQS). In diesen (und anderen) Zertifizierungs-organisationen ist mit den ISO-Normen ein lukratives Betätigungsfeld entstanden. Dies gilt, zumal das Zertifikat nur auf Zeit verliehen wird, d. h. der Prozess der Zertifizierung ist regelmäßig zu wiederholen. Die Untersuchungsreihe, mit der das Qualitätsmanagement-System nach den besagten ISO-Normen geprüft wird, wird *„Auditierung"* genannt. Ein typisches Ablaufmuster einer Zertifizierung geht aus der nachfolgenden Übersicht hervor:

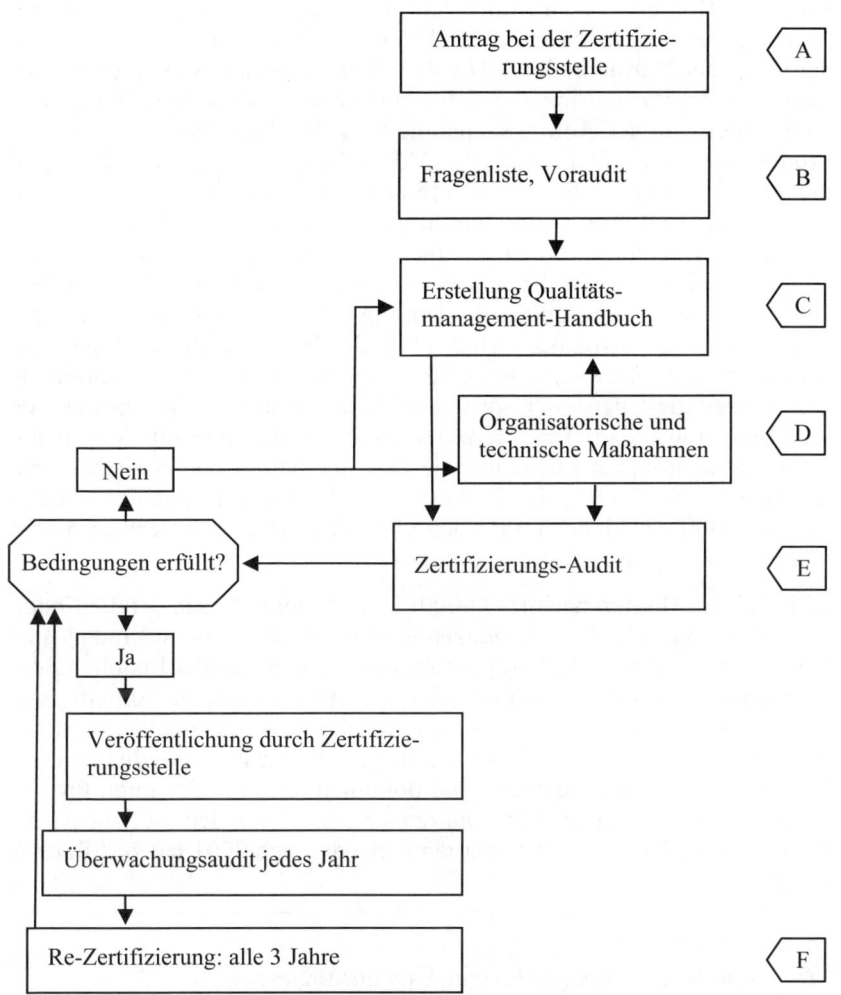

Übersicht 10-3: Ablauf einer Zertifizierung nach ISO 9000ff.
(modifiziert nach Beutler u. a. 1995, S. 34)

Ein solcher Zertifizierungsprozess fordert den Unternehmen nicht nur beträchtliche Kosten, sondern auch erhebliche sonstige Anstrengungen ab. Der Grundsatz der Dokumentation aller qualitätswirksamen Tätigkeiten im Betrieb, d. h. im Endeffekt die lückenlose Erfassung und ggf. Neugestaltung aller betrieblichen Abläufe, gehört zu den zentralen Forderungen der Normenreihe DIN ISO 9000ff. Zweck des Ganzen ist, den gesamten Prozess der innerbetrieblichen Leistungserstellung transparent zu machen, von der Auftragsannahme über die Produktentwicklung, die Produktion bis hin zur Lagerung, Verpackung und Verkauf. Daher ist die Zertifizierung nicht selten verbunden mit der Änderung oder gar erstmaligen Einführung von vielfältigen Formularen, Prüfvorschriften, der klaren Regelung von Zuständigkeiten, Stellenbeschreibungen, Ablaufbeschreibungen, der Erweiterung von Qualifikationen der Mitarbeiter/innen usw. Eine besondere Bedeutung haben die Instrumente Verfahrensanweisung, Arbeitsanweisung und das Qualitätsmanagement-Handbuch. *Arbeitsanweisungen* sind eine Art detaillierte Beschreibung von Einzeltätigkeiten oder -prozessen, die für die Qualitätsproduktion von Bedeutung sind. Bei *Verfahrensanweisungen* handelt es sich auf einer übergeordneten Ebene um die Dokumentation von bereichs- bzw. schnittstellenübergreifenden Prozessen. In der Novellierung der Normen im Jahr 2000 wird jedoch nur noch von dokumentierten Verfahren oder von Prozessen gesprochen (vgl. unten).

Will sich ein Betrieb nach ISO 9000ff. zertifizieren lassen, ist die Erstellung des sog. *Qualitätsmanagement-Handbuches* Pflicht. Inhalt und Gliederung sind nicht fest vorgeschrieben. Es geht bei der Erstellung des Handbuchs im Prinzip darum, die qualitätsfördernden Abläufe und Techniken für interne wie ggf. externe Adressat/innen transparent zu machen. Es enthält in der Regel Festlegungen zur grundsätzlichen Qualitätspolitik des Unternehmens und dokumentiert die relevanten Prozesse und Zuständigkeiten. Ein konkretes Beispiel für den Aufbau ist die folgende Gliederung eines Unternehmens, das sich 2001 hat zertifizieren lassen:

I.   Das Unternehmen
II.   Qualitätspolitik der Firma ... Qualitätsziele
III. Erstellung und Änderung des Qualitätsmanagementhandbuches
IV.   Das Qualitätsmanagementsystem der ...:
1.   Anwendungsbereich
2.   Aufgaben und Zuständigkeiten

---

3.   Ausschlüsse von Forderungen der ISO 9001:2000 mit Begründung
4.   Beschreibung des Zusammenwirkens der Prozesse

V.   Das Qualitätsmanagementsystem der ...:

Dokumentierte Verfahren (Prozesse):
1.   Lenkung von Qualitätsaufzeichnungen
2.   Prozesse der Kommunikation
3.   Prozesse der Produktrealisierung
4.   Kommunikation mit dem Kunden
5.   Kundenzufriedenheitsmessung
6.   Entwicklungsplanung neuer Produkte
7.   Beschaffungsprozess
8.   Verfahren zur Überwachung und Messung (Prüfmittel)
9.   Verbesserungsprozess
10. Auditprogramm
11. Verfahren zur Lenkung fehlerhafter Produkte
12. Verfahren zur Sicherstellung von Korrekturmaßnahmen
13. Qualitätsbedarfsermittlung

VI. Anhang

Verzeichnis der gültigen Richtlinien (QM-Richtlinien)

Übersicht 10-4: Unternehmensbeispiel Gliederung eines Qualitätsmanagement-Handbuchs (modifiziert nach Beutler/Langhoff/Neumann 2001, S. 77)

Bei der Erstellung des Handbuchs lassen sich idealtypisch zwei Vorgehensweisen differenzieren:

-   Top-down: Das Handbuch wird im kleinen Kreis (von Führungskräften und Expert/innen) erstellt und nach unten eingeführt („durchgesetzt");

-   Bottom-up: „Oben" werden nur die Qualitätsmanagement-Grundsätze und -Ziele festgelegt. Die konkreten Inhalte und Dokumentationen werden von den Betroffenen erst diskutiert, bevor daraus offizielle Richtlinien werden. Das Handbuch ist dann letztlich das Ergebnis eines betrieblichen Diskussionsprozesses.

Weiterentwicklung im Jahre 2000

Die ursprünglich aus den 1980er Jahren stammende Normenreihe ISO
9000ff. ist immer schon trotz ihres unerwarteten Praxiserfolges auch
erheblicher Kritik ausgesetzt gewesen. Nicht zuletzt als Reaktion auf
einige der Kritikpunkte (vgl. unten) ist sie im Jahre 2000 überarbeitet
und teilweise verändert worden. Die Übergangsfrist ist im Dezember
2003 abgelaufen, so dass heute die Einrichtung eines Qualitätsmanagement-Systems nur noch nach der angepassten - so auch die übliche
Schreibweise - *ISO 9000ff:2000* möglich ist (vgl. ausführlich Pfitzinger
2000; Grässle/Mohr/Neumann 2001).

Der Umfang der Normengruppe wurde im Zuge dieser Novellierung
erheblich reduziert. Sie besteht jetzt nur noch aus vier Normen, die auf
weniger als 200 Seiten beschrieben werden. Damit wurde offenkundig
auf den Vorwurf der Unübersichtlichkeit des alten Normenwerks reagiert. Auch die im alten System oft kritisierte verklausulierte Sprache ist
verbessert worden, so dass das Werk nun erheblich besser zu lesen und
zu „konsumieren" ist. Die ISO 9000ff.:2000 besteht nunmehr noch aus
den folgenden Normen:

- ISO 9000:2000:   Qualitätsmanagementsysteme, *Grundlagen und
  Begriffe*
- ISO 9001:2000:   Qualitätsmanagementsysteme, *Anforderungen*
- ISO 9004:2000:   Qualitätsmanagementsysteme, *Leitfaden zur
  Leistungsverbesserung (Umsetzungshinweise)*
- ISO 10011:   Leitfaden für die Auditierung.

Die wichtigste inhaltliche Neuerung ist die erheblich stärkere *Prozessorientierung* im Vergleich zur alten Normenreihe. Alle qualitätsrelevanten Abläufe sollen nunmehr prozessorientiert strukturiert und dokumentiert werden. Die Mitarbeiter/innen sollen sich eher mit den Dokumentationen identifizieren können, da sie die Unternehmenspraxis jetzt treffender wiedergeben. Entworfen wird ein prozessorientiertes Modell mit
den vier Elementen:

- Verantwortung der Leitung (innerer Kreis);
- Management von Ressourcen;
- Produktrealisierung sowie
- Messung, Analyse und Verbesserung.

Diese vier Elemente sollen wie ein Regelkreis verstanden werden. Das folgende Schaubild verdeutlicht dies:

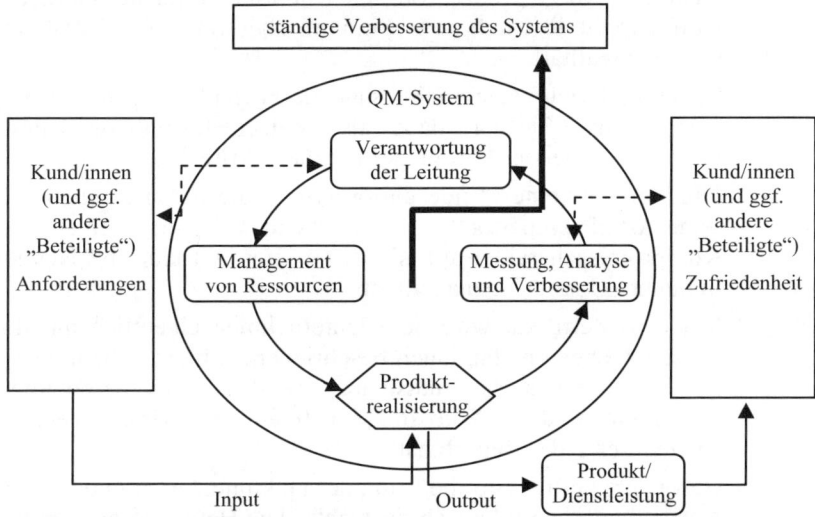

Übersicht 10-5: Modell eines prozessorientierten Qualitätsmanagements nach ISO 9000ff.:2000 (modifiziert nach Becker 2002, S. 35)

Erkennbar ist ferner, dass dem Aspekt der *Kund/innen-Zufriedenheit* in der angepassten Normenreihe eine erheblich höhere Bedeutung zukommt. Dabei wird erstmals die systematische und kontinuierliche Erhebung der Zufriedenheit mittels messbarer Indikatoren gefordert.

Kritik- und Problempunkte an ISO 9000ff.

Ohne Frage haben die ISO 9000ff.-Normen eine beachtliche Erfolgsgeschichte vorzuweisen, die sich nicht zuletzt in ihrem hohen Umsetzungsgrad in der Praxis äußert. Dennoch ist um diese Reihe von Beginn an eine fast leidenschaftliche Debatte entbrannt, in der auch erhebliche Kritikpunkte an den Normen selbst wie auch an ihrer Anwendung vorgebracht wurden. Diese Debatte bzw. die Kritikpunkte können hier aus Platzgründen nur in Ansätzen und schlaglichtartig wiedergegeben werden (vgl. z. B. Homburg/Becker 1996; Lütke 2003, S. 195 ff.):

-   Es wird eine vorwiegend produktbezogene sowie technisch-funktionale Perspektive unter teilweiser Verkennung anderer relevanter Sachverhalte (z. B. Zusatznutzen stiftende Aspekte) zugrunde gelegt.

- Qualität wird zu wenig von den Kund/innen her definiert; die Normenreihe löst sich zu wenig vom überkommenen Verständnis von Qualität.

- Sie enthält viele vage, nichts sagende Formulierungen und Allgemeinplätze. Sie wird daher als „schlecht formulierte Sammlung grundlegender Führungsprinzipien" kritisiert.

- Die Norm ist eine Mindestanforderung, die für alle gelten soll (eine Art „Passepartout"). Entsprechend weist sie einen starken Kompromisscharakter auf; sie ist nur eine Art kleinster Nenner in puncto Qualitätsmanagement.

- Mit dem Zertifikat wird dem Unternehmen eigentlich nur die Existenz eines im Handbuch beschriebenen, nicht unbedingt eines erfolgreichen Qualitätsmanagement-Systems bescheinigt. Außerdem wird der Wert des Zertifikates hinterfragt, wenn es so ziemlich jeder Betrieb hat.

- Besonders heftig wird die Rolle der Dokumentation in den ISO-Normen gesehen („typisch deutsch"). Die Hauptaufgabe bei der Gewährleistung eines aktuellen Qualitätsmanagements scheint sich nach ISO 9000ff. in einer ausufernden Formular- und Papierflut zu äußern.

- Entsprechend wird die Frage aufgeworfen, inwiefern ein „modernes" Managementkonzept angesichts bekanntlich ständig wachsender Flexibilitätsanforderungen von den Märkten her seine Energie so sehr auf die Zementierung und Dokumentierung von Abläufen konzentrieren kann.

- ISO 9000ff. verlangt den Unternehmen im Zuge des Zertifizierungsprozesses und auch bei den Re-Zertifizierungen hohe Kosten ab, ohne dass es eine Garantie für Mehreinnahmen gibt.

- Die explizite Einbeziehung der Mitarbeiter/innen im Sinne des TQM-Gedankens stößt in diesem Modell auf strukturelle Grenzen. Individuelle, kreative Qualitätsarbeit lässt sich nicht ohne weiteres in starre Normen und fix dokumentierte Abläufe pressen. Die Forderung nach Einbeziehung der Beschäftigten beschränkt sich in den Normen weitgehend auf Schulungen.

Diese Kritikpunkte sind wie eingangs gesagt nur eine Auswahl. Man muss den Protagonist/innen der Normenreihe zugute halten, dass sie mit der Reform aus dem Jahr 2000 tatsächlich einige der Kritikpunkte entschärft haben und sich eindeutig mehr Kund/innen-Orientierung und Prozess- und Ergebnisbezug zu eigen machen. Dennoch sind andere Kritikpunkte strukturell in dem Konzept angelegt und bestehen demnach auch nach der Überarbeitung fort. Dies betrifft insbesondere den ausgeprägten Hang zur Dokumentation sowie die Tendenz zur Nivellierung, da das System nach wie vor „nur" Mindestanforderungen beschreibt. Gerade dieser Punkt verweist auf ein Konkurrenzkonzept im Zuge eines modernen Qualitätsmanagements, das in den letzten Jahren deutlich an Popularität gewonnen hat: das EFQM-Modell.

10.2.1.4 Das EFQM-Modell

Ein wichtiger Impuls für diesen Ansatz ist die große Bedeutung des Malcolm Baldrige National Quality Awards (MBNQA) in den USA (vgl. dazu ausführlich Seigner 1996). Dieser Preis wird dort seit 1987 an solche Unternehmen verliehen, die sich - nach festgelegten Prüfkriterien - durch ein hervorragendes Qualitätsmanagement auszeichnen.

Im Zuge der wachsenden Bedeutung des Qualitätsmanagements haben sich europäische Unternehmen, durchaus in Anlehnung an amerikanische Vorbilder, im Jahre 1988 zur „European Foundation for Quality Management" (EFQM) zusammengeschlossen. Seit 1992 wird von der EFQM das europäische Pendant zum Malcolm Baldrige Award in Gestalt des „European Quality Awards" (EQA) verliehen (Radtke/Wilmes 1997). Damit sollen solche Unternehmen ausgezeichnet werden, die unter Beweis stellen,

„dass ihr Vorgehen zur Verwirklichung von TQM über eine Reihe von Jahren einen beträchtlichen Beitrag zur Erfüllung der Erwartungen von Kunden, Mitarbeitern und anderen geleistet hat" (EFQM 1995, S. 4).

Seit 1997 wird als deutscher Qualitätspreis der Ludwig-Erhard-Preis verliehen. Diese kleinere Auszeichnung ist für solche Unternehmen gedacht, denen der EQA schlicht „eine Nummer zu groß" ist (vgl. Radtke 1997, S. 15).

Die Preisträger werden jährlich aufgrund eines Bewertungsverfahrens ermittelt, wobei zwei Kriteriengruppen mit jeweils gleichem Gewicht (maximal 500 Punkte) maßgeblich sind:

- Befähigerkriterien und
- Ergebniskriterien.

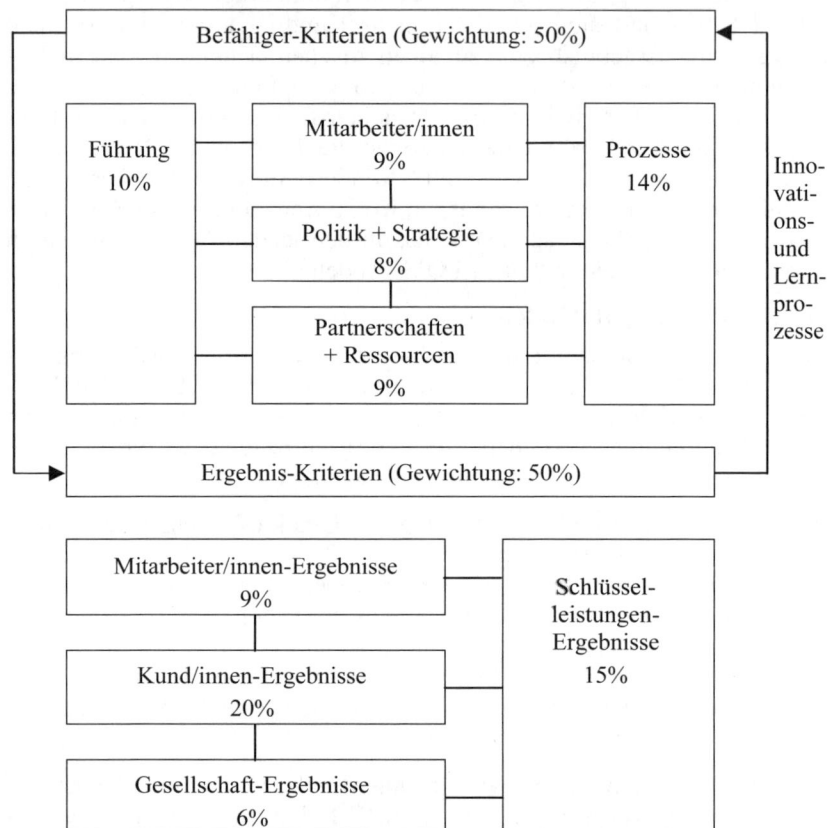

Übersicht 10-6: Kriteriensystem des EFQM-Modells[17]

Im EFQM-Modell sind die zentralen Kriterien des TQM-Ansatzes konsequent verarbeitet, wie im Folgenden vertiefend zu erläutern ist. Beispielsweise mit dem Befähiger-Kriterium „Führung" ist das Verhalten

---

[17] Eigene Darstellung nach dem Vorbild der URL www.deming.de.

aller Führungskräfte gemeint, das erforderlich ist, um das Unternehmen in Richtung auf umfassende Qualität zu leiten und zu steuern. In diesem Aspekt müssen die Unternehmen, die sich um den Preis bewerben, nachweisen:

-   sichtbares Engagement und Vorbildfunktion der Führungskräfte im Hinblick auf umfassende Qualität,

-   eine umfassende und beständige TQM-Kultur,

-   die ausdrückliche Anerkennung und Würdigung der qualitäts-bezogenen Anstrengungen und Erfolge von Einzelpersonen und Gruppen,

-   die Bereitstellung erforderlicher Ressourcen und Unterstützung,

-   ein diesbezügliches Engagement bei Lieferanten und Kund/innen sowie

-   die aktive Förderung umfassender Qualität auch außerhalb der Organisation.

Bei „Politik und Strategie" geht es um das entsprechende Wertesystem, das Leitbild und die strategische Ausrichtung der Organisation sowie die Art und Weise der Verwirklichung dieser Aspekte.

Beim Merkmal „Mitarbeiter/innen" steht selbstredend der Umgang des Unternehmens mit seinen Beschäftigten im Fokus der Betrachtung. So müssen die Organisationen u. a. nachweisen, wie

-   die Kompetenzen und Fähigkeiten der Mitarbeiter/innen im Rahmen der Personalplanung, Personalauswahl und Personal-entwicklung erhalten und weiterentwickelt werden,

-   wie Mitarbeiter/innen und Teams Ziele vereinbaren und ständig die Leistungen überprüfen,

-   inwieweit die (alle) Mitarbeiter/innen am Prozess der ständigen Verbesserung beteiligt sind,

-   wie eine wirksame Kommunikation von oben nach unten sowie umgekehrt und auf horizontaler Ebene gewährleistet wird.

Beim nächsten Befähiger-Kriterium geht es um das Management, den Einsatz und das Erhalten von „Ressourcen" (z. B. finanzieller, informatorischer, technologischer Art), damit Politik und Strategie des Unternehmens im Sinne der Qualitätsphilosophie wirksam entfaltet werden können. Nach der Überarbeitung des EFQM-Modells im Jahr 2000, die freilich weitaus geringer ausfiel als die der ISO-Normen, sind auch ausdrücklich (unternehmensübergreifende) Partnerschaften in die Ressourcen-Kategorie aufgenommen worden.

Das Merkmal „Prozesse" bezieht sich als letztes der Befähiger-Kriterien auf das Management aller wertschöpfenden Tätigkeiten im Unternehmen, d. h. auf Fragen, wie Prozesse identifiziert, überprüft und gegebenenfalls verändert werden, um eine kontinuierliche Verbesserung herbeizuführen.

Im Unterschied zumindest zur alten Normenreihe ISO 9000ff. legt das EFQM-Modell größten Wert auf konkrete „Ergebnisse" („results"), die im Wege der Ergebnis-Kriterien gleichrangig mit den Befähigern in fünf Einzelmerkmalen abgebildet werden.

Bei dem Kriterium der „Kund/innen-Ergebnisse" geht es insbesondere um die Frage, was die Organisation für die Zufriedenheit ihrer externen Kund/innen leistet. In diesem Sinne sind regelmäßig deren Beurteilungen im Hinblick auf Produkte, Dienstleistungen, Service usw. anhand geeigneter Messgrößen zu erheben. Ganz ähnlich geht es bei der Rubrik „Mitarbeiter/innen-Ergebnisse" um die Zufriedenheit der Beschäftigten.

Auch der Aspekt der gesellschaftlichen Verantwortung, des Images des Unternehmens in der Öffentlichkeit ist unter dem Merkmal „Gesellschaft-Ergebnisse" erfasst. Dabei geht es darum, was das Unternehmen für die Wünsche und Erwartungen der Öffentlichkeit leistet. Dazu gehören die Beiträge zur Steigerung der Lebensqualität, zum Umweltschutz sowie zur Erhaltung der globalen Ressourcen.

Beim letzten Merkmal der „Schlüsselleistungen-Ergebnisse" (vor 2000: Geschäftsergebnisse) wird schließlich die Erreichung der Geschäftsziele und die Erfüllung der Erwartungen aller finanziell am Unternehmen Beteiligten betrachtet. Der Begriff Schlüsselleistungen soll gewährleisten, dass sich die zu berücksichtigenden Erfolgsgrößen stärker auf die entsprechenden Prozesse der Befähiger-Seite des EFQM-Modells beziehen lassen.

Um Stillstand zu verhindern und die kontinuierliche Verbesserung zu gewährleisten, soll in die entsprechenden Messungen auch der Fortschritt im Zeitablauf in den Kennzahlen berücksichtigt werden. Dies gilt gleichermaßen für Befähiger- und Ergebnis-Kriterien. Auch sind im Sinne des Benchmarking-Ansatzes Vergleiche zur Entwicklung von

Unternehmen der eigenen Branche sowie ggf. zu anderen Organisationen einzubeziehen.

Unternehmen können sich nun um den EQA, der in verschiedenen Kategorien vergeben wird (z. B. Industrie, Dienstleistung), auf der Grundlage der Kriterien des EFQM-Modells und einer darauf bezogenen Selbstbeschreibung bewerben. Aussicht auf Erfolg besteht, wenn über mehrere Jahre nachgewiesen werden kann, dass die Organisation hohe Punktzahlen erreicht und sich im Zeitablauf kontinuierlich verbessert hat. Die Anwärter auf den Preis werden (ab einer bestimmten Punktzahl) von Beauftragten der EFQM vor Ort vertiefend gecheckt. Auf der Basis dieser Prüfungen und der eingereichten Unterlagen werden die Preisträger von einer Expert/innen-Jury ausgewählt.

Der EFQM-Ansatz beschreitet mit dieser Konzeption einen grundlegend anderen Weg als die Normenreihe ISO 9000ff. Der angestrebte Preis muss angesichts der naturgemäß beschränkten Möglichkeit des „Gewinnens" für die meisten Bewerber Utopie bleiben. Dennoch gilt das spezifische Bewertungsverfahren auch unabhängig von der Preisverleihung als hilfreiche Leitlinie zur nachhaltigen Entwicklung und Implementation einer organisationsinternen und ggf. unternehmensübergreifenden Qualitätsstrategie. Dieses Ziel gilt für viele als Hauptzweck des Konzepts, denn ansonsten würde sich angesichts der geringen Prämierungschance für das einzelne Unternehmen der hohe Aufwand der Selbstbeschreibung und der Ausrichtung der Politik auf die Modellkriterien nicht lohnen.

Die gestiegene Popularität hängt sicherlich damit zusammen, dass das EFQM-Modell gegenüber ISO 9000ff. zu Recht als viel stärker TQM-orientiert gilt. Während die ISO-Normen schon in ihrem Grundverständnis von Qualität mehr an das technisch ausgerichtete klassische Qualitätsdenken angelehnt bleiben, kann man dem EFQM-Ansatz die strikte Ausrichtung an tragenden Maßstäben des TQM wie Prozess-, Kund/innen-, Mitarbeiter/innen- und Ergebnis-Orientierung sowie kontinuierliche Verbesserung nicht absprechen. Diese sind zwar bei ISO 9000ff. fraglos durch die Reform der Normenreihe im Jahr 2000 gestärkt worden, bleiben aber in ihrer Wirkung in der Sphäre des „Nachgeschobenen" gefangen.

Aufgrund ihres Charakters als Mindestnormen und der Zertifizierungs-Technik eignet sich ISO 9000ff. - auch für die breite Masse von Unternehmen - als Ausweis von „TQM-light". Demgegenüber ist der „a-ward"-Mechanismus á priori am Ausweis von Spitzenleistungen im Qualitätsmanagement orientiert, frei nach dem Motto: „Es kann nur einen geben!"

Selbstredend ist auch das EFQM-Modell nicht frei von Kritik. Ungeachtet der vermutlich intern Nutzen stiftenden Wirkung der strikten Beachtung der Modellkategorien steckt in dem Ansatz eine diskussionsbedürftige Mechanik des Gewinnens oder Verlierens („win or loose"), die eher in der amerikanischen als in der deutschen Gesellschaft kulturell verankert ist. Die Aussicht darauf, dass sich die Investitionen in die Bewerbung auszahlen, ist angesichts der geringen Wahrscheinlichkeit des Gewinnens sehr klein, während man bei ISO 9000ff. schon davon ausgehen kann, spätestens im Anschluss an eine Nachauditierung das begehrte Zertifikat als offiziellen Nachweis nach außen und innen zu erhalten. Und ob bei EFQM allein das olympische Motto („dabei sein ist alles") im Sinne eines anerkannten Nachweises nach außen tragfähig ist, darf zumindest bezweifelt werden.

Das Modell selbst ist nicht gerade „theoriegestützt". Die gesetzte Mischung von prozess- und ergebnisorientierten Kriterien ist in ihrer Art und Gewichtung eine reine Heuristik mit Konventionalcharakter. Wieso z. B. ein bestimmtes Kriterium mit 15% und nicht mit 17,5% oder 20% einbezogen wird - diese irgendwann, irgendwie und von irgendwem innerhalb der EFQM getroffenen Entscheidungen sind einer rationalen Begründung nicht zugänglich. Allerdings müssen sie dies auch nicht. Wenn das Modell von den Adressaten als hilfreich und weiterführend akzeptiert wird, dann hat es meines Erachtens seinen Zweck auch ohne „wissenschaftliches Mäntelchen" erfüllt.

10.2.2 Lean production

Der Faktor Qualität hat auch eine zentrale, wenngleich nicht die einzig relevante Rolle in einem weiteren wichtigen Managementkonzept gespielt, das seine Hoch-Zeit in der ersten Hälfte der 1990er Jahre erlebte: die sog. „lean production" (schlanke Produktion). Es geht zurück auf eine Publikation von Womack, Jones und Roos (1991) mit dem Titel „The machine that changed the world." In der deutschen Übersetzung, die wie das amerikanische Original alsbald Schwindel erregende Absatzzahlen und Auflagenhöhen erreichte, war schon im Titel treffend von der „Zweiten Revolution in der Automobilindustrie" die Rede - in

Anspielung an die erste „Revolution", die man auf die 1920er und 30er Jahre zurückführen und mit den Namen Taylor und Ford verbinden kann.

Das Werk dokumentiert die Befunde eines fünfjährigen Forschungsprojektes, das in der zweiten Hälfte der 1980er Jahre am renommierten „Massachusetts Institute of Technology" (MIT) durchgeführt wurde. Dabei wurden 90 Montagewerke der Automobilindustrie in 15 Ländern hinsichtlich ihrer Organisations- und Produktionsstrukturen, Personalstrategien und Produktivitätsunterschiede untersucht. Das Namen gebende Konzept der „schlanken Produktion" wurde von den Forscher/innen in dieser vergleichenden Studie bei *Toyota* vorgefunden und den westlichen Konkurrenten - durchaus mit erheblichem Nachdruck („change or die") - als anzustrebendes Leitbild für die eigene Organisationsgestaltung anempfohlen. Die Relevanz dieses Konzepts wurde im Übrigen nicht nur für die Automobilindustrie gesehen, sondern auch für die anderen Industriebranchen wie auch für den Dienstleistungsbereich. Insofern galt/gilt die „lean production" oder ihre Abwandlungen (z. B. „lean management", „lean administration" usw.) als allgemeingültiges Managementkonzept mit mehr oder weniger relativiert vertretenem Übertragbarkeitsanspruch über Branchen- und Ländergrenzen hinweg.

> Die „schlanke Produktion" wird sich „unweigerlich über die Autoindustrie hinaus durchsetzen und damit fast jede Industrie verändern, und folglich auch unsere Arbeits- und Lebensweise."

Textbeleg 10-5: Verbreitungsanspruch der „lean production"[18]

Viele sahen bzw. sehen in der „lean production" einen Paradigmawechsel gegenüber den klassischen Produktionskonzepten der Massenfertigung, die auf die Ansätze von Taylor und Ford zurückgeführt werden. Diese seien aufgrund unzureichender Flexibilität, langer Durchlaufzeiten, hoher Lagerbestände und eines hohen Aufwandes für indirekte Tätigkeiten (z. B. nachgeschaltete Qualitätssicherung) den heutigen Marktbedingungen nicht mehr gewachsen. In der „lean production" werden stattdessen die Vorteile einer handwerklichen Produktion (Flexibilität, Produktvielfalt, Qualität, anspruchsvolle Arbeitsinhalte) mit denen der

---

[18] Zitat aus dem Klappentext der deutschen Übersetzung (Womack/Jones/Roos 1991).

Massenproduktion (economies of scale, Schnelligkeit) vereint bzw. kombiniert.

In diesem Ansatz bedeutet „Produktion" mehr als die unmittelbare Fertigung. Sie soll das gesamte Unternehmen und darüber hinausgehend durch technisch-organisatorische Verknüpfungen ganze Netzwerke entlang von Wertschöpfungsketten erfassen (vgl. Abschn. 9.2).

Wenn im Folgenden die Kernelemente der schlanken Produktion erörtert werden, beziehen sich diese Ausführungen auf das japanische Ursprungsmodell, wie es bei Toyota vorzufinden ist. Dabei soll vor allem der Tenor der MIT-Studie zum Ausdruck kommen, was sich an einigen euphorischen Formulierungen und ungeschützten Wirkungsbehauptungen ablesen lässt. Die Frage der generellen Gültigkeit der Ergebnisse respektive der Übertragbarkeit wird später behandelt.

„Lean production" gilt als ein übergreifendes Managementkonzept, bei dem alle Unternehmensfunktionen wie z. B.

* Produktentwicklung,
* Beschaffung/Logistik,
* Fertigungsvorbereitung,
* Fertigung,
* Vertrieb usw.

als abgestimmte Prozesskette unter dem „Dach" einer den Menschen als „Human-Ressource" begreifenden Unternehmenskultur kombiniert werden.

Auf die Frage nach den „Geheimnissen" der schlanken Produktion antwortet einer der Autoren der MIT-Studie:

> „Fangen wir mit der Fabrik an. Zunächst ist hier eine geringere Zahl von Mitarbeitern, die an der Produktion beteiligt sind. Alle Mitarbeiter sind in Teams organisiert und tragen die ganze Verantwortung für alle anfallenden Aufgaben, einschließlich laufende Wartung, Qualitätskontrolle und Verbesserungen. Diese Verantwortung bringt umfangreiche Ausbildung und weniger Kontrollebenen, weniger Qualitätsprüfer, weniger mit Ausbesserungsarbeiten befasste Mitarbeiter und ein kleineres mittleres Management mit sich."

Textbeleg 10-6: „Geheimnisse" der schlanken Produktion (nach Jones 1991, S. 35)

Lean production japanischen Ursprungs bedeutet also volle Konzentration auf *Teamarbeit* mit hoher Selbstverantwortung, -steuerung und -kontrolle der Gruppe bzw. ihrer Mitglieder. Sie organisieren sich und die zugeteilte Arbeit weitgehend selbständig. In Japan gilt die Gruppe als kleinste Einheit einer insgesamt auf dem Gruppenprinzip fußenden Gesellschaftsstruktur. Die Gruppe ist zugleich Familienersatz, soziales Netz, Stätte des Lernens und eine Institution, mit der man auch Teile der geringen Freizeit verbringt (vgl. Roth 1992). Zugleich ist sie eine inzwischen bewährte Form der Arbeitsorganisation und eine Einheit der Leistungsregulierung (etwa in Form von Zeitvorgaben, Leistungs- und Qualitätskontrollen usw.). Ein Ausbrechen aus der Gruppe erscheint vor dem Hintergrund japanischer Traditionen kaum möglich. Ausgrenzung und sozialer Abstieg wären die vermutliche Folge. Eigenschaften wie Streit, Kritik und auch Individualität (westlichen Zuschnitts) sind der traditionellen japanischen Kultur ohnehin weitgehend fremd. Man schweigt lieber, anstatt nein zu sagen.

Allerdings dürfen die Autonomiespielräume der Teams bei Toyota nicht überschätzt werden. Das Prinzip relativ kurz getakteter, arbeitsteiliger Tätigkeiten am Band wird beibehalten. Die Personaldecke wird knapp gehalten mit der Folge „dichter" Leistungsabforderung. Und: Entgegen einem vielfach gepflegten Mythos ist die Hierarchie zumindest in den produktionsnahen Bereichen durchaus steil. Es existieren viele Vorgesetztenebenen mit geringer Leitungsspanne (vgl. Jürgens 1993).

Große Einsparungen werden auch durch den breiteren Tätigkeitsinhalt der Arbeiter/innen erzielt. Sie sind im Prinzip für alle indirekten Tätigkeiten in ihrem Bereich wie Reinigung und Wartung der Maschinen, Anlieferung benötigter Materialien, Wechsel von Werkzeugen usw. zuständig. Vor allem aber haben sie wichtige Funktionen in der Qualitätssicherung, was mit dem folgenden Punkt zusammenhängt.

Die Qualitätsphilosophie des *„KAIZEN"*, eng verwandt mit dem TQM (vgl. Abschn. 10.2.1.2), gilt vielen als einer der entscheidenden Faktoren, die dem „toyotistischen" Produktionskonzept die zugeschriebenen Wettbewerbsvorteile verschaffen. Mit KAIZEN ist das Prinzip der ständigen, kontinuierlichen Verbesserung von Produktionsabläufen und Produktqualitäten gemeint (Kai = ständiger Wandel; Zen = zum Besseren). Es verkörpert eine grundlegend andere Umgangsweise mit den „Humanressourcen" als in den überkommenen westlichen Managementkonzepten, bei denen Verbesserungsbemühungen der/des Einzelnen gar nicht so recht erwünscht sind und entsprechend selten oder nur unter großen bürokratischen Hürden, etwa im Rahmen des Betrieblichen Vorschlagswesens, belohnt werden.

Charakteristik von KAIZEN

→ kontinuierliche Verbesserung („die Summe vieler kleiner Schritte", Imaii)

→ prozessorientiert („der Weg ist das Ziel", Imaii)

→ verhaltensorientiert („der Mitarbeiter als Unternehmer", Imaii)

→ investitionsarm („wir beginnen mit KAIZEN, indem wir erst einmal beobachten, wie die Leute arbeiten, das kostet nämlich nichts", Ohno)

→ teamorientiert („Loyalität und Kommunikation zum Management verbessern", Imaii)

→ kultureller Ansatz („Schaffung einer Unternehmenskultur, in deren Atmosphäre Zusammenarbeit gedeiht", Imaii)

→ Wurzeln im Buddhismus („unablässiger Fortgang des Lebens - Wachstum und Bewegung." „Schüler: Was ist TAO? - Zenmeister: Geh weiter!" Watts)

Übersicht 10-7: Merkmale der KAIZEN-Philosophie (nach Roth 1992)

Besonders markant erscheint, dass die kontinuierliche Verbesserung als Summe vieler kleiner Schritte betrachtet wird und damit als investitionsarm gilt. Im Westen dagegen verlaufen Innovationen eher in großen Entwicklungssprüngen. Prozessbezug bedeutet, dass es in Japan keinen vorab definierten Endzustand gibt, während organisatorische Veränderungen im Westen über festgelegte Sollzustände oder Ziele abzulaufen pflegen.

Es ist nicht etwa so, dass es bei Toyota eine geringe Standardisierung gäbe, im Gegenteil. Standards im Sinne von genauen Beschreibungen der Arbeitsabläufe und Prozesse (Verfahrensanweisungen), die verbindlich für alle vorgegeben sind, sind vielmehr die Grundlage für die ständige Verbesserung und der Vergleichsmaßstab für Veränderungsvorschläge. Insofern muss man KAIZEN in seiner „Dialektik" von Standardisierung und Veränderung verstehen.

Qualitätsverbesserung ist ständige Aufgabe aller im Betrieb beschäftigten Personen (wie selbstverständlich auch der Zulieferer). In der Produktion gilt das Null-Fehler-Prinzip. Die Arbeitsgruppen verstehen sich im Produktionsablauf als interne Kunden bzw. Lieferanten unter dem Anspruch, dem „Kunden" nur beste, fehlerfreie Qualität zur weiteren Verfügung zu stellen. Fehlerhafte Teile müssen sofort - im Prozess - reguliert werden, ggf. wird der Prozess auch per Bandstopp von den Arbeitnehmer/innen selbst unterbrochen. Eine nachgelagerte Qualitätskontrolle mit späteren Nacharbeiten oder Reparaturen wäre systemwidrig; Qualitätssicherung ist in den Produktionsprozess integriert.

Bei der schlanken Produktion wird konsequent nach dem *Just-in-Time-Prinzip* (JIT) gearbeitet, bis zu 70% der Teile werden in Fremdfertigung hergestellt. Dieser ganzheitliche Rationalisierungsansatz bezieht sich auf die komplette logistische Kette vom Zulieferer über Rohmateriallager, Fertigung, Teilelager, Montage, Fertigwarenlager, Warenverteilung bis hin zum Abnehmer, d. h. auf den gesamten zwischen- und innerbetrieblichen Materialfluss. Die Logistikkosten in der Industrie (Transport-, Lager-, Kapitalbindungskosten) werden auf etwa 20% des Umsatzes beziffert; die Lagerhaltung und Kapitalbindung machen davon etwa die Hälfte aus. Aufgrund der Verbesserung des Preis-Leistungs-Verhältnisses bei den Informationstechnologien sind in der logistischen Kette enorme Einsparungspotenziale enthalten. In der schlanken Produktion á la Toyota versucht man konsequent, sich diese Möglichkeiten zu Nutze zu machen und kostenintensive Puffer fast lückenlos abzubauen. Die Herstellerunternehmen schließen mit den Zulieferern Rahmenverträge ab, in denen Vereinbarungen über Menge, Ausführung, Qualität und Preis der zu liefernden Artikel getroffen werden. Der aus der kurzfristigen Bedarfsermittlung des Herstellerunternehmens gewonnene Sofortbedarf wird dem Zulieferer über Lieferabrufe mitgeteilt. Um diesen Abrufen kurzfristig Rechnung tragen zu können, müssen auch die Zulieferbetriebe Materialflüsse und Produktion per EDV planen und steuern. Die Anforderungen erfolgen direkt per Datenfern-Übertragung aus dem Produktionsplanungs- und -steuerungssystem (PPS) des Produzenten in das Auftragsverwaltungssystem des Zulieferers. Die Fertigungssteuerung erfolgt somit nach dem sog. „Kanban"-Prinzip: Es werden nur die Teile produziert, die vom - internen oder externen - „Kunden" auf der nächsten Produktionsstufe angefordert werden.

Das JIT-Konzept ist nicht ohne Probleme für die Anwender-Unternehmen. Es erfordert einen hochflexiblen Einsatz von Mensch und Technik. Zudem setzt es voraus, dass alle Subsysteme reibungslos, ja sozusagen minutengenau funktionieren. Steht ein Bereich, so gerät die gesamte Kette sogleich ins Stocken, die Produktion steht still. Im japanischen System beruht das Funktionieren der hoch-synchronisierten Kette auch darauf, dass

- bei Ausfällen andere Teammitglieder sofort einspringen,

- die ggf. durch Störungen ausgefallene Produktion noch am gleichen Tag nachgeholt wird.

Neue Wege im Vergleich zu den traditionellen westlichen Methoden sind die Japaner auch im Bereich der Produktentwicklung und in den *Kund/innen-Beziehungen* gegangen. Der Verkauf ist die Verbindung zu den Abnehmer/innen und damit der Ansatzpunkt für einen marktorientierten Produktionsprozess. Da die Kund/innen auch nach dem Kauf intensiv betreut und entsprechend behandelt werden, erhält Toyota auf diesem Wege viele produktionsrelevante Informationen. Der Kundenservice gibt transparent gewordene Probleme direkt an den zuständigen Produktionsbereich weiter. Solche Informationen und geäußerte Wünsche und Orientierungen der Kund/innen können so auch ohne aufwändig betriebene Marktforschung in die Entwicklung neuer Produkte fließen.

Die Anforderungen an neue Produkte oder Produktvarianten sind durch diese besondere Form von Kund/innen-Beziehungen bereits im Vorfeld weitgehend bekannt. Zudem ist der Entwicklungsprozess geprägt durch interdisziplinäre Teamarbeit, intensive Kommunikationsprozesse und einen straffen Projektzeitplan mit starker Überlappung der einzelnen Phasen („simultaneous engineering").

Die nationale und internationale Resonanz der „lean production"-Studie war in den 1990er Jahren überwältigend. Das Adjektiv „schlank" oder auch in der Originalfassung „lean" ist alsbald zur fast beliebig kombinierbaren Mode-Vokabel geworden, die sich in konzeptionellen Vorstellungen bis hin zum schlanken Staat etabliert hat.

Bei genauerem Hinsehen offenbart die Studie jedoch erstaunliche Schwächen, die mit einer unübersehbaren *Mystifizierung* der japanischen Produktionsweise beginnen. Im deutschsprachigen Raum hat sich besonders Jürgens (1993) um Richtigstellung bemüht. Die Schieflage beginnt demnach schon mit der Glorifizierung der Teamarbeit. Oberflächlich betrachtet arbeiten in Japan wesentlich mehr Arbeiter/innen in Teams als in den konventionellen Fertigungsstätten europäischer oder US-amerikanischer Automobilunternehmen. Für das japanische „Team"-Konzept gelten aber ganz andere Maßstäbe. So fällt es schwer, die Teams als arbeitsorganisatorische Basiseinheit mit hohen Handlungs- und Gestaltungsspielräumen zu begreifen. Unverändert ist die Arbeit nach eng bemessenen Rhythmen fließband- und taktbestimmt. Die Abläufe sind im höchsten Maße standardisiert. Erwähnenswerte Spielräume für die Arbeiter/innen gibt es bestenfalls im Rahmen des KAIZEN.

In dem Sinne darf man „lean production" auch keinesfalls als Ansatz zur Humanisierung des Arbeitslebens verklären. Vielmehr handelt es sich um ein striktes Rationalisierungskonzept. Die Autoren höchst selbst betonen: „Es stimmt, dass ein gutes schlankes Produktionssystem jeden Spielraum beseitigt. Darum ist es schlank" (Womack/Jones/Roos 1991, S. 106).

„Verschlankung" war/ist daher auch verbunden mit Arbeitsplatzabbau und einer Verdichtung und Intensivierung der verbleibenden Arbeit.

Ein weiterer verklärender Aspekt betrifft die transportierte Meinung von der flachen Hierarchie japanischer Unternehmen, wie Jürgens (1993, S. 20) klarstellt:

> „Es stimmt einfach nicht, dass Japan das Vorbild für Enthierarchisierung ist. ... shop-floor-nah (existieren) sehr viele Vorgesetztenebenen mit sehr geringer Leitungsspanne ... Die Kompetenzen dieser Vorgesetzten sind nicht durch Selbstregulierungsrechte der Gruppe eingeschränkt ... Alle Entscheidungsspielräume, die der Gruppe vorgegeben werden, liegen in der Kompetenz des Vorgesetzten. Es handelt sich um eine ‚Meister-hoch-Zwei'-Struktur."

Textbeleg 10-7: Hierarchie in japanischen Unternehmen

Intensiv zu diskutieren ist schließlich auch die Frage der Übertragbarkeit des Produktionskonzepts, das ja wie gesehen Züge eines neu proklamierten „one best way" angenommen hat, auf außerjapanische Verhältnisse. Die „lean production" kann und darf nicht losgelöst von ihrer kulturellen und sozialen Einbettung betrachtet werden. Die „eins zu eins"-Übertragung auf andere Zusammenhänge ohne Berücksichtigung national- und kulturspezifischer Besonderheiten wäre absurd. Es kann daher allenfalls darum gehen, in der MIT-Studie gedankliche Anleihen zu finden für das Beschreiten eigener, auf kulturelle und sonstige Unterschiede Rücksicht nehmende Entwicklungspfade in der technisch-organisatorischen Rationalisierung, etwa getreu dem Motto: Kapieren - nicht kopieren!

10.2.3 Business reengineering

In der zweiten Hälfte der zurückliegenden Dekade ist die turbulente Diskussion um die „lean production" abgelöst worden durch ein anderes markantes Managementkonzept, das „business (process) reengineering".

Das besondere Kennzeichen dieses Ansatzes ist seine konsequente *Prozessorientierung*. Im Kern geht es darum, Leistungserstellungsprozesse in den Unternehmen aus Sicht der Kund/innen grundlegend zu überdenken und völlig neu zu gestalten. Im Unterschied zu KAIZEN (bzw. KVP, dem „kontinuierlichen Verbesserungsprozess") werden nicht allmähliche, graduelle Verbesserungen, sondern radikale Veränderungen propagiert. Die Anforderungen vonseiten der Märkte seien derart angewachsen, dass für viele Unternehmen eine „Frischzellenkur" nicht mehr ausreicht. Unternehmen müssen rigoros mit ihrer Vergangenheit brechen. Die Autoren der impulsgebenden Studie, Hammer und Champy (1993; deutsch 1994), plädieren insoweit für „fundamental rethinking and radical redesign of business processes."

Die Autoren schildern ihre Sicht der Dinge unter anderem anhand eines praktischen Beispiels, einer Bank in Manhattan. Diese beschäftigt 10.000 Mitarbeiter/innen und besitzt eine riesige Computeranlage, zeigt sich aber nicht in der Lage, die Kund/innen angemessen zu bedienen. Es häufen sich Beschwerden über Verzögerungen. Ein banaler Kreditantrag mit insgesamt eineinhalb Stunden reiner Bearbeitungszeit dauert durchschnittlich sieben Tage, bisweilen sogar zwei Wochen. Und auf eine aktuelle Anfrage einer Kundin/eines Kunden hin ist keiner in der Lage zu sagen, wo sich der Kreditantrag in seinem Hürdenlauf durch die Funktionen gerade befindet.

Um Abhilfe zu schaffen, ist in dem „Aufhänger"-Beispiel ein Rationalisierungsexperte aus der Automobilindustrie namens White engagiert worden. Er wird mit den Worten zitiert: „Ich verstehe nichts von Banken, aber einiges von effizienten Prozessen. Zeigt mir die Fließbänder!" Er verfolgte den Werdegang der verschleppten Kreditanträge durch alle Stufen des Bearbeitungsprozesses und hat als zentrale Problemquelle identifiziert, dass jeder Vorgang durch etliche Hände geht. Da die reine Bearbeitungszeit mit den 1,5 Stunden eigentlich sehr gering ist, liegt das Problem im Weitertragen des Antrages von Bereich zu Bereich und in den jeweiligen „Liegezeiten". Die Ursache für die Unzufriedenheit der Kund/innen ist also weder auf eine falsche Ausführung der Schritte noch auf eine defizitäre Schnelligkeit der Mitarbeiter/innen zurückzuführen, sondern rein strukturell bedingt. Das Problem liegt in der Organisation des gesamten Bearbeitungsprozesses, denn die Verwaltung der Bank ist strikt funktional gegliedert. Das Kreditbegehren wandert sozusagen von Schreibtisch zu Schreibtisch durch die Funktionen mit den schon beschriebenen Konsequenzen.

Das Lösungskonzept von White liegt im Kern darin, die Bearbeitung der Kreditanträge über alle Funktionen hinweg fortan strikt als Prozess zu organisieren. Der Antrag geht durch viel weniger Hände, im Extremfall nur eine (zwei). Vorher waren die Arbeitsabläufe auf die Bewältigung von Spezialfällen konstruiert in der mitschwingenden Annahme, dass jeder Kreditantrag einzigartig sei. White hat demgegenüber festgestellt, dass die meisten Anträge Routinefälle sind, die von einem „case worker" oder Team allein bearbeitet werden können (vgl. unten). Er gestaltete also neue Prozesse wie „Fließbänder", in denen nur noch Bearbeitungsabläufe gleichen oder ähnlichen Routinegehalts erledigt werden. Für die einzelnen Kund/innen-Typen werden nach diesem Strickmuster jeweils adäquate „Fließbänder" eingerichtet mit dem Ziel der Verringerung der Durchlaufzeiten, der Kostenreduktion und der Erhöhung der Bearbeitungsqualität.

Die Idee des „business reengineering" setzt an einem klassischen Problem der Organisationstheorie bzw. -praxis an, nämlich der Dominanz der Struktur über die Prozesse bzw. der Aufbauorganisation über die Ablauforganisation (vgl. Abschn. 5.1). Die Aufbauorganisation bildet den Rahmen, innerhalb dessen sich die notwendigen Arbeitsprozesse zu vollziehen haben. Für die Ablauforganisation bleibt dann nur noch die Rolle des Lückenbüßers: Die Aufbauorganisation setzt die Prämissen, die Abläufe sind ein nachgeordnetes Randproblem (vgl. auch Osterloh/Frost 1994, S. 357). Bildhaft kann man sich das Grundproblem so vorstellen: Die traditionelle Organisation arbeitet wie eine Kette spezialisierter Werkzeugmaschinen, die ein Einzelteil sequenziell bearbeiten. Das zu bearbeitende Teil muss an jeder Werkzeugmaschine neu aufgespannt werden, was unweigerlich zu zahlreichen Rüst- und Pufferzeiten führt. Würde aber die Organisation von Vorgangsketten anstatt von spezialisierten Stellen ausgehen, könnte sie zumindest einen großen Teil der Aufgabe in einer einzigen Aufspannung bearbeiten.

Das - schon früher virulente - Problem der Prozessoptimierung wurde immer wieder durch ein Herumkurieren an der Aufbauorganisation zu lösen versucht, etwa durch einen Übergang von der funktionalen zur divisionalen Struktur oder durch eine Kombination beider anhand einer Matrix. „Business reengineering" versucht demgegenüber erstmals einen horizontalen Blick auf die Aufgabenabläufe, konsequent orientiert an dem Ziel, den „Hürdenlauf" durch Bereiche und Hierarchien zu minimieren. Zwischen Beschaffungs- und Absatzmarkt sollen möglichst durchgängige Prozesse ohne viele Schnittstellen gestaltet werden. Je Prozess soll es m nur einen „process owner", „case worker" oder „case manager" geben, bei komplexeren Aufgaben bzw. Arbeitsvorgängen ein „case team".

Dabei ist der „process owner" so etwas wie die einzige Anlaufstelle für Kund/innen, der Aufträge entgegennehmen und jederzeit Auskunft geben kann über den Bearbeitungsstand und möglicherweise auftauchende Probleme. Handelt es sich um vorübergehende, einmalige Aufgaben (z. B. in Projektform), ist die Bildung „virtueller Teams" vorgesehen, die sich nach Aufgabenerledigung wieder auflösen. „Case teams" wie „virtuelle Teams" koordinieren sich überwiegend selbst durch Selbstabstimmung.

"Business reengineering" propagiert mit diesen Leitideen eine Reduktion von Hierarchieebenen wie auch die Übertragung der Kompetenzen auf die Mitarbeiter/innen, die sie brauchen, um die Kund/innen in den einzelnen Prozessen zu bedienen. Letztlich geht es um die Ermöglichung einer kundenorientierten „Rundum-Bearbeitung". Damit verlässt dieses Managementkonzept die klassische organisatorische Devise „process follows structure" und dreht die Verhältnisse um: „structure follows process". In erweiterter Perspektive könnte man angesichts der Forderung nach Beschränkung auf wenige strategisch bedeutsame Kernprozesse formulieren: "structure follows process follows strategy".

Wie durchaus gängig auf dem „Markt" der Managementkonzepte ist auch das „business reengineering" mit dem Anspruch ausgestattet worden, einen neuen, „revolutionären" Ansatz zu verkörpern. Dies ist natürlich ein unverzichtbares Marketingargument, das zu einer kritischen Analyse herausfordert. Zu diesem „Geschäft" gehören auch strikte Abgrenzungsversuche gegen „konkurrierende Produkte". So wird behauptet, es handele sich nicht um ein bloßes Kostensenkungsprogramm á la „lean production"; vielmehr gehe es um die langfristige Erschließung von Zeit- und Aufwandsreduzierungspotenzialen. Auch die Automatisierungseuphorie wird mit dem Argument kritisiert, dass selbst beste Technologien nichts nützen, wenn Prozesse schlecht sind.

Besonders vehement fällt die Abgrenzung zu KAIZEN und TQM aus. Nicht kontinuierliche Verbesserung, sondern diskontinuierliche Einschnitte seien erforderlich („Quantensprünge in der Prozessqualität"). KVP sei nur dann akzeptabel, wenn vorher die grundlegenden Prozesse in Ordnung gebracht worden sind.

Aber ist „business reengineering" wirklich so neu (vgl. Osterloh/Frost 1994; Kieser 1996b)? Bei genauerem Hinsehen fällt auf, dass auch in diesem Managementkonzept auf altbekannte Ansätze und Gedanken zurück gegriffen wird, so etwa

- die Wertkette Porters als Analyserahmen,
- die Projektorganisation oder gar in einer gewissen Abwandlung
- das Fließband.

Das eigentlich Neue und auch Interessante ist nur die rigorose Verdrehung des bisherigen Verhältnisses zwischen der Ablauf- und Aufbauorganisation, die vorbehaltlose Postulierung einer Orientierung an Wertschöpfungsprozessen als Ausgangspunkt für organisatorische Strukturierung. Jedoch darf dabei nicht übersehen werden, dass „business reengineering" in der Einhaltung dieses Anspruchs, tatsächlich umfassende Prozessketten vom Beschaffungs- bis zum Absatzmarkt zu schaffen, sehr voraussetzungsvoll ist. Das mag - und darauf konzentrieren sich Hammer/Champy in ihrem Grundwerk - in Branchen wie Banken oder Versicherungen noch ganz gut funktionieren, alldieweil es hauptsächlich um gut standardisierbare Informationsflüsse geht. Schwieriger wird dies aber, je größer ein Unternehmen ist und je mehr die Wertschöpfung mit Materialflüssen (und nicht bloß mit Informationsflüssen) verbunden ist.

Die Abgrenzung von Prozessvarianten, die sich zu „Fließbändern" verdichten lassen, ist in praxi sicher bei weitem nicht so einfach zu lösen,
wie es das Paradebeispiel der Bank in Manhattan suggeriert. Wenn aber
der zugrunde liegende Standardisierungsprozess Fehler aufweist, führt
dies dazu, dass Vorgänge auf die „Fließbänder" geschickt werden, die
von ihrem Charakter her gar nicht dazu geeignet sind. Über kurz oder
lang wird dann das Problem auftauchen, das aus der Diskussion um die
„echte" Fließbandproduktion bestens bekannt ist: die Routinisierung von
eigentlich nicht routinisierbaren Prozessen.

So muss man auch dieses Managementkonzept mit dem würdigen, was
es zu leisten vermag. „Business reengineering" hat mit der konsequen-
ten Prozessorientierung die Perspektive erweitert. Als „Passepartout" für
die Lösung drängender Managementprobleme eignet es sich aber ebenso
wenig wie „lean production" oder andere.

10.3 Aufgaben und Diskussion

Aufgabe 10-1:

Der Begriff „neue Managementkonzepte" wird häufig verwendet, ist
aber inhaltlich nicht sehr scharf. Bitte versuchen Sie mit Ihren eigenen
Worten zu erklären, was damit gemeint ist.

Aufgabe 10-2:

Sind Ihrer Meinung nach Managementkonzepte von Unternehmen zu
Unternehmen (oder gar von Unternehmen zu öffentlicher Verwaltung)
übertragbar? Welche Rolle spielt in diesem Zusammenhang der Begriff
„best practice"?

Aufgabe 10-3:

Neuen Managementkonzepten wird zu Recht unterstellt, dass sie
„Modezyklen" unterliegen. Wir kennen den Modebegriff ansonsten vor
allem aus unseren Bekleidungsgewohnheiten. Worin liegen Parallelen
zwischen einer Bekleidungs-Mode und einem „modischen" Managementkonzept?

Aufgabe 10-4:

Warum ist es typisch für viele der neuen Managementkonzepte, dass die Rolle des arbeitenden Menschen gegenüber klassischen Konzepten wie dem Taylorismus anders definiert wird?

Aufgabe 10-5:

Vergleichen Sie die Normenreihe ISO 9000ff. und das EFQM-Modell miteinander. Worin sehen Sie Gemeinsamkeiten und Unterschiede?

Aufgabe 10-6:

Der Qualitätsphilosophie des „KAIZEN" wird im Rahmen der „lean production"-Studie der entscheidende Unterschied zu „westlichen" Produktionskonzepten zugeschrieben, der den Japanern den Wettbewerbsvorsprung auf den internationalen Märkten verschafft. Wie funktioniert KAIZEN und wie unterscheidet es sich von dem Veränderungsverständnis, das dem „business reengineering" zugrunde liegt?

11. Organisation und Mitbestimmung

Das vorletzte Kapitel des vorliegenden Lehrbuchs widmen wir einer Thematik, die ansonsten in der Fachliteratur kaum Beachtung findet: nämlich der Mitbestimmung der Arbeitnehmer/innen (eine kleine Ausnahme: Bühner 1992, S. 370). Dies muss zumindest in Deutschland mit Blick auf die betriebliche Praxis umso mehr erstaunen, als hier die Mitbestimmung auf viele Organisationsentscheidungen einwirkt. Wir haben schon in einem frühen Abschnitt des Buches Organisationen als hochgradig politisierte Institutionen kennen gelernt (vgl. Abschn. 2.7), und die Mitbestimmung ist beredter Ausdruck politischer Akteurseinflüsse, die in Deutschland (und auch in Österreich) früh in gesetzliche Normierungen eingeflossen sind. Die Verhältnisse in der Bundesrepublik Deutschland gelten im internationalen Vergleich entsprechend als der Prototyp verrechtlichter betrieblicher Arbeits- und Sozialbeziehungen. Die Gestaltung der Austauschbedingungen zwischen Management und Arbeitnehmer/innen ist nicht überwiegend ihrer autonomen Regelungsmacht überlassen, sondern wird in starkem Maße per Gesetz und Rechtsprechung geregelt (vgl. für viele Keller 1991, S. 251; Eberwein 1992, S. 497).

Die gesetzlichen Regelungen, die zumeist auf Verfahrens- und Austragungsformen, aber teilweise auch auf Inhalte bezogen sind, legen ein bestimmtes, nach Gegenstandsbereichen abgestuftes Recht der Interessenvertretung der Arbeitnehmer/innen fest, strategisch relevante Entscheidungen auf Unternehmens- und Betriebsebene zu beeinflussen. So gesehen erfahren die vor allem in den anglo-amerikanischen Ländern weitgehend unangetasteten „management prerogatives" auf gesetzlichem Wege eine gewisse Einschränkung. Gleichwohl sind die Gesetze (insbesondere das Betriebsverfassungsgesetz; BetrVG) als Verfahrensangebote zu sehen, von denen in der Praxis in verschiedener Weise Gebrauch gemacht wird, d. h. es existieren im Detail stark unterschiedliche Partizipationsgepflogenheiten (vgl. dazu insbesondere die Untersuchungen von Kotthoff 1981 und 1994). Allerdings ist die faktische Kraft des Normativen, die gerade von den Regelungen des BetrVG auf die realen Austauschbeziehungen ausstrahlt, als hoch zu veranschlagen.

11.1 Ebenen der Mitbestimmung

Nach den gesetzlichen Grundlagen müssen zwei Ebenen der Mitbestimmung unterschieden werden, die in der Fachliteratur zu Arbeitsbeziehungen zumeist als die „Mitbestimmung im Betrieb" und die „Mitbestimmung im Unternehmen" charakterisiert werden.

Die betriebliche Ebene, d. h. die Sphäre der *Betriebsverfassung* und der Tätigkeit der Betriebsräte, ist das Herzstück der Mitbestimmung der Arbeitnehmer/innen in Deutschland (vgl. unten). Die Unternehmensebene, in der es im Kern um die Mitbestimmung in Aufsichtsräten von Kapitalgesellschaften geht, konzentriert zwar - gerade auch im Ausland - ein hohes Maß an Aufmerksamkeit auf sich; sie wird hinsichtlich ihrer Bedeutung und Wirksamkeit aber oftmals überschätzt.

11.1.1 Betrieb

Betriebsräte sind nach dem BetrVG in Betrieben mit mindestens fünf Beschäftigten zu bilden und alle vier Jahre zu wählen. Jedoch erfolgt ihre Einrichtung nicht automatisch, sondern ist an bestimmte Antrags- und Wahlmodalitäten gebunden, so dass vor allem viele kleinere und mittlere Betriebe trotz Erfüllung der Größenvoraussetzung betriebsratslos sind.

Nach Däubler (1976) ist der Handlungsrahmen des Betriebsrates mit den Begriffen Vertrauen, Frieden und Diskretion zu umschreiben:

- Die Betriebsrats-Aktivitäten haben gemäß § 2 BetrVG dem Grundsatz der *„vertrauensvollen Zusammenarbeit"* zu genügen. Die Betriebsräte sind aufgrund dieser Generalklausel gehalten, eine tendenziell kooperative Interessenvertretungspolitik zu betreiben und von militanten Konfliktaustragungsstilen und -praktiken Abstand zu nehmen.
- Die betriebliche Interessenvertretung ist an eine absolute *Friedenspflicht* gebunden. Gemäß § 74 Abs. 2 S. 1 und 2 BetrVG sind „Maßnahmen des Arbeitskampfes zwischen Arbeitgeber und Betriebsrat ... unzulässig. ... Arbeitgeber und Betriebsrat haben Betätigungen zu unterlassen, durch die der Arbeitsablauf oder der Frieden des Betriebs beeinträchtigt werden." Auch parteipolitische Aktivitäten sind den Betriebsräten untersagt (§ 74 Abs. 2 S. 3 BetrVG).

- Der Betriebsrat unterliegt gemäß § 79 Abs. 1 BetrVG der *Schweigepflicht* bei Betriebs- oder Geschäftsgeheimnissen, die ihm als Betriebsrat bekannt geworden sind und vom Arbeitgeber als geheimhaltungsbedürftig bezeichnet worden sind.

Das BetrVG weist dem Betriebsrat relativ konkrete Mitbestimmungsrechte in einer Reihe von Angelegenheiten zu. Die Intensität der Rechte ist abgestuft; man kann zwischen Informations-, Anhörungs- und Beratungs-, Widerspruchs- und erzwingbaren Mitbestimmungsrechten unterscheiden.

Die Beteiligungsrechte des Betriebsrats sind besonders weit reichend in sog. *sozialen Angelegenheiten*, bei denen es um die Regelung diverser personalpolitisch und organisatorisch höchst relevanter Fragen geht (Kernnorm ist der § 87 BetrVG). Zu den sozialen Angelegenheiten gehören z. B. Fragen der Ordnung des Betriebes (etwa Rauchverbote), des Verhaltens der Arbeitnehmer/innen im Betrieb, der Gestaltung der Lage von Arbeitszeiten und Pausen, ferner Fragen der Entgeltgestaltung (soweit nicht abschließend in einem Tarifvertrag geregelt), der Gestaltung von Sozialeinrichtungen, Angelegenheiten der Arbeitssicherheit und des Gesundheitsschutzes sowie (seit der Gesetzesreform 2001) Grundsätze von Gruppenarbeit im Betrieb.

In *personellen Angelegenheiten* muss zwischen allgemeinen personellen Angelegenheiten (z. B. Personalplanung, interne Ausschreibung von Arbeitsplätzen, Beurteilungsgrundsätze, Auswahlrichtlinien, Maßnahmen der betrieblichen Berufsbildung) und personellen Einzelmaßnahmen (Einstellung, Ein- und Umgruppierung, Versetzung, Kündigung) differenziert werden. Auch in diesem Bereich verfügt der Betriebsrat über weit reichende Einflussmöglichkeiten.

Diese sind jedoch schwächer ausgeprägt in sog. *wirtschaftlichen Angelegenheiten* (Entscheidungen, die die Wirtschafts-, Finanz-, Produktions- und Absatzlage des Betriebes betreffen). Hier hat der Betriebsrat lediglich Informations- und Beratungsrechte. Auf die wirtschaftlichen Angelegenheiten wird weiter unten noch zurückzukommen sein.

Das wichtigste Instrument zur Ausübung der Mitbestimmung ist der Abschluss von *Betriebsvereinbarungen* im Anschluss an entsprechende Verhandlungsprozesse. Die Betriebsvereinbarung gehört zweifelsohne zu den wesentlichsten Werkzeugen der Betriebsrats-Arbeit.[19] Sie ist im „Kernbereich der betrieblichen Mitbestimmung ... die wohl wichtigste Ausübungsform von Beteiligungsrechten" (Eichhorn u. a. 1995, S. 15). Nach der klassischen Definition von Hueck/Nipperdey handelt es sich bei einer Betriebsvereinbarung um Folgendes:

„Die Betriebsvereinbarung ist ein schriftlicher, privatrechtlicher Vertrag, der für einen Betrieb zwischen dem Arbeitgeber und dem Betriebsrat im Rahmen seines Aufgabenbereichs für die von ihm repräsentierte Belegschaft zur Festsetzung von Rechtsnormen über den Inhalt, den Abschluss oder die Beendigung von Arbeitsverhältnissen oder über betriebliche oder betriebsverfassungsrechtliche Fragen geschlossen wird."[20]

Betriebsvereinbarungen gelten unmittelbar und zwingend für bestehende Arbeitsverhältnisse, ohne dass es einer diesbezüglichen Zustimmung der einzelnen Arbeitnehmer/innen bedarf. Sie wirken in ihrem Geltungsbereich wie ein Gesetz. Sie sind im Wesentlichen in § 77 BetrVG geregelt. Demnach ist nicht nur Schriftlichkeit zwingend; das Dokument ist auch von beiden Seiten zu unterzeichnen, es sei denn, die Vereinbarung beruht auf einem Spruch der Einigungsstelle (vgl. unten).

Ferner enthält § 77 Abs. 3 BetrVG einen ausdrücklichen Tarifvorbehalt: „Arbeitsentgelte und sonstige Arbeitsbedingungen, die durch Tarifvertrag geregelt sind oder üblicherweise geregelt werden, können nicht Gegenstand einer Betriebsvereinbarung sein. Dies gilt nicht, wenn ein Tarifvertrag den Abschluss ergänzender Betriebsvereinbarungen ausdrücklich zulässt."

Einen analogen Tarif- und Gesetzesvorbehalt enthält § 87 Abs. 1 Satz 1 BetrVG, so dass Betriebsvereinbarungen nur dann abgeschlossen werden können, wenn weder ein Gesetz noch ein Tarifvertrag im entsprechenden Regelungstatbestand zwingende Normen enthält. Bei dispositiven, d. h. durch einzelbetriebliche Vereinbarung abänderbaren Normen gilt dieser Vorbehalt jedoch nicht (Eichhorn u. a. 1995, S. 21).

---

[19] Vgl. zu Betriebsvereinbarungen allgemein Wessmann (1987); Eichhorn u. a. 1995).

[20] Hueck/Nipperdey (1970, S. 1256); hier zit. nach Wessmann (1987, S. 17 f.).

Gegenstand von Betriebsvereinbarungen können ansonsten alle kollektiv regelbaren Fragen der Arbeitsbedingungen sein, wobei aber zwischen erzwingbaren und freiwilligen Betriebsvereinbarungen zu unterscheiden ist. Erzwingbar ist eine Betriebsvereinbarung dann, wenn die fehlende Einigung der Parteien durch Einigungsstellen-Spruch ersetzt werden kann. Das ist insbesondere bei dem Regelungskatalog des § 87 Abs. 1, aber auch bei einigen anderen Sachverhalten der Fall (z. B. Beurteilungsgrundsätze nach § 94 Abs. 2; Maßnahmen der betrieblichen Berufsbildung nach § 98).

Freiwillige Betriebsvereinbarungen in solchen Fragen, die nicht der erzwingbaren Mitbestimmung unterliegen, sind demgegenüber in § 88 BetrVG angesprochen.[21] Freiwillige Vereinbarungen unterliegen derselben zwingenden Wirkung wie erzwingbare, allerdings mit einer wichtigen Einschränkung: Sie wirken bei Kündigung durch eine Partei nicht nach. Das ist bei einigungsstellenfähigen Vereinbarungen anders. Nach deren „Wegkündigung" soll kein regelungsfreier Raum entstehen. Daher gelten sie so lange nach, „bis sie durch eine andere Abmachung ersetzt werden" (§ 77 Abs. 6 BetrVG).

Die *Einigungsstelle* ist schließlich eine weitere wichtige Institution im Rahmen der Betriebsverfassung. Sie dient als Entscheidungsorgan zur Beilegung von Meinungsverschiedenheiten, wenn sich die Parteien in einer mitbestimmungspflichtigen Angelegenheit nicht einig geworden sind. Sie besteht aus einer gleichen Anzahl von Beisitzer/innen der beiden Parteien und einer/einem neutralen Vorsitzenden (zumeist eine Arbeitsrichterin/ein Arbeitsrichter). Der Spruch der Einigungsstelle ersetzt in diesen Fällen die Einigung zwischen Arbeitgeber und Betriebsrat.

11.1.2 Unternehmen
Seit Bestehen der Mitbestimmungsgesetze „sitzen" nicht nur Vertreter/innen der Kapitalgeber (Anteilseigner/innen) in den Aufsichtsräten

---

[21] Diese Norm enthält die nicht erschöpfende Aufzählung folgender Möglichkeiten: Maßnahmen zur Verhütung von Arbeitsunfällen und Gesundheitsschädigungen, Maßnahmen des betrieblichen Umweltschutzes, die Errichtung von bestimmten Sozialeinrichtungen, Maßnahmen zur Förderung der Vermögensbildung, Maßnahmen zur Integration ausländischer Beschäftigung und zur Bekämpfung von Fremdenfeindlichkeit und Rassismus im Betrieb.

von Kapitalgesellschaften, sondern auch Arbeitnehmervertreter/innen. Sie sind die - nach unterschiedlichen Regularien - von den Belegschaften gewählten Repräsentant/innen, die in die Aufsichtsräte von Kapitalgesellschaften entsandt werden, um dort Arbeitnehmerinteressen geltend machen zu können. Diese zumeist etwas missverständlich so bezeichnete „Mitbestimmung auf Unternehmensebene" beruht auf unterschiedlichen Rechtsgrundlagen, die hier noch zu erörtern sind. Der „mitbestimmte" Aufsichtsrat ist im internationalen Vergleich ein Organ, das es in dieser Form außerhalb des deutschen Rechts nicht gibt, zumindest nicht in dieser Reichweite. Dies verursacht gegenwärtig angesichts der Globalisierung der Wirtschaft und der Veränderungen in Gesetzgebung und Rechtsprechung auf europäischer Ebene einen erheblichen Anpassungsdruck. So ist z. B. der Europäische Gerichtshof der Auffassung, dass sich Unternehmen aus anderen EU-Ländern in Deutschland betätigen können müssen, ohne sich zwingend diesen zumindest im internationalen Vergleich weit reichenden Mitbestimmungsregelungen zu unterwerfen. Die neue Rechtsform der Europäischen Aktiengesellschaft („Societas Europaea" - SE) gilt als Meilenstein auf dem Weg zu einem einheitlichen Gesellschaftsrecht auf europäischer Ebene. In diesem Modell ist Mitbestimmung nicht ausgeschlossen, bedarf aber der unternehmensindividuellen Aushandlung zwischen Anteilseigner/innen und Arbeitnehmervertreter/innen. In der Unternehmensmitbestimmung wird es also mittelfristig zu Veränderungen kommen.

Die (derzeitige) Mitbestimmung auf Unternehmensebene setzt unmittelbar an zentralen wirtschaftlichen Entscheidungen des Arbeitgebers in Kapitalgesellschaften an. Die gesetzliche Basis für die Mitbestimmung im Aufsichtsrat ist auf den ersten Blick nicht leicht zu überschauen. In Deutschland existieren derzeit (noch) vier gesetzliche Grundlagen für die Mitbestimmung in diesem wichtigen Gremium:

- das *Montan-Mitbestimmungsgesetz* von 1951,
- das *Montan-Mitbestimmungs-Ergänzungsgesetz* von 1956,
- das *Drittelbeteiligungsgesetz* von 2004 (früher BetrVG 1952),
- das *Mitbestimmungsgesetz* von 1976.

Der vorgesehene Grad der Einflussnahme der Arbeitnehmervertreter/innen ist in diesen Gesetzen unterschiedlich stark ausgeprägt.

11.1.2.1 Die Mitbestimmungsgesetze für den Montanbereich

Das inhaltlich aus Sicht der Arbeitnehmer/innen weit reichendste Gesetz, das *Montan-Mitbestimmungsgesetz von 1951*, findet nur bei Unternehmen des Bergbaus und der Eisen und Stahl erzeugenden Industrie Anwendung, die in der Rechtsform einer AG, GmbH oder bergrechtlichen Gewerkschaft betrieben werden und mehr als 1.000 Arbeitnehmer/innen beschäftigen.

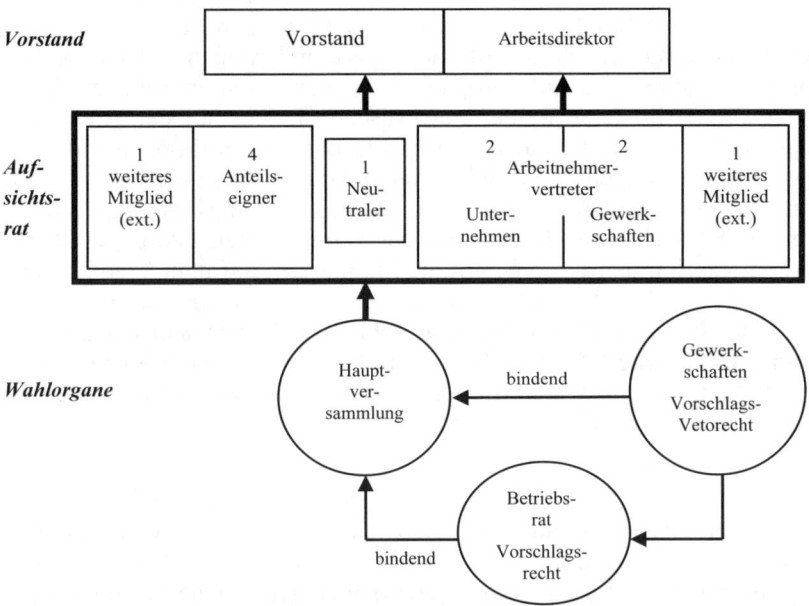

Übersicht 11-1: Mitbestimmung nach dem Montan-Mitbestimmungsgesetz

Der Aufsichtsrat montanmitbestimmter Unternehmen besteht aus 11 Mitgliedern, wobei in größeren Unternehmen die Zahl auf 15 oder 21 erhöht werden kann. Besteht der Aufsichtsrat aus 11 Köpfen, sind jeweils 5 der Mitglieder vonseiten der Anteilseigner/innen und der Arbeitnehmer/innen zu entsenden. Von den 5 Beschäftigtenvertreter/innen müssen 2 im Unternehmen beschäftigt sein, während 3 Mitglieder von den im Unternehmen vertretenen Gewerkschaften vorgeschlagen werden. Die eigentliche Berufung der Aufsichtsratsmitglieder erfolgt in der Anteilseigner- bzw. Hauptversammlung. Hierbei handelt es sich jedoch um einen rein formellen Akt, da dieses Gremium kein Ablehnungsrecht hat.

Besondere Bedeutung kommt dem 11. Mandatsträger, dem *„neutralen Mitglied"* zu, das gemeinsam von Anteilseigner- und Arbeitnehmervertreter/innen zu bestimmen ist. Aufgabe des neutralen Mitgliedes ist es, in Pattsituationen durch seine Stimme eine Entscheidung herbeizuführen. Kommt es im Vorfeld nicht zu einer Verständigung der beiden „Bänke", wird ein Vermittlungsausschuss eingeschaltet.

Das Montan-Mitbestimmungsgesetz sieht im Übrigen auch die Bestellung eines *Arbeitsdirektors*/einer *Arbeitsdirektorin* als gleichberechtigtes und gleich verpflichtetes Vorstandsmitglied vor. Sie/er kann nicht gegen die Stimmen der Mehrheit der Arbeitnehmervertreter/innen gewählt werden. Zu ihrem/seinem Zuständigkeitsbereich gehören insbesondere das Personalwesen, Aus- und Weiterbildung sowie das Arbeits- und Sozialrecht.

Durch die paritätische Besetzung des Aufsichtsrates mit neutraler/ neutralem Vorsitzenden ermöglicht das Montan-Mitbestimmungsgesetz die umfassendste Mitbestimmung auf Beschäftigtenseite im Vergleich zu den Regelungen der anderen Gesetze. Die Person des Arbeitsdirektors (der Direktorin) kann eine wichtige unterstützende Rolle spielen, da dieser einerseits die Interessen der Arbeitnehmer/innen in Vorstandsentscheidungen einbeziehen kann und andererseits den Arbeitnehmervertreter/innen in Aufsichts- und Betriebsräten als zusätzliche Informationsquelle zur Verfügung steht. Das Montan-Mitbestimmungsgesetz ist aus diesen Gründen seit eh und je politisch umstritten. Seine praktische Bedeutung hat sich in den letzten Jahrzehnten ohnehin durch die krisenhaften Entwicklungen in der Stahlindustrie und vor allem im Bergbau relativiert (Betriebsschließungen, Fusionen usw.).

Das *Montan-Mitbestimmungs-Ergänzungsgesetz von 1956* (mit weiteren Sicherungsgesetzen) erstreckt sich auf Obergesellschaften von Montan-Konzernen, die selbst keine Montan-Unternehmen sind, aber in der Rechtsform einer AG, GmbH oder bergrechtlichen Gewerkschaft geführt werden. Voraussetzung ist, dass diese Gesellschaften ein oder mehrere andere Unternehmen beherrschen, die montan-mitbestimmt sind, so dass der Konzern als Ganzes montan-geprägt ist. Hintergrund dieses auch unter dem Begriff „lex mannesmann" firmierenden Regelwerkes sind mehrere Versuche von Unternehmen, durch Umstrukturierungsmanöver auf Konzernebene aus der arbeitgeberseitig ungeliebten Montanmitbestimmung auszubrechen.

In Analogie zur Montanmitbestimmung ist der Aufsichtsrat paritätisch besetzt (das heißt mit neutralem Mitglied). Die Wahl des Gesamtaufsichtsrates und der Arbeitnehmervertreter/innen folgen aber seit der Novellierung aus dem Jahre 1988 den Vorschriften des Mitbestimmungsgesetztes von 1976 (vgl. unten), jedoch ohne die Besonderheit des speziellen Mandats für leitende Angestellte. Bei der Bestellung des Arbeitsdirektors/der Arbeitsdirektorin entfällt das Vetorecht der „Arbeitnehmerbank".

11.1.2.2 Das Mitbestimmungsgesetz von 1976

Von der praktischen Bedeutung her ist das Mitbestimmungsgesetz von 1976 eine sehr wichtige Rechtsgrundlage für die Regelung der Vertretung der Belegschaftsinteressen im Aufsichtsrat von Kapitalgesellschaften. Dieses Gesetz gilt nämlich völlig unabhängig von der Branche. Das Unternehmen muss lediglich mehr als 2.000 Arbeitnehmer/innen beschäftigen und seinen rechtlichen Sitz in der Bundesrepublik Deutschland haben. Es findet natürlich keine Anwendung auf Unternehmen, die die Voraussetzungen des Montan-Mitbestimmungsgesetzes oder des Montan-Mitbestimmungs-Ergänzungsgesetzes erfüllen.

Der Aufsichtsrat wird nach diesem Gesetz mit der *gleichen Anzahl* von Mitgliedern der Anteilseigner/innen und der Arbeitnehmer/innen besetzt und zwar

-   in Unternehmen mit bis zu 10.000 Arbeitnehmer/innen im Verhältnis 6:6,

-   in Unternehmen mit mehr als 10.000 und bis zu 20.000 Arbeitnehmer/innen im Verhältnis 8:8,

-   in Unternehmen mit mehr als 20.000 Arbeitnehmer/innen im Verhältnis 10:10.

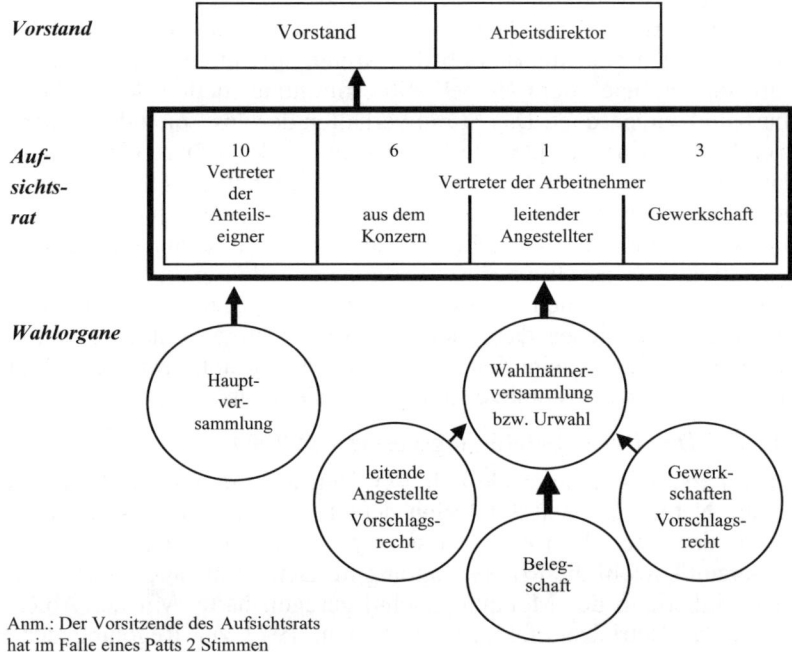

Übersicht 11-2: Regelungen des Mitbestimmungsgesetzes von 1976

Gegenüber dem Montanmodell ist diese scheinbare Parität zwischen der „Bank" der Anteilseigner/innen und der Arbeitnehmer/innen in zweierlei Hinsicht relativiert. An die Stelle des neutralen Mitglieds tritt hier die/der Aufsichtsratsvorsitzende, die/der im Falle einer Pattsituation ein *Doppelstimmrecht* innehat. Durch die Wahlregularien ist gewährleistet, dass die/der Vorsitzende des Aufsichtsrats von der Seite der Anteilseigner/innen bestimmt wird. Die Zweitstimme ist sogar an die Person der/des Vorsitzenden des Aufsichtsrats gebunden, kann also nicht bei deren/dessen Abwesenheit durch die/den Stellvertreter/in (die/der in der Regel von der Belegschaftsseite gestellt wird) ausgeübt werden.

Zum anderen ist der Gruppe der *leitenden Angestellten* ein Sitz im Aufsichtsrat garantiert. Der Begriff der leitenden Angestellten stammt eigentlich aus dem Betriebsverfassungsrecht und dient dort im Prinzip der Abgrenzung zwischen betriebsratswahlberechtigten Arbeitnehmer/innen und solchen Beschäftigten, die Kraft ihrer betrieblichen Funktion eher Arbeitgeberfunktion ausüben (vgl. § 5 Abs. 3 und 4 BetrVG). Obwohl die Leitenden also im Betrieb die Arbeitgeberinteressen wahrnehmen, wird ihr Sitz nach dem 1976er Mitbestimmungsmodell der „Arbeitnehmerbank" zugeordnet. Das Stimmverhalten der/des Leitenden-Vertreters (der Vertreterin) ist zumindest eine kaum kalkulierbare Größe, so dass das Durchsetzen von Belegschaftsinteressen bei Entscheidungen „gegen" die Stimmen der Anteilseigner/innen (ggf. unterstützt durch die/den leitende/n Angestellte/n) kaum denkbar erscheint. Einen Arbeitsdirektor (eine Direktorin) für die personellen und sozialen Belange sieht im Übrigen auch dieses Gesetz vor. Allerdings stellt das Bestellungsverfahren sicher, dass auch in dieser wichtigen Entscheidung letztendlich die Kapitalseite den Ausschlag gibt, notfalls mit dem Doppelstimmrecht der/des Vorsitzenden des Aufsichtsrats.

11.1.2.3 Das Drittelbeteiligungsgesetz von 2004

Dieses ebenfalls eine große Zahl von Betrieben erfassende Gesetz trägt seinen Namen erst seit 2004. Seit dem 1. Juli jenes Jahres ist es an die Stelle des alten Betriebsverfassungsgesetzes von 1952 getreten, das seinerzeit sowohl die Mitbestimmung im Betrieb als auch im Unternehmen (außerhalb des Montanbereichs) geregelt hatte. Mit der Ablösung durch das Betriebsverfassungsgesetz von 1972 zur Regelung der Betriebsrats-Mitbestimmung blieben die §§ 76 - 87a des 1952er Gesetzes noch in Kraft, die die Mitbestimmung im Aufsichtsrat betrafen. Mit dem Drittelbeteiligungsgesetz von 2004 ist das BetrVG 1952 nun vollständig außer Kraft getreten. Inhaltlich hat sich durch das neue Gesetz aber kaum etwas geändert.

Die wesentlichste Regelung dieses Gesetzes betrifft die Besetzung des Aufsichtsrates nach der sog. *Drittelparität*, wonach 1/3 der Sitze im Aufsichtsrat von der Arbeitnehmer/innen-Seite besetzt werden. Dies gilt, sofern das Unternehmen mehr als 500 Beschäftigte hat.

Somit ist der Aufsichtsrat in Kapitalgesellschaften zwischen 500 und 2.000 Beschäftigten zu einem Drittel für Belegschaftsvertreter/innen vorgesehen. Ab 2.000 Arbeitnehmer/innen greifen dann die weitergehenden Bestimmungen des 1976er Mitbestimmungsgesetzes.

11.2 Bedeutung für die Organisation

Es schließt sich die Frage an, welche Konsequenzen die Mitbestimmungsregelungen wie auch insbesondere ihre praktische Anwendung für die betriebliche Organisation haben. Dabei braucht nicht eigens betont zu werden, dass von Organisationsentscheidungen die Interessen der Arbeitnehmer/innen in höchstem Maße beeinflusst werden. Hier werden regelrechte *Weichenstellungen* getroffen, die für die Arbeitsbedingungen von Mitarbeiter/innen oft von ausschlaggebender Bedeutung sind. Die Konsequenzen können aus Belegschaftssicht in die positive, aber auch in die negative Richtung gehen.

Unterstellen wir, dass wichtige Kerninteressen der Arbeitnehmer/innen die an Beschäftigungssicherung, stabilem Einkommen sowie an qualifikationsgerechter und inhaltlich anregender Tätigkeit sind, so wird der Zusammenhang mit Organisationsentscheidungen, die der Arbeitgeber im Rahmen seines Direktionsrechts trifft (und auch treffen darf), allzu offenkundig. Diese können den Beschäftigteninteressen dienlich sein (+); sie können ihnen aber ebenso gut schaden (-).

Beschäftigungsinteresse

+ Der Arbeitgeber beschließt, das Geschäft auszuweiten, zu investieren und damit neue Abteilungen oder gar Zweigbetriebe zu schaffen. Dadurch werden - selbst bei Problemen in einzelnen Bereichen - Arbeitsplätze gesichert oder gar neue geschaffen.

- Der Arbeitgeber „desinvestiert", schließt Teilbetriebe, legt Abteilungen zusammen („Synergieeffekte nutzen") oder führt neue, „arbeitssparende" Fertigungstechniken ein mit der Konsequenz, dass ein Teil der Mitarbeiter/innen ihre Arbeitsplätze verlieren wird.

Einkommensinteresse

+ Im Zuge eines Wechsels von einer funktionalen zu einer Spartenorganisation sollen die Sparten (Divisionen, Geschäftsbereiche) mehr autonome Entscheidungskompetenzen und viele der Beschäftigten eine weniger spezialisierte und damit insgesamt qualifiziertere, besser bezahlte Tätigkeit bekommen.

- Von einer ehemals handwerklich geprägten Fertigung mit geringer Spezialisierung, für die Arbeiter/innen mit hohen Fachkompetenzen benötigt wurden, wird auf eine fließbandähnliche Fertigung mit geringen Qualifikationsanforderungen und entsprechend schlechterer Bezahlung (jedenfalls für die Arbeiter/innen) umgestellt.

Qualifikationsinteresse

+ Da es mit der bisher vorherrschenden Fließbandarbeit wirtschaftliche Probleme gibt (geringe Flexibilität, Qualitätsdefizite), beschließt der Arbeitgeber, im Bereich der Arbeitsorganisation auf anspruchsvollere und inhaltlich wesentlich anregendere Gruppenarbeit umzustellen, die von den Mitarbeiter/innen eine erheblich höhere Kompetenz in fachlicher wie in sozialer Hinsicht verlangt. Um die Führungskräfte (die Hierarchie) zu entlasten, sollen die Gruppen sich bei auftretendem Koordinationsbedarf verstärkt selbst abstimmen.

- Im Zuge einer Reorganisation wesentlicher Arbeitsabläufe werden die bisher von den Sachbearbeiter/innen mitbehandelten schwierigeren Fälle, für die zum Teil ein beträchtliches fachliches Know-how benötigt wurde, auf wenige hoch spezialisierte Stellen verlagert, deren Inhaber/innen eine juristische Hochschulausbildung und Berufserfahrung benötigen. Für den neuen Sachbearbeitungsbereich bleiben lediglich die hoch standardisierten Fälle ohne „Komplikation" übrig, für die eine deutlich geringere Qualifikation benötigt wird und inhaltlich nur noch monotone Routinetätigkeiten vorsehen.

Übersicht 11-3: Positive oder negative Auswirkungen auf die Interessen von Arbeitnehmer/innen (Beispiele)

An diesen allesamt durchaus realen Beispielen zeigt sich, dass Organisationsentscheidungen zugleich wichtige Vorentscheidungen für die Arbeits- und Beschäftigungsbedingungen der Mitarbeiter/innen bedeuten, die in keiner Weise zu unterschätzen sind. Zudem sind die wohl weitaus meisten Organisationsentscheidungen im wahrsten Sinne des Wortes *politische* Entscheidungen: Sie können so, aber auch ganz anders ausfallen. Es ist schon seit langem klar, dass es Taylors „one best way" und damit organisatorische Sachzwänge in der Regel nicht gibt. Daraus folgt zugleich, dass es für einen Betriebsrat oder Arbeitnehmervertreter/innen im Aufsichtsrat trotz der eingeschränkten Rechtslage (vgl. unten) immer Spielräume gibt, diese Entscheidungen im Sinne der Arbeitnehmer/innen zu beeinflussen. Jedoch ist dies zumindest in rechtlicher Hinsicht schwierig.

Schon weiter oben ist deutlich gesagt worden, dass rechtlich zunächst alle Zuständigkeiten der Organisationsgestaltung bis auf wenige Ausnahmen beim Arbeitgeber liegen. Das *unternehmerische Direktionsrecht* beinhaltet das mit der Unterschrift der Arbeitnehmer/innen unter den Arbeitsvertrag verbriefte Recht des Arbeitgebers, innerhalb des vertraglich abgesteckten Rahmens verhaltenslenkende Anordnungen treffen zu dürfen, ohne dass es hierzu formal einer Zustimmung der Beschäftigten bedarf (vgl. Abschn. 1.2.3). Damit ist z. B. die Zuweisung von Aufgaben im Rahmen einer Unternehmensorganisation, der Einsatz eines bestimmten Koordinationsinstruments (z. B. eines Programms) oder das Erteilen von Anordnungen im Rahmen der hierarchischen Struktur unmittelbar Ausfluss dieses unternehmerischen Direktionsrechtes.

In Kategorien des BetrVG gedacht, handelt es sich bei Fragen der Regelung der Betriebsorganisation im Kern um eine *wirtschaftliche Angelegenheit*, die zwar Informations- und Konsultationsrechte des Betriebsrats (bzw. des Wirtschaftsausschusses), nicht aber weitergehende Beteiligungsrechte auslöst. Die wirtschaftlichen Angelegenheiten werden im sechsten Abschnitt des Gesetzes (§§ 106 ff.) geregelt. Der Bezug der Organisation zu den wirtschaftlichen Angelegenheiten ergibt sich sogleich aus § 106 Abs. 3 BetrVG, indem (nicht abschließend) die wirtschaftlichen Angelegenheiten aufgezählt werden, über die der Wirtschaftsausschuss in Kenntnis zu setzen und die mit ihm zu beraten sind:[22]

---

[22] Den Wirtschaftsausschuss kann man in gegebener Kürze als betriebsratsnahes Informations- und Konsultationsorgan charakterisieren. In Unternehmen mit über 100 Beschäftigten ist der Arbeitgeber nach § 106 BetrVG verpflichtet, den Wirtschaftsausschuss über die wirtschaftlichen Angelegenheiten zu informieren und mit ihm in Beratungen einzutreten, insbesondere was die Folgen für die Arbeitnehmer/innen angeht.

...

3. das Produktions- und Investitionsprogramm;

4. Rationalisierungsvorhaben;

5. Fabrikations- und Arbeitsmethoden, insbesondere die Einführung neuer Arbeitsmethoden;

5a. Fragen des betrieblichen Umweltschutzes;

6. die Einschränkung oder Stilllegung von Betrieben oder von Betriebsteilen;

7. die Verlegung von Betrieben oder Betriebsteilen;

8. der Zusammenschluss oder die Spaltung von Unternehmen oder Betrieben;

9. die Änderung der Betriebsorganisation oder des Betriebszweckes;

10. sonstige Vorgänge oder Vorhaben, welche die Interessen der Arbeitnehmer des Unternehmens wesentlich berühren können.

Übersicht 11-4: Wirtschaftliche Angelegenheiten nach § 106 Abs. 3 BetrVG

Insgesamt ist das Gesetz so konstruiert, dass das Direktionsrecht des Arbeitgebers bei personellen und sozialen Angelegenheiten durch die Mitbestimmung des Betriebsrats eingeschränkt wird. Die eigentlich „unternehmerischen" Entscheidungen aber, bei denen es um ureigenste ökonomische Fragen (z. B. das Investitionsprogramm), aber auch um die Fragen der Arbeits- und Betriebsorganisation geht, sollen als „wirtschaftliche Angelegenheiten" mitbestimmungsfrei bleiben.

Unter den „Fabrikations- und Arbeitsmethoden" soll „der Ablauf der Gütererzeugung unter technischen Gesichtspunkten" bzw. „das Vorgehen bei der Gütererzeugung unter dem arbeitswissenschaftlichen Gesichtspunkt der menschlichen Arbeitskraft" verstanden werden. Insofern geht es beispielsweise um Fragen, „in welchem Umfang Maschinen eingesetzt werden, ob Einzel- oder Massenfertigung stattfindet, ob Sorten- oder Serienfertigung ... Es lassen sich auch handwerkliche und industrielle Arbeitsmethoden ... unterscheiden. Arbeitsmethoden werden durch Zerlegen der Arbeit in einzelne Schritte ermittelt."

Unter „Betriebsorganisation" ist „das bestehende Ordnungsgefüge für die Verbindung von Betriebszweck, im Betrieb arbeitender Menschen und Betriebsanlagen mit dem Ziele der (optimalen) Erfüllung der Betriebsaufgaben zu verstehen" (alle Zitate aus Fitting u. a. 2002, RN 42 ff. zu § 106 BetrVG).

Unmittelbar für den Betriebsrat selbst ergeben sich Unterrichtungs- und Beratungsrechte aus § 90 BetrVG. Dieser hat folgenden Wortlaut:

„(1) Der Arbeitgeber hat den Betriebsrat über die Planung

...

2. von technischen Anlagen,

3. von Arbeitsverfahren und Arbeitsabläufen oder

4. der Arbeitsplätze

rechtzeitig unter Vorlage der erforderlichen Unterlagen zu unterrichten.

(2) Der Arbeitgeber hat mit dem Betriebsrat die vorgesehenen Maßnahmen und ihre Auswirkungen auf die Arbeitnehmer, insbesondere auf die Art ihrer Arbeit sowie die sich daraus ergebenden Anforderungen an die Arbeitnehmer so rechtzeitig zu beraten, dass Vorschläge und Bedenken des Betriebsrats bei der Planung berücksichtigt werden können. Arbeitgeber und Betriebsrat sollen dabei auch die gesicherten arbeitswissenschaftlichen Erkenntnisse über die menschengerechte Gestaltung der Arbeit berücksichtigen."

Übersicht 11-5: Unterrichtungs- und Beratungsrechte des Betriebsrats nach § 90 BetrVG

Damit liegt auf der Hand, dass der Arbeitgeber Organisationsfragen zwar mit Betriebsrat bzw. Wirtschaftsausschuss beraten und ihn natürlich entsprechend darüber informieren muss („rechtzeitig und umfassend"); ein Mitbestimmungsrecht gibt es jedoch nicht.

Von dieser Mitbestimmungsfreiheit gibt es nur *wenige Ausnahmen*. Der Betriebsrat hat nach § 91 BetrVG ein erzwingbares Mitbestimmungsrecht, wenn die Arbeitnehmer/innen durch arbeitsorganisatorische Maßnahmen, die den gesicherten arbeitswissenschaftlichen Erkenntnissen über die menschengerechte Gestaltung der Arbeit offensichtlich widersprechen, in besonderer Weise belastet werden. Er kann aber anhand dieses „korrigierenden" Mitbestimmungsrechtes lediglich angemessene Maßnahmen zur Milderung oder zum Belastungsausgleich verlangen.

Außerdem ist die Geltendmachung dieser Norm aufgrund der großen Unbestimmtheit des Begriffes von den „gesicherten arbeitswissenschaftlichen Erkenntnissen ..." schwierig.

Die §§ 111/112 BetrVG betreffen die Mitwirkungsrechte des Betriebsrates bei sog. *Betriebsänderungen* (hier speziell bei Änderungen der Betriebsorganisation und der Arbeitsmethoden, siehe oben) sowie den Abschluss eines *Interessenausgleiches* bzw. eines *Sozialplanes*, der in Verbindung mit einer Arbeitnehmer/innen benachteiligenden Betriebsänderung abzuschließen ist. Jedoch ist nicht jede organisatorische Maßnahme automatisch eine Betriebsänderung. Die Veränderung muss in diesem Falle grundlegenden Charakter haben und nicht bloß auf kleinere Verbesserungen einer im Kern schon bestehenden Art und Weise der Stellen- oder Abteilungsbildung oder der Koordination und Steuerung der Abteilungen und Bereiche hinauslaufen. Der Betriebsrat hat nach §§ 111/112 BetrVG jedoch kein umfassendes Mitbestimmungsrecht. § 111 gibt ihm nur die Möglichkeit, mit dem Arbeitgeber über einen Interessenausgleich zu verhandeln, der aber nicht vor der Einigungsstelle durchsetzbar ist. Nach § 112 Abs. 4 kann er auf einen Ausgleich oder eine Milderung der wirtschaftlichen Nachteile für die Betroffenen hinwirken (und einen Sozialplan notfalls auch in der Einigungsstelle durchsetzen). Der Betriebsrat kann nach diesen Normen aber weder Gestaltungsansprüche einklagen noch die Einführung arbeitsorganisatorischer Maßnahmen verlangen.

Neue rechtliche Möglichkeiten zur Beeinflussung von Fragen der betrieblichen Arbeitsorganisation hat der Betriebsrat durch die 2001 erfolgte Novellierung des Betriebsverfassungsgesetzes erhalten. Nach der neu hinzugefügten Nr. 13 der Regelungstatbestände des § 87 Abs. 1 BetrVG hat der Betriebsrat über *„Grundsätze zur Durchführung von Gruppenarbeit"* mitzubestimmen. Wenn also der Arbeitgeber z. B. im Wege eines Projektes zur Flexibilisierung der Arbeitsorganisation statt taylorisierter Einzelarbeit nunmehr Gruppenarbeit einführen will (vgl. Abschn 5.2.3), muss er die Mitbestimmung des Betriebsrats beachten. Mitbestimmung bei der „Durchführung" heißt jedoch, dass der Arbeitgeber auch weiterhin frei ist in der Frage, ob, in welchen Betriebsteilen, in welchem Umfang und für wie lange Gruppenarbeit eingeführt werden soll oder nicht. Ein Initiativrecht des Betriebsrats besteht nicht. Damit hat aber nach einer entsprechenden Initiative des Arbeitgebers der Betriebsrat ein nicht zu bestreitendes Recht, die Grundsätze für die Durchführung der Gruppenarbeit mitzubestimmen und diese Rahmenregelungen mit dem Arbeitgeber auszuhandeln und in einer Betriebsvereinbarung verbindlich zu regeln. Kommt in den Verhandlungen keine Übereinkunft zustande, entscheidet die Einigungsstelle.

Trotz der begrenzten rechtlichen Möglichkeiten sollten die Einflussmöglichkeiten der Interessenvertretungen der Beschäftigten nicht unterschätzt werden. Denn in der Praxis zeigt sich immer wieder,

- dass nicht wenige Organisationsgestaltungsmaßnahmen mittelbar sehr wohl Mitbestimmungsrechte berühren, etwa wenn sie Auswirkungen im Bereich der Leistungs- und Verhaltenskontrolle (§ 87 Abs. 1 Nr. 6 BetrVG) oder der Vergütung (§ 87 Abs. 1 Nr. 10 und 11 BetrVG) haben;

- dass der Arbeitgeber gut beraten ist, wenn er solche wichtigen Entscheidungen möglichst im Konsens mit dem Betriebsrat trifft, denn er ist auch künftig auf die Kooperation und Akzeptanz der Belegschaft wie auch ihrer Interessenvertretung dringend angewiesen.

Viele neuere Betriebsvereinbarungen etwa aus den Bereichen

- Arbeitsorganisation (z. B. Gruppenarbeit, Telearbeit),
- Unternehmensorganisation (z. B. Outsourcing/Insourcing);
- Rationalisierung und Beschäftigungssicherung,
- betrieblicher Umweltschutz etc.

unterstreichen, dass aufgrund dieser oben genannten Überlegungen das „aufgeschlossene Management" auch in vielen Organisationsfragen die Kooperation mit dem Betriebsrat sucht und sogar bereit ist, entsprechende Verpflichtungen einzugehen. So belegt z. B. eine Studie auf der Basis einer Auswertung von Betriebsvereinbarungen inzwischen „fließende Übergänge zwischen diesen Beteiligungsformen (Information, Beratung, Mitbestimmung, d. V.) und auch einen Übergang zur Integration der Interessenvertretungen in Vorbereitung und Umsetzung von Entscheidungen in Betrieb und Unternehmen" (Heidemann u. a. 2000, S. 35). Die Autor/innen sprechen von einem verstärkten *„Co-Management"* im Betrieb:

„Sehr deutlich sind Formen des Co-Managements im Zusammenhang von betrieblichen Modernisierungsstrategien, die auf Kooperation, Beteiligung und Konsens angewiesen sind bzw. sich damit zumindest leichter durchführen lassen. Hier handelt es sich im Kern um arbeitsorganisatorische und wirtschaftliche Entscheidungen, die vom Gesetz her nur informations- und nicht mitbestimmungspflichtig sind. Wir finden dies in Vereinbarungen zu neuen Formen der Arbeitsorganisation, zur Beschäftigungssicherung und zum Outsourcing.

Dabei sollte der Begriff Co-Management erklärt werden. Er bedeutet, dass Management und Betriebsrat gemeinsam wichtige Entscheidungen im Unternehmen treffen und umsetzen. Im Gegensatz zum Unternehmens-Management unterhält die Interessenvertretung jedoch - abgesehen von einigen Großbetrieben - keine eigenen Ressourcen zur Entscheidungsfindung, wie z. B. Stabsstellen, und ihr ist auch der Zugang zu wichtigen Unternehmensdaten meist beschränkt. Insofern kann sie keine Management-Funktionen übernehmen. Aber sie spielt in Entscheidungsprozessen zunehmend eine aktive Rolle: Beschränkte sich diese Rolle früher oft auf Einsprüche, Korrekturversuche oder reines Zur-Kenntnis-Nehmen, bringt die Interessenvertretung heute zunehmend eigene Gestaltungsvorschläge ein, berät über Alternativen und übernimmt damit Mit-Verantwortung. Und dies auch bei Fragen, in denen keine harten Mitbestimmungsrechte bestehen."

Textbeleg 11-1: Betriebsräte als „Co-Manager" (nach Heidemann u. a. 2000, S. 36).

Insofern sind zumindest „starke" Betriebsräte stets in der Lage, Vorschläge des Arbeitgebers kritisch zu prüfen und ggf. Alternativen aufzuzeigen. Z. B. werden eine Reihe von Betriebsräten nach Betriebsvereinbarungen zur Beschäftigungssicherung in gemeinsame Gremien eingebunden, oder sie sind aufgefordert, eigene Lösungsvorschläge (z. B. zur Einsparung von Kosten) zu entwickeln.

Insofern ist es eine grobe Missdeutung, die Einflusssphäre des Betriebsrates nach rein rechtlichen Kriterien zu bemessen. Es ist, wie gezeigt, ein Spezifikum des deutschen Systems der industriellen Beziehungen, dass der Handlungsrahmen der (zumindest starken und professionalisierten) betrieblichen Interessenvertretungen an das beschriebene „Co-Management" heranreicht. Der Betriebsrat ist durch seine weit reichenden Einflussmöglichkeiten in der Lage, in ziemlich allen Feldern der Unternehmenspolitik zumindest mitzureden. In konkreten Konfliktfällen mit dem Arbeitgeber macht die Fähigkeit, diverse betriebsverfassungs-rechtliche Normen zu einem Netz von Handhaben und Einflussgrundla-gen zu verknüpfen, eine wesentliche Komponente des Betriebsrats-„Handwerks" aus. Das hat z. B. Schardt (1985) am Beispiel der - eigent-lich weitgehend mitbestimmungsfreien - EDV-Einführung beschrieben. Auch sollte man die Reichweite der „weichen" Mitwirkungsrechte der Betriebsräte wie Information und Konsultation nicht unterschätzen. Selbst wenn der letzte Nachdruck in der Aktivierung von Machtpotenzi-alen in Gestalt der Mitbestimmung fehlen sollte, das Management muss den Betriebsrat zumindest „einbinden" und sich vor der Umsetzung von Entscheidungen auf Diskussionen einlassen. Er kann in jedem Falle, wenn er den gerade aktuellen Gegenstandsbereich für wichtig hält, etwa durch Mobilisierung der Belegschaft oder Verknüpfung von Verhand-lungsfeldern „Staub aufwirbeln".

Die bisherigen Ausführungen haben der Mitbestimmung auf der Be-triebsebene und ihren Auswirkungen auf die Organisationsgestaltung gegolten. Welche Rolle spielt aber in diesem Kontext die *Mitbestim-mung in den Aufsichtsräten*? Nun, deren Bedeutung relativiert sich al-leine durch die Beschränkung auf Kapitalgesellschaften, noch dazu mit den erwähnten Größen- und Branchenrestriktionen. Aber dort, wo es mitbestimmte Aufsichtsräte gibt, ist auch diese Ebene von großer politi-scher Bedeutung für die Arbeitnehmer/innen der jeweiligen Betriebe. Die Mitbestimmung versetzt die Arbeitnehmervertreter/innen in die Lage, frühzeitig wichtige Entwicklungen und Informationen aufzuneh-men, die für die Interessen der Beschäftigten - positive wie negative - Konsequenzen nach sich ziehen können. Zudem werden sie versuchen, die anstehenden Entscheidungen im Sinne der Belegschaft zu beeinflus-sen - auch wenn die gesetzlichen Möglichkeiten hierzu wie gezeigt zu-meist arg begrenzt sind. Die Durchsetzungskraft hängt selbstredend stark von dem jeweils geltenden Gesetz ab. Bei einer Drittelbeteiligung sind die Einwirkungsmöglichkeiten auf Unternehmensentscheidungen stark begrenzt. Es ist evident, dass in diesem Falle den Interessenvertre-ter/innen der Beschäftigten nur ein Informationsrecht und der Versuch bleibt, auf dem Wege der Diskussion die Interessen der Belegschaft offen zu legen und zu verteidigen. Aber: Über die Vertreter/innen im Aufsichtsrat kann der Betriebsrat frühzeitig an wichtige Informationen aus dem Bereich der sensiblen „wirtschaftlichen Angelegenheiten" kommen und mit der Arbeitgeberseite zumindest in beratende Strategiedebatten eintreten. Insofern stützt und ergänzt die Mitbestimmung im Aufsichtsrat die erwähnten Entwicklungen hin zum „Co-Management".

Problematisch ist hier aber oft die sog. Verschwiegenheitspflicht der Mitglieder des Aufsichtsrats, der sie z. B. nach den §§ 116 und 93 AktG unterliegen. Danach dürfen vertrauliche Angaben und Betriebs- oder Geschäftsgeheimnisse von den Aufsichtsratsmitgliedern (und damit auch von den Arbeitnehmer-Vertreter/innen) nicht weitergegeben werden. Hierzu zählen solche Informationen, deren Bekanntmachung zu einem nicht unerheblichen Schaden für das Unternehmen führen würde. Allerdings sollte man die Tragweite der Verschwiegenheitspflicht auch nicht überschätzen, denn die Informationen aus der Aufsichtsratstätigkeit „schuldet" der Arbeitgeber in den weitaus meisten Fällen auch dem Wirtschaftsausschuss nach § 106 BetrVG.

11.3 Aufgaben und Diskussion

Aufgabe 11-1:

Die Arbeitnehmer/innen sind in jedem Fall Mitglieder der Organisation laut unserer Definition (vgl. Abschn. 1.2.3 in diesem Buch). Kann daraus ein grundsätzlicher Mitbestimmungsanspruch hergeleitet werden?

Aufgabe 11-2:

Haben Unternehmen automatisch einen Betriebsrat?

Aufgabe 11-3:

Kann man nach dem Mitbestimmungsgesetz von 1976 von einer „paritätischen" Mitbestimmung im Aufsichtsrat sprechen?

Aufgabe 11-4:

Was ist Ihrer Meinung nach im Hinblick auf die Vertretung der Interessen der Arbeitnehmer/innen wirksamer: die Mitbestimmung durch Betriebsräte (Betriebsebene) oder im Aufsichtsrat (Unternehmensebene)?

Aufgabe 11-5:

Was halten Sie von einem „Co-Management" durch den Betriebsrat? Welche Chancen und welche Risiken sehen Sie darin für die Arbeit der Interessenvertretung?

12. Ausblick

Das vorliegende Lehrbuch hat versucht, die Leser/innen auf einem aktuellen Stand, aber auch mit Blick auf Entwicklungen aus den letzten ein bis zwei Jahrzehnten mit wichtigen Erkenntnisgegenständen des Fachgebiets der betrieblichen Organisation vertraut zu machen. Organisation im instrumentellen Sinne ist dabei als eine zentrale Managementaufgabe zu charakterisieren, die für die zielorientierte Steuerung von Unternehmen unverzichtbar ist. Welche vielfältigen Funktionen dabei von ihr abgedeckt werden, machen Bea/Göbel (2002, S. 451) mit einem einzigen Satz deutlich: „Durch Organisation sollen die Grenzen der Unternehmung bestimmt, Macht verteilt und gesichert, die Organisationsmitglieder diszipliniert und motiviert, Selbstorganisation kanalisiert, Aufgaben verteilt und koordiniert und die Entwicklungsfähigkeit des Systems gesichert werden."

Wir haben gesehen, dass zunächst klassische Perspektiven wie die Taylors oder Webers wesentliche Impulse für das Verstehen und die Gestaltung von Organisation beigesteuert haben. Im Laufe der Zeit wurden ihre Ansätze erheblich erweitert und um viele Facetten bereichert, so dass die von Morgan (1986) beschworene „variety of perspectives" noch untertrieben scheint. Bei der betrieblichen Organisation handelt es sich um eine anspruchsvolle und von vielen anderen Fragen (wie etwa die der strategischen Positionierung des Unternehmens oder der Verfolgung einer spezifischen Personalpolitik) kaum sinnvoll zu trennende Grundfunktion.

Nimmt man einige Entwicklungslinien der letzten ein bis zwei Jahrzehnte heraus wie etwa die Entdeckung der Unternehmenskultur, die Beschwörung des Leitbildes der „Lernenden Organisation" oder die Postulierung eines „Total Quality Management", so könnte man durchaus den Eindruck bekommen, die Ära der tragenden Grundprinzipien klassischer Organisationsvorstellungen wie hohe Spezialisierung, funktionale Organisation oder Fremdkoordination neige sich unwiderruflich ihrem Ende zu. Insofern stellt sich ausblickend die spannende Frage, ob „das Organisieren" im Sinne der konventionellen Fremdorganisation überhaupt noch eine Zukunft hat, oder ob das Feld nicht weitgehend den Selbstorganisationskräften überlassen wird.

In Abschn. 7.3.2 wurde das spektakuläre Beispiel des Organisationskon-zeptes der Hörgerätefirma Oticon vorgestellt. Schreyögg/Noss (1994) haben schon vor einigen Jahren diese Tendenz aufgegriffen und eine Reihe von anderen Beispielen angeführt bzw. Manager aus entsprechen-den Unternehmen mit bemerkenswerten Aussagen zitiert:

„Niemand weiß, wie Honda organisiert ist, außer dass es eine Menge Projektteams gibt und dass man sehr flexibel ist (Ohmae)."

„Die Struktur ist für uns ohne Belang. ... Alles ist bei uns im Fluss, ... wenn ein Mitarbeiter des Unternehmensbereiches A z. B. eine Idee an den Leiter einer Division B verkauft, arbeitet er unter Umständen dort weiter" (ein Manager von 3M; beides zit. nach Schreyögg/Noss 1994, S. 18).

Nicht ohne gewollte Publicitywirkung bauen Unternehmen seit gerau-mer Zeit ganze Hierarchieebenen ab („flache Strukturen") und versu-chen in mehr oder minder starkem Umfang, teamartige Konzepte nach dem Vorbild von Netzwerken zu etablieren.

Morgan (1993; zit. nach Schreyögg/Noss 1994, S. 18) hat diese - nennen wir sie der Kürze halber: post-tayloristische - Ära wie folgt charakteri-siert:

„We are leaving the age of organized organizations and moving into an era where the ability to understand, facilitate, and encourage processes of self-organization will become a key competence."

Selbstorganisierte Arbeitsabläufe, fast beliebige zeitliche, organisatori-sche und personelle Flexibilität, Spaghettistruktur und konsequente Teamarbeit statt Hierarchien und straffer Strukturierung von Aufgaben und Abläufen - sieht so die Arbeit der Zukunft aus? Sicherlich schaudert es vielen Management-Vertreter/innen, aber auch so manchem anderen Organisationsmitglied bei dieser Vorstellung. Wie schon gezeigt wurde, mutet es vielen Akteuren im kapitalistischen Unternehmen, das als Herrschaftsverband starke Beharrungskräfte entwickelt, befremdlich an, den Betrieb den Selbstorganisationskräften zu überlassen (vgl. Abschn. 7.3.3). Außerdem: Wer mag ernsthaft bestreiten, dass das „Zeitalter der Organisation" etwa durch die Orientierung an Prinzipien der Bürokratie und der Spezialisierung eine beispiellose Erfolgsgeschichte war und zumindest in Teilbereichen auch noch ist?

Das Steuerungsmittel „Organisation" kann nach den Erfahrungen aus der Erfolgsära seine Effizienz vor allem dann entfalten, wenn die Aufgabenbedingungen gut voraussehbar und immer wiederkehrend sind. Diese Voraussetzung ist heute in nicht wenigen Bereichen brüchig geworden. Die immer komplexer und dynamischer werdende Umwelt bringt das „durchorganisierte" Unternehmen mehr und mehr in Turbulenzen. Die vorgedachten, in die Organisationsstrukturen eingepflanzten Problemlösungen und die realen, einem permanenten Wandel ausgesetzten Aufgabenanforderungen drohen dauerhaft auseinander zu fallen. Das an sich verbotene Abweichen wird erwünscht, ja zur Existenzvoraussetzung.

Statt Entlastung und Effizienzsicherung zu spenden, droht die Struktur dann selbst zum Problem zu werden (vgl. Schreyögg/Noss 1994, S. 20). Daher werden hierarchisch-bürokratische Strukturen heute häufig mit den *Dinosauriern* verglichen. So erfolgreich sie unter bestimmten Umweltbedingungen waren, so sehr wurden ihre ehemaligen Stärken unter veränderten Situationskonstellationen zum Überlebensproblem und letztlich zum Grund für ihr Aussterben. Dem Dinosaurier fehlt es an der Entwicklung innovativer, auf die veränderten Aufgaben zugeschnittener Lösungen und an der notwendigen Beweglichkeit.

Aber man sollte das Kind nicht mit dem Bade ausschütten. Ein gewisses Quantum an formaler Ordnung, an stabilisierender Struktur wird auch in Zukunft bleiben, zumal sie die Voraussetzung für jede Systembildung ist. Das Festfügen und „Einfrieren" von zumindest vorläufig bewährten Regeln und Routinen weist unverändert erhebliche Effizienzvorteile gegenüber einem Zustand chronischer Strukturlosigkeit auf. An vielen Beispielen, die als „moderne Organisationsformen" gefeiert werden, zeigt sich zudem, dass ein Mindestmaß an Fremdorganisation Voraussetzung und Rahmenbedingung für die Flexibilität spendende Selbstorganisation ist, etwa wenn teilautonome Arbeitsgruppen über Budgets und Ziel- und Leistungsvorgaben gesteuert und an die nach wie vor existierende Hierarchie angebunden werden. An dem Phänomen Gruppenarbeit zeigt sich überhaupt, dass die Voraussetzungen der Selbstorganisation im Team durch Fremdorganisation erst geschaffen werden: Aufgaben werden neu zugeschnitten, Vorgesetztenrollen anders als bisher definiert, neue Steuerungsgrößen sowie Planungs- und Informationssysteme entwickelt, Lohnkonzepte umgestaltet usw. (vgl. Kieser 1994, S. 219). Auch lässt sich an praktischen Entwicklungen immer wieder aufzeigen, dass fremdorganisierte Strukturen auch auf Formen der Selbstorganisation eine hohe Prägungswirkung auszuüben scheinen. In Prozessen der Selbstorganisation neigen die Akteure dazu, die „fremdorganisierten" Strukturen, die sie kennen und jahrelang gewöhnt sind, zu reproduzieren. Neue Lösungen sind oft erkennbare „Variationen entlang bekannter Strukturierungsmuster" (Kieser 1994, S. 220 ff.). So wird etwa für teilautonome Gruppen das Phänomen beschrieben, dass trotz Aufforderung zu „job rotation", Mehrfachqualifikation, Mischung von ausführender und planender Tätigkeit usw. die Teilnehmer/innen selbst immer wieder „in Eigenregie" stark spezialisierte Formen der internen Arbeitsverteilung praktizieren (vgl. Breisig 1997, S. 58). Die Situation mutet paradox an: Während das Management sich durch Einführung von Teamarbeit öffnungsbereit zeigt, fallen die Arbeitenden unter sich wieder schleichend in den Taylorismus zurück.

Zudem zeigt die praktische Anwendung diverser Managementkonzepte, dass sich auch in der scheinbar „post-tayloristischen" Welt klassische Organisationsmuster immer wieder Raum verschaffen. So ist der Prozess der Umsetzung von Gruppenarbeit infolge der „lean production"-Rezeption alles andere als konsequent in eine Richtung gehend gewesen. Diverse Ansätze des Wieder-Zurücknehmens schon erfolgter Öffnungen sind empirisch aufgezeigt worden (vgl. Springer 1999). Belegt der sagenhafte Umsetzungserfolg der geradezu Abläufe „zementierenden" Qualitätsmanagement-Normen ISO 9000ff. (vgl. Abschn. 10.2.1.3) nicht ein tief sitzendes Misstrauen der Praxis, sich auf „chronically unfrozen systems" einzulassen (Weick 1977)? Und auch am Beispiel des „business reengineering" (Abschn. 10.2.3) zeigt sich, dass der Trend zur Selbstorganisation nicht ohne Gegenbewegung geblieben ist. Zwar bearbeiten nach diesem Ansatz „case teams" oder „case worker" relativ eigenständig die ihnen übertragenen Aufgaben. Dennoch ist „business reengineering" alles andere als „anti-strukturalistisch", was auch in der aufgezeigten Devise „structure follows process follows strategy" zum Ausdruck kommt (Osterloh/ Frost 1994, S. 360).

Man darf für die Zukunft gespannt sein, wie sich die betriebliche Organisation in diesem Spannungsfeld zwischen Fremd- und Selbstorganisation entwickeln wird. Radikallösungen wie bei Oticon werden vorläufig (noch) die Ausnahme bleiben. In den meisten Unternehmen wird es in absehbarer Zeit bei Annäherungen und Zwischenlösungen bleiben, vielleicht in geistiger Anlehnung an das bekannte konfuzianische Motto

„Der Weg ist das Ziel." Und da es wohl das Ziel jedes Verfassers (jeder Verfasserin) von Lehrbüchern sein dürfte, dass es nicht bei der ersten Auflage bleibt, freue ich mich auf die weitere Entwicklung und hoffe, sie später aufnehmen zu können.

13. Lösungshinweise zu den Aufgaben und Diskussionsanregungen

Am Ende der Ausführungen in den einzelnen Kapiteln sind jeweils Aufgaben gestellt und Diskussionspunkte angeregt worden. Im nachfolgenden Abschnitt finden sich einige Gedanken zu möglichen Lösungen oder auch vereinzelt Hinweise auf Textstellen, mit deren Hilfe sich Fragen eingehend beantworten lassen.

Kapitel 1: Der Begriff „Organisation"

1.4 Aufgaben und Diskussion

Aufgabe 1-1:

Organisationen sind eine spezifische Form von Institutionen (Regel- und Normengefüge). Sie gewinnen diese Spezifität dadurch, dass sie sich ein strukturelles Korsett, ein System formaler Regeln geben. Daher kann man sagen: Das Unternehmen ist eine Organisation (institutioneller Begriff), weil es sich eine Organisation gegeben hat (instrumenteller Begriff).

Aufgabe 1-2:

Die Standard-Definition in Anlehnung an Kieser/Walgenbach findet sich in Abschnitt 1.2

Aufgabe 1-3:

Organisationen sind „seelenlose" Gebilde. Ziele haben nur Menschen, die sie *durch* Organisationen zu verwirklichen gedenken (z. B. den Lebensunterhalt verdienen, ins Weltall fliegen, neue Medikamente im Kampf gegen Krebs entwickeln).

Wir können erst dann von Zielen *der* Organisationen sprechen, wenn Mitglieder solche Zielvorstellungen in einem formalen, legitimierten Prozess zu Zielen der Organisation entwickelt haben. Natürlich haben nicht alle Mitglieder einer Organisation gleichermaßen Einfluss auf die Fixierung der Organisationsziele. Der Einfluss hängt ab von Machtgrundlagen einzelner Mitglieder bzw. Gruppen, die wiederum teilweise von Rechtsvorschriften geprägt sind. Der Verzicht der Mitglieder, die nur geringen Einfluss auf die Organisationsziele ausüben (können), wird in der Regel durch Kompensationszahlungen (z. B. Gehälter für Arbeitnehmer/innen) abgegolten. Das heißt aber keinesfalls, dass sie deswegen grundsätzlich auf Versuche verzichten, Einfluss auf „die" Ziele der Organisation zu nehmen.

Aufgabe 1-4:

* Erste Möglichkeit

  Analyse von Satzungen, schriftlichen Plänen, Unternehmensgrundsätzen, Leitbildern, Geschäftsberichten oder ähnlichen Dokumenten.

  Problem: Solche offiziellen Darstellungen sind oft schönfärberisch und haben dann wenig mit tatsächlichen Zielen gemein.

* Zweite Möglichkeit

  Befragung von „legitimierten" Unternehmensvertretern (z. B. Top Manager/innen).

  Problem: Vermischen eigener Ziele und Ziele der Organisation; Problem der „sozialen Wünschbarkeit": anrüchige, mit Legitimationsdefiziten behaftete Ziele werden nicht geäußert.

* Dritte Möglichkeit

  Rückschluss aus beobachtetem Verhalten auf Ziele.

  Problem: Solche Rückschlüsse sind nicht im strengen Sinne beweisbar.

Aufgabe 1-5:

Weitere Beispiele sind etwa Arbeiter/innen in einem spontanen Streik angesichts drohender Werksschließung, eine Gruppe von Demonstrant/innen, die gegen die Bildungspolitik einer Landesregierung protestiert.

Aufgabe 1-6:

* Unternehmer/in

  Ja, ohne Zweifel (als Gründer bzw. „Organisationsherr").

* Arbeitnehmer/in

  Ja, aufgrund der Einbindung durch den Arbeitsvertrag.

- Aktionär/in

  Aufgrund der zumeist flüchtigen Beziehung eher nein. Anders verhält es sich dann, wenn es sich um einen Mehrheitsaktionär/innen mit großem Einfluss auf die Geschäftsführung handelt.

- externe Aufsichtsratsmitglieder

  Eher nein, aber strittig.

- Volontäre ohne Gehalt

  Eher ja, weil sie in der Regel über Verträge eingebunden sind und Weisungen unterliegen.

- Student/innen, die eine Diplomarbeit im Unternehmen schreiben

  In der Regel nein.

Aufgabe 1-7:

Mitgliedschaft heißt, es wird eine Beziehung mit der Organisation eingegangen. Je nach Organisationstyp dominieren dabei ganz unterschiedliche Einbindungsmuster.

Einbindungsmuster sind:

- Zwang, z. B. in Gefängnissen und geschlossenen psychiatrischen Anstalten;

- geteilte Überzeugungen, Wunsch nach Zusammenschluss und Kooperation, z. B. in normativen Organisationen wie Kirchen, Parteien oder Gewerkschaften;

- vertraglich vereinbarte Aussicht auf materielle Belohnungen, z. B. in erwerbswirtschaftlichen Unternehmen („utilitaristische Organisationen" nach Etzioni).

Aufgabe 1-8:

Schulen: Lehrpläne, Stundenpläne, Prüfungsregeln, Regelungen für den beruflichen Aufstieg der Lehrer/innen.

Krankenhäuser: Operationspläne, Belegungspläne, Routinen bei der Krankenvisite.

Gefängnisse: Sanktionsregelungen für Fehlverhalten der Häftlinge, Schichtpläne für die Bewachung, Tagespläne, Richtlinien bei Besuchen.

Gewerkschaften: Willensbildung auf Gewerkschaftstagen, Vorgehensweisen bei Arbeitskämpfen, Regeln zur Zusammenarbeit haupt- und ehrenamtlicher Gewerkschafter/innen.

Unternehmen: Gefüge der Abteilungen, Weisungsbeziehungen, Vorgehen bei der Unternehmensplanung.

Aufgabe 1-9:

Selbstverständlich gehört die „Organisationskompetenz" zu den wichtigsten Funktionen, die ein Arbeitgeber zu erfüllen hat. Dabei werden viele strukturelle Lösungen aufgrund von sorgfältigen Analysen, Plausibilitätsüberlegungen oder gar formaler Optimierungsprogramme von zentraler Stelle angeordnet und eingeführt.

Jedoch wird dies nie eine umfassende Lösung der relevanten Organisationsprobleme ermöglichen. Das Rationalmodell hinterlässt Funktionslücken, die von erfahrungsbedingten oder mikropolitisch entstandenen Regelungen auf dezentraler Ebene ergänzt und angepasst werden müssen.

Aufgabe 1-10:

Organisationen brauchen vor allem Regeln zur Festlegung der Arbeitsteilung. Würde in einem Unternehmen allmorgendlich entschieden, wer heute welche Tätigkeit verrichtet, würde dies einen riesigen Zeitaufwand erfordern. Außerdem besitzen nicht alle Beteiligten die erforderlichen Qualifikationen, um alle relevanten Aufgaben erfüllen zu können.

Wegen der erheblich größeren Effizienz macht es daher Sinn, bestimmte Aufgabenbündel zusammenzufassen und zu Stellen zu verdichten. Zudem brauchen die Stelleninhaber nur ein entsprechend begrenztes Repertoire an Qualifikationen. Wird eine Stelle (z. B. als Kundenberater) frei, kann sie neu ausgeschrieben und wiederbesetzt werden, ohne die gesamte Aufgabenverteilung neu vornehmen zu müssen.

Andere formale Regeln betreffen die Koordination von Aktivitäten der Mitglieder oder das Arrangement der Leistungserstellungsprozesse. Als effizient erkannte Muster werden in formale Regelungen „gegossen" und damit auf Dauer gestellt.

Kapitel 2: Organisationstheoretische Ansätze

2.8 Aufgaben und Diskussion

Aufgabe 2-1:

Auch die Vertreter der verschiedenen Organisationstheorien erfassen mit ihren Ansätzen, Methoden und Blickwinkeln stets nur Ausschnitte, bestimmte Aspekte von Organisationen. Dabei legen sie durchweg unterschiedliche *Paradigmen* zugrunde. Unter einem Paradigma verstehen wir in der Wissenschaftstheorie eine bestimmte Perspektive, mit der wir die Realität zu erfassen und zu erklären versuchen. Es enthält bestimmte, in der Regel die reale Komplexität reduzierende ontologische Annahmen über das Wesen eines empirischen Phänomens (Ontologie: Lehre vom Sein). Eine solche Paradigmenvielfalt kommt metaphorisch auch in dem indischen Märchen zum Ausdruck: Jeder der sechs Männer vertritt ein eigenes Paradigma, um seiner Umwelt den Erfahrungsgegenstand „Elefant" zu erklären.

Organisationen sind ein sehr kompliziertes Phänomen unserer Gesellschaft, das die Aufmerksamkeit vieler wissenschaftlicher Disziplinen auf sich gezogen hat: der Soziologie, der Wirtschaftswissenschaften, der Psychologie, der Politologie, der Ingenieur- und Arbeitswissenschaften, der Verwaltungswissenschaften und anderer.

Als Ergebnis dieser vielfältigen Verzweigungen stößt man in der Fachliteratur auf einen regelrechten Dschungel unterschiedlichster Ansätze, die das Phänomen zu durchdringen und zu erklären versuchen. Bei ihrer Beurteilung geht es nicht um „richtig oder falsch", vielmehr sind die Ansätze eher komplementär: sie legen jeweils stark auseinander fallende Blickwinkel und Erklärungskategorien zugrunde.

Aufgabe 2-2:

Bei näherer Betrachtung der Grundgedanken beider Ansätze wird rasch eine Geistesverwandtschaft offenkundig. Beide Ansätze vereint eine Betrachtung der Organisation als eine Art „Maschine", die von zentraler Seite (Organisationsherr, Arbeitgeber) planbar und steuerbar ist. Weber wie Taylor betonen die Bedeutung einer festen Arbeitsteilung mit Zuweisung konkreter Aufgabenbereiche an die einzelnen Personen sowie klare Über- und Unterordnungsverhältnisse mit einer straffen Leitung.

Gleiches gilt für die Regelhaftigkeit der Organisation, die in beiden Konzepten eine zentrale Rolle spielt.

Unterschiede sind in der Methodik und in der „berufsspezifischen" Herangehensweise zu erkennen. Weber als Soziologe kommt über seine idealtypisch-analytische Herangehensweise und die Ableitungen aus seiner Herrschaftssoziologie zu den Befunden, während Taylor als wissenschaftlich, aber zugleich pragmatisch ausgerichteter Ingenieur die Perspektive der Praxis in den Mittelpunkt stellt. Nach Taylor muss das konkrete Unternehmen erst den „one best way" der Unternehmens- und Arbeitsorganisation durch die Anwendung wissenschaftlicher Methoden herausfinden, während Weber vom konkreten Unternehmen abstrahiert und ein idealtypisches Modell der effizienten Organisation konstruiert.

Aufgabe 2-3:

Die Klassiker wie Weber und Taylor haben eine reine Binnenperspektive vertreten: Ihr Blickwinkel war unabhängig von Situationsbedingungen auf das Interieur der Organisation gerichtet. Ganz im Gegensatz dazu bezieht der situative Ansatz die Umwelt der Organisation mit ein, indem er postuliert, dass die „optimalen" Strukturlösungen auf die Konstellation der maßgeblichen Situationselemente abgestimmt sein müssen.

Aufgabe 2-4:

Der situative Ansatz untersucht, ob bestimmte Situationsmerkmale und bestimmte Strukturmerkmale der Organisation regelmäßig zusammen auftreten (sich bedingen). Dies soll zur Ableitung von Gestaltungsprinzipien für bestimmte Situationen führen, um die tayloristische Vorstellung des „one best way" zu der Idee des „one best way for each situation" weiterzuentwickeln.

Aufgabe 2-5:

Es gibt keinen Determinismus in dem Sinne, dass es für eine spezifische Situationskonstellation den „one best way" der organisatorischen Strukturierung für diese Situationsausprägung gibt. Das zeigen auch die verfügbaren empirischen Untersuchungen: Unternehmen in ähnlichen Situationen haben zum Teil völlig unterschiedliche Strukturregelungen entwickelt und haben damit gleichermaßen Erfolg.

Die Erklärung liegt in dem Wort „gewählt" in der Fragestellung. Akteure, die im situativen Ansatz grob vernachlässigt werden, haben stets Handlungsspielräume in der Organisationsgestaltung. Sie entwickeln durchaus unterschiedliche Strategien und Lösungen, in die die Situation als starke Rahmenbedingung auch einfließt. Dies geschieht jedoch nicht deterministisch.

Aufgabe 2-6:

Auf diese Frage können natürlich viele Antworten gegeben werden. Vielen werden an dieser Stelle die ökologischen Auswirkungen von Wirtschaftsaktivitäten einfallen, etwa die spektakuläre Versenkung der Bohrinsel „Brent Spa" durch Shell, die diesem Unternehmen viel Kritik und sogar einen spürbaren Verbraucherboykott eingebracht hat. Hier könnte aber durchaus auch der Mittelständler angeführt werden, der mit seinen Arbeitsplätzen und mit gesellschaftlichem Engagement für eine (z. B. ansonsten ländlich geprägte) Region eine hohe unternehmensübergreifende, eben politisch-gesellschaftliche Bedeutung hat.

Aufgabe 2-7:

Sicherlich war die „interpretative" Sicht der Organisation als krasses Gegenmodell zur maschinenähnlichen Betrachtung der Klassiker ein überfälliger „Scheinwerfer" auf das komplexe Phänomen, um das es in diesem Lehrbuch geht. Damit lassen sich viele für das Funktionieren von Organisationen wichtige Sachverhalte, die man zuvor etwas hilf- und konzeptlos der Kategorie der „informalen Organisation" zugeordnet hat, treffend erfassen. Die Bedeutung dieses Ansatzes lässt sich auch daran ersehen, dass er den Forschungs- und Lehrfundus des Fachgebiets um das schillernde Konstrukt der „Organisationskultur" bereichert hat. Aber auch der interpretative Ansatz hat seine Tücken. Die Gefahr ist groß, sich in einem Dickicht von subjektiven Beziehungen und Deutungen zu verlieren und die Faktizität von „harten" Strukturen zu verkennen, zumindest zu unterschätzen.

Aufgabe 2-8:

Auch hier gilt - in noch stärkerem Ausmaß - das oben zum interpretativen Paradigma Gesagte. Diese Sichtweise ist ein interessanter und bereichernder „Scheinwerfer", aber eben auch stark vereinfachend. Sie verkennt, dass sich in Organisationen aufgrund der Dauerhaftigkeit auch längerfristige Beziehungen und informelle Normen einstellen, die verhaltenssteuernde Wirkung entfallen. Organisationen sind mehr als ein Netzwerk von Verträgen. Sie weisen eine eigene Kultur auf und werden in hohem Maße von sozialen Beziehungen geprägt.

Aufgabe 2-9:

Sicherlich steht im Transaktionskosten-Ansatz die Situation der Organisation nicht im Mittelpunkt der Modellvorstellungen. Hier spielt vielmehr die Annahme von der Durchsetzung der transaktionskostenminimalen Organisationsform die entscheidende Rolle. Allerdings gibt es keinen „one best way", sondern die Bewertung der Transaktionskosten ist von den drei Merkmalen

- Faktorspezifität,
- Unsicherheit und
- Häufigkeit der Transaktionen

geprägt. Damit spielen auch Variationen in der Situation der Organisation eine wichtige konzeptionelle Rolle im Transaktionskostenansatz.

Aufgabe 2-10:

Der Prinzipal sind in diesem Fall die Aktionäre, die Führungskräfte die Agenten, die im Auftrag des Prinzipals handeln. Die Führungskräfte haben in ihrem Bereich Handlungs- und Entscheidungsspielräume und verfügen aufgrund ihrer Detailkenntnisse über Informationsvorsprünge. Mit der Ausgabe von Aktien oder Aktienoptionen sollen die Führungskräfte in ihrer Bezahlung unmittelbar an den Erfolg des Unternehmens gebunden werden. Damit soll ein Anreiz gesetzt werden, dass die Führungskräfte ihre Spielräume nicht entgegen den Interessen der Aktionäre als Auftraggeber ausnutzen.

Aufgabe 2-11:

Die Antwort wird vom Standpunkt der jeweiligen Person abhängen. Aus einer ökonomischen Perspektive lässt sich argumentieren, dass durch die Einbeziehung wirtschaftlicher Denkfiguren wie Transaktionskosten und Verfügungsrechte eine erhebliche Bereicherung in den Perspektiven von Organisationen erzielt worden ist. Ökonomische Kalküle seien die entscheidenden Triebfedern bei Fragen der Gründung und Gestaltung von Organisationen. Die Vernachlässigung sozialer und komplexerer Verhaltensaspekte lässt sich damit rechtfertigen, dass jede Theoriebildung auf Abstraktion und Vereinfachung angewiesen ist.

Aus einer eher verhaltenswissenschaftlich geprägten Optik kann man die Institutionenökonomie als ein Zerrbild der Realität kritisieren, da sie durch ihre simplifizierenden Verhaltensannahmen, das restriktive Menschenbild und die Vernachlässigung sozialer Beziehungen mehr verschleiert als erhellt.

Aufgabe 2-12:

Da nach Beispielen aus dem persönlichen Erfahrungsbereich gefragt ist, kann es zu der Frage natürlich keine generelle Antwort geben. Typischer Weise dürften massive Konfliktsituationen zwischen Akteuren oder Gruppen geschildert werden (z. B. im Kontext von Technikeinführung oder -anwendung oder auch sehr subjektiv im Sinne von Konkurrenz um knappe Aufstiegspositionen). Genauso gut können es aber auch „kooperative" Phänomene sein wie informelle Absprachen zwischen Meister und Akkordgruppe oder das gemeinsame Meistern einer Organisationsveränderung, die z. B. aufgrund des Wegbrechens von Märkten unabweisbar wurde.

Kapitel 3: Dimensionen formaler Organisationsstrukturen

3.5 Aufgaben und Diskussion

Aufgabe 3-1:

Die „Lösung" könnte etwa wie folgt aussehen:

Eine bisher allein arbeitende Schneiderin hat großen Erfolg in der Entwicklung und Fertigung von eleganten Abendkleidern. Die Nachfrage entwickelt sich so gut, dass sie beschließt, von der Fertigung von Unikaten auf Kleinserien-Fertigung überzugehen und dazu vier Mitarbeiter/innen einzustellen. Da die Schneiderin selbst die Kleider entwirft und zusätzlich die anfallenden Einkaufs-, Vertriebs- und Verwaltungsaufgaben übernehmen wird, gibt es die folgenden Möglichkeiten der Verteilung der Fertigungsaufgaben auf die einzustellenden Mitarbeiter/innen:

a)   Alle stellen komplette Kleider her (diese Lösung würde allerdings keine Spezialisierung bedeuten; ihr liegt die Idee der Mengenteilung zugrunde).

b)   Zwei Mitarbeiter/innen fertigen den Rumpf der Kleider, eine/r die Arme und eine/r führt die Applikationen aus (Spezialisierung nach Objekten; „Objektzentralisation").

c)   Zwei Mitarbeiter/innen verrichten alle Zuschneidearbeiten, die anderen zwei nähen die Kleider zusammen und führen Applikationen aus (Spezialisierung nach Verrichtungen; „Verrichtungszentralisation").

Aufgabe 3-2:

Beispiele aus dem Lehrer/innen-Alltag könnten sein: die regelmäßigen Konferenzen oder das gemeinsame Finden einer Vertretungsregelung für einen erkrankten Kollegen usw.

Aufgabe 3-3:

Eine „Musterlösung" für die Recherche im Internet gibt es natürlicher Weise nicht. Ich gehe aber davon aus, dass Sie fündig geworden sind und eine Vielzahl unterschiedlichster Strukturierungsmuster und -prinzipien erkennen (z. B. verrichtungs- bzw. objektorientiert).

Aufgabe 3-4:

Die Frage ist nicht ganz einfach zu beantworten, weil Weber sowohl eine „straffe" Amtshierarchie als auch eine Spezialisierung in seinem Bürokratiemodell vorsieht. Vermutlich ist die Spezialisierung aber mehr auf die Ausführungsaufgaben, nicht auf Leitungsfunktionen zu beziehen. Für das Leitungssystem wird das Prinzip der Einheit der Auftragserteilung und damit das Einlinienkonzept ein höheres Gewicht haben.

Aufgabe 3-5:

Nein! Die Idee der Spezialisierung blieb in der Praxis eher auf die ausführend Tätigen beschränkt. Aufgrund der starken Überschneidung der Teilfunktionen im Funktionsmeistersystem ist es dort, wo dieses Konzept ausprobiert wurde, zu gravierenden Kompetenzstreitigkeiten und damit zu Reibungsverlusten gekommen.

Aufgabe 3-6:

Bei der Konfiguration geht es nur um die äußere Struktur der Weisungsbeziehungen. Dabei spielt es gar keine Rolle, wie viele Entscheidungsbefugnisse bei den einzelnen Stellen, insbesondere auf den niedrigeren

Ebenen, liegen. Die Entscheidungsdelegation bezieht sich demgegenüber auf die umfangmäßige Verteilung der Entscheidungsbefugnisse in
einer Organisation bzw. auf den einzelnen Ebenen. Bei dezentralisierten
Unternehmen sind Entscheidungskompetenzen in umfangreicher Form
auf die niedrigeren Hierarchieebenen übertragen (delegiert) worden.
Andernfalls liegt eine zentralisierte Struktur vor.

Aufgabe 3-7:

Je mehr sich die obersten Entscheidungsträger an einem „homo oeconomicus"-Modell á la Taylor orientieren, umso mehr werden sie zu
einer Zentralisation neigen und nur wenige Entscheidungen auf die unteren Ebenen delegieren. Außerdem werden sie dann kaum im arbeitenden
Menschen einen wertvollen Ressourcenträger mit hohem Know-how
und Kreativität sehen.

Aufgabe 3-8:

Es handelt sich bei den „Chefs" in der Regel um Eigentümer-
Unternehmer, die den Betrieb selbst gegründet und aufgebaut haben
oder ihn in zweiter oder dritter Generation weiterführen. Aufgrund dieses Hintergrunds neigen sie - in teilweisem Gegensatz zu angestellten
Manager/innen - zu einer Politik des „Alles über meinen Schreibtisch".
Von der Möglichkeit der Delegation wird nur sparsam Gebrauch gemacht, häufig mit der Konsequenz einer starken Überlastung der Unternehmensspitze.

Kapitel 4: Aufbauorganisation

4.4 Aufgaben und Diskussion

Aufgabe 4-1:

Leitungshauptstellen sind für das Treffen von Entscheidungen zuständig. Sie verfügen in der Regel über Anweisungsbefugnisse gegenüber
anderen Stellen, die ihnen - im Organigramm ersichtlich - unterstellt
sind.

Aufgabe 4-2:

Die entsprechenden Ausführungen zu Stabsstellen und die Argumente
für den zweiten Teil der Frage finden Sie in Abschn. 4.1.3.

Aufgabe 4-3:

Die im Rahmen einer Aufgabenanalyse zu beantwortenden Fragen lauten:
*W*er (Aufgabenträger) macht *w*as (Verrichtung/Tätigkeit), *w*o (Ort/Raum), *w*ann (Zeitpunkt/Zeitdauer), *w*ie (Sachmittel/Methode), *w*omit (Objekt) und *w*arum (Ziel/Zweck).

Aufgabe 4-4:

Die klassisch-konzeptionellen Vorstellungen zur Ablauforganisation auch in ihren Erweiterungen lassen sich auf die tayloristische Rationalisierungsphilosophie zurückführen. Es geht um eine möglichst flächendeckende, hochgradige Vereinheitlichung und Routinisierung von Prozessen, um Standardisierung und Optimierung.

Aufgabe 4-5:

Die entsprechenden Ausführungen zur funktionalen Organisation und zur Diskussion der Vor- und Nachteile finden Sie in Abschn. 4.2.1.

Aufgabe 4-6:

Bei diesem Modell werden auf der zweiten Hierarchieebene gleichartige Funktionen (Verrichtungen) gebündelt. Es besteht eine Einfachunterstellung, d. h. eine untergeordnete Stelle erhält nach dem Einlinienkonzept nur Weisungen von einer übergeordneten Position (Instanz). Da die Funktionsbereiche von der Unternehmensleitung zu koordinieren sind, sind die wichtigen Entscheidungsbefugnisse weitgehend zentralisiert.

Aufgabe 4-7:

Da nur die Unternehmensleitung den gesamten Betrieb und die Entwicklung auf den relevanten Märkten „im Blick" hat, zieht sie die Entscheidungen wie in einem Kamin an sich. Die Folge ist häufig eine starke Überlastung und eine Überbeanspruchung mit Fragen des Tagesgeschäfts zulasten der strategischen Steuerung und Kontrolle.

Aufgabe 4-8:

Spezialisierung zieht häufig Ressortegoismen und Bereichsdenken nach sich. Das heißt, die einzelnen Bereiche trachten nach Erreichung ihrer Ressortziele, ohne Rücksicht auf Nachbarbereiche oder die Gesamtzielerreichung zu nehmen. In der Betriebswirtschaftslehre ist dieses Problem bereits früh als die Gefahr der „Suboptimierung" beschrieben worden: Die Produktion ist an kostengünstiger Fertigung interessiert (kurze Durchlaufzeiten, große Serien, hohe Auslastung ohne Rücksicht auf Absetzbarkeit), die Beschaffung an einem günstigen Einkauf (ggf. zulasten der Qualität oder auf Kosten von Lagerhaltung), der Absatzbereich an möglichst hohen Umsatzzahlen (wobei nicht selten Sonderwünsche der Kunden akzeptiert werden mit der Folge von Kostensteigerungen in der Produktion).

Aufgabe 4-9:

Wenn ein - bislang funktional gegliedertes - Unternehmen aus wirtschaftlichen Gründen beschließt, eine breitere Produktpalette anzubieten (strategische Entscheidung), zieht dies in vielen Fällen einen Übergang zur divisionalen Organisationsform nach sich (Folge in der Struktur). Damit ist eine größere Marktnähe der Entscheidungen (in den Divisionen) und eine Entlastung der Unternehmensspitze verbunden.

Aufgabe 4-10:

Bei der divisionalen Organisation wird auf der zweiten Hierarchieebene nach gleichartigen Objekten (z. B. Produktgruppen, Regionen) gegliedert. Die einzelnen Sparten können wie „Unternehmen im Unternehmen" in stärkerem Maße eigenständige Entscheidungen treffen als im funktionalen Grundmodell.

Aufgabe 4-11:

Die entsprechenden Ausführungen zur divisionalen Organisation und zur Diskussion der Vor- und Nachteile finden Sie in Abschn. 4.2.2.

Aufgabe 4-12:

Für Projektaufgaben ist typisch, dass sie von hoher Bedeutung für die Organisation sind und wegen der Komplexität und der geforderten Innovativität Know-how aus den verschiedensten Bereichen der herkömmlichen Elemente der Organisation zusammengeführt werden muss. Damit spielt sich das Projekt sozusagen außerhalb des Alltags des Unternehmens ab und bedarf - zumindest im Falle größerer Aufgabenstellungen - einer eigenen Sekundärorganisation (Einflussprojektmanagement, reines Projektmanagement, Matrix-Projektorganisation).

Aufgabe 4-13:

Aufgrund der Überschneidung in den Matrixknoten sollen die Beteiligten bei knappen Ressourcen durch die Organisationsgestaltung gezwungen werden, sich untereinander abzustimmen. Eine Lösung ist nur durch die Abstimmung zwischen den Linien- und den Projektvertretern möglich. Damit sollen unter der Rahmenbedingung knapper Ressourcen die Abstimmungsprobleme zwischen Linie und Projekt transparent gemacht und einer konstruktiven Lösung zugeführt werden.

Aufgabe 4-14:

Für eine Frage dieser Art gibt es natürlich keine „Lösung." Sicherlich haben Sie aber viele interessante Angebote gefunden!

Kapitel 5: Prozessorganisation

5.3 Aufgaben und Diskussion

Aufgabe 5-1:

Die „Lösung" finden Sie in den Ausführungen in Abschn. 5.1.2. Anbei auch nochmals eine typische Lehrbuch-Definition:

„Unter einem Prozess kann allgemein eine Folge logisch zusammenhängender Aktivitäten verstanden werden, die innerhalb einer Zeitspanne nach bestimmten Regeln durchgeführt werden. Ein Prozess wird von einem Ereignis gestartet, hat eine definierte Eingabe und eine definierte Ausgabe. Innerhalb des Prozesses erfolgt ein definierter Wertzuwachs, indem durch die Kombination von Einsatzgütern ein Produkt oder eine Dienstleistung oder ein Teil davon erstellt wird und als Prozessergebnis weitergeleitet wird. ... Bei einem Prozess handelt es sich demnach um eine inhaltlich abgeschlossene Vorgangskette" (Schulte-Zurhausen 1999, S. 49).

Aufgabe 5-2:

Es gibt natürlich sehr viele Ausprägungen von Prozessen in Organisationen. Schulte-Zurhausen (1999, S. 54) nennt dafür folgende Beispiele: Durchführung einer Marktanalyse, Bearbeitung eines Antrags (vom Angebot bis zur Auslieferung), Beschaffungsvorgänge von Betriebsmitteln, Roh-, Hilfs- oder Betriebsstoffen, Entwicklung eines Produktes (von der Idee bis zum Beginn der Fertigung), Herstellung eines Produktes, physischer Materialfluss (von Lieferanten zum Kunden), Vornahme einer Jahresplanung für ein Geschäftsfeld (einschließlich Budgetierung), Vornahme einer Organisationsänderung (von der Vorstudie bis zur Umsetzung). Selbstredend können Sie aber (z. B. aus Ihrer beruflichen Erfahrung) auf ganz andere Prozesse gekommen sein.

Aufgabe 5-3:

Nach Gaitanides geht es vor allem um eine Algorithmisierung von Teilprozessen, wobei mittels einer geeigneten Regel Probleme der Arbeitsverteilung, der Gruppierung, der Reihenfolge, der Leistungsabstimmung und des Transportes einer bestmöglichen Lösung zugeführt werden sollen (siehe ausführlicher Abschn. 5.1.2).

Aufgabe 5-4:

Es gibt im Bereich der „modernen" Managementkonzepte häufig Modeeffekte. Ein Instrument oder ein neues Schlagwort steigt wie ein Komet am Himmel auf und wird einige Jahre später von einem anderen abgelöst. Davon „leben" ganze Heerscharen von Unternehmensberatern, Wirtschaftsjournalisten, Wissenschaftler und Manager, die auf sich halten und stets demonstrieren wollen, dass sie auf der Höhe der Zeit sind. Insoweit kann man argumentieren, dass Gruppenarbeit eine dieser Moden ist und diese Hochkonjunkturphase bald abebben wird.

Auf der anderen Seite belegt die Empirie, dass Gruppenarbeitskonzepte seit nunmehr 10-15 Jahren beständig an Bedeutung zunehmen und immer neue Sektoren (z. B. den öffentlichen Dienst, den Dienstleistungssektor) erreichen. Daher spricht einiges dafür, dass Gruppenarbeit mehr ist als eine Modeerscheinung und inzwischen den Status einer nachhaltigen, den Taylorismus teilweise überwindenden Veränderung der Arbeitsorganisation erreicht hat.

Kapitel 6: Kultur der Organisation

6.6 Aufgaben und Diskussion

Aufgabe 6-1:

Die „exakte" Definition von Unternehmenskultur ist wirklich schwierig. Am ehesten hilft noch die „Spiegelstrich-Liste" in Abschn. 6.1. Demnach kann man sich die Unternehmenskultur vorstellen als ein Gebilde, das sich aus unternehmensspezifischen Werten, Normen und Regeln zusammensetzt. Dieses Gebilde koordiniert und steuert das Verhalten der Organisationsmitglieder. Sie gibt den Mitarbeiter/innen Muster vor für die Selektion und Interpretation auftretender Probleme und Stimuli sowie für angemessene Reaktionen darauf. Unternehmenskultur wird den Mitgliedern in einem Sozialisationsprozess vermittelt. Sie ist zwar erlernbar, sie wird aber nicht bewusst gelernt.

Aufgabe 6-2:

Diese Richtungen sind in der Tat völlig verschieden. Nach dem phäno-menologischen Ansatz ist jedes Unternehmen eine spezifische Lebens-welt mit eigener Kultur: Die Organisation *ist* eine Kultur. Die instru-mentelle Perspektive geht davon aus, dass genauso wie die Struktur und/oder der Prozess auch die Kultur der Organisation Gegenstand einer an den Unternehmenszielen ausgerichteten, tendenziell „rationalen" Planung und Prägung sein kann: Die Organisation *hat* eine Kultur.

Es ist insbesondere der in Abschn. 2.5.1 dieses Buches behandelte inter-pretative Ansatz, der sich zentral mit dem Kulturphänomen von Organi-sationen in der phänomenologischen Perspektive beschäftigt.

Aufgabe 6-3:

ELITE wird hergeleitet aus den Worten Ver-*E*inigen, (Gemeinschaft, Einheit und ein möglichst alle Mitarbeiter umfassendes Wir-Gefühl herbeiführen), „Ver-*L*ebendigen" (die Tradition und die Werte des Un-ternehmens erkennen und erhalten, sie aber auch aktivieren, sie weiter-entwickeln, ggf. erneuern und die Organisationsmitglieder dafür begeis-tern), „Ver-*I*nnerlichen" (dafür sorgen, dass die kulturellen Werte von den Mitarbeitern möglichst intensiv aufgenommen werden, damit sich die Außensteuerung durch zunehmende Innensteuerung ersetzen oder zumindest ergänzen lässt), „Ver-*T*iefen" (bessere Dechiffrierung und Deutung der „objektiven" Wirklichkeit, um damit Sinn zu suchen und zu geben), „Ver-*E*wigen" (den Bezug zu Tradition und Geschichte her-stellen und in Routinen oder Ritualen verfestigten).

Aufgabe 6-4:

Die Diskussion um Organisationskultur war von Beginn an geprägt von der Idee, dass bestimmte Kulturausprägungen besonders intensiv das Denken und Verhalten der Mitarbeiter/innen formen. Diese „starke"

Form von Kultur sei die Basis für „Spitzenleistungen". Nach Schreyögg muss man drei Merkmale zur Bestimmung der Stärke einer Organisationskultur heranziehen: Prägnanz und Umfang (wie markant sind die Orientierungs- und Wertemuster, vermitteln sie Klarheit und Eindeutigkeit?), Verbreitungsgrad (das Ausmaß, in dem die Beschäftigten die Kultur teilen) und Verankerungstiefe (das Ausmaß, in dem die Organisationsmitglieder die Werte verinnerlicht haben).

Aufgabe 6-5:

Beispiele für verfestigte Routinen, Rituale, Zeremonien und andere „interaktionale" Elemente sind Parkplatzregelungen, Kantinensitzordnungen, Weihnachtsfeiern, der Geburtstagsdrink mit den Kolleginnen und Kollegen, die jährliche Information der leitenden Angestellten durch den Vorstandsvorsitzenden, die Anrede beim Vornamen, bestimmte Kommunikations- und Beschwerdepraktiken („Offene Tür") und vieles andere. Mit ihnen wird angestrebt, die gewünschten Werthaltungen in greifbaren, stilisierten und sich (regelmäßig) wiederholenden Aktivitäten zu vergegenständlichen, in die die Beschäftigten als Hauptadressaten wie in ein Rollenspiel eingebunden werden. Sie sollen dadurch das symbolische Programm hautnah erleben, nachvollziehen und sich selbst auch aktiv einbringen können.

Kapitel 7: Organisation und Wandel

7.4 Aufgaben und Diskussion

Aufgabe 7-1:

Die Antwort ist einfach: weil man damit das Problem der Widerstände gegen Veränderung nicht löst. Gerade durch die Arbeit der Expert/innen, die sich in der Wahrnehmung der Betroffenen überwiegend an Effizienzgesichtspunkten orientieren, werden eher Ängste geschürt als abgebaut. Außerdem haben die betroffenen Mitarbeiter/innen auf ihrer Arbeitserfahrung beruhende Detailkenntnisse, die für eine erfolgreiche Bewältigung des Wandels genutzt werden sollten. Über dieses Wissen verfügen die Expert/innen selbstredend nicht.

Aufgabe 7-2:

Reorganisation ist die gezielte und umfassende Änderung der Organisation mit Hilfe einer zentralistisch ausgeprägten Vorgehensweise. Man geht davon aus, dass „Organisatoren" (Führungskräfte, spezialisierte Stabsmitarbeiter/innen, externe Berater/innen) zielorientiert und planvoll ein verändertes Strukturkonzept entwickeln und dieses im Unternehmen alsdann umsetzen. Reorganisation ist damit ein stark expertenbasiertes Konzept des Wandels.

Aufgabe 7-3:

Die Definitionsbestandteile für Organisationsentwicklung finden Sie in Abschn. 7.2.1.

Beides, Organisationsentwicklung wie Reorganisation, sind Ansätze des geplanten und zielgerichteten organisationalen Wandels. Allerdings beruht die Reorganisation rein auf der Arbeit der mit diesem Projekt betrauten Expert/innen. Organisationsentwicklung bezieht demgegenüber ausdrücklich die betroffenen Mitarbeiter/innen mit ein („die Betroffenen zu Beteiligten machen") und betont die Bedeutung von gemeinsamen Lernprozessen aller Beteiligten. So wird es in der Organisationsentwicklung eher möglich sein, Widerstände gegen Veränderung zu zerstreuen und das Expertenwissen der Mitarbeiter/innen zu mobilisieren.

Aufgabe 7-4:

Die Befunde aus dem Tavistock-Institute of Human Relations aus den 1950er Jahren im britischen Steinkohlebergbau haben gezeigt, dass Strukturen und Technologien einen erheblichen Einfluss auf das Leistungsverhalten der arbeitenden Menschen haben wie auch umgekehrt. Aufgrund der Beeinflussung des OE-Ansatzes durch diese Arbeiten ist der Gedanke der Harmonisierung und Koordination des technischen und des sozialen Systems einer Organisation einer der wesentlichen Grundgedanken dieses Ansatzes geworden.

Aufgabe 7-5:

Viele aufrichtige OE-Berater/innen haben tatsächlich diesen Grundsatz ihrer Arbeit zugrunde gelegt und auch bisweilen mögliche Beratungsaufträge abgelehnt, wenn sie das Gefühl hatten, dass der emanzipatorische Anspruch in dem betreffenden Unternehmen nicht umsetzbar erscheint und sie sich die Ablehnung leisten konnten.

Auf der anderen Seite ist kritisch zu hinterfragen, ob der „change agent" wirklich der „barmherzige Samariter" im Dienste der Organisation und der in ihr tätigen Menschen sein kann. Man darf nicht die finanzielle Abhängigkeit vergessen. Es sind jeweils die Unternehmensleitungen, die die Entscheidungen treffen, welcher „change agent" aus dem hart umkämpften Beratermarkt verpflichtet wird und welcher nicht. Selbst der aufrichtigste OE-Berater/die Beraterin läuft in diesem Spannungsfeld zwischen pädagogischem Änderungsanspruch und ökonomischer Abhängigkeit Gefahr, besonders solche Probleme aufzugreifen, deren schnelle Lösung wirtschaftliche Verbesserungen verspricht und damit das Beratungshonorar gegenüber der Unternehmensleitung gerechtfertigt erscheinen lässt.

Aufgabe 7-6:

Projekte sind komplexere und höchst innovative Aufgaben, die mit den bekannten Routinen der Organisation und mit der Kompetenz eines einzelnen Organisationsbereichs nicht zu bewältigen sind. Genau diese Merkmale sind bei der OE erfüllt. Es geht darum, aufgrund diffuser Veränderungsnotwendigkeiten einen neuen, im Idealfall in den Details noch nicht bekannten Zustand unter Beteiligung aller betroffenen Bereiche herbeizuführen.

Aus diesen Gründen bietet es sich an, OE als umfassendes Projekt zu verstehen und nach einem Konzept vorzugehen, wie es in Abschnitt 7.2.3 beschrieben wird.

Aufgabe 7-7:

- eine Aktivierung des Wissens der Beschäftigten zum Finden besserer Problemlösungen,
- eine höhere Akzeptanz der gefundenen Lösungen,
- eine Steigerung der Motivation der Mitarbeiter/innen und ihrer Identifikation mit dem Unternehmen.

Aufgabe 7-8:

Organisationsentwicklung ist gegenüber dem Ansatz der Reorganisation ein Fortschritt, löst aber nicht alle Probleme. So fordert z. B. die intensive Beteiligung der Betroffenen Zeit, die - etwa in Krisensituationen - nicht immer zur Verfügung steht. Außerdem wird der organisationale Wandel in der Organisationsentwicklung immer noch als Sonderfall mit Episodencharakter begriffen. In vielen Organisationen ist die Marktdynamik aber inzwischen so intensiv, dass das Anpassungs- und Wandlungserfordernis fast zu einem Dauerzustand wird.

Aufgabe 7-9:

Die Grundgedanken der Lernenden Organisation gehen fast so weit, an den Grundfesten klassisch organisierter Systeme zu rütteln. Die lernförderlichen Elemente (z. B. Hierarchieabbau, konsequente Dezentralisierung, Teamorientierung, „Freiheit" der Kommunikation) stoßen in erwerbswirtschaftlichen Organisationen auf enorme Widerstände, etwa bei den Führungskräften, deren Machtposition in Frage gestellt wird. Auch kommen viele Menschen mit der Offenheit selbstorganisierender Systeme nicht gut zurecht. Die entlastende und eine gewisse Sicherheit spendende Funktion organisierter, „festgerasteter" Strukturen und Regelungen wird von ihnen vermisst.

Aufgabe 7-10:

Der Taylorismus mit seinen starren, hoch arbeitsteiligen Strukturen und der rigorosen Trennung von Hand- und Kopfarbeit ist viel zu unflexibel, um mit den Wandlungserfordernissen moderner Organisationen auf hoch dynamischen Märkten fertig zu werden. Daher stoßen sich praktisch alle der in Abschn. 7.3.2 genannten Merkmale Lernender Organisationen mit den Wesenszügen der tayloristischen Arbeitsorganisation (z. B. Teamarbeit statt Arbeitsteilung, Selbststeuerung statt ständiger Fremdkontrolle durch Vorgesetzte).

Kapitel 8: Organisation und strategisches Management

8.3 Aufgaben und Diskussion

Aufgabe 8-1:

Die Argumente gehen insbesondere aus dem längeren Zitat in Abschn. 8.1.1 hervor. Der klassischen, stark nach ökonomischen Kriterien und Annahmen (z. B. Menschenbild des stets rational Handelnden) operierenden Betriebswirtschaftslehre wird vorgeworfen, die für die Praxis der Unternehmensführung wichtigen vieldimensionalen Problemstellungen nicht angemessen verarbeiten zu können und damit als anwendungsorientierte Wissenschaft zu versagen.

Aufgabe 8-2:

Die Antwort auf die Frage ist in den Ausführungen zu Abschn. 8.1.2 enthalten. Die drei Erklärungen lauten:

a)   Der Begriff stammt von dem lateinischen „manu agere", was so viel heißt wie „mit der Hand arbeiten" - eine Interpretation, die kaum plausibel ist.

b)   Er kommt von „manus agere", was in seinem Kern bedeutet „an der Hand führen" oder auch „ein Pferd in allen Gangarten üben".

c)   Schließlich kann er auch von „mansionem agere" abgeleitet werden, „das Haus für einen Eigentümer bestellen."

Variante b und c sind wesentlich plausibler als a. Die letztgenannte Form stellt auf die sog. „kapitallosen Manager" ab, die - etwa in großen Aktiengesellschaften - die Unternehmensführung im Auftrag der Eigentümer/innen innehaben.

Aufgabe 8-3:

Management im funktionalen Sinne stellt darauf ab, dass im Wege der Leitung eines Unternehmens führende, planende und kontrollierende Aufgaben zu bewältigen sind. Demnach umfasst das Management alle Leitungsaufgaben, die in arbeitsteiligen Organisationen zur Leistungserstellung und -verwertung erfüllt werden müssen.

Obwohl der aus dem Anglo-Amerikanischen stammende Begriff längst „eingedeutscht" ist, werden in der deutschen Literatur verschiedentlich auch synonyme oder zumindest sinnähnliche deutsche Begriffe verwendet wie Unternehmensführung, Leitung, Führung oder auch „dispositiver Faktor" bei Gutenberg.

Aufgabe 8-4:

Aufgrund einer schon seit Jahren zu beobachtenden Tendenz zu einer „Re-qualifizierung" von Arbeit auch in den niedrigeren Hierarchieebenen ist fraglich, ob die Definition von Managementfunktionen als Negativ-Abgrenzung zu Ausführungsaufgaben heute noch die erforderliche Schärfe aufweist. Gleichwohl wird man nach wie vor tendenziell größere „Managementspielräume" unterstellen dürfen, je höher man in der Hierarchie des Betriebes geht.

Aufgabe 8-5:

Der Managementbegriff im institutionellen Sinne umfasst diejenigen Personen oder Personengruppen, die Managementaufgaben wahrnehmen. Es macht Sinn, im institutionellen Sinne als zusätzliche Bedingung unter „dem Management" nur die Gruppe von Unternehmern und Führungskräften zu verstehen, die formal mit Weisungs- und Entscheidungsrechten (insbesondere mit dem Direktionsrecht) ausgestattet sind. Ggf. kann ergänzend als Abgrenzungskriterium die Vertretungsbefugnis nach außen hinzugezogen werden. Man hat es bei bestimmten Personen umso mehr mit Managern zu tun, je eher sie in der Lage sind, die Aktivitäten anderer in Richtung auf „gemeinsame" Ziele zu lenken und Weisungen zu erteilen.

Aufgabe 8-6:

Beim „strategischen Management" geht es um die Festlegung der grundlegenden Art und Richtung der unternehmerischen Betätigung. Dies geht in Abschn. 8.2.1 aus einem Beispiel aus der mittelständisch geprägten Getränkeindustrie unmittelbar hervor. Die Studierenden sind aufgefordert, dies an einem Beispiel aus ihrem eigenen Erfahrungsbereich zu erläutern. Deren gibt es ja zwangsläufig sehr viele.

Aufgabe 8-7:

Um mit der letzten Frage anzufangen, diese Unterscheidung ist nicht sehr scharf. Die Begriffe werden in Fachliteratur wie Praxis sehr uneinheitlich, d. h. manchmal synonym, manchmal mit unterschiedlichem Bedeutungsgehalt gehandhabt. Will man partout eine Unterscheidung treffen, kann man sagen: Die Vision besteht aus höchst grundsätzlichen Überlegungen der Unternehmensleitung über Werte und generelle Zwecke sowie über gegenwärtig und zukünftig anzustrebende Zustände. Werden solche Überlegungen schriftlich formuliert und um Verhaltenserwartungen für die Mitglieder des Unternehmens ergänzt, spricht man zumeist von einem „Leitbild". Diese Dokumente enthalten z. B. Aussagen über den Grund der Unternehmensgründung und -betreibung, Grundsätze der Organisation und Führung, vor allem aber auch über Werte und Ziele der Unternehmer bzw. der Manager sowie ggf. anderer Anspruchsgruppen des Unternehmens. Die Leitbilder sollen handlungs-

und einstellungsleitend sein, das Denken und Handeln im Betrieb prägen.

Aufgabe 8-8:

Bei der Umweltanalyse wird vor allem nach den Chancen und Risiken aus dem wirtschaftlichen und sonstigen Umfeld der Unternehmensbetätigung gesucht. Dies ist die exogene Komponente der strategischen Analyse: Es wird nach außen geschaut. Die globale Umwelt stellt den durch die Organisation nur sehr eingeschränkt veränderbaren Rahmen dar, in dem sie handeln und auf dessen Veränderung sie reagieren muss. Mit Hilfe der Bestimmung von Schlüsselgrößen aus den unterschiedlichen Trends werden deren Einflussgrößen bestimmt und mögliche Prämissen für den Planungsprozess festgelegt.

Der wohl wichtigste Bereich ist in diesem Zusammenhang das nähere ökonomische Umfeld des Unternehmens, die Branche.

Aufgabe 8-9:

Das kommt ganz auf die Ergebnisse der Umwelt- und der Unternehmensanalyse sowie auf das Zielsystem des Unternehmens an. Je nachdem, wo sich die Wettbewerbsvorteile konzentrieren, kann man sagen: bei chancenreicher Umwelt muss die Struktur des Unternehmens der Strategie angepasst werden, bei unternehmensbasierten Vorteilen ist es umgekehrt: die Strategie hat sich weitgehend an der vorhandenen Struktur auszurichten.

Aufgabe 8-10:

Der industrieökonomische Ansatz dreht sich vor allem um die Analyse der Branche und der wichtigsten Konkurrenten eines Unternehmens. Ziel ist die Beschreibung von Markt- bzw. Industriestrukturen sowie die Analyse ihrer potenziellen Wirkungen auf das Verhalten von Unternehmen bzw. deren Ergebnisse. In dieser Betrachtungsweise sind die Industriestrukturen vor allem geprägt durch die Faktoren: Art und Anzahl der auf einem abgegrenzten Markt agierenden Wettbewerber, Höhe der Markteintritts- bzw. -austrittsbarrieren, Qualität der zur Verfügung stehenden Informationen, Standardisierungsgrad und Substituierbarkeit der Produkte sowie zwischen den Produktionsstufen bestehende Interdependenzen.

Aufgabe 8-11:

Solche Beispiele für bedrohliche Substitutionsprodukte hält die Wirtschaftsgeschichte zuhauf bereit:

- Bedrohung der Zuckerindustrie durch Süßstoff,

- der Butterproduzenten durch Margarine,

- der Eisenbahn durch das Auto usw.

Sicher sind Ihnen noch andere Beispiele eingefallen.

Kapitel 9: Interorganisationale Beziehungen

9.3 Aufgaben und Diskussion

Aufgabe 9-1:

Die möglichen Beweggründe für „mergers und acquisitions" sind sehr vielfältig. Sie sind in einer „Spiegelstrich-Aufzählung" in Abschn. 9.1.1 aufgeführt. Das Erzielen von „economies of scale" dürfte im Vordergrund stehen. Aber auch Synergieeffekte sowie Motive des Marktzutritts im internationalen Kontext spielen oft eine zentrale Rolle.

Der Erfolg gerade der großen und spektakulären Unternehmenszusammenschlüsse ist in der Tat fraglich, wie zahlreiche Einzelbeispiele und empirische Befunde belegen. Insofern scheint sich hier zu zeigen, dass Wachstum als wichtiges eigenständiges Organisationsziel für viele Eigentümer/innen und Manager/innen gilt, das von Gewinn oder Rendite zumindest zum Teil abgekoppelt ist. Ob sich die „Megafusionen" der letzten Jahre wenigstens langfristig auszahlen werden, erscheint mir zweifelhaft, muss aber dahingestellt bleiben.

Aufgabe 9-2:

Nein, in den meisten Fällen ist der Begriff falsch. Nach der betriebswirtschaftlichen Fachterminologie wird nur dann von einer „Fusion" ausgegangen, wenn die sich zusammenschließenden Unternehmen ihre rechtliche Selbständigkeit aufgeben und nachher nur noch eine Firma existiert (z. B. der Zusammenschluss der Schweizer Chemieunternehmen Ciba und Sandoz zur Novartis AG im Jahre 1995).

Aufgabe 9-3:

Bei dieser Aufgabe gibt es mal wieder keine „Musterlösung". Sicher sind Sie fündig geworden und können an diesen Praxisbeispielen einiges des Gelernten aus Abschn. 9.1.2 rekapitulieren.

Aufgabe 9-4:

Die Definitionen dieser beiden Formen von Unternehmensverbindung finden Sie jeweils in den Abschnitten 9.1.2 und 9.2.1. In beiden Varianten sind die angeschlossenen Betriebe rechtlich selbständig. Der terminologisch entscheidende Unterschied besteht darin, dass sich Konzernunternehmen einer einheitlichen Leitung unterwerfen müssen und damit wirtschaftlich abhängig sind, während die Netzwerkunternehmen zumindest formal auch ihre wirtschaftliche Selbständigkeit aufrecht erhalten. Allerdings muss relativierend gesagt werden, dass in einigen Netzwerkausprägungen (z. B. in straff geleiteten Wertschöpfungsnetzen) diese wirtschaftliche Freiheit einiger Unternehmen durch starke faktische Zwänge eingeschränkt ist.

Aufgabe 9-5:

Nun, jede/r, die/der aufmerksam den Wirtschaftsteil von Tageszeitungen liest, hat in den letzten Jahren mitbekommen, dass diese Prognosen ziemlich daneben gegangen sind und der Großkonzern alles andere als „out" ist. Nach wie vor gibt es gute Gründe für Größenwachstum, insbesondere das Erzielen von „economies of scale" und das „Jonglieren" im internationalen Kontext. Entsprechend hat es zuletzt viele spektakuläre und vor allem horizontal ausgerichtete Zusammenschlüsse, oft über Ländergrenzen hinweg, gegeben.

Auch die Erfahrungen aus vielen Netzwerkbeziehungen lassen darauf schließen, dass vor allem die erforderlichen Vertrauensbeziehungen schwerlich entstehen. Netzwerkartige Kooperationen sind nicht selten nur eine Vorstufe für die spätere Übernahme des anderen durch die „Partner".

Aufgabe 9-6:

Die transaktionskostentheoretische Deutung des Netzwerkphänomens ist im Kern in Abschn. 9.2.2 vorgenommen worden. Dieser Ansatz genießt in der Fachliteratur zu diesem Zweck hohe Popularität, weil er eine Reihe von plausiblen Erklärungsmustern für dieses Arrangement „zwischen Markt und Hierarchie" bereithält. Allerdings wäre es vermessen, aus der Transaktionskostentheorie einen universellen Erklärungsansatz herzuleiten. So hat z. B. die Entstehung der japanischen Unternehmensgruppen (Keiretsu) viel mehr mit kulturellen Traditionen als mit Transaktionskosten zu tun. Insbesondere Fragen wie die Entstehung des spezifischen Beziehungsgefüges im Netzwerk, die Entwicklung von symmetrischen und asymmetrischen Machtverhältnissen, die soziale „Eingebettetheit" ökonomischer Austauschprozesse, die Bedeutung spezieller Interorganisationsstrukturen und -kulturen usw. können mit diesem Ansatz kaum stimmig interpretiert werden.

Kapitel 10: Managementkonzepte

10.3 Aufgaben und Diskussion

Aufgabe 10-1:

Die Ausführungen über den Begriff „neue Managementkonzepte" finden Sie in Abschn. 10.1.1. Es handelt sich um eine Art Überbegriff für alle möglichen Ansätze, die aktuell im Management Verwendung finden bzw. im begleitenden „Literatursystem" diskutiert werden. Ein (neues) Managementkonzept ist eine Leitvorstellung über eine in einem bestimmten Zeitabschnitt als besonders wichtig und zielführend geltende Form der Unternehmensführung, die sich aus einem mehr oder weniger geschlossenen System zugehöriger Elemente oder Informationen zusammensetzt. Typisch ist auch die erkennbare Umsetzungsorientierung, weshalb Managementkonzepte (z. B. im Unterschied zu mancher Organisationstheorie) relativ konkret sind.

Aufgabe 10-2:

Der Anspruch der Übertragbarkeit spielt sicherlich bei neuen Managementkonzepten immer eine Rolle. Dies folgt schon daraus, dass während einer „Konjunkturwelle" das jeweilige Konzept massiv die Fachliteratur, Tagungen und auch den Jargon der Unternehmensberater/innen bestimmt. Der Begriff der *„best practice"* bringt diesen Aspekt auf den Punkt: Andere Unternehmen oder Verwaltungen sollen sich an den Vorreitern ein Beispiel nehmen. Allerdings lehren die Erfahrung wie auch einfache organisatorische Überlegungen, dass es nie um eine „Eins zu eins"-Übertragung gehen kann. Bei der betrieblichen Gestaltung kommt es immer darauf an, einen neuen Ansatz (z. B. im Qualitätsmanagement) intelligent mit den situativen Bedingungen des Betriebes und ggf. der Branche und der nationalen Kultur zu verknüpfen. Dies kommt sehr anschaulich in dem Slogan „kapieren, nicht kopieren" zum Ausdruck.

Aufgabe 10-3:

Die jeweiligen Moden haben für die Bekleidungsindustrie eine wichtige, ja eine existenzielle Bedeutung. Da viele Menschen „mit der Mode gehen" wollen, werden sie veranlasst, sich neue Kleidung zuzulegen, oft auch dann, wenn die „aus der Mode" gekommene Kleidung eigentlich noch gut zu tragen wäre. Damit ist evident, dass die Modezyklen für die Bekleidungsindustrie und damit verbundene Wirtschaftszweige eine Absatz steigernde Wirkung haben. Ein durchaus vergleichbarer Mechanismus ist bei Managementkonzepten zu beobachten. Auch das betriebliche Management unterliegt Moden. Die Tätigkeit von Manager/innen ist in hohem Maße symbolisch geprägt. Man muss mit dem Zeitgeist gehen, andernfalls gilt man schnell bei Gläubigern, Analyst/innen oder anderen wichtigen Bezugsgruppen als rückständig und ineffizient. Insofern kann man meines Erachtens sagen, dass Managementkonzepte regelrecht „konsumiert" werden. Die jeweilige Mode hat auch wichtige wirtschaftliche Funktionen, weil z. B. Unternehmensberatungen, Tagungs- und Kongressveranstalter oder Fachverlage in erheblichem Maße davon profitieren.

Aufgabe 10-4:

Man muss sehen, dass der Hintergrund für viele Managementkonzepte die veränderten sozio-ökonomischen Bedingungen sind. So werden den Unternehmen rasche Reaktionen auf die sich wandelnden Marktbedingungen abgefordert, wofür Eigenschaften wie hohe Flexibilität, Innovationsfähigkeit und Reaktionsschnelligkeit wichtig sind. Die bestehenden Unternehmensstrukturen sind hingegen im Wesentlichen ein Relikt aus der Zeit des Übergangs zum industriellen Großbetrieb und seiner arbeitsorganisatorischen Weiterentwicklung. In ihrem Kern sind die Unternehmen bürokratisch-hierarchische Organisationen mit tayloristischer, an den Prinzipien der immer weitergehenden Zerstückelung von Teilaufgaben orientierter Arbeitsgestaltung. Entsprechend wird darin die Rolle des arbeitenden Menschen eher als „Produktionsfaktor" definiert. Diese mechanistische Betrachtung ist heute zwar keineswegs, wie manchmal vorschnell behauptet, „vom Tisch", dennoch ist sie aus mehreren Gründen problematisch. Auf sinnentleerte Arbeit und die Missachtung ihrer Bedürfnisse reagieren viele Beschäftigte mit „innerer Kündigung". Zudem ist aus betriebswirtschaftlicher Perspektive die tayloristische Meinung längst nicht mehr angesagt, wonach nur derjenige ein/e gute/r Arbeiter/in ist, die/der bloß tut, was man ihr oder ihm sagt. Das Einbringen der menschlichen Potenziale (z. B. Ideen, Anstrengungen, besondere Leistungen, konsequente Kund/innen-Orientierung) und die Anwendung der neuen Technologien macht die Motivation und Initiative, die willige Aktivität, die flexible Zuarbeit und vor allem den Sachverstand der Mitarbeiter/innen zum unverzichtbaren Leistungsbeitrag. Darauf muss in den neuen Managementkonzepten etwa durch Sinngebung, Abbau von Hierarchien und Kontrollen und/oder Gewährung von Entfaltungs- und Beteiligungschancen eingegangen werden.

Aufgabe 10-5:

Sie können sich in den Abschnitten 10.2.1.3 und 10.2.1.4 über die Normenreihe und das EFQM-Modell informieren. Beiden gemeinsam ist, dass es sich um Konzepte zur Umsetzung eines modernen Qualitätsmanagements handelt, auf das die Unternehmen heute auf Gedeih und Verderb angewiesen sind. Gleichwohl sind die Funktionsweisen und auch gewisse Auswirkungen unterschiedlich.

Die ISO 9000ff. versucht, über die Standardisierung „qualitätsgesicherter" Abläufe in Verbindung mit einer externen Prüfung (Auditierung) und der Verleihung eines Zertifikats die heutigen Qualitätsansprüche zu gewährleisten. Das Zertifikat fungiert nach außen und innen als Ausweis eines geprüften Qualitätsmanagement-Systems, ohne dass unmittelbar an der Produktqualität angesetzt wird.

Das EFQM-Modell läuft über die Vergabe von Preisen („awards") an Unternehmen, die sich auf der Basis eines feststehenden Bewertungssystems um den Qualitätspreis bewerben. Dieses strenge Kriteriensystem entspricht konsequent den Leitideen des „Total Quality Management" wie Prozessorientierung, Beteiligungsorientierung und kontinuierliche Verbesserung. Die „Gewinner" des Preises müssen schon beeindruckende Höchstleistungen erbringen; viele gehen, jedenfalls in der durch die Preisverleihung dokumentierten Anerkennung, leer aus. Demgegenüber führt die Technik der ISO 9000ff. zu einer gewissen Nivellierung des Qualitätsmanagements: Es wird „nur" die Umsetzung der Normen geprüft und bestätigt. Die Interpretation der Normenreihe als „TQM light" ist daher sicher nicht abwegig.

Aufgabe 10-6:

KAIZEN ist eine Qualitätsphilosophie, die tief in der klassisch-japanischen Kultur verankert ist. Qualitätsfortschritte (im Produkt und/oder in den Produktionsprozessen) können durch kontinuierliche Verbesserung aufgrund der intelligenten Mitarbeit der Arbeitenden selbst erfolgen. Sie sind insoweit ein Resultat vieler kleiner Schritte. Durch die kooperative Arbeit im Team und das Zusammenwirken der Bereiche unter Einbeziehung der Zulieferer und der Kund/innen wird intensiv kommuniziert und loyal gehandelt. Sind beispielsweise aufgrund von Qualitätsproblemen Verzögerungen in der Produktion aufgetreten, ist es selbstverständlich, dass nachgearbeitet wird. Zwar werden auch im KAIZEN zunächst von den Techniker/innen und Ingenieur/innen „Standards" entwickelt; diese sind aber niemals ein Dogma und werden durch kontinuierliche Verbesserung vor Ort angepasst und weiterentwickelt. Fortschritt als Summe vieler kleiner Schritte ist eben im Unterschied zu den im Westen oft favorisierten technisch orientierten „Quantensprüngen" investitionsarm.

Das Veränderungsverständnis des „business reengineering" ist ein gänzlich anderes. Demnach seien eben nicht kontinuierliche Verbesserung, sondern diskontinuierliche Einschnitte („Quantensprünge in der Prozessqualität") erforderlich. Das Prinzip der kontinuierlichen Verbesserung ist in diesem Konzept nur dann akzeptabel, wenn vorher die grundlegenden Prozesse in Ordnung gebracht worden sind.

Kapitel 11: Organisation und Mitbestimmung

11.3 Aufgaben und Diskussion

Aufgabe 11-1:

Nein, das kann es sicher nicht. Wie in Abschn. 1.2.3 dargelegt, werden die Arbeitnehmer/innen durch einen Arbeitsvertrag in die Organisation eingebunden. Damit unterwerfen sie sich dem Recht des Arbeitgebers, im Rahmen des Beschäftigungsverhältnisses verhaltenslenkende Anordnungen zu treffen („Direktionsrecht"). Erwerbwirtschaftliche Unternehmen sind somit legale Herrschaftsorganisation, und eine Mitbestimmung der „Herrschaftsunterworfenen" ist in deren Anlage zunächst nicht vorgesehen.

Nun ist auf der anderen Seite bekannt, dass jede Form von Herrschaft soziologisch bedroht ist. Dies gilt, was uns die Geschichte lehrt, besonders für Arbeitsverhältnisse. Schon früh haben sich Arbeiter/innen in kollektiven Organisationen (später Gewerkschaften genannt) zusammengeschlossen und unternehmerische Herrschaftsansprüche (besonders Herrschaftsanmaßungen) bekämpft. Im Rahmen dieser lange währenden Auseinandersetzungen haben sich in den einzelnen Ländern stark nationalspezifische Beziehungsmuster zwischen „Kapital" und „Arbeit" herausgebildet, die wir unter den Begriff „Industrielle Beziehungen" oder „Arbeitsbeziehungen" fassen. In diesem Kontext betrachtet ist die auf gesetzlicher Ebene umfassend geregelte Mitbestimmung ein spezifisch deutsches Phänomen. In anderen Nationen (besonders in den angelsächsischen Ländern) würde eine solche Beeinträchtigung der „management prerogatives" auf gesetzlichem Wege durch eine verbriefte Mitbestimmung der Beschäftigten auf Befremden stoßen, da sich die „Industriellen Beziehungen" in eine andere Richtung entwickelt haben. Rechte der Arbeitnehmer/innen werden etwa in den USA nur über mit Gewerkschaften ausgehandelte Tarifverträge (im sog. „union sector") und ein Set von bürgerrechtsähnlichen Normen gewahrt. Außerdem steht den Arbeitnehmer/innen - zumindest formal - immer auch das in der „Systemlogik" des Kapitalismus vorgesehene Recht zu, Unmut etwa mit unternehmerischen Entscheidungen zu artikulieren, nämlich durch Kündigung des Arbeitsvertrages und ein damit verbundenes Verlassen der Organisation.

Aufgabe 11-2:

Nein, keineswegs. Das Gesetz schreibt eine betriebliche Mindestgröße von 5 ständig Beschäftigten vor; dies ist aber beileibe nicht die einzige Restriktion. Eine Betriebsratsgründung erfolgt nur dann, wenn es nach einem im Gesetz vorgesehenen Verfahren eine entsprechende Initiative aus der Belegschaft, ggf. mit Unterstützung einer im Betrieb vertretenen Gewerkschaft, gibt, die mit der Einsetzung eines Wahlvorstandes endet. Erst dann kann eine Betriebsratswahl stattfinden. Gerade in kleineren Betrieben fällt es den Beschäftigten oft schwer, diese Hürden gegen subtilen Widerstand zu überwinden; zum Teil entsteht aber auch wegen der engen Beziehungen zwischen Arbeitgeber und Beschäftigten im überschaubaren Kleinbetrieb kein entsprechendes Bedürfnis nach Gründung einer formalen Interessenvertretung.

Aufgabe 11-3:

In höchst formaler Hinsicht könnte man die Frage vielleicht bejahen, inhaltlich und auch im Hinblick auf die Praxiswirkung kaum. Zwar sieht das Gesetz eine gleiche Anzahl von Vertreter/innen für die Belegschafts- und für die Kapitalseite vor. Das Problem aus Arbeitnehmer/ innen-Sicht beginnt aber damit, dass auf ihrer „Bank" zwingend ein/e Vertreter/in der „leitenden Angestellten" sitzt, die/der wohl letztlich der Arbeitgebersicht näher steht. Außerdem schreibt das Gesetz in Pattsituationen ein Doppelstimmrecht der/des Vorsitzenden des Aufsichtsrates vor, die/der immer von der Seite der Anteilseigner/innen gestellt wird.

Aufgabe 11-4:

Die praktischen Wirkungen sind ohne jede Frage auf der Betriebsebene deutlicher. Zunächst gibt es die Mitbestimmung im Aufsichtsrat ohnehin nur in (relativ wenigen) Kapitalgesellschaften entsprechender Größe. Von einer „echten" Mitbestimmung kann man wie gezeigt nur im Montanbereich reden, und dieses Gesetz gilt nur noch für wenige Betriebe im ganzen Bundesgebiet. Außerdem muss man die Funktionsweise von Aufsichtsräten ins Kalkül ziehen. Sie tagen nur wenige Male im Jahr, und ihre gesetzlichen Aufgaben beschränken sich auf die Kontrolle des Vorstandes bzw. der Geschäftsführung und ggf. das „Absegnen" wichtiger Entscheidungen. Insofern ist der Nutzen für die Belegschaft bestenfalls in einer frühzeitigen Information und einer gewissen Konsultationspflicht für die Kapitalseite zu sehen.

Betriebsräte dagegen sind in ungleich mehr Betrieben (rechtsform- und branchenunabhängig) eingerichtet und sozusagen dauerhaft für die Interessen der Beschäftigten im Einsatz. Sie können auch auf der operativen Ebene Entscheidungen beeinflussen und - gestützt auf ihre gesetzlichen Rechte - mit einem gewissen Geschick ein wirksames Netz von Machtgrundlagen etablieren. Insofern sind sie in der Regel viel eher in der Lage, als betrieblicher Machtfaktor auf organisatorische und personelle Fragen einzuwirken. Die Aufsichtsratsmitbestimmung ist trotz ihrer Aufmerksamkeit, die sie in internationalen Perspektiven häufig auf sich zieht, allenfalls eine Ergänzung der Mitbestimmung auf Betriebsebene.

Aufgabe 11-5:

Die sich daraus ergebenden Chancen sind in Abschn. 11.2 zumindest angedeutet. Durch geschicktes „Co-Management" sind Betriebsräte in der Lage, Interessen der Arbeitnehmer/innen bei wichtigen Entscheidungen geltend zu machen, ggf. sogar über die gesetzlich vorgesehene Reichweite der Mitbestimmung hinaus, etwa im Rahmen der stets brisanten „wirtschaftlichen Angelegenheiten". Allerdings kann dieser Anspruch auch schnell zur Augenwischerei führen, denn Betriebsräte verfügen gar nicht über die Ressourcen (weder materiell noch in letzter Konsequenz gesetzlich), die man für eine weit reichende Beeinflussung wirtschaftlicher Entscheidungen benötigen würde. Außerdem ist „Co-Management" nie ohne Risiken für die Interessenvertretung, denn sie können sich dann später nicht mehr distanzieren, schon gar nicht Entscheidungen mit Nachdruck bekämpfen, in die sie vorher involviert waren („mitgefangen - mitgehangen"). Außerdem können so in der Wahrnehmung der „Basis" die Grenzen zwischen Interessenvertreter/innen und Arbeitgeberseite verwischt werden, was bisweilen erhebliche Legitimationsprobleme des Betriebsrats gegenüber seiner Wählerschaft nach sich zieht.

Literaturverzeichnis

Alchian, A. A./Demsetz, H. (1972): Production, information costs, and economic organization, in: American Economic Review, 1972, S. 777-795

Arbeitsgemeinschaft zur Förderung der Partnerschaft in der Wirtschaft (AGP) (1986): Unternehmenskultur in Deutschland - Menschen machen Wirtschaft, Gütersloh

Bantel, W./Hinterhuber, H. H./Hübner, H. (1989): Qualitätssicherung als Führungsaufgabe - Integration der Qualitätssicherung in die strategische Unternehmensführung, in: Journal für Betriebswirtschaft, Nr. 1 - 1989, S. 18-38

Bauer, S. (1996): Perspektiven der Organisationsgestaltung, in: Bullinger/Warnecke, S. 87-118

Bea, F. X./Göbel, E. (2002): Organisation. Theorie und Gestaltung, 2. Aufl., Stuttgart

Bea, F. X./Haas, J. (1995): Strategisches Management, Stuttgart u. Jena

Becker, F. G. (1993): Strategische Ausrichtung von Entgeltsystemen, in: Weber, W. (Hrsg.): Entgeltsysteme, Stuttgart, S. 313-338

Becker, P. (2002): Prozessorientiertes Qualitätsmanagement, 2. Aufl., Renningen-Malmsheim

Beer, M./Spector, B./Lawrence, P. R./Mills, D. Q./Walton, R. E. (1985): Human resource management, New York u. London

Betzl, K. (1996): Entwicklungsansätze in der Arbeitsorganisation und aktuelle Unternehmenskonzepte - Visionen und Leitbilder, in: Bullinger/Warnecke, S. 29-64

Beuermann, G. (1992): Zentralisation und Dezentralisation, in: Frese, Sp. 2611-2625

Beutler, K. u. a. (1995): Qualitätsmanagement-Systeme und Zertifizierung nach DIN EN ISO 9000. Handlungshilfe für Betriebsräte, hrsg. von der Technologieberatungsstelle beim DGB Landesbezirk NRW, Oberhausen

Beutler, K./Langhoff, T./Neumann, A. (2001): Die neue ISO 9000, das EFQM-Modell und andere Qualitätsmanagementsysteme. Handlungshilfe für Betriebsräte, hrsg. von der Technologieberatungsstelle beim DGB Landesbezirk NRW, Oberhausen

Literaturverzeichnis 355

Bierbaum, M. (1933): Hierarchie, in: Buchberger, M. (Hrsg.): Lexikon für Theologie und Kirche, Bd. V, Freiburg i. Br., Sp.10-12.

Birk, R. (1974): Das Direktionsrecht, in: Oehmann, W. (Hrsg.): Arbeitsrecht-Blattei, Stuttgart, Nr. 289, o. S.

Bleicher, K. (1992): Konzernorganisation, in: Frese, Sp. 1151-1164

Brakhahn, W./Vogt, U. (1997): ISO 9000 für Dienstleister, 2. Aufl., Landsberg/Lech

Braun, J. (1996): Aufgaben und Ziele der Organisationsgestaltung, in: Bullinger/Warnecke, S. 7-27

Breisig, T. (1990): It's Team Time. Kleingruppenkonzepte in Unternehmen, Köln

Breisig, T. (1997): Gruppenarbeit und ihre Regelung durch Betriebsvereinbarung, Köln

Breisig, T. (2001): Führen und Entlohnen mit Zielvereinbarungen, 2. Aufl., Frankfurt a. M.

Breisig, T. (2005): Personal. Eine Einführung aus arbeitspolitischer Perspektive, Herne u. Berlin

Brödner, P. (1986): Fabrik 2000. Alternative Entwicklungspfade in die Zukunft der Fabrik, Berlin

Bühner, R. (1989): Bestimmungsfaktoren und Wirkungen von Unternehmenszusammenschlüssen, in: WiSt, Nr. 4 - 1989, S. 158-165

Bühner, R. (1992): Betriebswirtschaftliche Organisationslehre, 6. Aufl., München u. Wien

Bullinger, H.-J./Warnecke, H. J. (Hrsg.) (1996): Neue Organisationsformen im Unternehmen. Ein Handbuch für das moderne Management, Berlin u. a.

Bundesmann-Jansen, J./Pekruhl, U. (1992): Der Medienkonzern Bertelsmann. Neues Management und gewerkschaftliche Betriebspolitik, Köln

Burnham, J. (1941): The managerial revolution, New York

Burns, T. (1961): Micropolitics: Mechanism of institutional change, in: Administrative Science Quarterly, Nr. 3 - 1961, S. 257-281

Chandler, A. D. jr. (1962): Strategy and structure. Chapters in the history of industrial enterprise, Cambridge u. London

Child, J. (1972): Organizational structure, environment and performance - The role of strategic choice, in: Sociology, Nr. 1-1972, S. 1-22

Coase, R. H. (1937): The nature of the firm, in: Economica, Nr. 4 - 1937, S. 386-405

Corsten, H. (1996): Grundlagen und Elemente des Prozessmanagement, Kaiserslautern

Corsten, H./Gössinger, R. (2001): Einführung in das Supply Chain Management, München

Crosby, P. B. (1986): Qualität ist machbar, Hamburg

Crozier, M./Friedberg, E. (1979): Macht und Organisation. Die Zwänge kollektiven Handelns, Königstein/Taunus

Cyert, R. M./March, J. G. (1963): A behavioral theory of the firm, Englewood Cliffs

Dale, E. (1972): Management. Theorie und Praxis der modernen Unternehmensführung, Düsseldorf u. Wien

Däubler, W. (1976): Das Arbeitsrecht 1. Von der Kinderarbeit zur Betriebsverfassung, Reinbek

Davidov, W. H./Malone, M. S. (1993): Das virtuelle Unternehmen, Frankfurt a. M. u. a.

Deal, T. E. (1984): Unternehmenskultur - Grundstein für Spitzenleistungen, in: Allgemeine Treuhand AG (Hrsg.): Die Bedeutung der Unternehmenskultur für den künftigen Erfolg Ihres Unternehmens, Zürich, S. 27-42

Deal, T. E./Kennedy, A. A. (1982): Corporate Culture - The Rites and Rituals of Corporate Life, Reading (Mass.)

Deutsche Gesellschaft für Personalführung (DGFP)/AGP (o.O.): Führungsinstrumente zur Unternehmenskultur, o.O. (ohne Ort), o.J. (ohne Jahr)

Diller, H./Gaitanides, M. (1989): Vertriebsorganisation und handelsorientiertes Marketing, in: Zeitschrift für Betriebswirtschaft, Nr. 6 - 1989, S. 590

Dormann, J. (1992): Akquisition und Desinvestition als Mittel der Strukturanpassung bei Hoechst, in: Zeitschrift für Betriebswirtschaft - Ergänzungsheft, Nr. 2 - 1992, S. 51-68

Ebel, B. (2001): Qualitätsmanagement, Herne u. Berlin

Ebers, M. (1987): Der Aufstieg des Themas „Organisationskultur" in problem- und disziplingeschichtlicher Perspektive. Vortrag gehalten auf dem II. Workshop der Kommission „Organisation" im Verband der Hochschullehrer für Betriebswirtschaft e.V. am

2.-4. April 1987 in Schleiden/Eifel, unveröffentlichtes Manuskript

Ebers, M./Gotsch, W. (1993) Institutionenökonomische Theorien der Organisation, in: Kieser, S. 193-242

Eberwein, W. (1992): Zur Geschichte und Soziologie der deutschen Betriebsverfassung, in: WSI-Mitteilungen, Nr. 8-1992, S. 497-504

Edwards, R. (1981): Herrschaft im modernen Produktionsprozess, Frankfurt a. M. u. New York

EFQM (European Foundation for Quality Management) (Hrsg.) (1995): Der European Quality Award - Bewerbungsbroschüre, Brüssel

Eichhorn, H.-J./Hickler, H./Steinmann, R. (1995): Handbuch Betriebsvereinbarung, Köln

Elsik, W. (1996): Zur Legitimationsfunktion neuer Produktions- und Organisationskonzepte für das Personalmanagement, in: Zeitschrift für Personalforschung, Nr. 4 - 1996, S. 331-357

Etzioni, A. (1961): A comparative analysis of complex organizations, New York

Fayol, H. (1916): Administration industrielle et générale, Paris

Fayol, H. (1929): Allgemeine und industrielle Verwaltung, München u. Berlin

Fitting, K. u. a. (2002) (Fitting-Auffarth-Kaiser-Heither-Engels): Betriebsverfassungsgesetz. Handkommentar, 21. Aufl., München

Fombrun, C. C./Tichy, N. M./Devenna, M. A. (1984): Human resource management, New York

Ford, H. (1923): Mein Leben und Werk, Leipzig

Frehr, H.-U. (1989): Die Qualität des Unternehmens - eine neue Dimension der Qualität, in: Zink, K.J. (Hrsg.): Qualität als Managementaufgabe - Total Quality Management, Landsberg/Lech, S. 117-143

French, W./Bell, C. (1977): Organisationsentwicklung, Bern u. Stuttgart

Frese, E. (Hrsg.) (1992): Handwörterbuch der Organisation, 3. Aufl., Stuttgart

Frese, E. (2005): Grundlagen der Organisation, 9. Aufl., Wiesbaden

Freund, W. (1991): Die Integration übernommener Unternehmen. Fragen, Probleme und Folgen, in: Die Betriebswirtschaft, Nr. 4 - 1991, S. 491-498

Friedberg, E. (1988): Zur Politologie von Organisationen, in: Küpper, W./Ortmann, G. (Hrsg.): Mikropolitik, Opladen, S. 39-52

Furubotn, E. G./Pejovich, S. (1972): Property rights and economic theory, in: Journal of Economic Literature, Nr. 4-1972, S. 1137-1162

Gabele, E. (1981): Die Einführung von Geschäftsbereichsorganisationen, Tübingen

Gaitanides, M. (1983): Prozessorganisation: Entwicklung, Ansätze und Programme prozessorientierter Organisationsgestaltung, München

Gaitanides, M. (1992): Ablauforganisation, in: Frese, Sp. 1-18

Gebhardt, W. (1996): Organisatorische Gestaltung durch Selbstorganisation. Konzept - Ökonomische Fundierung - Praktische Umsetzung, Wiesbaden

Geiger, W./Kotte, W. (2005): Handbuch Qualität. Grundlagen und Elemente des Qualitätsmanagements, 4. Aufl., Wiesbaden

Gertz, S./Harmeier, J. (2005): Der schnelle und einfache Weg zu Business-Excellence mit Hilfe des EFQM-Modells, Kissing

Göbel, E. (1993): Selbstorganisation - Ende oder Grundlage rationaler Organisationsgestaltung, in: Zeitschrift Führung + Organisation, Nr. 6 - 1993, S. 391-395

Gottschalch, H. (1977): Humanisierte Arbeit? Kritik sozialpsychologischer Strategien zur Humanisierung der Arbeitswelt, in: Blätter für deutsche und internationale Politik, Nr. 7-1977, S. 841-854; Nr. 8 - 1977, S. 998-1013

Granovetter, M. (1985): Economic action and social structure: The problem of embeddedness, in: American Journal of Sociology, Nr. 3 - 1985, S. 481-510

Grässle, C./Mohr, K./Neumann, A. (2001): Die neue ISO 9000ff.: Wichtige Änderungen und Konsequenzen für die Betriebsratsarbeit, in: Arbeitsrecht im Betrieb, Nr. 8 - 2001, S. 460-464

Grochla, E. (1972): Unternehmungsorganisation, Reinbek

Grochla, E./Vahle, M./Lehmann, H./Puhlmann, M. (1981): Entlastung durch Delegation. Leitfaden zur Anwendung organisatorischer Maßnahmen in mittelständischen Betrieben, Berlin

Guelden, K. u. a. (1973): Humanisierung der Arbeit? Ansätze zur Veränderung von Form und Inhalt industrieller Arbeit, Berlin

Gutenberg, E. (1962): Unternehmensführung, Organisation und Entscheidung, Wiesbaden

Gutenberg, E. (1963): Grundlagen der Betriebswirtschaftslehre. Erster Band: Die Produktion, 8./9. Aufl., Berlin u. a.

Gutenberg, E. (1975): Einführung in die Betriebswirtschaftslehre, Wiesbaden

Haist, F./Fromm, H. (1989): Qualität im Unternehmen. Prinzipien-Methoden-Techniken, München u. Wien

Hammer, M./Champy, J. (1993): Reengineering the corporation, New York

Hammer, M./Champy, J. (1994): Business Reengineering - Die Radikalkur für das Unternehmen, Frankfurt a. M.

Hansen, W. (1993): Lebensqualität, in: Qualität und Zuverlässigkeit, 1993, S. 656 f.

Harrison, A. (1995): Business processes. Their nature and properties, in: Burke, G./Peppard, J. (Hrsg.): Examining business process reengineering. Current perspectives and research directions, London, S. 60-69

Hauser, E. (1985): Unternehmenskultur - Analyse und Sichtbarmachung an einem praktischen Beispiel, Bern u. Stuttgart

HDE (Hauptverband des Deutschen Einzelhandels) (Hrsg.) (1995): Qualitätsmanagementsysteme nach ISO 9000ff. im Einzelhandel. Notwendiges Qualitätssiegel oder überflüssig? Köln

Heidemann, W. u. a. (2000): Weiterentwicklung von Mitbestimmung im Spiegel betrieblicher Vereinbarungen, edition der Hans-Böckler-Stiftung Nr. 45, Düsseldorf

Heinen, E. (1966): Das Zielsystem der Unternehmung, Wiesbaden

Hildebrandt, E./Seltz, R. (1989): Wandel betrieblicher Sozialverfassung durch systemische Kontrolle? Die Einführung computergestützter Produktionsplanungs- und -steuerungssysteme im bundesdeutschen Maschinenbau, Berlin

Hill, W./Fehlbaum, R. u. a. (1994): Organisationslehre 1, Bern, Stuttgart u. a.

Hinterhuber, H. H. (1992): Strategische Unternehmungsführung. I. Strategisches Denken, 5. Aufl., Berlin u. New York

Hochgerner, J. (1986): Arbeit und Technik. Einführung in die Techniksoziologie, Stuttgart u. a.

Hoffmann, F. (1992): Konzernorganisationsformen, in: WiSt, Nr. 11 - 1992, S. 552-556

Homburg, C./Becker, J. (1996): Zertifizierung von Qualitätssicherungssystemen nach den Qualitätssicherungsnormen DIN ISO 9000 ff. Eine kritische Beurteilung, in: WiSt, Nr. 9 - 1996, S. 444-450

Horváth, P./Urban, G. (Hrsg.) (1991): Qualitätscontrolling, Stuttgart

Hueck, A./Nipperdey, H. C. (1970): Lehrbuch des Arbeitsrechts, zweiter Band, 7. Aufl., Berlin u. Frankfurt a. M.

Irle, M. (1971): Macht und Entscheidungen in Organisationen, Frankfurt a. M.

Ishikawa, K. (1983): Qualität und Qualitätsmanagement, in: Probst, G. (Hrsg.): Qualitätsmanagement - ein Erfolgspotential, Bern, S. 85 ff.

Jarillo, J. C. (1988): On strategic networks, in: Strategic Management Journal, Vol. 9, S. 31-41

Jensen, M. C./Meckling, W. H. (1976): Theory of the firm - managerial behaviour, agency costs and ownership structure, in: Journal of Financial Economics, Nr. 3 - 1976, S. 305-360

Jones, D. T. (1991): The lean revolution, in: Bullinger, H.-J. (Hrsg.): Paradigmenwechsel im Management, Ressourcen in der Produktentwicklung, München, S. 34-45

Jones, G. R. (2004): Organizational theory, design, and change. Text and cases, Upper Saddle River, N.J.

Jovan, J. K. (1966): Quality problems, remedies, and nostrums, in: Industrial Quality Control, 1966, S. 647-653

Jürgens, U. (1993): Mythos und Realität von Lean Production in Japan, in: Fortschrittliche Betriebsführung und Industrial Engineering, Nr. 1 - 1993, S. 18-23

Kamiske, G. F./Brauer, J.-P. (2006): Qualitätsmanagement von A bis Z, 5. Aufl., München u. a.

Keller, B. (1991): Einführung in die Arbeitspolitik. Arbeitsbeziehungen und Arbeitsmarkt in sozialwissenschaftlicher Perspektive, München u. Wien

Kern, H./Schumann, M. (1984): Das Ende der Arbeitsteilung? Rationalisierung in der industriellen Produktion, 1. Aufl., München

Kieser, A. (1985): Wie rational kann man die Organisation einer Unternehmung gestalten? In: Die Unternehmung, 1985, S. 367-378

Kieser, A. (Hrsg.) (1993a): Organisationstheorien, Stuttgart

Kieser, A. (1993b): Managementlehre und Taylorismus, in: Kieser (1993a), S. 63-94

Kieser, A. (1994): Fremdorganisation, Selbstorganisation und evolutionäres Management, in: Zeitschrift für betriebswirtschaftliche Forschung, Nr. 3 - 1994, S. 199-228

Kieser, A. (1996a): Moden und Mythen des Organisierens, in: Die Betriebswirtschaft, Nr. 1 - 1996, S. 21-39

Kieser, A. (1996b): Business Process Reengineering - neue Kleider für den Kaiser? In: Zeitschrift Führung + Organisation, 1996, S. 179-185

Kieser, A./Kubicek, H. (1992): Organisation, 3. Aufl., Berlin u. New York

Kieser, A./Walgenbach, P. (2003): Organisation, 4. Aufl., Berlin u. New York

Kieser, A./Kubicek, H. (1978a): Organisationstheorien I, Stuttgart u. a.

Kieser, A./Kubicek, H. (1978b): Organisationstheorien II, Stuttgart u. a.

Kleinert, J. (2000): Megafusionen: Welle oder Trend? In: Die Weltwirtschaft, Nr. 2 - 2000, S. 171-186

Kleinert, J./Klodt, H, (2000): Megafusionen - Trends, Ursachen und Implikationen, Tübingen

Kocka, J. (1975): Unternehmer in der deutschen Industrialisierung, Göttingen

Kommission Mitbestimmung (1998): Mitbestimmung und neue Unternehmenskulturen - Bilanz und Perspektiven, hrsg. von der Bertelsmann Stiftung und der Hans-Böckler-Stiftung, Gütersloh

Kosiol, E. (1962): Organisation der Unternehmung, Wiesbaden

Kotthoff, H. (1981): Betriebsräte und betriebliche Herrschaft. Eine Typologie partizipativer Handlungsformen und Deutungsmuster von Betriebsräten und Unternehmensleitungen, Frankfurt a. M.

Kotthoff, H. (1994): Betriebsräte und Bürgerstatus. Wandel und Kontinuität betrieblicher Mitbestimmung, München u. Mering

Kreikebaum, H. (1992): Zentralbereiche, in: Frese, Sp. 2603-2610

Krüger, W. (1985): Bedeutung und Formen der Hierarchie, in: Die Betriebswirtschaft, 1985, S. 292-307

Krüger, W. (2005): Organisation, in: Bea, F. X./Friedl, B./Schweitzer, M. (Hrsg.): Allgemeine Betriebswirtschaftslehre, Band 2: Führung, Stuttgart, S. 140-234

Kubicek, H. (1981): Ziele und Zielkonflikte, in: Beckerath, P. G. v./Sauermann, P./Wiswede, G. (Hrsg.): Handwörterbuch der Betriebspsychologie und Betriebssoziologie, Stuttgart, S. 390-395

Lange, K. W. (2001): Virtuelle Unternehmen, Heidelberg

Laux, H./Liermann, F. (2003): Grundlagen der Organisation. Die Steuerung von Entscheidungen als Grundproblem der Betriebswirtschaftslehre, 5. Aufl., Berlin u. a.

Lehmann, H. (1992): Organisationstheorie, systemtheoretisch-kybernetisch orientierte, in: Frese, Sp. 1838-1853

Lütke, O. (2003): Qualität und kulturelles Kapital, Berlin

Macharzina, K. (1995): Unternehmensführung. Das internationale Managementwissen. Konzepte - Methoden - Praxis, 2. Aufl., Wiesbaden

Mahoney, J./Jerdee, T. H./Carroll, S.J. (1965): The job(s) of management, in: Industrial Relations, Nr. 4 – 1965, S. 97-110

Malik, F. (1986): Strategie des Managements komplexer Systeme, Bern u. Stuttgart

Martens, W. (1989): Entwurf einer Kommunikationstheorie der Unternehmung, Frankfurt a. M.

Mayntz, R. (1963): Soziologie der Organisation, Reinbek

Mellewigt, T. (1995): Konzernorganisation und Konzernführung. Eine empirische Untersuchung börsennotierter Konzerne, Frankfurt a. M. u. a.

Mellewigt, T./Matiaske, W. (2001): Konzernmanagement - Stand der empirischen betriebswirtschaftlichen Forschung, in: Albach, H. (Hrsg.): Konzernmanagement. Corporate Governance und Kapitalmarkt, Wiesbaden, S. 107-143

Metz, Th. (1993): Theorien der Arbeitsbeziehungen: Arbeitspolitik, in: Breisig, Th./Hardes, H.-D./Metz, Th./Scherer, D./Stengelhofen, Th. (Hrsg.): Handwörterbuch Arbeitsbeziehungen in der EG, Wiesbaden, S. 550-553

Minssen, H. (1990): Kontrolle und Konsens. Anmerkungen zu einem vernachlässigten Thema der Industriesoziologie, in: Soziale Welt, Nr. 3 - 1990, S. 365-382

Mintzberg, H. (1973): The nature of managerial work, New York u. a.

Morgan, G. (1986): Images of organization, Beverly Hills u. a.

Morgan, G. (1993): Imaginization, Newbury Park

Mugler, J. (1998): Betriebswirtschaftslehre der Klein- und Mittelbetriebe, Band 1, 3. Aufl., Wien u. New York

Mugler, J. (1999): Betriebswirtschaftslehre der Klein- und Mittelbetriebe, Band 2, 3. Aufl., Wien u. New York

Müller, M. (2005): Supply Chain Management - eine Analyse aus Sicht der Neuen Institutionenökonomie, Wiesbaden

Müller, S. G. (Hrsg.) (2003): Der Mensch im Mittelpunkt. Beschäftigtenorientierte Unternehmensstrategien und Mitbestimmung, Frankfurt a. M.

Müller-Stewens, G./Schubert, V. (1993): Kooperationen und strategische Allianzen treten immer häufiger an die Stelle der klassischen Kapitalbeteiligung, in: Handelsblatt, Nr. 82 vom 29.4.1993, S. B1

Naschold, F. (1985): Arbeitspolitik, in: Jürgens, U./Naschold, F. (Hrsg.): Arbeitspolitik, Opladen, S. 11-57

Neuberger, O. (1985): Unternehmenskultur und Führung, unveröffentlichtes Manuskript, Augsburg

Neuberger, O. (1990): Der Mensch ist Mittelpunkt. Der Mensch ist Mittel. Punkt. - Acht Thesen zum Personalwesen, in: Personalführung, Nr. 1 - 1990, S. 3-10

Neuberger, O. (1990): Führen und geführt werden, 3. Aufl. von „Führung", Stuttgart

Neuberger, O. (1995): Mikropolitik - Der alltägliche Aufbau und Einsatz von Macht in Organisationen, Stuttgart

Neuberger, O./Kompa, A. (1987): Wir, die Firma. Der Kult um die Unternehmenskultur. Weinheim u. Basel

Nienhüser, W. (2004): Politikorientierte Ansätze des Personalmanagements, in: Gaugler, E./Oechsler, W./Weber, W. (Hrsg.) (2004): Handwörterbuch des Personalwesens, 3. Aufl., Stuttgart, Sp. 1671-1685

Nieschlag, R./Dichtl, E./Hörschgen, H. (1988): Marketing, 15. Aufl., Berlin

Nordsieck, F. (1934): Grundlagen der Organisationslehre, Stuttgart

Nordsieck, F. (1955): Rationalisierung der Betriebsorganisation, Stuttgart

North, D. C. (1992): Institutionen, institutioneller Wandel und Wirtschaftsleistung, Tübingen

O. V. (1984): Who's excellent now? In: Business Week, 5. November 1984, S. 46-55

O. V. (1997): Großer Schnitt, in: Der Spiegel, Nr. 30 - 1997, S. 83

Ortmann, G. (1988): Macht, Spiel, Konsens, in: Ortmann, G./Küpper, W. (Hrsg.): Mikropolitik. Rationalität, Macht und Spiele in Organisationen, Opladen, S. 13-26

Osterloh, M./Frost, J. (1994): Business Reengineering: Modeerscheinung oder "Business Revolution"? In: Zeitschrift Führung + Organisation, Nr. 6 - 1994, S. 356-363

Ouchi, W. C. (1981): Theory Z.: How American Business can meet the Japanese Challenge, Reading, Mass.

Pascale, R./Athos, A. G. (1981): The Art of Japanese Management, New York

Peters, T./Waterman, R. (1984): Auf der Suche nach Spitzenleistungen, 10. Aufl., Landsberg/Lech

Pettigrew, A. M. (1973): The politics of organizational decision making, London

Pfeffer, J. (1978): The micropolitics of organizations, in: Meyer, M.W. u. a. (Hrsg.): Environments and organizations, San Francisco, S. 29-50

Pfeffer, J. (1982): Organizations and organization theory, Boston u. a.

Pfeffer, J./Salancik, G. R. (1978): The external control of organizations, New York u. a.

Pfitzinger, E. (2000): Die Weiterentwicklung zur DIN EN ISO 9000: 2000, Berlin

Pfriem, R. (1983): Betriebswirtschaftslehre in sozialer und ökologischer Dimension, Frankfurt a. M. u. New York

Pfriem, R. (1995): Unternehmenspolitik in sozialökologischen Perspektiven, Marburg

Pfriem, R. (2004): Heranführung an die Betriebswirtschaftslehre, Marburg

Picot, A./Dietl, H./Franck, E. (2005): Organisation. Eine ökonomische Perspektive, 4. Aufl., Stuttgart

Picot, A./Reichwald, R./Wigand, R. T. (2003): Die grenzenlose Unternehmung, 5. Aufl., Wiesbaden

Porter, M. E. (1986): Wettbewerbsvorteile, Frankfurt a. M.

Prahalad; C. K./Hamel, G. (1995): The core competence of the corporation, in: Mintzberg, H./Quinn, J. B./Ghoshal, S. (Hrsg.): The strategy process, London u. New York, S. 83-92

Probst, G. J. (1987): Selbstorganisation. Ordnungsprozesse in sozialen Systemen aus ganzheitlicher Sicht, Berlin u. Hamburg

Probst, G. J. (1992): Selbstorganisation, in: Frese, Sp. 2255-2269

Pümpin, C./Kobi, J. M./Wüthrich, H. A. (1985): Unternehmenskultur. Basis strategischer Profilierung erfolgreicher Unternehmen. Die Orientierung, Nr. 85 - 1985, Bern

Radtke, P. (1997): Ganzheitliches Modell zur Umsetzung von Total Quality Management, Diss., Berlin

Radtke, P./Wilmes, D. (1997): European Quality Award - die Kriterien des EQA umsetzen, München u. a.

Raffée, H. (1974): Grundprobleme der Betriebswirtschaftslehre, Göttingen

Reiss, M. (1996): Grenzen der grenzenlosen Unternehmung, in: Die Unternehmung, Nr. 3 - 1996, S. 195-206

Roethlisberger, F. J./Dickson, W. J. (1939): Management and the worker, Cambridge

Rohner, J. (1976): Reorganisation industrieller Unternehmungen, Bern u. Stuttgart

Roth, S. (1992): Japanisierung oder eigener Weg? - Die Anwendung „schlanker Produktionsweisen" in der deutschen Automobilindustrie - IG Metall Vorstandsverwaltung, Abt. Betriebsräte, vervielfältigtes Manuskript, Frankfurt a. M.

Schäfer, A. (1998): Risiken und Nebenwirkungen, in: Manager Magazin, Nr. 6 - 1998, S. 126-135

Schanz, G. (2000): Wissenschaftsprogramme der Betriebswirtschaftslehre, in: Bea, F. X./Dichtl, E./Schweitzer, M. (Hrsg.): Allgemeine Betriebswirtschaftslehre. Band 1: Grundfragen, 8. Aufl., Stuttgart, S. 80-161

Schardt, L. P. (1985): Gewerkschaftliche Handlungsmöglichkeiten zur Durchsetzung der Mischarbeitsforderung, in: DGB, Abt. Angestellte (Hrsg.): Mischarbeit und Mitbestimmung, Düsseldorf, S. 68-82

Schein, E. H. (1984): Coming to a new awareness of organizational culture, in: Sloan Management Review, Nr. 2 - 1984, S. 3-16

Schierenbeck, H. (1993): Grundzüge der Betriebswirtschaftslehre, 11. Aufl., München u. Wien

Schmidt, G. (1986): Einverständnishandeln - ein Konzept zur „handlungsnahen" Untersuchung betrieblicher Entscheidungsprozesse, in: Seltz, R./Mill, U./Hildebrandt, E. (Hrsg.): Organisation als soziales System, Berlin, S. 57-68

Schneidewind, D. (1991): Beobachtungen zur Entscheidungsfindung in japanischen Unternehmen, in: Zeitschrift für Betriebswirtschaft, 1991, S. 291-308

Schneidewind, U. (2003): „Symbole und Substanzen" - ein alternativer Blick auf das Management von Wertschöpfungsketten und Stoffströmen, in: Schneidewind, U./Goldbach, M./Fischer, D./ Seuring, S. (Hrsg.) (2003): Symbole und Substanzen. Perspektiven eines interpretativen Stoffstrommanagements, Marburg, S. 15-36

Schnitzler, L. (1995): Manchmal erschreckend, in: Wirtschaftswoche, Nr. 5 - 1995, S. 64

Scholz, C. (2002): Überleben im Netz, in: McK Wissen, Heft 01, 2002, S. 112-115

Schreyögg, G. (1978): Umwelt, Technologie und Organisationsstruktur - eine Analyse des kontingenztheoretischen Ansatzes, Bern u. Stuttgart

Schreyögg, G. (1985): Der Organisation-Umwelt-Zusammenhang in neueren organisationstheoretischen Ansätzen, in: Lüder, K. (Hrsg.): Betriebswirtschaftliche Organisationstheorie und öffentliche Verwaltung, Speyer, S. 51-85

Schreyögg, G. (1989): Zu den problematischen Konsequenzen starker Unternehmenskulturen, in: Zeitschrift für betriebswirtschaftliche Forschung, 1989, S. 94-113

Schreyögg, G. (2003): Organisation. Grundlagen moderner Organisationsgestaltung, 4. Aufl., Wiesbaden

Schreyögg, G./Dabitz, R. (1999): Unternehmenstheater. Formen - Erfahrungen - Erfolgreicher Einsatz, Wiesbaden

Schreyögg, G./Noss, C. (1994): Hat sich das Organisieren überlebt? Grundfragen der Unternehmenssteuerung in neuem Licht, in: Die Unternehmung, Nr. 1 - 1994, S. 17-33

Schuble, J. (Hrsg.) (2003): TOP JOB 2003 - Die besten Arbeitgeber im deutschen Mittelstand, Frankfurt u. Wien

Schulte-Zurhausen, M. (2002): Organisation, 3. Aufl., München

Seigner, J. (1996): Anforderungen an ein erfolgreiches Qualitätsmanagement in Beratungsunternehmen, Diss., Oldenburg (publiziert: Kissing 1997)

Seuring, S./Müller, M./Goldbach, M./Schneidewind, U. (Hrsg.) (2003): Strategy and organization in supply chains, Heidelberg u. New York

Sibiera, G./Stich, V. (2001): Prozessmanagement, in: Zollondz, H.-D. (Hrsg.): Lexikon Qualitätsmanagement, München u. Wien, S. 739-755

Siebert, H. (1991): Ökonomische Analyse von Unternehmensnetzwerken, in: Staehle, W. H./Sydow, J. (Hrsg.): Managementforschung 1, Berlin u. New York, S. 291-311

Sievers, B. (1978): Organisationsentwicklung, in: RKW-Handbuch Führungstechnik und Organisation, Sonderdruck, Berlin

Sievers, B. (1980): Das Phasenmodell der Organisationsentwicklung, in: Management-Zeitschrift Industrielle Organisation, Nr. 1 - 1980, S. 5-8

Smircich, L. (1983): Concepts of culture and organizational analysis, in: Administrative Science Quarterly, 1983, S. 339-358

Sperling, H. J. (1994): Innovative Arbeitsorganisation und intelligentes Partizipationsmanagement, Marburg

Springer, R. (1999): Rückkehr zum Taylorismus? Arbeitspolitik in der Automobilindustrie am Scheideweg, Frankfurt a. M. u. New York

Staehle, W. H. (1994): Management. Eine verhaltenswissenschaftliche Perspektive, 7. Aufl., München

Staerkle, R. (1961): Stabsstellen in der industriellen Unternehmung, Bern

Starbuck, W. H. (1981): A trip to view the elephants and rattlesnakes in the garden of Aston, in: Van de Ven, A. H./Joyce, W. F.

(Hrsg.): Perspectives on organization design and behaviour, New York u. a., S. 167 ff.

Steinle, C. (1992): Stabsstelle, in: Frese, Sp. 2310-2321

Steinmann, H./Heinrich, M./Schreyögg, G. (1976): Theorie und Praxis selbststeuernder Arbeitsgruppen, Köln

Steinmann, H./Schreyögg, G. (1993): Management. Grundlagen der Unternehmensführung, 3. Aufl., Wiesbaden

Sydow, J. (1992): Strategische Netzwerke. Evolution und Organisation, Wiesbaden

Taylor, F. W. (1912): Die Grundsätze wissenschaftlicher Betriebsführung, München u. Berlin

Thom, N. (1992): Stelle, Stellenbildung und -besetzung, in: Frese, Sp. 2321-2333

Thorelli, H. B. (1986): Networks: Between markets and hierarchies, in: Strategic Management Journal, Vol. 7, S. 37-51

Thronberens, R. (1982): Zur Innenstruktur ausgewählter Hierarchievorstellungen, Frankfurt a. M. u. Bern

Trebesch, K. (1982): 50 Definitionen von Organisationsentwicklung - und kein Ende, oder: Würde Einigkeit stark machen? In: Organisationsentwicklung, Nr. 3 - 1982, S. 37-162

Trinczek, R. (1989): Betriebliche Mitbestimmung als soziale Interaktion. Ein Beitrag zur Analyse innerbetrieblicher industrieller Beziehungen, in: Zeitschrift für Soziologie, Nr. 6 - 1989, S. 444-456

Türk, K. (1989): Neuere Entwicklungen in der Organisationsforschung. Ein Trend Report, Stuttgart

Türk, K. (1990): Neuere Organisationssoziologie. Ein Studienskript, vervielfältigtes Manuskript, Trier

Ulrich, H. (1968): Die Unternehmung als produktives soziales System, Bern u. Stuttgart

Ulrich, H. (1990): Unternehmungspolitik, 3. Aufl., Bern u. Stuttgart

Ulrich, P. (1977): Die Großunternehmung als quasi-öffentliche Institution, Stuttgart

Ulrich, P. (1984): Management als Systemsteuerung und Kulturentwicklung, in: Die Unternehmung, Nr. 4 - 1984, S. 303-325

Ulrich, P./Fluri E. (1995): Management, 7. Aufl., Bern u. a.

Vahs, D. (2003): Organisation: Einführung in die Organisationstheorie und -praxis, 4. Aufl., Stuttgart

Verband für Arbeitsstudien und Betriebsorganisation e. V. (1984): Methodenlehre des Arbeitsstudiums - Teil 1: Grundlagen, 7. Aufl., München

Wächter, H. (1983): Mitbestimmung. Politische Forderung und betriebliche Reaktion, München

Wächter, H. (1985): Zur Kritik an Peters und Waterman, in: Die Betriebswirtschaft, Nr. 5 - 1985, S. 608 f.

Wagner, H. (1966): Zero-Defects - eine industrielle Weltanschauung, in: Qualitätskontrolle, 1966, S. 61-69

Walgenbach, P. (1999): Institutionalistische Ansätze in der Organisationstheorie, in: Kieser (1993a), S. 319-353

Weber, M. (1921): Wirtschaft und Gesellschaft, 1. Aufl., Tübingen

Weber, M. (1972): Wirtschaft und Gesellschaft, 5. Aufl., Tübingen

Weick, K. E. (1977): Organization design: Organizations as selfdesigning systems, in: Organizational Dynamics, 1977, S. 31-46

Weick, K. E. (1985): Der Prozess des Organisierens, Frankfurt a. M.

Welge, M. K./Al-Laham, A. (1999): Strategisches Management. Grundlagen - Prozess - Implementierung, Wiesbaden

Welge, M. K. (1987): Unternehmungsführung. Band 2: Organisation, Stuttgart

Wenger, E./Terberger, E. (1988): Die Beziehung zwischen Agent und Prinzipal als Baustein einer ökonomischen Theorie der Organisation, in: WiSt, Nr. 10 - 1988, S. 506-514

Werner, M. (2001): Personal- und Organisationsplanung, in: Wehling, M. (Hrsg): Fallstudien zu Personal und Unternehmensführung, München, S. 54-77

Wessmann, P. K. (1987): Mitbestimmung durch Betriebsvereinbarungen, Köln

Wicher, H. (1992): Qualitätskosten als Instrument zur Anpassung und Sicherung der Qualität, in: WISU, Nr. 7 - 1992, S. 556-563

Williamson, O. E. (1985): The economic institutions of capitalism, New York

Williamson, O. E. (1990): Die ökonomischen Institutionen des Kapitalismus. Unternehmen, Märkte, Kooperationen, Tübingen

Wittlage, H. (1996): Organisationsgestaltung mittelständischer Unternehmen, Wiesbaden

Wöhe, G. (1990) (unter Mitarbeit von U. Döring): Einführung in die Allgemeine Betriebswirtschaftslehre, 17. Aufl., München

Wolf, J. (2003): Organisation, Management, Unternehmensführung. Theorien und Kritik, Wiesbaden

Wollert, A. (1986): Impulsreferat: Unternehmenskultur in Großunternehmen. In: AGP (Hrsg.): Unternehmenskultur in Deutschland - Menschen machen Wirtschaft, Gütersloh, S. 198-202

Wollnik, M. (1993): Interpretative Ansätze in der Organisationstheorie, in: Kieser (1993a), S. 277-295

Womack, J. P./Jones, D. T./ Roos, D. (1991): Die zweite Revolution in der Autoindustrie. Konsequenzen aus der weltweiten Studie des Massachusetts Institute of Technology, Frankfurt a. M. u. New York

Woodward, J. (1958): Management and Technology, London

Wunderer, R. (Hrsg.) (1995): Betriebswirtschaftslehre als Management- und Führungslehre, Stuttgart

Zentes, J. (1984): Marketing, in: Vahlens Kompendium der Betriebswirtschaftslehre, Band 1, 1. Aufl., München, S. 299-365

Zollondz, H.-D. (2002): Grundlagen Qualitätsmanagement. Einführung in Geschichte, Begriffe, Systeme und Konzepte, München u. Wien

Stichwortverzeichnis